"十四五"高等职业教育装备制造大类专业系列教材

机械制图

主　编　崔跃飞　陈　舒　王亦迪
副主编　金　宇　刘畅畅　梁　妍　张　蕾　刘　伟　迟　翔
主　审　毛海峰

中国铁道出版社有限公司
CHINA RAILWAY PUBLISHING HOUSE CO., LTD.

内 容 简 介

本书是根据教育部高职高专工程制图课程（机械类专业）教学基本要求，以及近年来发布的制图国家标准和全国图学教育学术研讨会会议精神，并结合编者学校“机械制图”课程的改革与实践，总结编者近年来积累的教学改革成果编写而成，简明扼要地叙述了绘制机械图样的理论和方法。

本书主要内容有制图基本知识与技能、投影基础、基本体及表面交线的投影、轴测图、组合体、机件的表达方法、标准件和常用件、零件图、装配图。本书采用《技术制图》《机械制图》国家标准及与制图相关的其他国家标准。

本书适合作为高等职业院校机电类、铁道运输类等专业课程的教材，也可供相近专业的师生及工程技术人员参考。

图书在版编目（CIP）数据

机械制图 / 崔跃飞，陈舒，王亦迪主编. -- 北京 : 中国铁道出版社有限公司，2025. 8. --（“十四五”高等职业教育装备制造大类专业系列教材）. -- ISBN 978-7-113-32324-0

Ⅰ. TH126

中国国家版本馆 CIP 数据核字第 2025YT2880 号

书　　名：机械制图
作　　者：崔跃飞　陈　舒　王亦迪

策　　划：王文欢　　**编辑部电话：**(010)63551926
责任编辑：杨万里
封面设计：刘　颖
责任校对：苗　丹
责任印制：赵星辰

出版发行：中国铁道出版社有限公司（100054，北京市西城区右安门西街 8 号）
网　　址：https://www.tdpress.com/51eds
印　　刷：河北宝昌佳彩印刷有限公司
版　　次：2025 年 8 月第 1 版　2025 年 8 月第 1 次印刷
开　　本：787 mm×1 092 mm 1/16　**印张：**16　**字数：**377 千
书　　号：ISBN 978-7-113-32324-0
定　　价：49.00 元

前　言

机械制图是一门工科、应用型理科各专业都开设的专业基础课，在实现我国高素质人才培养战略中发挥着重要的作用。本书正是着眼于新时代对人才培养的要求，以加强学生综合素质及创新能力培养为出发点，综合考虑了当前的教师和学生状况，使教学内容、教学方法与教学手段相协调，力求在不增加教师和学生负担的前提下，充分利用有限的教学资源，最大限度地调动学生的学习主动性和积极性而编写的。

本书力求将“机械制图”从以“知识、技能”为主的教育，向以“知识、技能、方法、能力、素质”综合培养的教育方向转化，使学生在学习“机械制图”知识、进行工程图样基本训练的同时，得到科学思维方法的培养及空间思维能力、创新能力的开发和提高。在编写过程中，我们努力按照“保证基础、精选内容、利于教学、加强应用”的要求，组织本书的项目编排、文字叙述和插图等，力求使本书具备如下特色：

1. 贯彻“基础理论教育以应用为目的，以必需、够用为度，以掌握概念、强化应用为教学重点”的原则，内容的选择及体系结构完全适应高等职业院校机电类、铁道运输类等专业的教学需要，体现高等职业教育特色。

2. 适当降低了立体表面交线的难度。截交线、相贯线的求解及画法以工程应用实例为主，以定形分析、特殊情况、简化画法为主，具有针对性、实用性强的特点。

3. 文字精练、语言通俗、图例丰富、插图清晰。所选图例紧密结合专业需要，并力求结合生产实际。

4. 标准资料新。全部采用最新的《技术制图》《机械制图》国家标准及与制图相关的其他标准。

本书由黑龙江交通职业技术学院崔跃飞、陈舒、王亦迪任主编，金宇、刘畅畅、梁妍、张蕾、刘伟、迟翔任副主编，毛海峰任主审。

由于编者水平有限，书中难免存在疏漏和不妥之处，恳请广大读者及专家不吝赐教。

编　者

2025 年 2 月

目 录

项目一

制图基本知识与技能

学习目标

1. 掌握《技术制图》《机械制图》国家标准中的有关规定，并在实践中严格遵守。

2. 能正确使用常用的绘图工具。

3. 掌握平面图形的分析方法和画法，能正确拟定平面图形的作图步骤，能正确标注平面图形的尺寸。

4. 掌握徒手绘图的基本方法。

5. 养成认真负责的工作态度、耐心细致的工作作风和良好的绘图习惯。

任务一　学习机械制图的基本标准

一、机械制图标准简介

机械图样是用来表达和交流设计思想的语言，是设计、制造机械产品的技术资料。因此，国家标准对图样的画法、格式和尺寸标注等作出统一规定，近年又参照国际标准（ISO）再次进行修订，使之更加完善、合理和便于国际间的技术交流和贸易往来。国家标准《技术制图》（GB/T 14689—2008、GB/T 16675.2—2012）是一项基础技术标准，它们是图样绘制与使用的准绳，必须认真学习和遵守。

“GB/T”为推荐性国家标准代号，一般可简称“国标”；“14689”“16675.2”为标准编号顺序号，“2008”“2012”表示该标准发布的年份。

二、图纸幅面及图框格式

1. 图纸幅面

图纸幅面简称图幅，是指绘制图样所采用的图纸的宽度与长度组成的图面，图纸幅面和格式由国家标准《技术制图　图纸幅面和格式》（GB/T 14689—2008）规定。绘制图样时，应优先采用表 1-1 所规定的基本幅面，必要时也可使用表 1-2、表 1-3 所规定的加长幅面，这些幅面是按对应基本幅面的短边整数倍增加后得出的，如图 1-1 所示。

表 1-1　图纸基本幅面及图框尺寸　　单位:mm

幅面代号		A0	A1	A2	A3	A4
尺寸 $B \times L$		841×1 189	59×841	420×594	297×420	210×297
边框	e	20		10		
	c	10			5	
	a	25				

注:a、c、e 为周边宽度。

表 1-2　图纸加长幅面(第二选择)　　单位:mm

幅面代号	A3×3	A3×4	A4×3	A4×4	A4×5
尺寸 $B \times L$	420×891	420×1 189	297×630	297×841	297×1 051

表 1-3　图纸加长幅面(第三选择)　　单位:mm

幅面代号	尺寸 $B \times L$	幅面代号	尺寸 $B \times L$
A0×2	1 189×1 682	A3×5	420×1 486
A0×3	1 189×2 523	A3×6	420×1 783
A1×3	841×1 783	A3×7	420×2 080
A1×4	841×2 378	A4×6	297×1 261
A2×3	594×1 261	A4×7	297×1 471
A2×4	594×1 682	A4×8	297×1 682
A2×5	594×2 102	A4×9	297×1 892

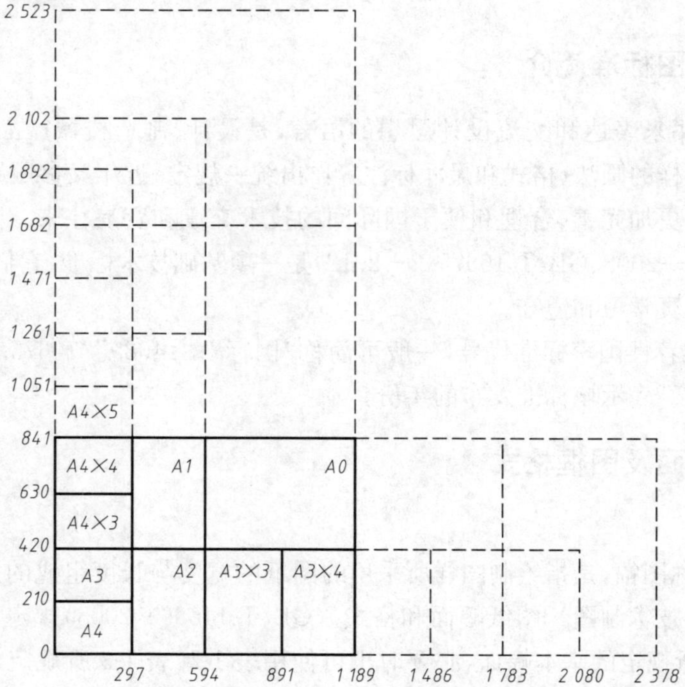

图 1-1　图纸幅面及加长边

2. 图框格式

图纸可以横放或竖放。图纸上限定绘图区域的线框称为图框。在绘制图形时，必须用粗实线画出图框，其格式分为留装订边和不留装订边两种，其中具体尺寸按表 1-1 规定画出。需要注意的是同一产品中所有图样均采用统一图框格式。

加长幅面的图框尺寸时，按所选用的基本幅面大一号的图框尺寸确定。例如 A2×3 的图框尺寸，按 A1 的图框尺寸确定，即 e 为 20 或 c 为 10。不留装订边的图纸，其图框格式如图 1-2 所示；留有装订边的图纸，其图框格式如图 1-3 所示，具体尺寸按表 1-1 规定选取。

3. 标题栏

标题栏由名称、签字区、更改区等组成，是工程图样不可缺少的一部分。标题栏的位置应按图 1-2、图 1-3 所示配置，即在图纸上位于看图方向的右下角，标题栏的底边与下图框线重合，右边与右图框线重合。

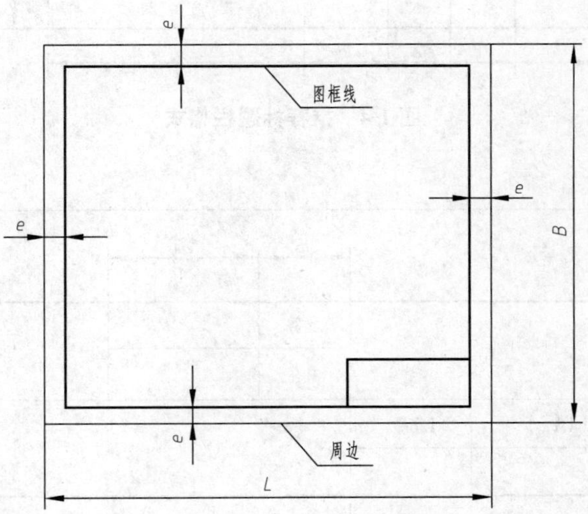

图 1-2　无装订边的图框格式

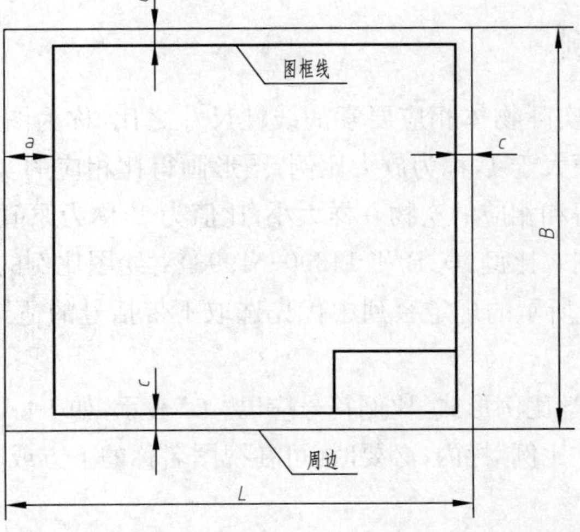

图 1-3　有装订边的图框格式

国家标准《技术制图　标题栏》(GB/T 10609.1—2008)对标题栏的基本要求、内容、格式与尺寸等作了规定,推荐标题栏格式如图 1-4 所示,标题栏中的文字方向为看图的方向。各个设计单位可根据需要进行增减改变,在制图作业中建议采用图 1-5 所示的格式。

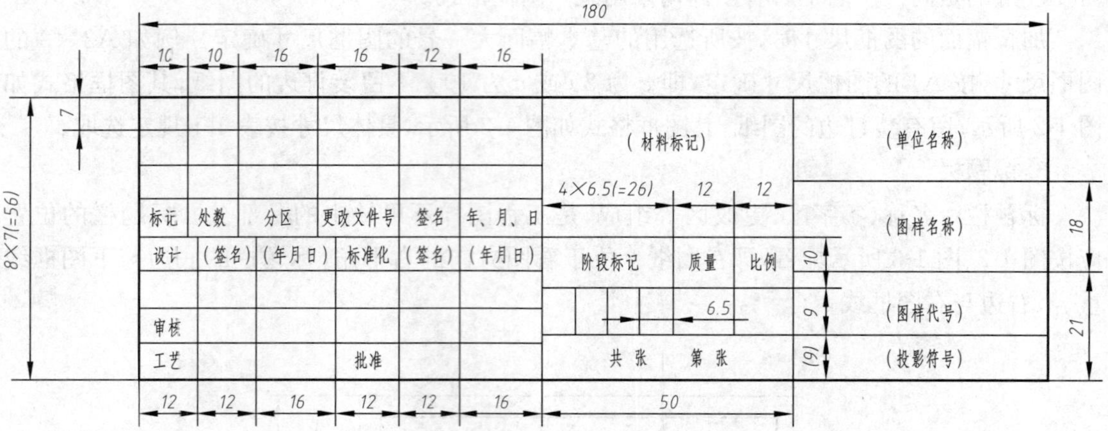

图 1-4　推荐标题栏格式

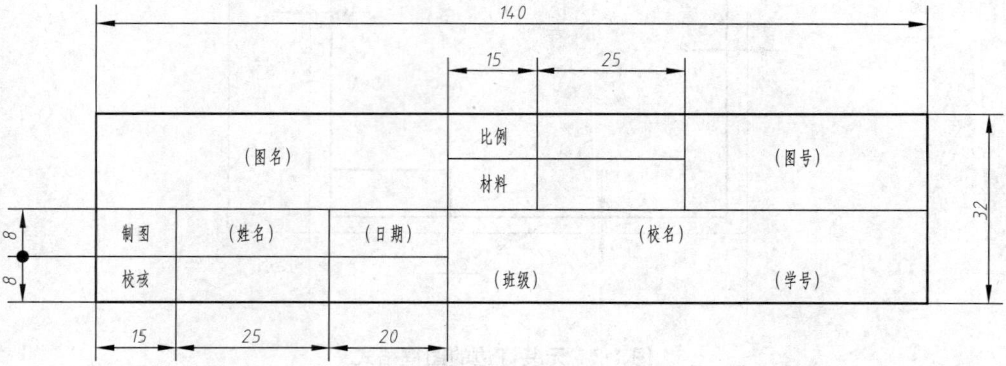

图 1-5　简化标题栏

三、绘图常用比例

图样中所绘图形与实际物体相应要素的线性尺寸之比,称为图样的比例。图形画得比相应的实物大时,其比值大于 1,称为放大比例;图形画得比相应的实物小时,其比值小于 1,称为缩小比例;图形画得和相应的实物一样大小,比值为 1,称为原值比例。

国家标准《技术制图　比例》(GB/T 14690—1993)对绘图比例的选用作了规定。绘制机械图样时,一般在表 1-4 所示的规定系列中优先选取不带括号的适当比例,必要时也允许选取带括号的比例。

比例的标注采用数学比例形式,比例符号应以"∶"表示,如 1∶1、1∶5、2∶1 等。比例一般应标注在标题栏中的"比例"栏内,必要时,可在视图名称的下方或右侧标注比例。

表 1-4 比例系列

与实物相同	1∶1
缩小的比例	(1∶1.5),1∶2,(1∶2.5),(1∶3),(1∶4),1∶5,(1∶6),1∶1×10^n,(1∶1.5×10^n) 1∶2×10^n,(1∶2.5×10^n),(1∶3×10^n),(1∶4×10^n),1∶5×10^n,(1∶6×10^n)
放大的比例	2∶1,(2.5∶1),(4∶1),5∶1,1×10^n∶1,2×10^n∶1,(2.5×10^n∶1),(4×10^n∶1),5×10^n∶1

注:n 为正整数。

四、字体规范

工程图样上除了表达机件形状的图形外,还要用文字和数字说明机件的大小、技术要求及其他内容。

国家标准《技术制图 字体》(GB/T 14691—1993)规定在图样中书写字体必须做到字体工整、笔画清楚、间隔均匀、排列整齐。如果在工程图样上的字体书写潦草,不仅会影响到图样的美观,更有可能会造成差错,给生产制造带来损失。

字体高度(用 h 表示)的公称尺寸系列为 1.8、2.5、3.5、5、7、10、14、20,单位为 mm。如果要书写更大的字,其字体高度应按$\sqrt{2}$的比率递增。字体号数代表了字体高度,如 10 号字即表示字高为 10 mm。图样中字体可分为汉字、字母和数字。

汉字应写成长仿宋体字,并应采用中华人民共和国国务院正式公布推行的《汉字简化方案》中规定的简化字。汉字的高度不应小于 3.5 mm,其字宽一般为 $h/\sqrt{2}$。

书写长仿宋体汉字的要领是:横平竖直,起落分明,结构均匀,粗细一致,呈长方形。长仿宋体汉字的示例如图 1-6 所示。

10号字

字体工整笔画清楚间隔均匀排列整齐

7号字

横平竖直注意起落结构均匀填满方格

5号字

技术制图机械电子汽车航空船舶土木建筑矿山井坑港口纺织服装

图 1-6 长仿宋体汉字示例

字母和数字分 A 型和 B 型两类,其中 A 型字体的笔画宽度(d)为字高(h)的 1/14,B 型字体的笔画宽度(d)为字高(h)的 1/10,在同一张图样上,只允许选用一种类型的字体。

字母和数字可写成斜体或直体,一般采用斜体。斜体字的字头向右倾斜,与水平基准线呈 75°。

技术图样中常用的字母有拉丁字母和希腊字母两种,常用的数字有阿拉伯数字和罗马数字两种,字母和数字的示例如图 1-7 所示,综合应用示例如图 1-8 所示。

五、图线

国家标准《技术制图 图线》(GB/T 17450—1998)规定了适用于各种技术图样的图线名称、线型、线宽及画法等,工程图样中常用的图线的名称、形式、宽度及其用途见表 1-5。

图 1-7　字母及数字示例

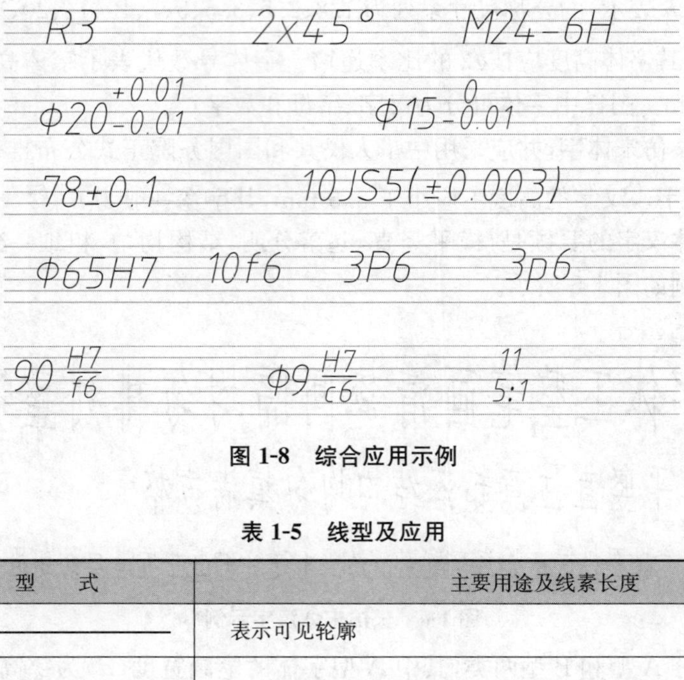

图 1-8　综合应用示例

表 1-5　线型及应用

名　称	型　式	主要用途及线素长度	
粗实线		表示可见轮廓	
细实线		表示尺寸线、尺寸界线、通用剖面线、引出线、重合断面的轮廓、过渡线	
波浪线		表示断裂处的边界、局部剖视的分界	
双折线		表示断裂处的边界	
虚线		表示不可见轮廓。画长 $12d$，短间隔长 $3d$（d 为粗线宽度）	
点画线		表示轴线、圆中心线、对称线、轨迹线	长画长 $24d$、短间隔长 $3d$
双点画线		相邻辅助零件的轮廓线	

国家标准《机械制图　图样画法　图线》(GB/T 4457.4—2002)规定了机械制图中所用图线的一般规则。在机械图样中，采用粗、细两种线宽，它们之间的比例为 2∶1。图线线宽的推荐系列为 0.25、0.35、0.5、0.7、1、1.4、2 mm。一般粗线优先采用 0.5 mm 或 0.7 mm 的线宽。图线的应用如图 1-9 所示。

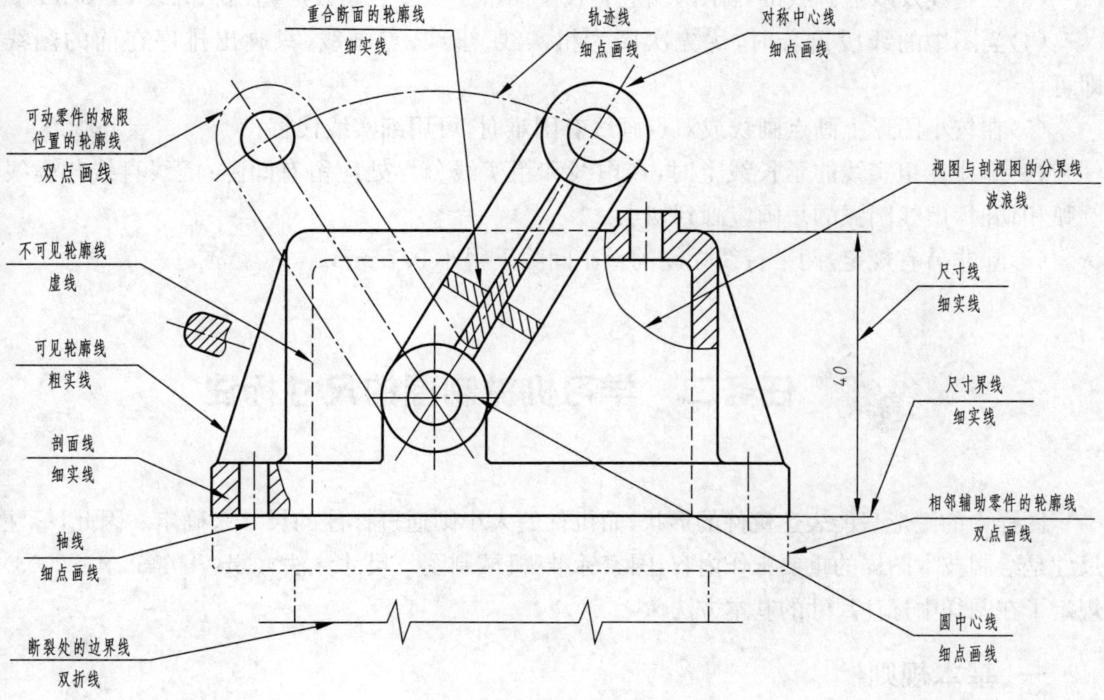

图 1-9　图线的应用示例

如图 1-10 所示，画图线时需要注意以下几个问题：

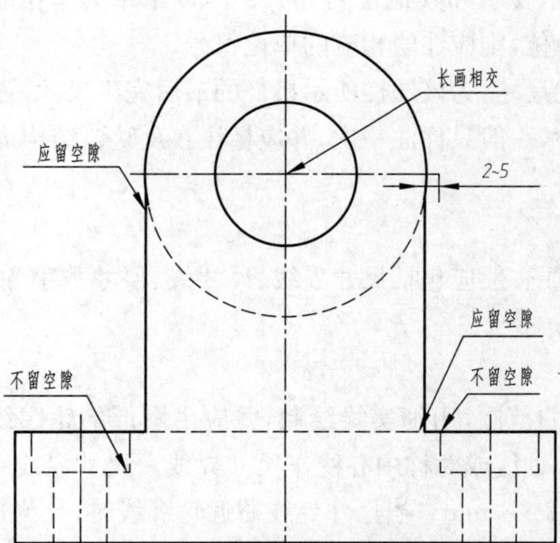

图 1-10　图线绘制示例

(1)在同一张图样中,同类图线的宽度应基本一致。虚线、点画线及双点画线的短画、长画和间隔应各自大致相等。

(2)绘制圆的对称中心线时,圆心应为长画的交点。点画线、双点画线、虚线与其他线相交或自身相交时,均应尽量交于短画或长画处。

(3)点画线及双点画线的首末两端应是长画而不是点。点画线应超出轮廓线 2～5 mm。

(4)当图中的线段重合时,优先次序为粗实线、虚线、点画线,只画出排序在前的图线即可。

(5)在较小图形上画点画线或双点画线有困难时,可用细实线代替。

(6)虚线在粗实线的延长线上时,在虚线和粗实线分界处应留有间隙;虚线直线与虚线圆弧相切时,虚线圆弧的短画应画到切点。

(7)除非另有规定,两平行线之间的最小间隙不得小 0.7 mm。

任务二　学习机械制图的尺寸标注

图样中的图形只能表达机件的形状,而机件的大小则通过标注的尺寸来确定。因此,标注尺寸是绘制技术图样的重要工作内容,国家标准《机械制图　尺寸注法》(GB/T 4458.4—2003)规定了在图样中标注尺寸的基本方法。

一、基本规则

(1)机件的真实大小应以图样上所注尺寸数值为依据,与图形的大小及绘图的准确度无关。

(2)图样中(包括技术要求和其他说明)的尺寸,以毫米为单位时,不需要标注单位符号(或名称),如采用其他单位,则应注明相应的单位符号。

(3)图样中所标注的尺寸,为该图样所示机件的最后完工尺寸,否则应另加说明。

(4)机件的每一尺寸,一般只标注一次,并应标注在反映该结构最清晰的图形上。

二、尺寸组成

一个完整的尺寸标注一般应包括尺寸界线、尺寸线、尺寸数字和表示尺寸线终端的箭头或斜线,如图 1-11 所示。

1. 尺寸界线

尺寸界线表示尺寸的范围,用细实线绘制,并应由图形的轮廓线、轴线或对称中心线处引出。也可利用轮廓线、轴线或对称中心线作尺寸界线。尺寸界线一般应与尺寸线垂直,尺寸界线超出尺寸线终端 2～3 mm。当尺寸界线贴近轮廓线时,允许尺寸界线倾斜,与尺寸线间的夹角不等于 90°,但两尺寸界线必须相互平行,如图 1-12(a)所示。在光滑过渡处标注尺寸时,必须用细实线将轮廓线延长,从它们的交点处引出尺寸界线,如图 1-12(b)所示。

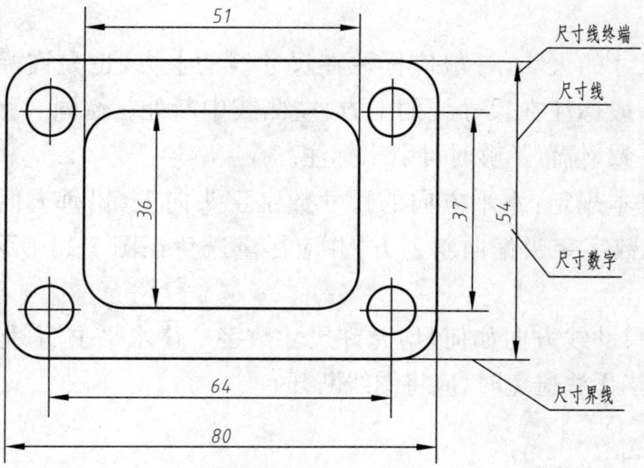

图 1-11 尺寸组成

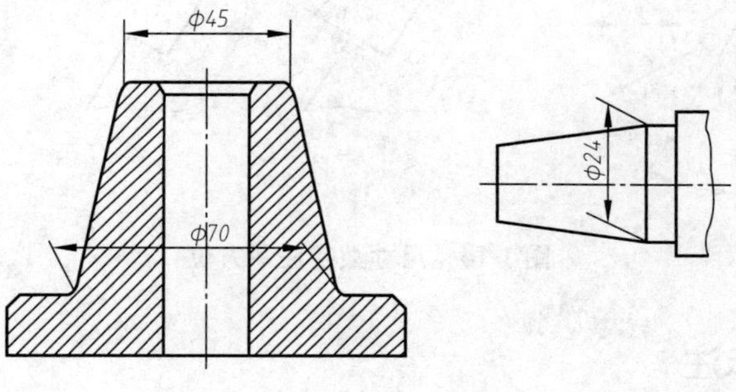

图 1-12 尺寸界线

2. 尺寸线

尺寸线表示尺寸度量的方向，用细实线绘制。尺寸线必须单独画出，不能与图线重合或在其延长线上。标注线性尺寸时，尺寸线须与所标注的线段平行；在圆或圆弧上标注直径或半径尺寸时，尺寸线一般应通过圆心。尺寸线与轮廓线的间距、相同方向上尺寸线之间的间距应大于 7 mm。同一图样中尺寸线间距大小应保持一致。

尺寸线终端有两种形式，如图 1-13 所示。其中箭头适用于各种类型的图样，图 1-13(a)中的 d 为粗实线的宽度，箭头尖端与尺寸界线接触，但不得超出。而箭头的斜线用细实线绘制，图 1-13(b)中 h 为字体高度。当尺寸线终端采用斜线形式时，尺寸线与尺寸界线应相互垂直。同一图样中的线性尺寸只能采用一种尺寸线终端形式。圆的直径、半径及角度尺寸线的终端应画成箭头。机械图样中一般采用箭头作为尺寸线的终端。

图 1-13 尺寸终端

3. 尺寸数字

尺寸数字表示尺寸的大小，一般应标注在尺寸线的上方，也允许标注在尺寸线的中断处。线性尺寸数字一般标注在尺寸线的上方、左侧或中断处。在同一张图样上注写的尺寸数字的字高应保持一致，位置不够时可引出标注。

尺寸数字注写基本规定：水平方向的尺寸数字字头向上，铅垂方向的尺寸数字字头向左，倾斜方向的尺寸数字字头偏向斜上方，并应尽量避免在图 1-14 所示 30°的范围内标注尺寸。

在图样中，不论尺寸线方向如何，均允许尺寸数字一律水平书写，但应注意尺寸数字不得被任何图线通过，当无法避免时，应将图线断开。

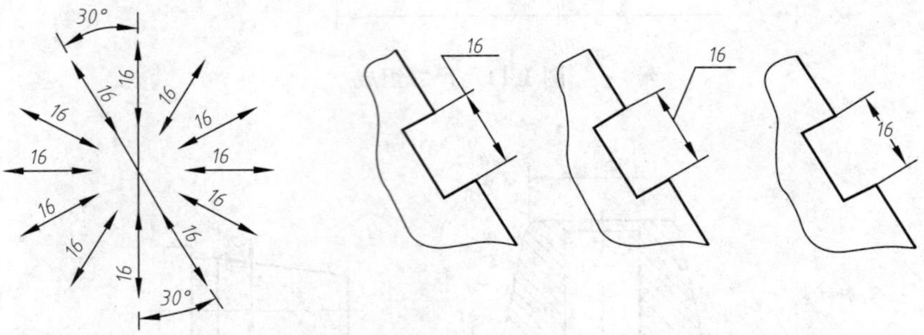

图 1-14　尺寸数字注写方位

三、常见尺寸标注

1. 线性尺寸的注法

线性尺寸表征被测要素的长度、宽度和高度的大小。标注线性尺寸时，尺寸线必须与所标注方向的线段平行。为避免尺寸线与尺寸界线相交，相互平行的尺寸线应从小到大依次向外排列，即大尺寸应注在小尺寸的外侧，如图 1-15 所示。

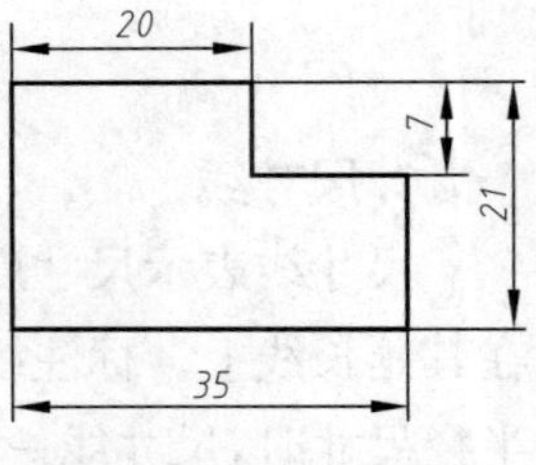

图 1-15　线性尺寸标注

2. 圆的尺寸注法

圆或大于半圆的圆弧，应标注直径，在数字前加注符号“ϕ”。标注直径尺寸时，其尺寸线应通过圆心，尺寸线的终端应画成箭头，如图 1-16 所示。

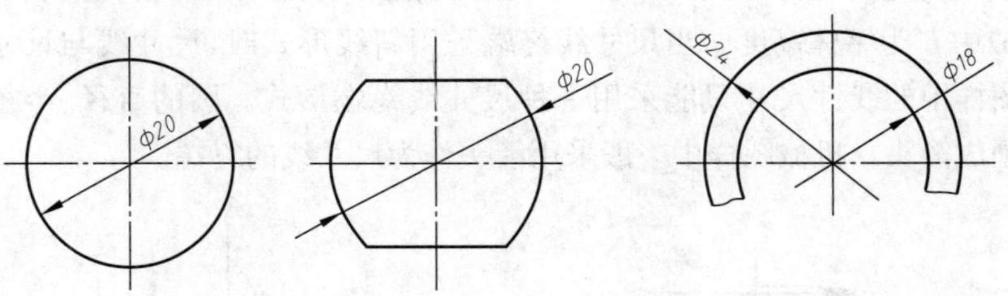

图 1-16　圆的尺寸注法

3. 圆弧的尺寸注法

等于或小于半圆的圆弧，应标注半径，在数字前加注符号“R”，其尺寸线应通过圆心，尺寸线的终端应画成箭头。当半径过大或在图纸范围内无法标出其圆心位置时，可将尺寸线折弯或将箭头端部分绘出，如图 1-17 所示。

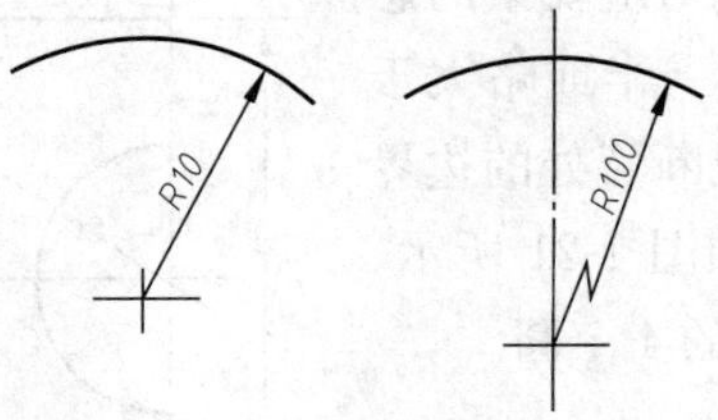

图 1-17　圆弧的尺寸注法

4. 球面的尺寸注法

标注球面的直径或半径时，应在符号“ϕ”或“R”前再加注符号“S”，如图 1-18 所示。

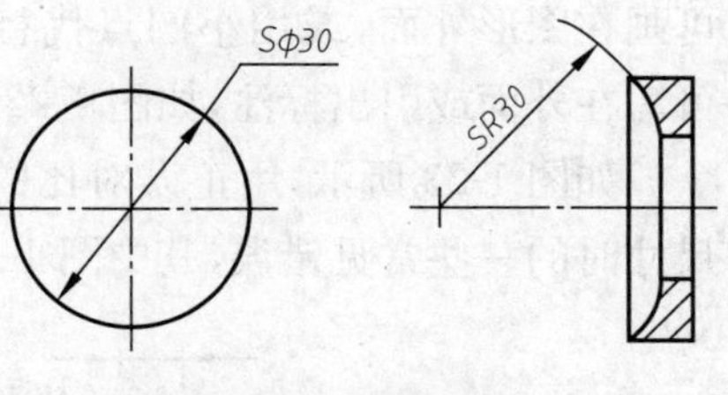

图 1-18　球面尺寸注法

5. 角度的注法

角度的尺寸界限应沿径向引出，尺寸线为圆弧，圆心为该角的顶点。角度尺寸数字一律水平书写，一般注在尺寸线的中断处，也可注在尺寸线的外侧或上方，或引出标注，如图 1-19 所示。

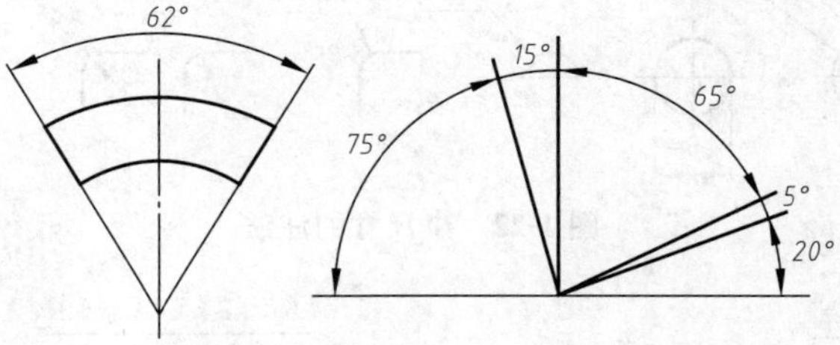

图 1-19　角度的注法

6. 弦长和弧长的注法

弦长和弧长的尺寸界线应平行于该弦的垂直平分线。弧长的尺寸线为与该弧同心的圆弧。标注弧长时，应在尺寸数字前加注符号“⌒”（以字高为半径的细实线圆弧），如图 1-20(a)所示。当弧度较大时，弧长的尺寸界线可沿径向引出，如图 1-20(b)所示。

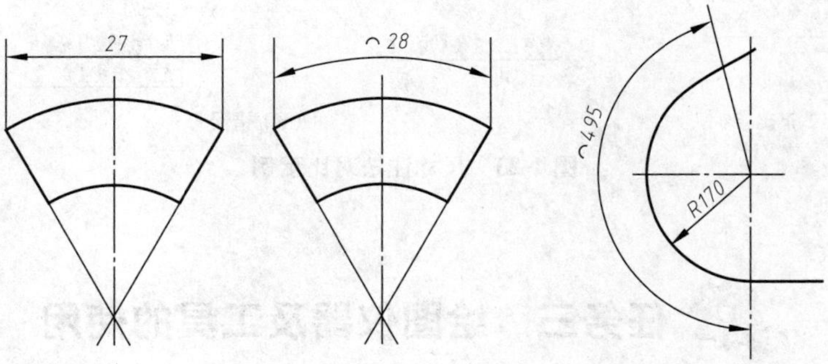

图 1-20　弧长的注法

7. 对称结构的尺寸注法

标注对称结构时，以对称中心两侧对应要素的总体尺寸进行标注。当对称结构只画出一半或略大于一半时，尺寸线应略超过对称中心线或断裂处的边界线，且仅在尺寸线的一端画出箭头，如图 1-21 所示。其中 4× ϕ6 代表直径相同都为 6 mm 的 4 个圆。

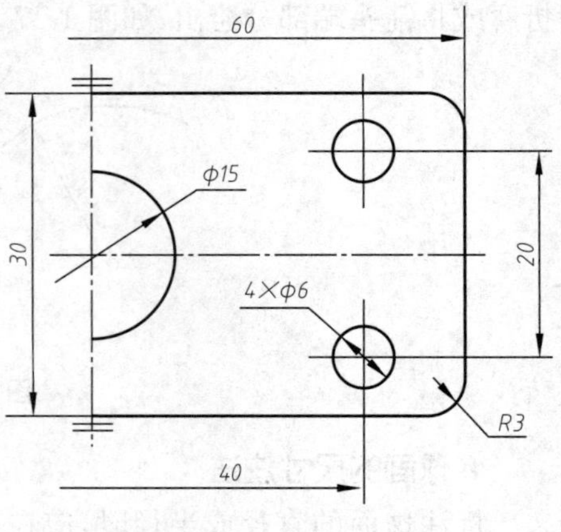

图 1-21　对称图形的注法

8. 小尺寸的注法

当被标注对象较小，没有足够位置时，尺寸箭头可画在图形外面，或用小圆点代替箭头；尺寸数字也可写在外面或引出标注，如图 1-22 所示。

如图 1-23 所示，用正误对比的方法，列举了标注尺寸时的一些常见错误，其中图 1-23(a)是正确的标注方式，图 1-23(b)为错误的标注方式。

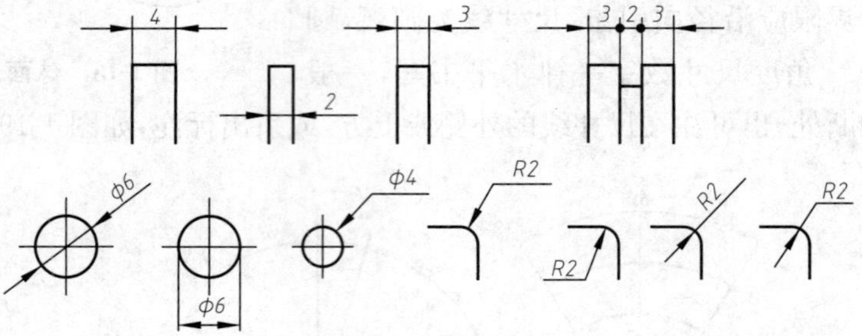

图 1-22　小尺寸的注法

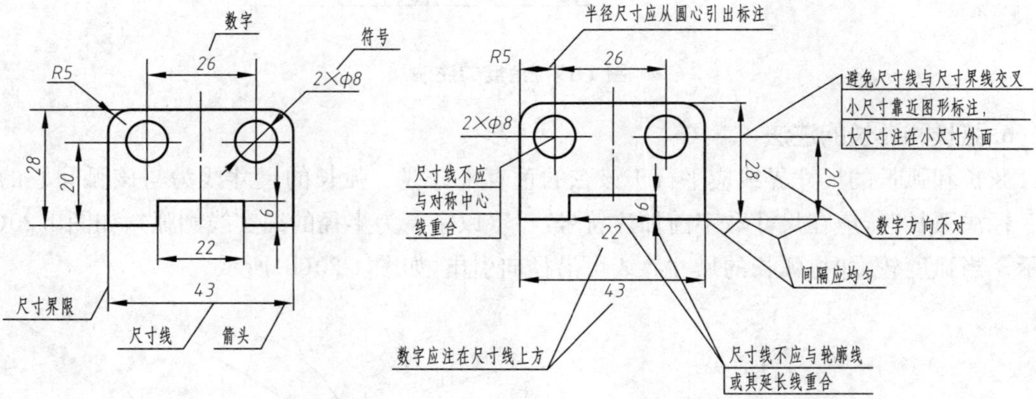

（a）正确　　（b）错误

图 1-23　尺寸注法对比示例

任务三　绘图仪器及工具的使用

正确使用绘图工具和仪器，是保证绘图质量、提高绘图效率的一个重要方面。因此，必须养成正确使用绘图工具及仪器的良好习惯。

常用的手工绘图工具及仪器有图板、丁字尺、三角板、圆规、分规、曲线板、铅笔等。采用这些仪器和工具进行绘图，常常称为仪器绘图或尺规绘图。

一、图板

图板是画图时的垫板，画图时需将图纸平铺固定在图板上。因此，要求图板表面光洁平整，四边平直且富有弹性。图板的左侧边称为导边，即工作边，必须平直。常用的图板规格有 A0、A1 和 A2 三种。

二、丁字尺

丁字尺由尺头和尺身组成，尺头和尺身的连接处必须牢固，尺头的内侧边与尺身的上边(称为工作边)必须垂直。丁字尺主要用于画水平线，使用时用左手扶住尺头，将尺头的内侧边紧贴图板的导边，上下移动丁字尺，自左向右可画出一系列不同位置的水平线，如图 1-24(a)所示。

三、三角板

一副三角板有 30°、60°角尺和 45°角尺各一块，将三角板与丁字尺配合使用，可画出铅垂位置的直线，以及与水平线成 30°、45°、60°的斜线，如图 1-24(b)所示；还可画出与水平线成 15°、75°角的斜线，如图 1-25 所示。

直接利用两块三角板，可以画出已知直线的平行线或垂直线，如图 1-26 所示。

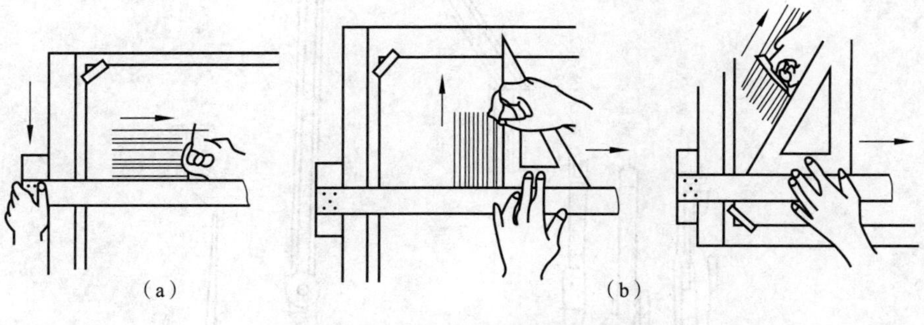

图 1-24　丁字尺与三角板组合画线

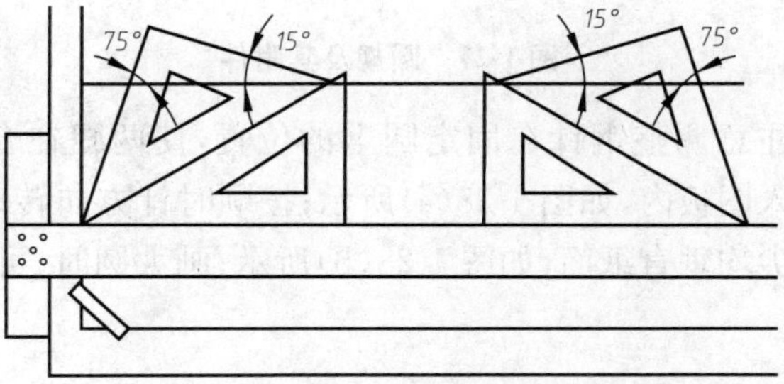

图 1-25　画 15°和 75°斜线

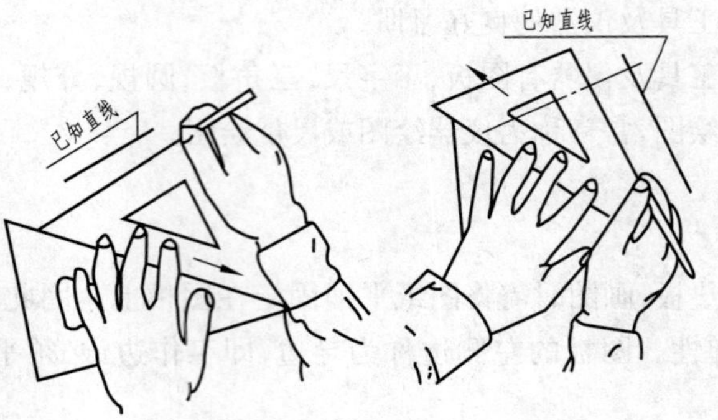

图 1-26 画平行线和垂直线

四、圆规

圆规是用来画圆或圆弧的工具。圆规固定腿上的钢针具有两种不同形状的尖端：带台阶的尖端是画圆或圆弧时定心用的；带锥形的尖端可作分规使用。活动腿上有肘形关节，可随时装换铅芯插脚、鸭嘴脚及作分规用的锥形钢针插脚，如图 1-27 所示。

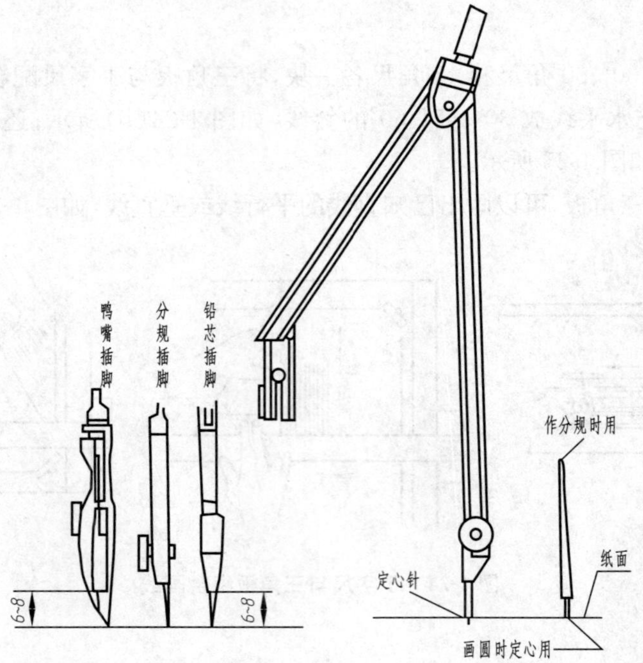

图 1-27 圆规及其附件

画圆或圆弧时，要注意调整钢针在固定腿上的位置，使两腿在合拢时针尖比铅芯稍长些，以便将针尖全部扎入图板内，如图 1-28(a)所示；按顺时针方向转动圆规，并稍向前倾斜，此时，要保证针尖和笔尖均垂直纸面，如图 1-28(b)所示；画大圆时，可接上延长杆后使用，如图 1-28(c)所示。

五、分规

分规是用来量取尺寸、截取线段、等分线段的工具。分规的两腿端部有钢针，当两腿合拢时，两针尖应重合于一点，其使用方法如图 1-29 所示。

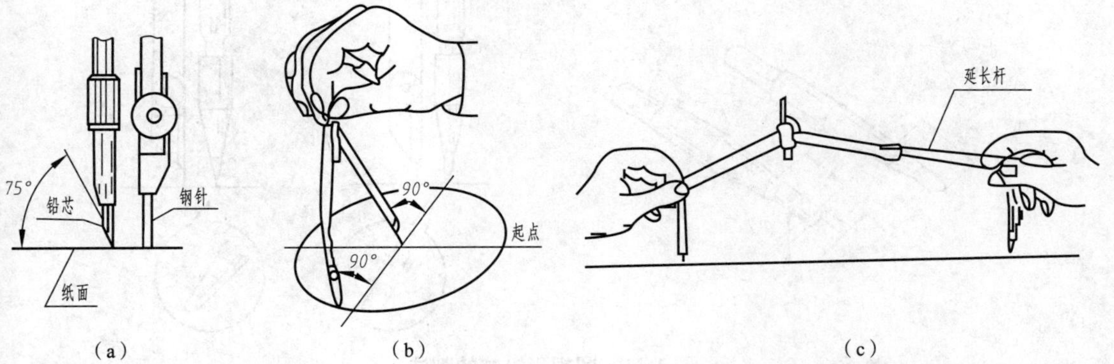

图 1-28　圆规的用法

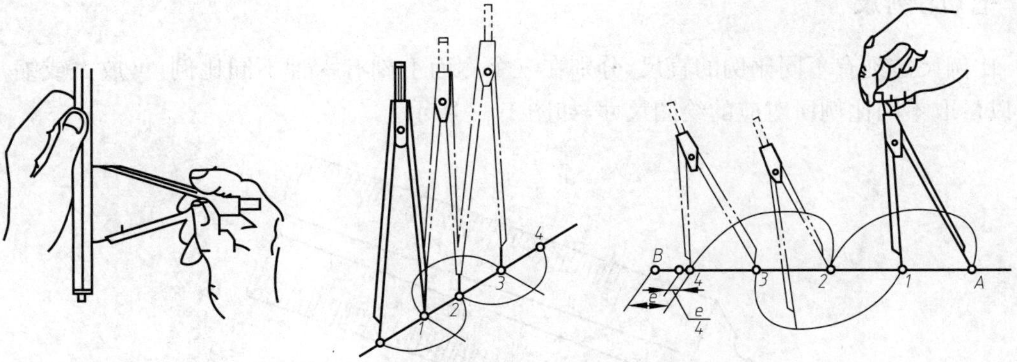

图 1-29　分规及其使用

六、铅笔

手工绘图时应采用绘图铅笔，绘图铅笔的铅芯有软硬两种，用字母 B 和 H 表示，B 或 H 前面的数字越大表示铅芯越软或越硬。字母 HB 表示软硬适中的铅芯。绘制机械图样时，常用 2H 或 H 铅笔画底稿图线或加深细线；用 HB 或 H 铅笔写字画箭头；用 B 或 2B 铅笔画粗线，加深粗线的圆或圆弧时，比加深直线用铅笔软一级。

铅笔尖端应根据作图线型不同修磨成锥状或铲状。用于画底稿线、细线和写字的铅笔，笔芯应磨成锥状；画粗线时，笔芯头部宜磨成铲形，这种形状磨损较缓，线型易于一致，如图 1-30 所示。圆规用铅芯的修磨如图 1-31 所示。

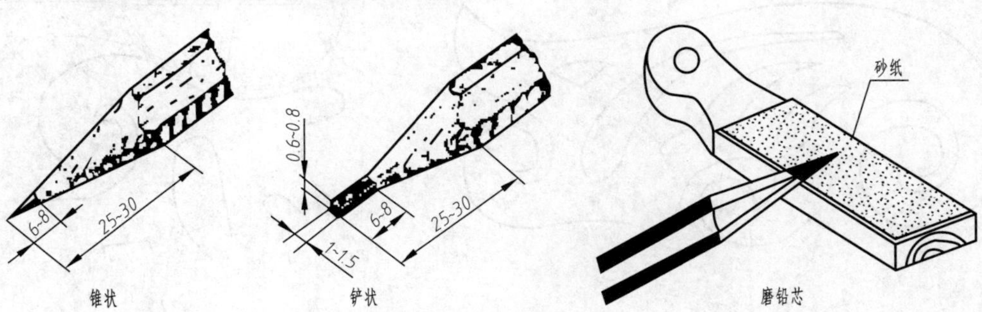

图 1-30　铅笔的修磨

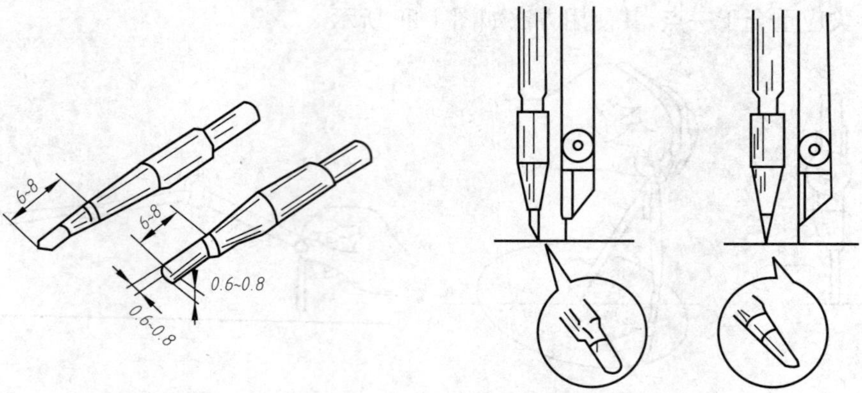

图 1-31　圆规用铅芯的削法

七、比例尺

比例尺是刻有不同比例的直尺，分别在三个侧面上刻有六种不同比例，可放大或缩小尺寸，以量取不同比例所对应的绘图尺寸，如图 1-32 所示。

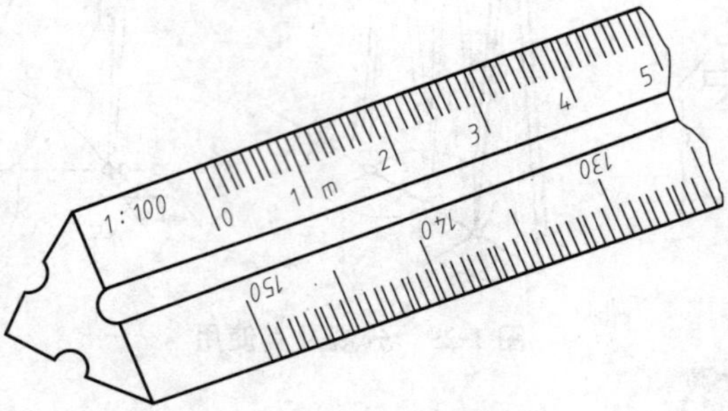

图 1-32　比例尺

八、曲线板

曲线板是用于绘制非圆曲线的模板，如图 1-33(a)所示。绘图时应先求出非圆曲线上的一系列点，将需要连接的各点用铅笔徒手轻轻地连成光滑曲线，然后从一端开始在曲线板上选择至少通过三点与所画曲线相吻合的一段进行描绘。依次连续进行，直到画完全部曲线。为了使所画曲线光滑，前后两段应有一小段重合，如图 1-33(b)所示。

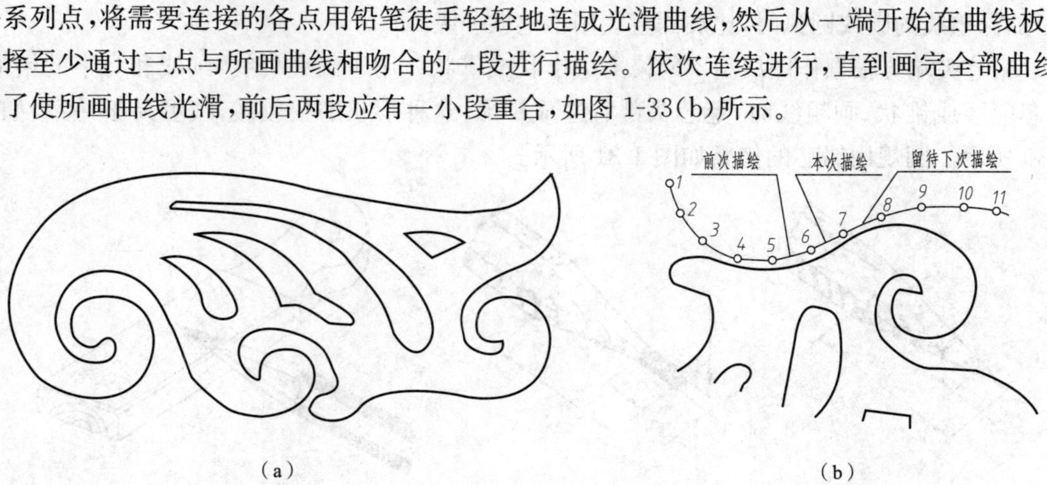

图 1-33　曲线板及其使用

九、擦图片

擦图片是其上制作有多种孔形的金属薄片。利用擦图片上各种形式的镂孔，可以针对性地擦去多余的线条，保持图面清洁，如图 1-34 所示。

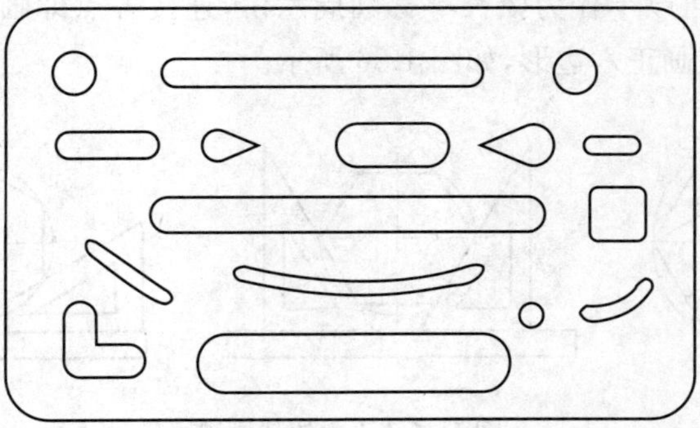

图 1-34 擦图片

除上述仪器和工具外，进行手工尺规绘图时，还需要用胶带纸、毛刷、橡皮、小刀及各种模板等工具。

任务四 学习机械制图常用的几何作图方法

从几何角度看，机械图样对应一组平面图形，而平面图形则由一些基本的几何图形组成。因此，熟练掌握基本几何作图方法，迅速准确地画出平面图形，是工程技术人员的基本技能之一。在绘制机械图样时，常会遇到等分线段、等分圆周、作正多边形、作斜度和锥度、圆弧连接以及绘制非圆曲线等几何作图问题。

一、等分及正多边形

1. 等分直线段

利用分规、三角板作图完成直线等分工作。如图 1-35 所示，将直线 *AB* 等分为 5 等份。

图 1-35 等分直线

首先过直线 AB 端点 A 作任意直线 AC，然后用分规自 A 点在直线 AC 上连续取 5 个等分得分点 1、2、3、4、5，接着连接最后分点 5 和直线端点 B，最后沿各分点作线段 $5B$ 的平行线与直线 AB 相交，即完成对直线等分。

2. 六等分圆周和作正六边形

先用圆规绘出圆，再以半径为弦长等分圆周六份，连接各点即画出圆的内接正六边形。也可用丁字尺和三角板画正六边形，如图 1-36 所示。

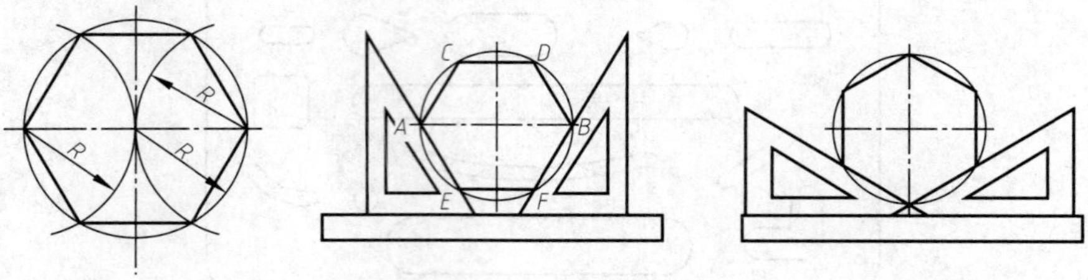

图 1-36　正六边形画法

3. 五等分圆周及作正五边形

作图步骤：

①作 OB 的垂直平分线交 OB 于点 P；

②以 P 为圆心，PC 长为半径画弧交直径于 H 点；

③CH 即为五边形的边长，等分圆周得五等分点 C、E、G、K、F；

④连接圆周各等分点，即成正五边形，如图 1-37 所示。

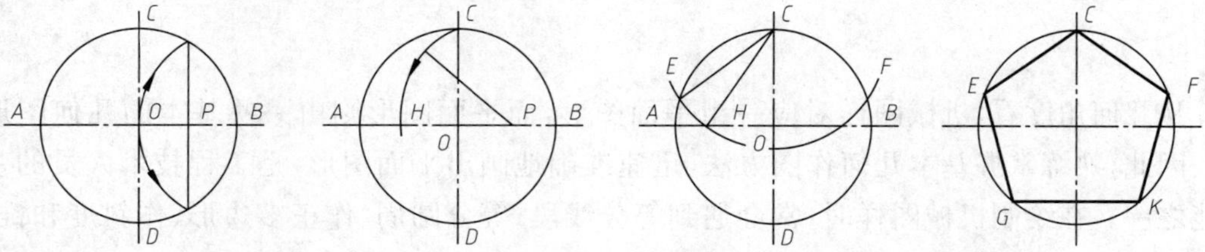

图 1-37　正五边形画法

4. 任意等分圆周及作圆内接正多边形

将直径铅垂线 AK 进行 n 等分(图 1-38 中 $n=7$)，以 K 点为圆心，以 KA 为半径，作圆弧交水平中心线于点 M、N，连接 M 和偶数点，延长线与外接圆相交，并求出其交点的对称点(即连接 N 点与偶数点)，即为正 n 边形顶点，如图 1-38 所示。

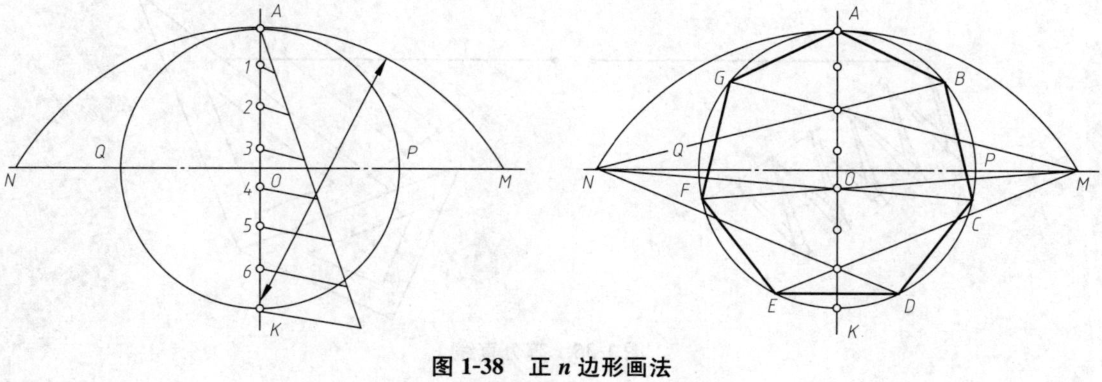

图 1-38　正 n 边形画法

二、斜度和锥度

1. 斜度

斜度是指直线或平面对另一直线或平面的倾斜程度，其大小用它们之间夹角的正切函数来表示，机械制图中通常写成 1∶n 的形式，如图 1-39(a)所示。即

斜度＝$\tan\alpha=H:L=1:n$

斜度的画法如图 1-39(b)所示，过点 C 对水平直线 AB 作一条斜度为 1∶5 的倾斜线 CD，步骤为：

①作 $BK\perp AB$；

②取 $BN=1$ 个长度单位，$BM=5$ 个单位长，连接点 M、N；

③过点 C 作 $CD\parallel MN$，CD 即为所求。

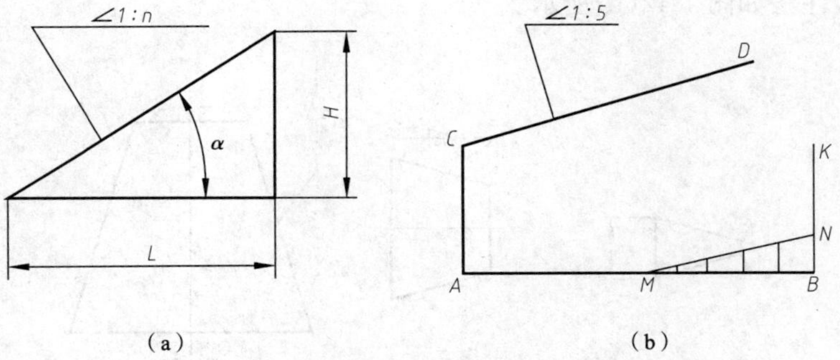

图 1-39　斜度及其画法

斜度标注用∠符号表示，如图 1-40(a)所示，h 为字高，符号的线宽为 $h/10$。符号的方向应与斜度的方向一致，标注方法如图 1-40(b)所示。

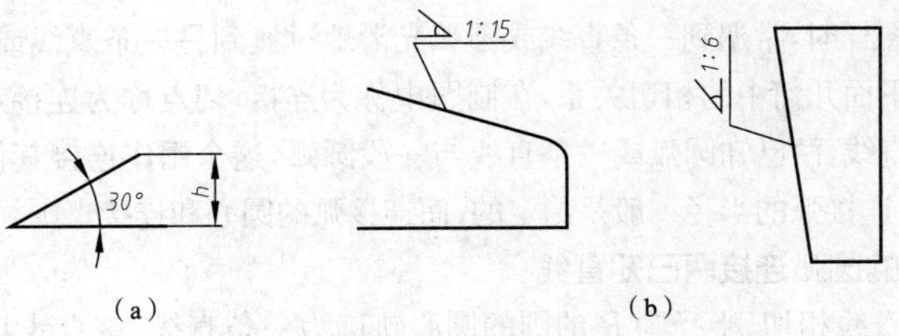

图 1-40　斜度符号及其注法

2. 锥度

锥度是指正圆锥的底圆直径与高度之比，若为锥台，则为两个底圆直径之差与锥台高度之比。机械制图中通常写成 1∶n 形式，如图 1-41(a)所示。即

锥度＝$D:L=(D-d):l=1:n$

锥度的画法如图 1-41(b)所示，如画 1∶5 的锥度线方法如下：

①在水平线上取 $OC=5$ 个单位；

②过 O 作 OC 的垂线，在其上对称量取 $BB_1=1$ 个单位长，连接 BC、B_1C；

③定点 A、A_1，并过 A、A_1 作 BC 和 B_1C 的平行线，即为所求的锥度线。

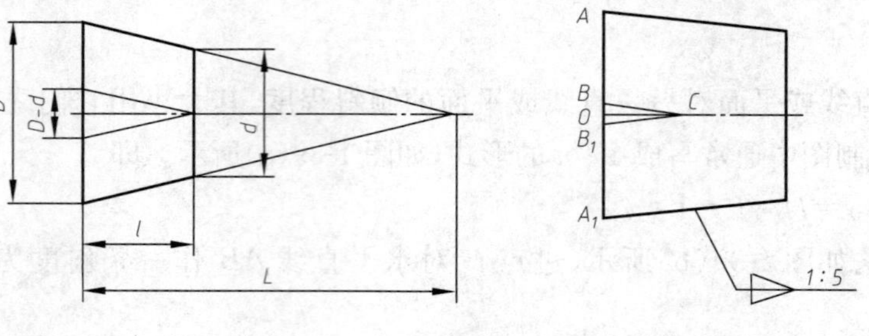

（a）　　　　（b）

图 1-41　锥度及其画法

锥度也用符号标注，如图 1-42(a)所示，h 为字高，符号线宽为 $h/10$。符号的方向应与锥度的方向一致，注法如图 1-42(b)所示。

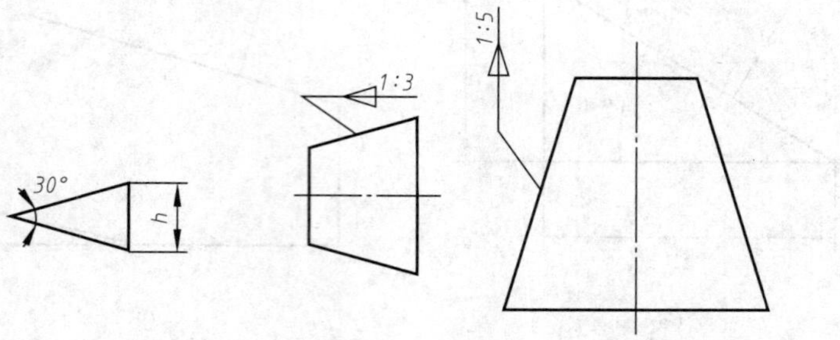

（a）　　　　（b）

图 1-42　锥度符号及其注法

三、圆弧连接

在绘制机械图样时，常遇到一条直线或圆弧光滑地过渡到另一条直线或圆弧的情况，这种光滑过渡实质是平面几何中的相切关系，在制图中称为连接，切点称为连接点。常见的是用圆弧连接两条已知直线、两已知圆弧或一条直线与一段圆弧，这个用作连接其他线段的圆弧称为连接弧。作图时，连接弧的半径一般是给定的，而连接弧的圆心和连接点则须作图确定。

1. 半径为 *R* 的圆弧连接两已知直线

所有与已知直线相切、半径为 R 的圆的圆心轨迹为一条直线，该直线与已知直线平行且相距为 R，如图 1-43 所示。

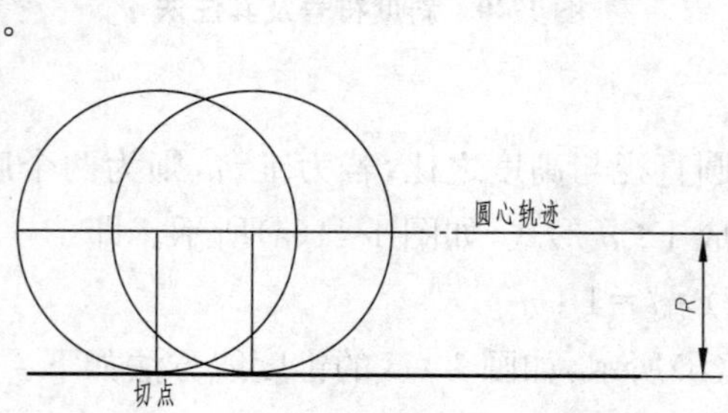

图 1-43　与直线相切的圆心轨迹

基于上述原理，用半径为 R 的圆弧连接两已知直线，如图 1-44 所示，其作图过程如下：

①在已知两直线的内侧，分别作两直线平行于已知直线，且其间距为 R，并相交于 O；

②过点 O 分别作两已知直线的垂线，交于 P、N 点；

③以 O 为圆心，R 为半径作弧 $\overset{\frown}{PN}$ 即完成连接。

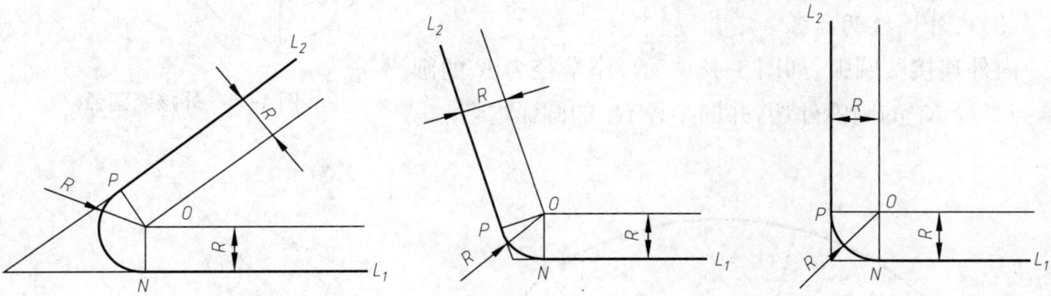

图 1-44　圆弧连接直线

2. 半径为 *R* 的圆弧连接两已知圆弧

连接圆弧与已知圆弧的连接关系可以是外切或内切。如果半径为 R 的连接圆弧与已知圆弧外切，则所有连接圆弧的圆心轨迹为一个圆，其圆心为已知圆弧的圆心，半径为连接圆弧半径与已知圆弧半径之和，连接点为连心线与已知圆弧的交点，如图 1-45(a)所示。如果半径为 R 的连接圆弧与已知圆弧内切，则所有连接圆弧的圆心轨迹也是一个圆，其圆心为已知圆弧的圆心，半径为连接圆弧半径与已知圆弧半径之差的绝对值，连接点为连心线延长线与已知圆弧的交点，如图 1-45(b)所示。

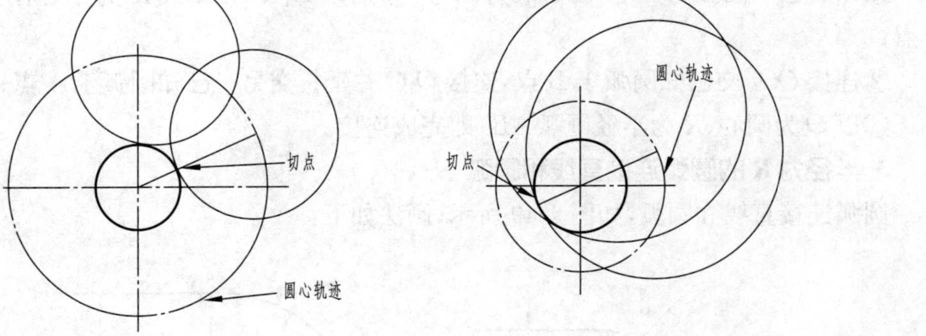

（a）外切　　（b）内切

图 1-45　与圆相切的圆心轨迹

(1)外连接两圆弧

外连接两圆弧即作半径为 R 的圆弧与已知两圆弧外切，如图 1-46 所示。

①以两已知圆弧的圆心 O_1、O_2 为圆心，分别以 R_1+R、R_2+R 为半径画弧，两弧交于 O；

②连接 OO_1、OO_2 分别交已知两弧于 A、B 两点；

③以 O 为圆心，R 为半径画弧 AB，即完成连接。

(2)内连接两圆弧

内连接两圆弧即作半径为 R 的圆弧与已知两圆弧内切，如图 1-47 所示。

①以两已知圆弧的圆心 O_1、O_2 为圆心，分别以 $R-R_1$、$R-R_2$ 为半径画弧，两弧交于 O；

②连接 OO_1、OO_2 并延长，分别交已知圆弧于 A、B 两点；

③以 O 为圆心，R 为半径画弧 AB，即完成连接。

(3)内外连接两圆弧

内外连接两圆弧，如图 1-48 所示，作半径为 R 的圆弧，与半径 R_1 的圆弧外切，并同半径 R_2 的圆弧内切。

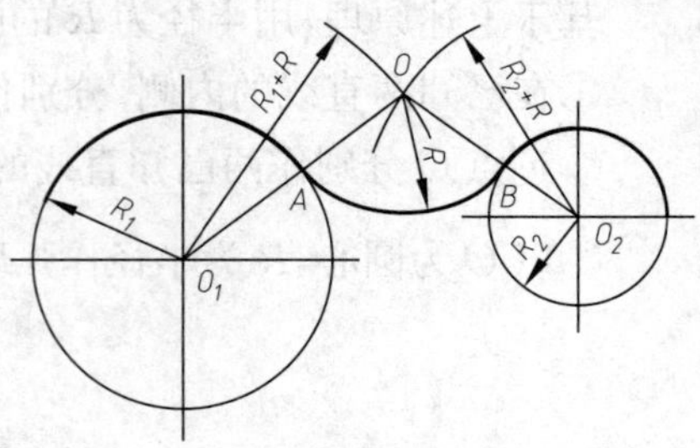

图 1-46　外接两圆弧

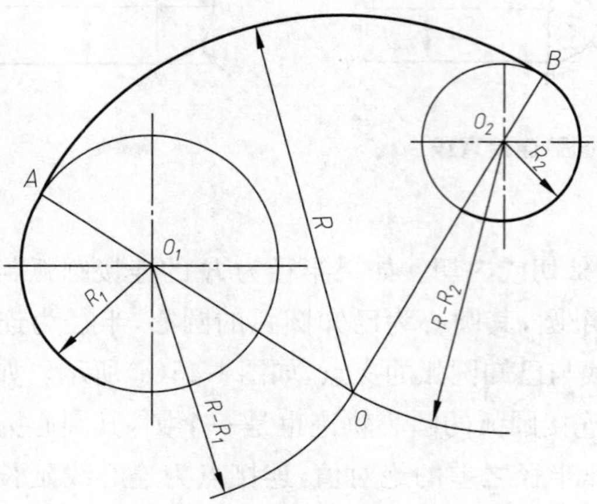

图 1-47　内接两圆弧

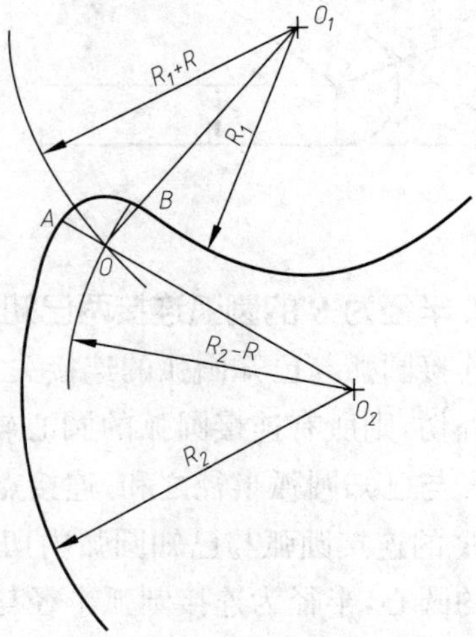

图 1-48　内外连接两圆弧

①以两已知圆弧的圆心 O_1、O_2 为圆心，分别以 R_1+R、R_2-R 为半径画弧，两弧交于 O 点；

②连接 OO_1 交已知圆弧于 B 点，连接 O_2O 并延长交另一已知圆弧于 A 点；

③以 O 为圆心，R 为半径画弧 AB，即完成连接。

3. 半径为 *R* 的圆弧连接直线和圆弧

圆弧连接直线和圆弧，如图 1-49 所示，画法如下：

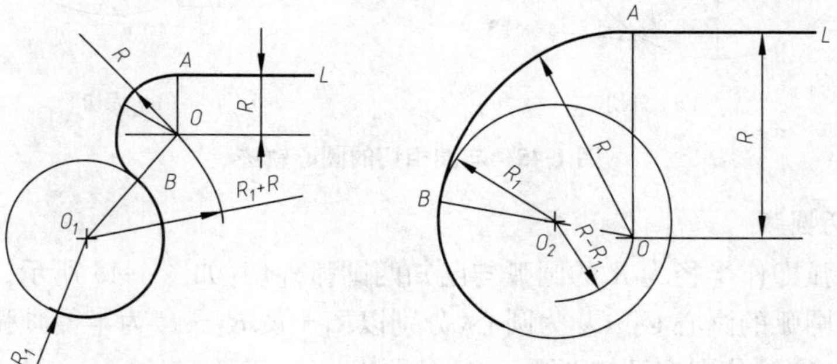

图 1-49　圆弧连接直线和圆弧

①作直线平行于已知直线，其间距为 R；

②以已知圆弧的圆心为圆心，R_1+R（外切圆弧）或 $R-R_1$（内切圆弧）为半径画弧与所作直线交于 O 点；

③过 O 作已知直线的垂线并交其于 A 点，连接 OO_1（或连接 OO_1 并延长）交已知圆弧于 B；

④以 O 为圆心，R 为半径画弧 AB，即完成连接。

任务五　学习平面图形的分析及画法

一、平面图形的分析

平面图形是由若干线段组成的，为了掌握平面图形的正确作图方法和步骤，画图前先要对平面图形进行分析，如图 1-50 所示。

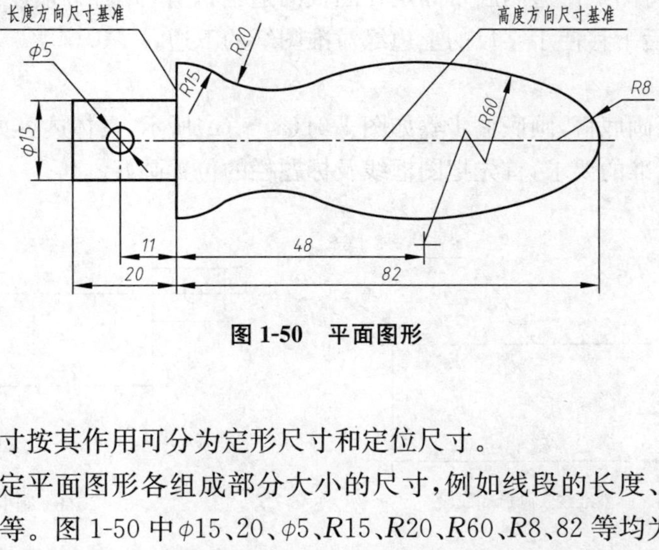

图 1-50　平面图形

1. 尺寸分析

平面图形的尺寸按其作用可分为定形尺寸和定位尺寸。

定形尺寸是确定平面图形各组成部分大小的尺寸，例如线段的长度、圆的直径、圆弧的半径和角度的大小等。图 1-50 中 $\phi15$、20、$\phi5$、$R15$、$R20$、$R60$、$R8$、82 等均为定形尺寸。

定位尺寸是确定平面图形各组成部分相对位置的尺寸，例如圆心的位置尺寸等，见图 1-50 中 11、48 等。

标注定位尺寸时，必须先选好尺寸基准，尺寸基准是定位尺寸的出发点。平面图形有长和高两个方向，每个方向都应该有一个尺寸基准，通常选择对称中心线、较大圆的中心线和主要轮廓线作为尺寸基准。如图 1-50 中对称中心线为高度方向尺寸基准，15 圆心所过的端面为长度方向尺寸基准。

2. 线段分析

平面图形的线段，根据给定尺寸是否完整可分为已知线段、中间线段和连接线段三类。

已知线段为定形尺寸、定位尺寸全部注出的线段。作图时可以直接绘出，见图 1-50 中的 $\phi5$、$\phi15$、$R15$、$R8$ 等。

中间线段为定形尺寸齐全，缺少一个方向的定位尺寸的线段。作图时，必须先根据与相邻的已知线段的几何关系，求出另一个定位尺寸，才能画出该线段，如图 1-50 中的 $R60$。

连接线段为只有定形尺寸，没有定位尺寸，必须依靠与两端相邻线段间的连接关系才能画出的线段，如图 1-50 中的 $R20$。

画平面图形时，应先分析图形的尺寸，明确各线段的性质，确定基准，先画已知线段，再画中间线段，最后画连接线段。

二、作图的一般步骤

制图工作应当有步骤、循序渐进地进行。为了提高绘图效率、保证图纸质量，必须掌握绘图步骤和方法，养成认真负责、仔细、耐心的良好习惯。尺规绘图时，一般按照下列步骤进行。

1. 准备工作

①阅读并了解所绘图样，在绘图前尽量做到心中有数。

②准备好必需的绘图仪器、工具、用品，并且将图板、丁字尺、三角板、比例尺等擦洗干净，将绘图工具、用品放在桌子的右边，但不能影响丁字尺的上下移动。

③选好图纸，将图纸用透明胶带固定在图板的适当位置，此时必须使图纸的上边对准丁字尺的上边缘，然后下移使丁字尺的上边缘对准图纸的下边。

2. 画底稿

用较硬的铅笔画底稿，画底稿步骤如图 1-51(a)～(c)所示，具体内容如下：

①根据制图标准的要求，首先把图框线及标题栏的位置画好。

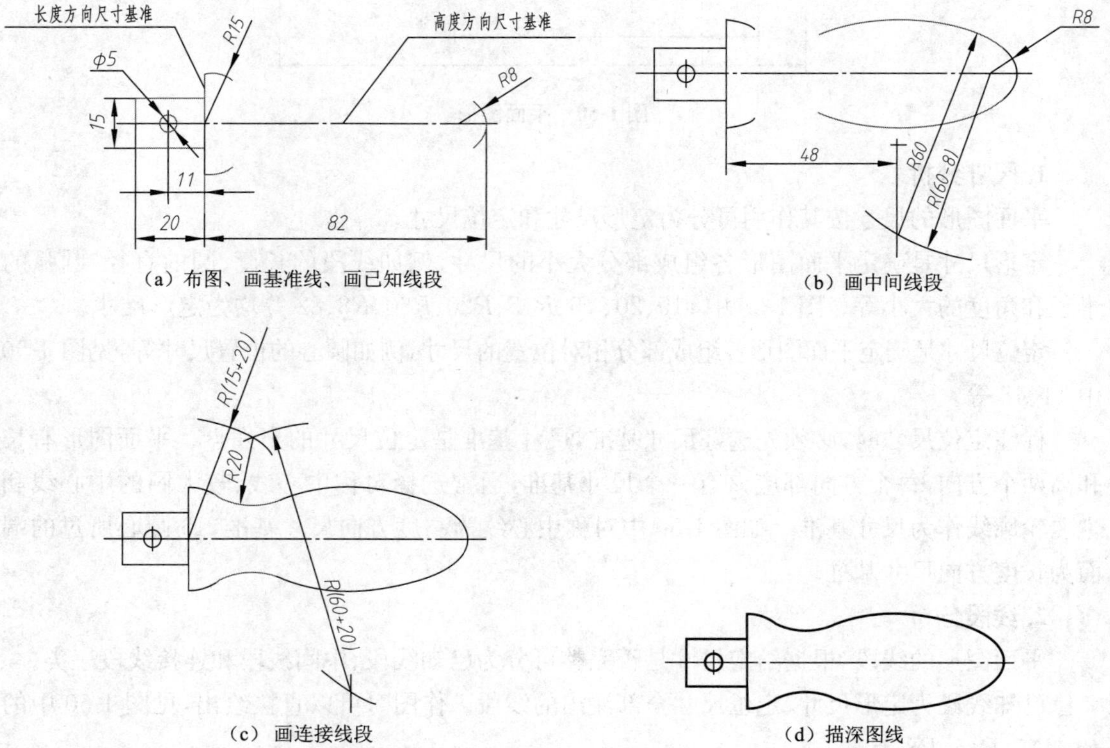

(a) 布图、画基准线、画已知线段　(b) 画中间线段

(c) 画连接线段　(d) 描深图线

图 1-51　绘制平面图形的步骤

②依据所画图形的大小、数量多少及复杂程度选择好比例，然后安排各个图形的位置，定好图形的中心线，图面布置要适中、匀称，以便获得良好的图面效果。

③首先画图形的基准，再按照已知线段、中间线段、连接线段的顺序画出图形的所有轮廓线。

④检查修正底稿，改正错误，补全遗漏，擦去多余线条。

3. 加深描粗

加深描粗，如图 1-51(d)所示。

①加深图线时，应是先曲线，其次直线，最后为斜线，各类线型的加深顺序为：细单点长画线、细实线、虚线、粗实线。

②同类图线要保持粗细、深浅一致，不连续的线段，同类图线每画长短一致。然后按照水平线从上到下、垂直线从左到右的顺序依次完成。

③加深图框线。

4. 标注尺寸，填写标题栏

尺寸标注要完整、清晰。标题栏中文字要工整，符合国家标准规定。

小　结

本项目主要介绍了国家标准《技术制图》和《机械制图》的一些基本规定，以及尺规绘图和徒手绘图的基本方法，这些都是学习本课程必备的基础知识和绘图的基本技能。

本项目所介绍的图纸幅面和格式、比例、图线及字体的规定，都应在绘图中严格执行，才可以使所绘制的图样合格、规范。

尺规作图及徒手绘图的技能应熟练掌握。同时，应熟练掌握绘图工具及仪器的使用方法。工程图样中的圆弧连接很多，因此应熟练掌握圆弧连接的作图方法和步骤。

项目二

投影基础

学习目标

1. 了解投影的基本概念及投影法的分类，掌握正投影的基本性质。

2. 熟悉三视图的形成过程，掌握三视图之间的规律。

3. 掌握点的投影规律与作图方法。

4. 掌握各种位置直线的投影特征、作图方法，能运用点的从属性和定比性，判断点与线的相对位置及作直线上的点的投影。

5. 掌握各种位置平面的投影特征、作图方法及作平面上的点和线的投影。

任务一　学习投影法概述

一、投影法概述

物体在光线的照射下，会在地面或墙面产生影子。人们将这种现象经过科学的抽象和提炼，逐步形成投影方法。如图 2-1 所示，S 为投影中心，A 为空间点，平面 P 为投影面，S 与 A 点的连线为投射线，SA 的延长线与平面 P 的交点 a 称为 A 点在平面 P 上的投影，这种在投影面得到图形的方法称为投影法。投影法是在平面上表示空间物体的基本方法，它广泛应用于工程图样中。

投影法分为两大类，即中心投影法和平行投影法。

1. 中心投影法

投射线从投影中心 S 射出，在投影面 P 上得到物体形状的投影方法称为中心投影法，如图 2-2 所示。

2. 平行投影法

当将投影中心 S 移至无限远处时，投射线可以看成是相互平行的，用平行投射线作出投影的方法称为平行投影法，如图 2-3 所示。

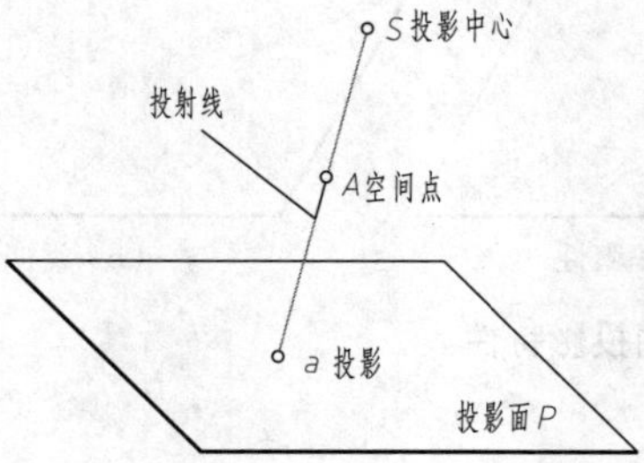

图 2-1　投影法

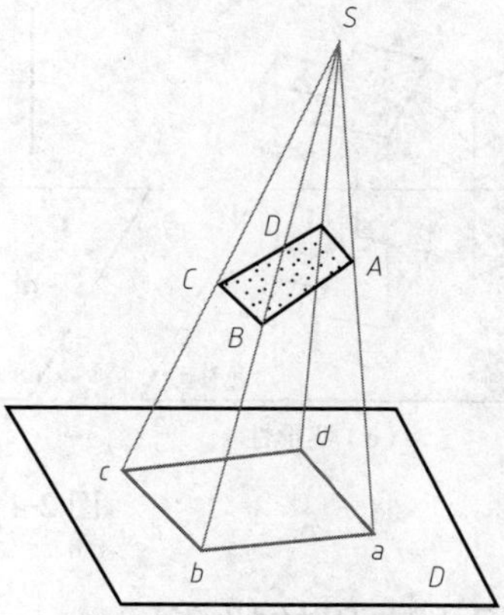

图 2-2　中心投影法

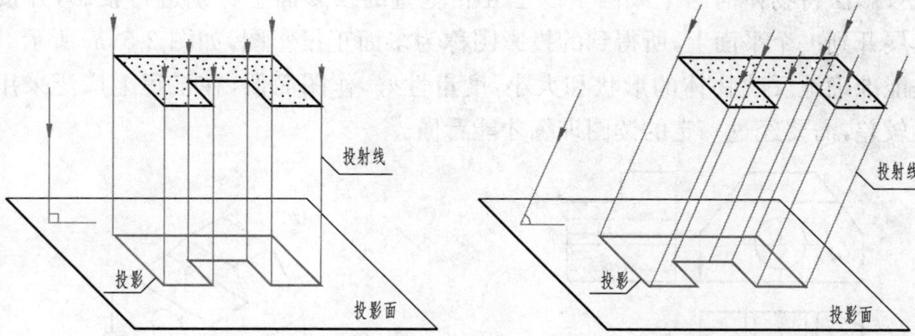

（a）正投影　　（b）斜投影

图 2-3　平行投影法

根据投射线与投影面所成角度的不同，平行投影法又分为正投影和斜投影。当投射线与投影面垂直时称为正投影，如图 2-3(a)所示；当投射线与投影面倾斜时称为斜投影，如图 2-3(b)所示。

二、正投影的投影特性

1. 实形性

当物体上的线段或平面平行于投影面时，其投影反映线段实长或平面实形，这种投影特性称为实形性，如图 2-4(a)所示。

2. 积聚性

当物体上的线段或平面垂直于投影面时，线段的投影积聚成点，平面的投影积聚成线段，这种投影特性称为积聚性，如图 2-4(b)所示。

3. 类似性

当物体上的线段或平面倾斜于投影面时，线段的投影是比实长短的线段，平面的投影为原图形的类似形，面积变小，这种投影特性称为类似性，如图 2-4(c)所示。

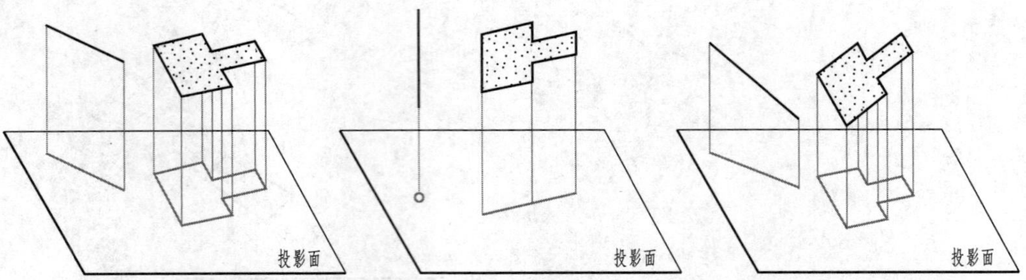

（a）实形性　　（b）积聚性　　（c）类似性

图 2-4　正投影的投影特性

三、工程上常用的投影图

1. 多面正投影图

用正投影法将物体向两个或两个以上互相垂直的投影面上分别进行投影，并按一定的方法将其展开到一个平面上，所得到的投影图称为多面正投影图，如图 2-5(a)所示。这种图的优点是能准确地反映物体的形状和大小，度量性好，作图简便，在工程上广泛采用。缺点是直观性较差，需要经过一定的读图训练才能看懂。

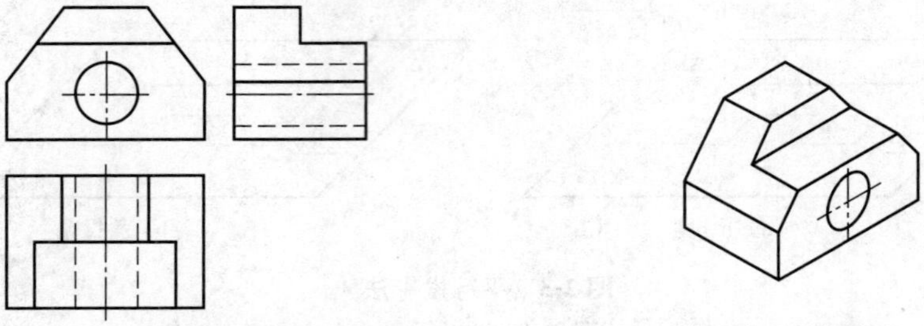

（a）多面正投影图　　（b）轴测投影图

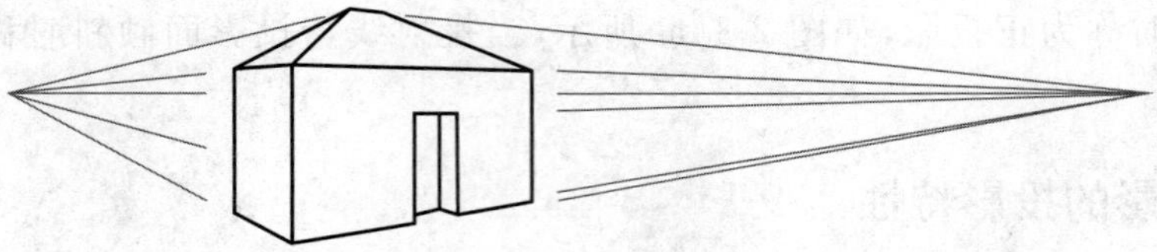

（c）透视投影图

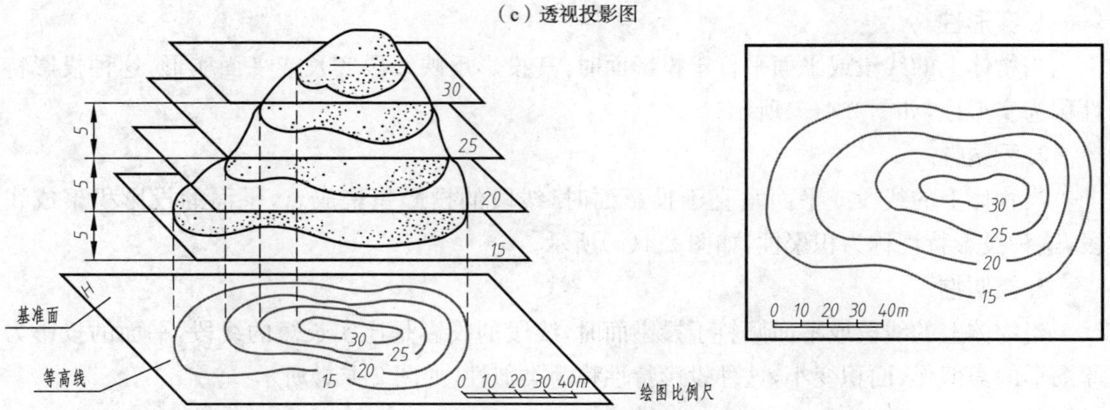

（d）标高投影图

图 2-5　工程上常用的投影图

2. 轴测投影图

轴测投影图是按平行投影法绘制的单面投影图，简称轴测图，如图 2-5(b)所示。这种图的优点是立体感强，直观性好，在一定条件下可直接度量。缺点是作图较麻烦，在工程中常用作辅助图样。

3. 透视投影图

透视投影图是按中心投影法绘制的单面投影图，简称透视图，如图 2-5(c)所示。这种图的优点是形象逼真，符合人的视觉效果，直观性强。缺点是作图繁杂、度量性差，一般用于表达房屋、桥梁等的外貌，室内装修与布置的效果图等。

4. 标高投影图

标高投影图是用正投影法画出的单面投影图，用来表达复杂曲面和绘制地形图，如图 2-5(d)所示。标高投影图在地形图中被广泛使用。

由于正投影图被广泛地用来绘制工程图样，所以正投影法是本书讲授的主要内容。以后所说的投影，如无特殊说明均指正投影。

任务二　学习三视图的形成及投影规律

在工程图样中，根据有关标准和规定，用正投影法绘制的物体投影图称为视图。

一般情况下，物体的一个视图不能确定其形状，图 2-6 所示空间不同形状的物体，它们在同一投影面上的投影完全相同。因此，在机械制图中，一般采用多面正投影的方法，即画出多个不同方向的投影，共同表达一个物体。设置投影面的数量，需根据物体的复杂程度而定。初学者一般以画三视图(三面投影图)作为基本训练方法。

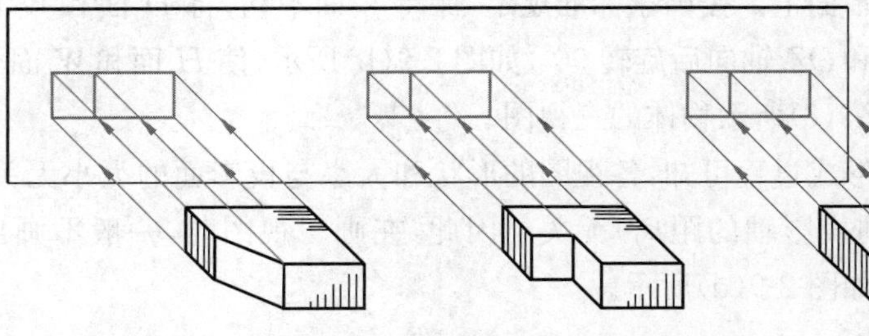

图 2-6　不同形状物体的单面投影

一、三视图的形成

1. 三投影面体系的建立

三个互相垂直的投影面构成三投影面体系，这三个投影面将空间分为八个部分，每一部分称为一个分角，分别称为Ⅰ分角、Ⅱ分角……Ⅷ分角，如图 2-7 所示。世界上有些国家规定将物体放在第一分角内进行投影，也有一些国家规定将物体放在第三分角内进行投影。我国《机械制图　图样画法　视图》(GB/T 4458.1—2002)中规定“采用第一角投影法”，如

图 2-8所示。

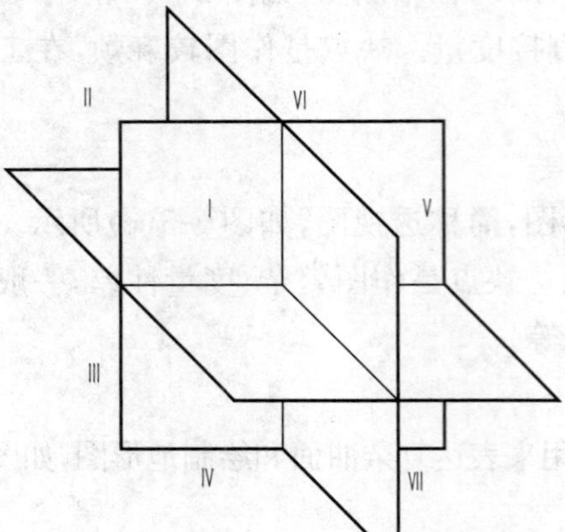

图 2-7　八个分角的划分

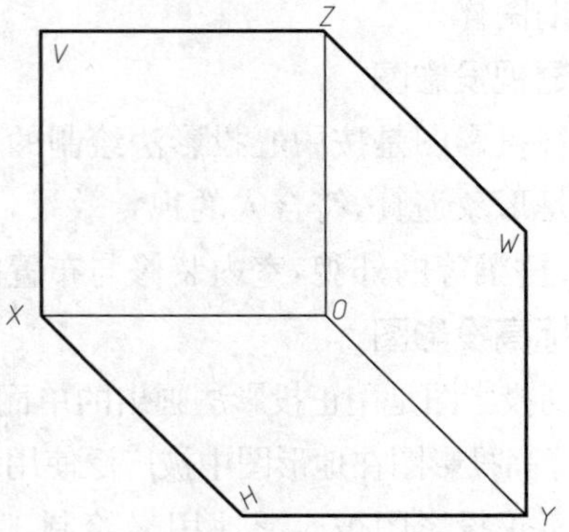

图 2-8　第一分角的三投影面体系

图 2-8 是第一分角的三投影面体系。我们对该投影体系采用如下的名称和标记:正立位置的投影面称为正面,用 V 标记(也称 V 面);水平位置的投影面称为水平面,用 H 标记(也称 H 面);侧立位置的投影面称为侧面,用 W 标记(也称 W 面)。投影面与投影面的交线称为投影轴,正面(V)与水平面(H)的交线称为 OX 轴;水平面(H)与侧面(W)的交线称为 OY 轴;正面(V)与侧面(W)的交线称为 OZ 轴。三根投影轴的交点为投影原点,用 O 表示。

2. 物体的三视图

如图 2-9(a)所示,将物体置于三投影面体系中,按正投影的方法分别向三个投影面投射。由前向后投射,在 V 面上得到的图形称为主视图;由上向下投射,在 H 面上得到的图形称为俯视图;由左向右投射,在 W 面上得到的图形称为左视图。

为了将物体在互相垂直的三个面的投影绘制在一张纸(一个平面)上,需将空间三个投影面展开摊平在一个平面上。按国家标准规定,保持 V 面不动,将 H 面和 W 面按图中箭头所指方向分别绕 OX 和 OZ 轴向后旋转 90°,如图 2-9(b)所示,使 H 面和 W 面均与 V 面处于同一平面内,即得图 2-9(c)所示物体的三视图。

从上述三视图的形成过程可知,各视图的形状和大小与投影面的大小无关;与物体到投影面的距离(三视图到投影轴的距离)无关。因此,在画三视图时,一般不画出投影面的边框,也不画出投影轴,如图 2-9(d)所示。

二、三视图之间的投影规律

空间物体都有长、宽、高三个方向的尺度,如图 2-10(a)所示。在绘制三视图时,对物体的长度、宽度、高度规定为:物体的左右为长,前后为宽,上下为高。

三视图中,每一个视图只能反映物体两个方向的尺寸:主视图反映物体的长和高方向的尺寸;俯视图反映物体的长和宽方向的尺寸;左视图反映物体的宽和高方向的尺寸。

如图 2-10(b)所示,主视图和俯视图都反映物体的长度尺寸,它们的左右位置应对正,这种关系称为“长对正”;主视图和左视图都反映物体的高度尺寸,它们的上下位置应对齐,这种关系称为“高平齐”;俯视图和左视图都反映物体的宽度尺寸,它们的前后位置对应,这种关系称为“宽相等”。

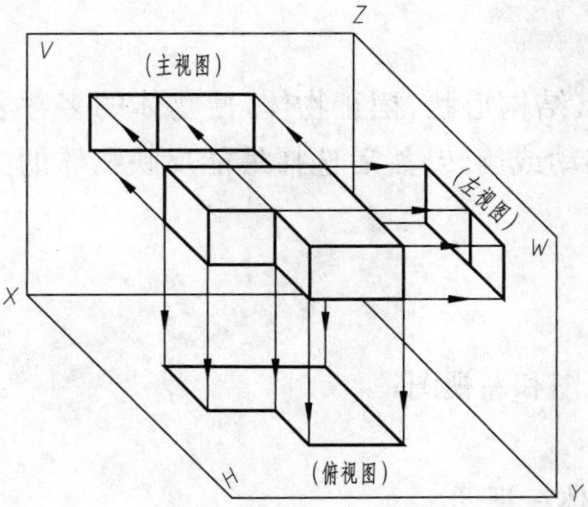

（a）物体的三视图

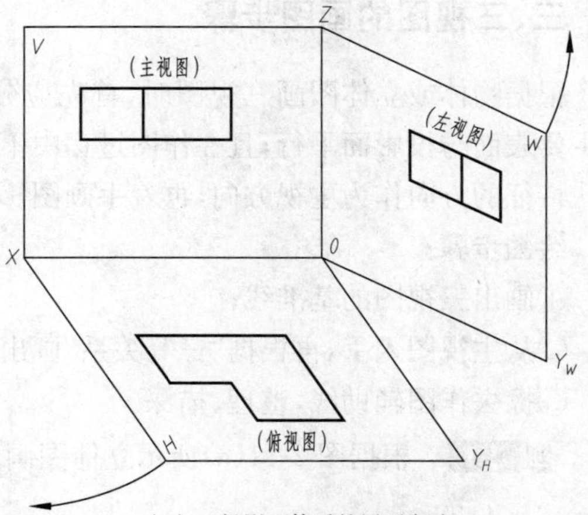

（b）三投影面体系的展开方法

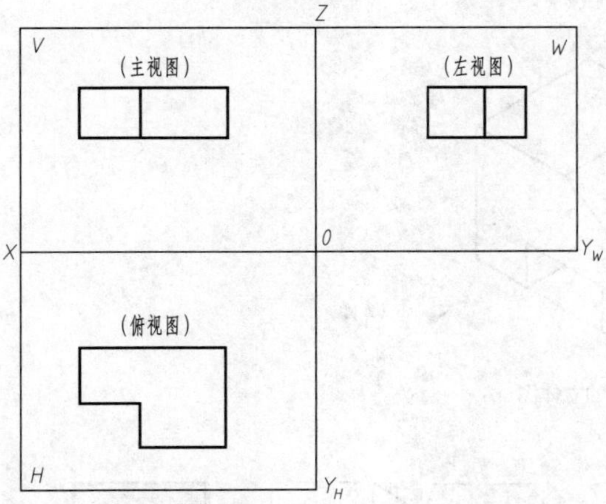

（c）三视图展开后的位置

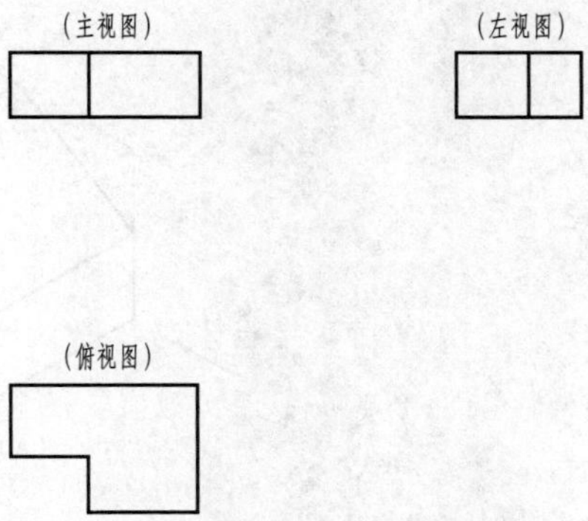

（d）去掉投影面边框、投影轴后的三视图

图 2-9　物体三视图的形成

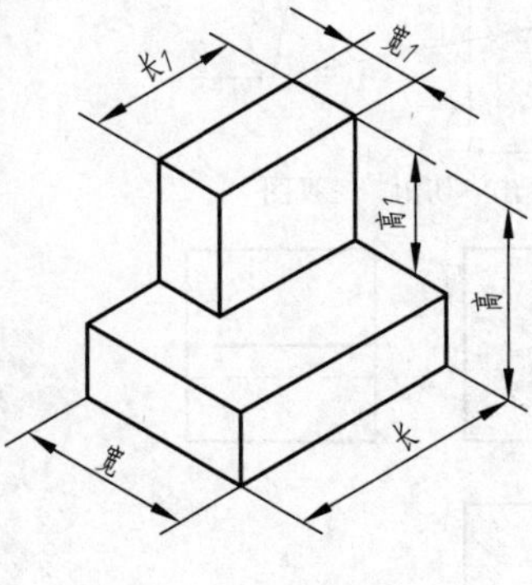

（a）物体的立体图

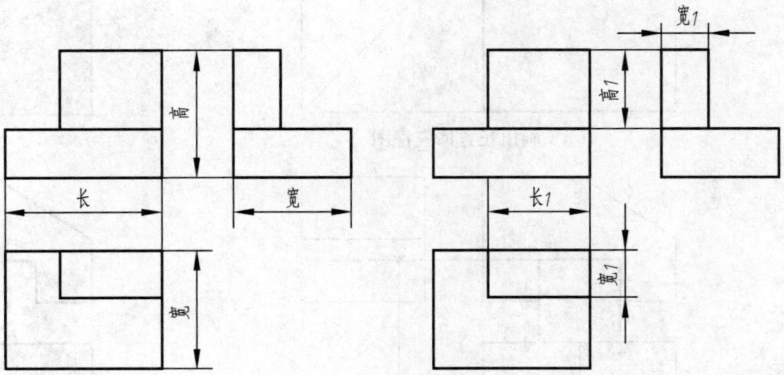

（b）物体的三视图

图 2-10　三视图之间的投影规律

“长对正、高平齐、宽相等”反映了物体上所有几何元素三个投影之间的对应关系。三视图之间的这种投影关系是画图和读图必须遵循的投影规律和必须掌握的要领。

三、三视图的画图步骤

根据物体或立体图画三视图时，首先应分析其结构形状，摆正物体，使物体的多数表面或主要表面与投影面平行，且在作图过程中不能移动或旋转，然后选择最能反映物体的主要形状特征的方向作为主视方向，再着手画图。

绘图步骤：

①画出三视图的基准线；

②从主视图入手，再根据"三等关系"画出俯视图和左视图；

③擦去作图辅助线，整理、描深。

例 2-1 根据图 2-11(a)所示立体图画出物体三视图。

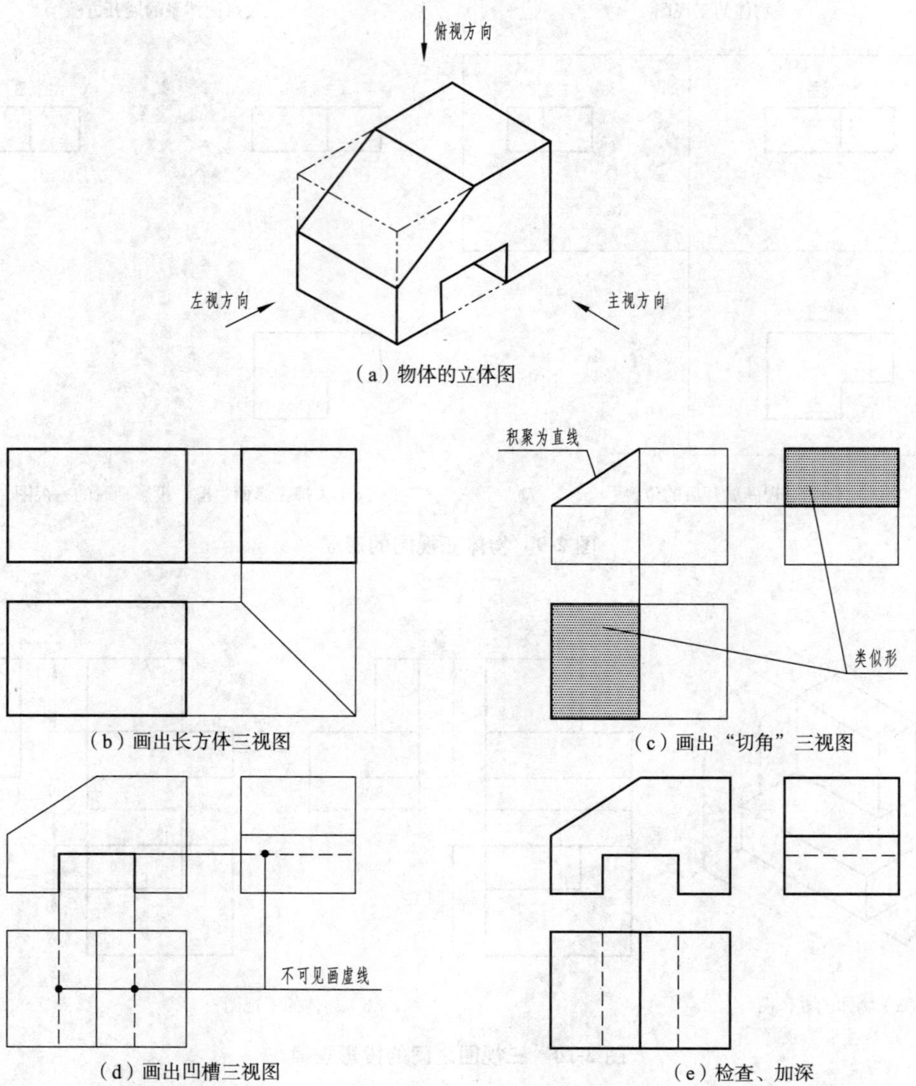

图 2-11 三视图的画图步骤(一)

分析：该物体是由长方体切割一个三棱柱和一个四棱柱形成的，画图时先画出长方体的三视图，再分别画出切割三棱柱、四棱柱后的投影。

作图步骤如下：

①根据图纸幅面，画出三视图的基准线，本例略。

②该物体是由长方体切割后形成的，首先由图 2-11(a)(立体图)上量取长方体的长、宽、高尺寸，画出长方体的三视图，如图 2-11(b)所示。

③由图 2-11(a)可知，在长方体左侧用一个斜面将长方体的左上角切割掉一个三棱柱，该斜面与长方体表面产生了两条交线，应在三视图中画出其投影。首先在立体图中沿棱线方向量取尺寸，画出主视图，然后按投影关系画出交线在俯视图和左视图中的投影。切割后三视图如图 2-11(c)所示。

④由图 2-11(a)可知，在长方体的下方中间有一个凹槽，首先在立体图中量取其长、高尺寸，画出矩形槽的主视图，然后按投影关系画出俯视图和左视图，该结构在俯视图和左视图中均不可见，画成虚线，如图 2-11(d)所示。

⑤擦去作图辅助线，检查、加深图线，结果如图 2-11(e)所示。

例 2-2　根据图 2-12(a)所示立体图画出物体三视图。

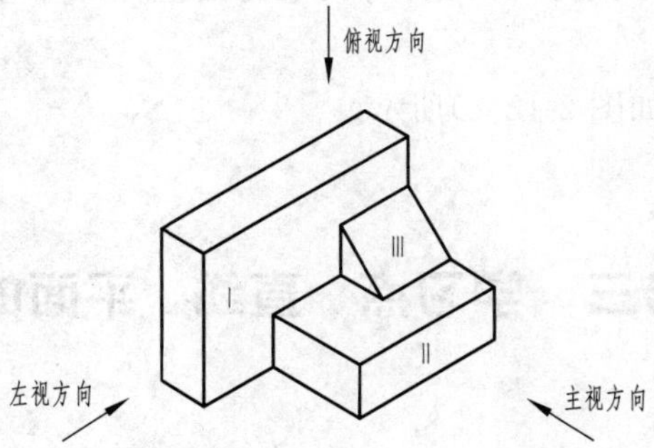

(a) 立体图

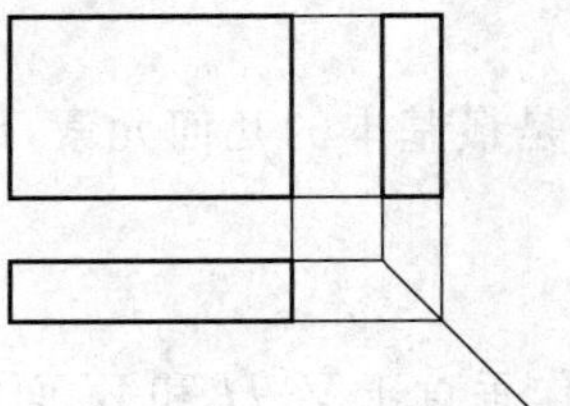

(b) 画竖直长方体三视图

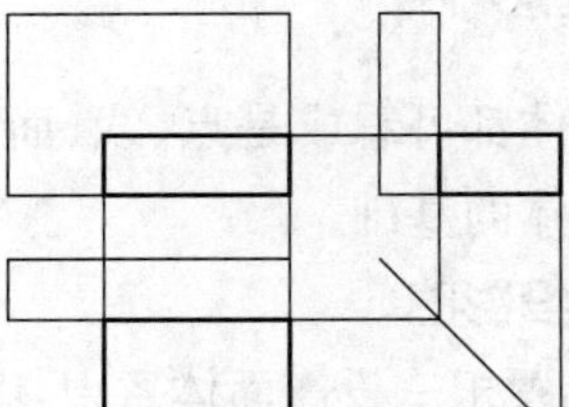

(c) 画水平长方体三视图

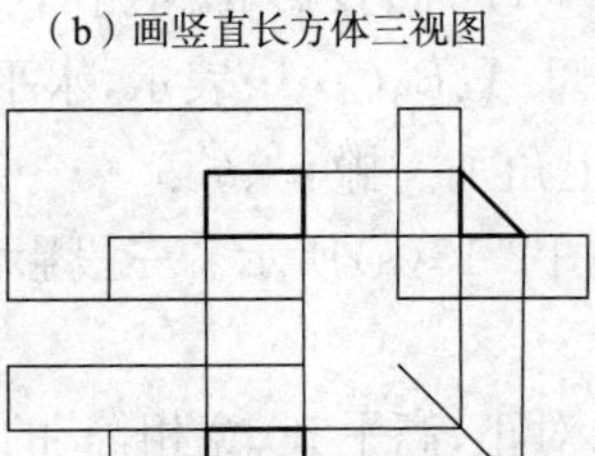

(d) 画三棱柱三视图

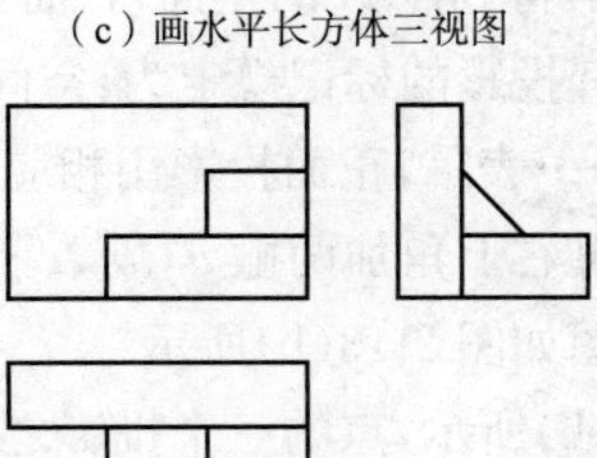

(e) 检查、加深图线

图 2-12　三视图的画图步骤(二)

分析：如图 2-12(a)所示，该物体是由长方体Ⅰ、长方体Ⅱ和一个三棱柱Ⅲ组成的。长方体Ⅱ在长方体Ⅰ的右前方，其底面与长方体Ⅰ的底面平齐，右端面与长方体Ⅰ的右端面平齐，后侧面与长方体Ⅰ的前表面重合。三棱柱Ⅲ在长方体Ⅱ的上方，底面与长方体Ⅱ顶面重合，其右端面与两个长方体的右端面平齐，其后侧面与长方体Ⅰ的前表面重合。画图时可分别画出三个组成部分的三视图后，检查是否多线、漏线，即完成该物体的三视图。

作图步骤如下：

①根据图纸幅面，画出三视图的基准线，本例略。

②首先由图 2-12(a)(立体图)上量取长方体Ⅰ的长、宽、高尺寸，画出长方体Ⅰ的三视图，如图 2-12(b)所示。

③绘制长方体Ⅱ。绘图时，主视图从其右下角画起，其底面与长方体Ⅰ底面重合，右端面与长方体Ⅰ右端面重合，在立体图中量取长、高尺寸，画出主视图；俯视图应从其右前角画起，其后面与长方体Ⅰ前面重合，右端面与长方体Ⅰ右端面重合，在立体图中量取长、宽尺寸，画出俯视图；左视图从其前下角画起，其底面与长方体Ⅰ底面重合，其后面与长方体Ⅰ前面重合，在立体图中量取宽、高尺寸，画出左视图。结果如图 2-12(c)所示。

④绘制三棱柱Ⅲ。同理，绘制三棱柱Ⅲ时，主视图从其右下角画起；俯视图应从其右前角画起；左视图从其前下角画起。长、宽、高尺寸均由立体图中量取，结果如图 2-12(d)所示。

⑤检查、加深图线。结果如图 2-12(e)所示。

任务三　学习点、直线、平面的投影

一、点的投影

一切几何物体都可看成是点、线、面的组合。点是最基本的几何元素，研究点的投影作图规律是表达物体的基础。

1. 点的三面投影图

将空间点 A 置于三投影面体系中，由点 A 分别作垂直于 V、H 和 W 面的投射线，与 V、H 和 W 面相交，得到点 A 的正面(V 面)投影 a'、水平(H 面)投影 a 和侧面(W 面)投影 a''。关于空间点和其投影的标记规定为：空间点用大写字母 A、B、C……表示，水平投影用相应小写字母 a、b、c……表示，正面投影用相应小写字母右上角加一撇 a'、b'、c'……表示，侧面投影用相应小写字母右上角加两撇 a''、b''、c''……表示，如图 2-13(a)所示。三投影面体系展开后，点的三面投影图如图 2-13(b)所示。

如图 2-13(b)所示，点的三个投影之间应符合“长对正、高平齐、宽相等”的对应关系，即：

$a'a \perp OX$，即点的 V 面和 H 面投影连线垂直于 OX 轴；

$a'a'' \perp OZ$，即点的 V 面和 W 面投影连线垂直于 OZ 轴；

$aa_X = a''a_Z$，点 A 的水平投影到 OX 轴的距离等于点的侧面投影到 OZ 轴的距离。

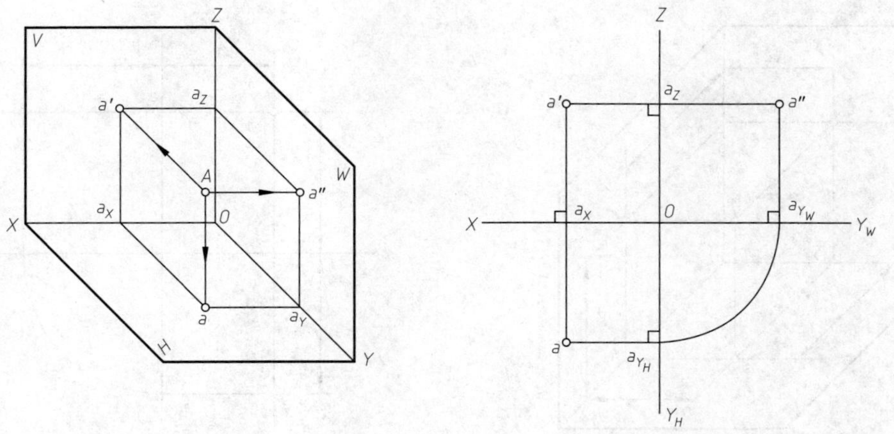

（a）直观图　　（b）投影图

图 2-13　点的三面投影

例 2-3　如图 2-14(a)所示，已知点 A 的两面投影 a、a'，求 a''。

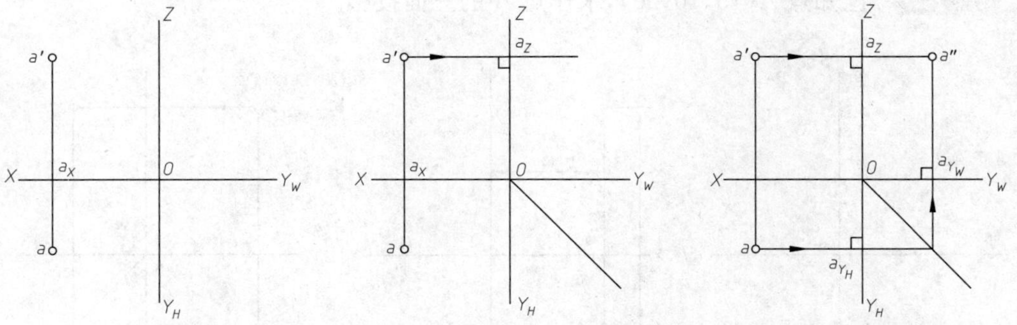

（a）已知　　（b）作图过程1　　（c）作图过程2

图 2-14　求点的第三面投影

作图：

①过 a' 作 OZ 轴垂线，交 OZ 轴于 a_Z 并延长，如图 2-14(b)所示。

②过 a 作 Y_H 的垂线，并延长与 45°分角线相交，再由交点作 Y_W 的垂线，并延长与 $a'a_Z$ 的延长线相交，得到的交点即为 a''，如图 2-14(c)所示。

2. 点的坐标

将投影轴 OX、OY、OZ 看成坐标轴，则空间点 A 可由坐标表示为 $A(X_A, Y_A, Z_A)$，如图 2-15所示。

点的坐标值反映点到投影面的距离。在图 2-15(a)中，空间点 A 的每两条投射线分别确定一个平面，各平面与三个投影面分别相交，构成一个长方体。长方体中每组平行边分别相等，所以有：

$X = a'a_Z = aa_{Y_H} = Aa''$（点 A 到 W 面的距离）；

$Y = aa_X = a''a_Z = Aa'$（点 A 到 V 面的距离）；

$Z = a'a_X = a''a_{Y_W} = Aa$（点 A 到 H 面的距离）。

利用坐标和投影的关系，可以画出已知坐标值的点的三面投影，也可由投影量出空间点的坐标值。

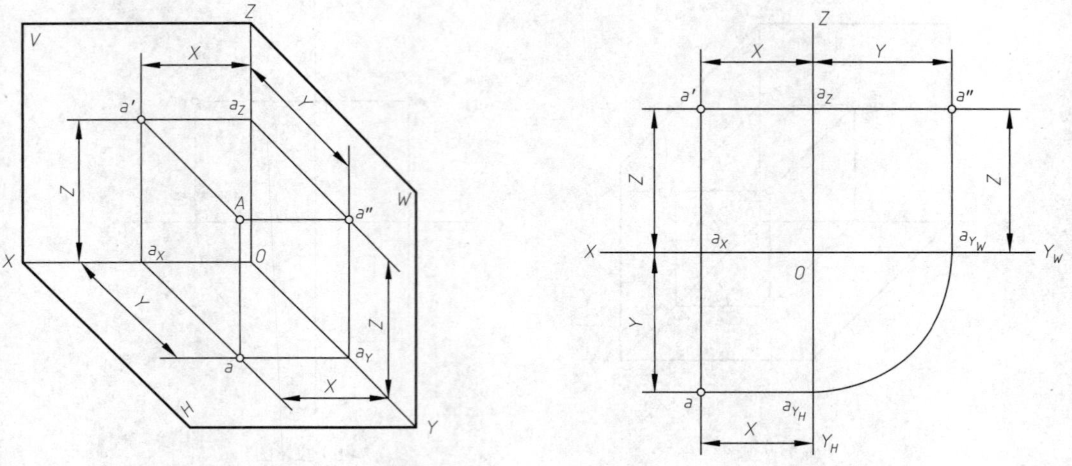

（a）直观图　　（b）投影图

图 2-15　点的坐标

例 2-4　已知点 $A(15,10,20)$，求作点 A 的三面投影。

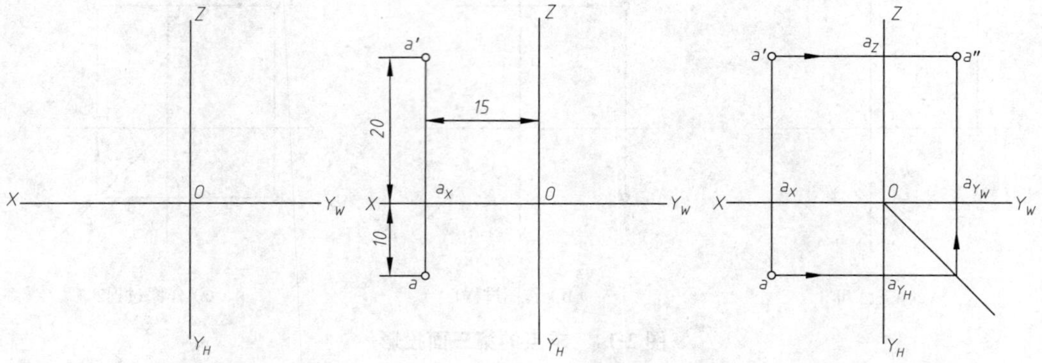

（a）已知　　（b）作图过程1　　（c）作图过程2

图 2-16　由点的坐标求点的三面投影

作图：

①画出投影轴 OX、OY_H、OY_W、OZ，如图 2-16(a)所示。

②在 OX 轴上向左量取 15 得 a_X，过 a_X 作 OX 轴垂线，并沿其向上量取 20 得 a'，向前量取 10 得 a，如图 2-16(b)所示。

③根据 a'、a，按点的投影规律求出第三投影 a''，如图 2-16(c)所示。

3. 两点的相对位置和重影点

如图 2-17 所示，两点的 X、Y、Z 坐标差，即这两点对投影面 W、V、H 的距离差，在投影图中所反映两点的左右、前后、上下三个方向的位置关系：

两点的左右相对位置由 X 坐标来确定，X 坐标大者在左方；

两点的前后相对位置由 Y 坐标来确定，Y 坐标大者在前方；

两点的上下相对位置由 Z 坐标来确定，Z 坐标大者在上方。

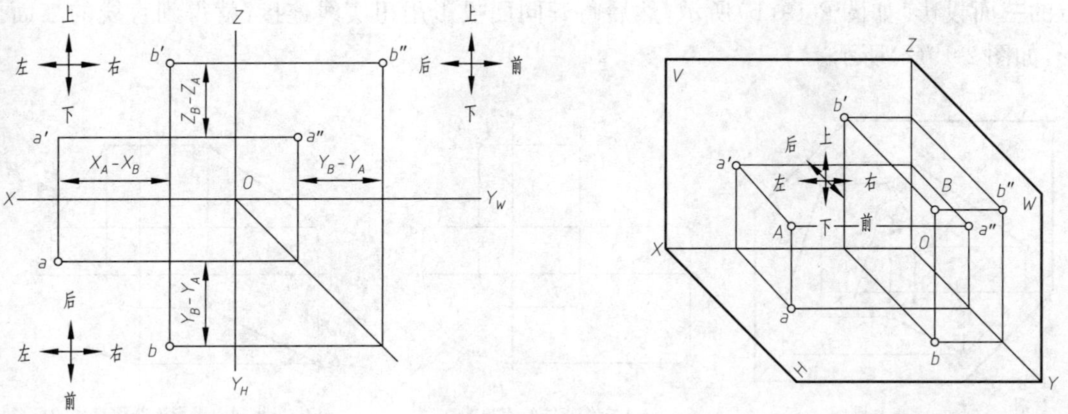

（a）投影图　　（b）直观图

图 2-17　两点的相对位置

图 2-17 所示空间两点 A、B，在投影图中，由于点 A 的 X 坐标大于点 B 的 X 坐标，故点 A 在点 B 的左方；点 A 的 Y 坐标小于点 B 的 Y 坐标，故点 A 在点 B 的后方；点 A 的 Z 坐标小于点 B 的 Z 坐标，故点 A 在点 B 的下方，因此可以判断出点 A 在点 B 的左、后、下方。

当空间两点处于某一投影面的同一投射线上时，它们在该投影面上的投影重合，这两点称为该投影面的重影点。如图 2-18 所示，A、B 两点，$X_A=X_B$，$Z_A=Z_B$，因此，它们的正面投影 a' 和 b' 重合为一点，为正面重影点，由于 $Y_A>Y_B$，所以从前向后看时，点 A 的正面投影为可见，点 B 的正面投影为不可见，不可见投影点加括号表示，即(b')。又如 C、B 两点，$X_C=X_B$，$Y_C=Y_B$，因此，它们的水平投影 c、b 重合为一点，为水平重影点。由于 $Z_C>Z_B$，所以从上向下看时，点 C 的水平投影为可见，点 B 的水平投影为不可见。再如 D、B 两点，$Y_D=Y_B$，$Z_D=Z_B$，因此，它们的侧面投影 d''、(b'')重合为一点，为侧面重影点。由于 $X_D>X_B$，所以从左向右看时，点 D 的侧面投影为可见，点 B 的侧面投影为不可见。

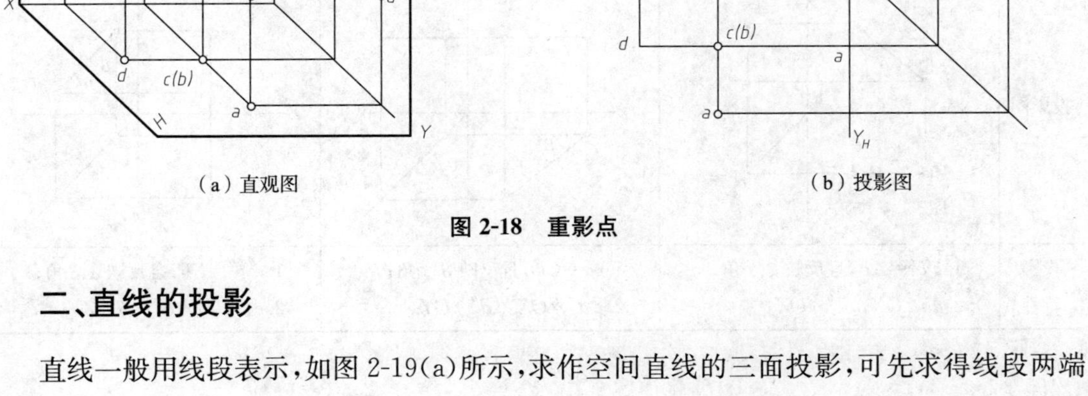

（a）直观图　　（b）投影图

图 2-18　重影点

二、直线的投影

直线一般用线段表示，如图 2-19(a)所示，求作空间直线的三面投影，可先求得线段两端点的三面投影，如图 2-19(b)所示，然后将其同面投影用粗实线连接，就得到直线的三面投影，如图 2-19(c)所示。

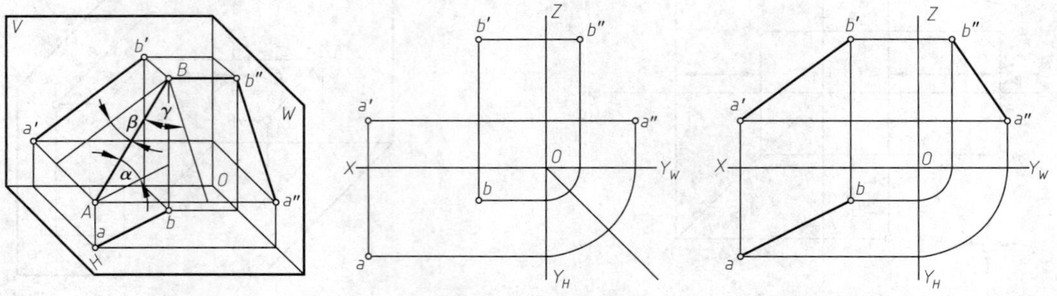

(a) 直观图　　(b) 求作直线端点投影　　(c) 将同面投影连线得直线的投影

图 2-19　直线的投影

(一)各种位置直线的投影特性

根据直线与投影面的相对位置不同，将其分为三类：投影面平行线、投影面垂直线和一般位置直线。前两类又统称为特殊位置直线。直线与投影面的夹角称为直线对投影面的倾角，通常直线对投影面 H、V、W 的倾角分别用字母 α、β、γ 表示。下面介绍各种位置直线的投影特性。

1. 投影面平行线

平行于一个投影面与另外两个投影面倾斜的直线称为投影面平行线。平行于 V 面称为正平线；平行于 H 面称为水平线；平行于 W 面称为侧平线。表 2-1 列出了三种投影面平行线的直观图、投影图及其投影特性。

表 2-1　投影面平行线的投影特性

名称	正平线	水平线	侧平线
直观图	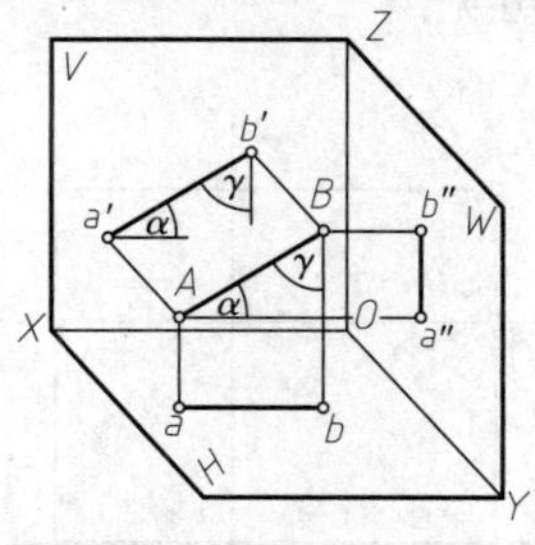	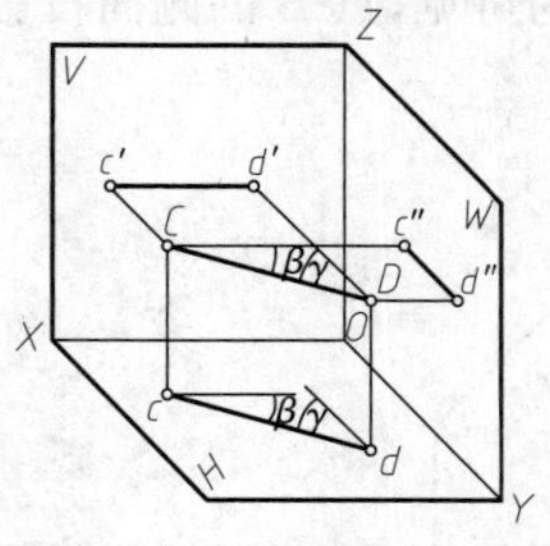	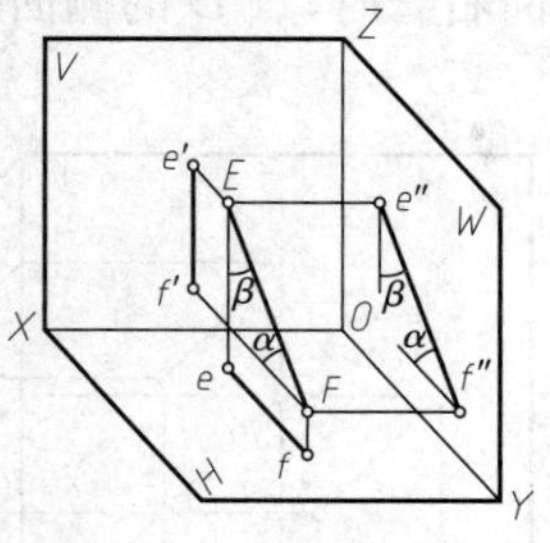
投影图	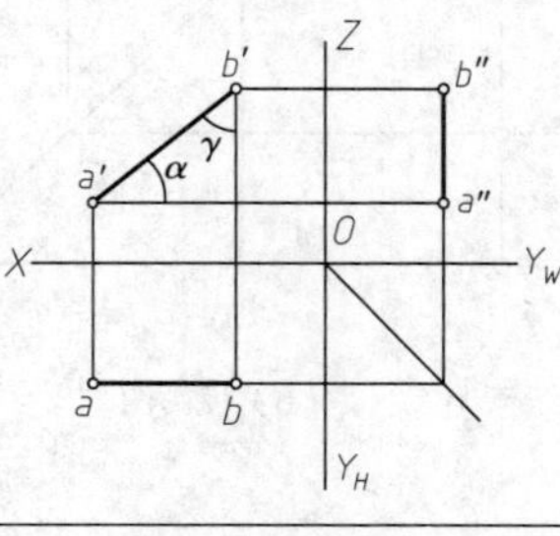	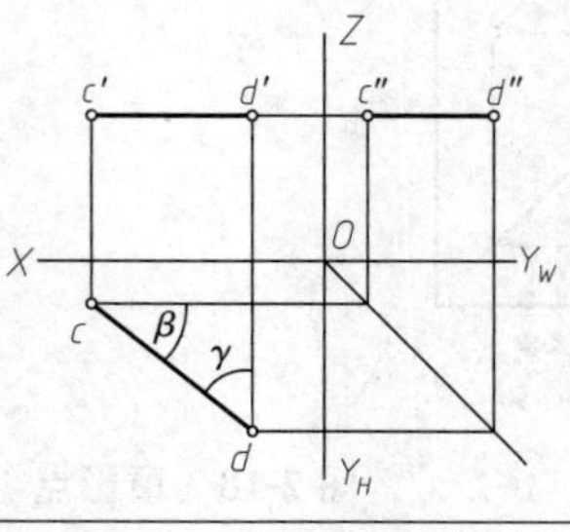	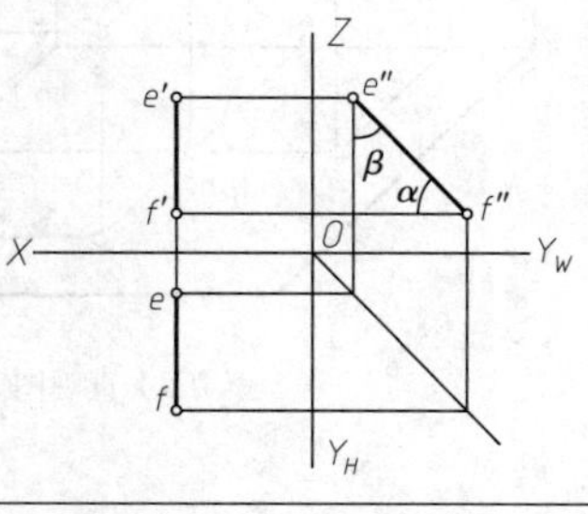
投影特性	1. $a'b'=AB$，且反映 α、γ 角； 2. $ab /\!/ OX$，$a''c'' /\!/ OZ$	1. $cd=CD$，且反映 β、γ 角； 2. $c'd' /\!/ OX$，$c''d'' /\!/ OY_W$	1. $e''f''=EF$，且反映 α、β 角； 2. $ef /\!/ OY_H$，$e'f' /\!/ OZ$

投影面平行线的投影特性归纳如下：

①直线在所平行的投影面上的投影反映实长，实长与投影轴的夹角反映直线与另外两个投影面的倾角。

②直线在另外两个投影面上的投影长度都短于实长，并且平行于相应投影轴。

对于投影面平行线，画图时，应先画出反映实长的那个投影（斜线），然后按投影关系画其两个与轴线平行的投影。读图时，如果直线的三面投影中有一个投影与投影轴倾斜，另外两个投影与相应投影轴平行，则该直线必定是投影面平行线，且平行于投影为斜线的那个投影面。

例 2-5　如图 2-20(a)所示，过点 A 作水平线 AB，使 $AB=25$，且与 V 面的倾角 $\beta=30°$。

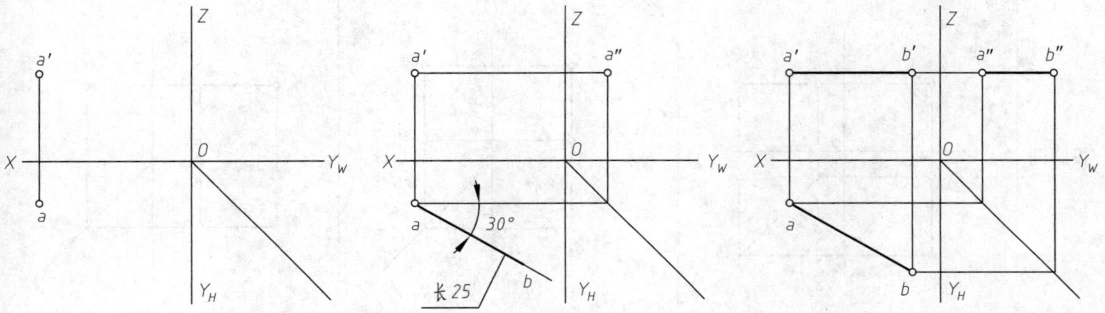

（a）已知条件　（b）画出反映实长的投影　（c）求作与轴线平行的投影

图 2-20　求作水平线投影

作图：

①根据点的投影规律，先求得点 A 的 W 面投影 a''。

②由投影面平行线的投影特性可知，水平线的 H 投影 ab 与 OX 轴的夹角为 β，且反映实长，也就是 $ab=AB$。过点 a 作与 OX 轴夹角 $\beta=30°$的直线，并在直线上量取 $ab=25$，即可求得 b，如图 2-20(b)所示。

③根据水平线的投影特性，水平线的 V、W 面投影分别平行于 OX 轴和 OY_W 轴，分别过 a' 和 a'' 作 $a'b'\,//\,OX$、$a''b''\,//\,OY_W$，求得 b'、b''；再用直线连接，即求得水平线 AB 的三面投影，如图 2-20(c)所示。

2. 投影面垂直线

垂直于一个投影面（必平行于另外两个投影面）的直线称为投影面垂直线。垂直于 V 面称为正垂线；垂直于 H 面称为铅垂线；垂直于 W 面称为侧垂线。表 2-2 列出了三种投影面垂直线的直观图、投影图及其投影特性。

投影面垂直线的投影特性归纳如下：

①直线在所垂直的投影面上的投影积聚成一点。

②直线在另外两个投影面上的投影反映线段实长，且垂直于相应投影轴。

对于投影面垂直线，画图时，一般先画积聚为点的那个投影，然后按投影关系画出反映实长的两个投影。读图时，如果直线的三面投影中有一个投影积聚为一点，则直线为该投影面的垂直线。

表 2-2　投影面垂直线的投影特性

名称	正垂线	铅垂线	侧垂线
直观图	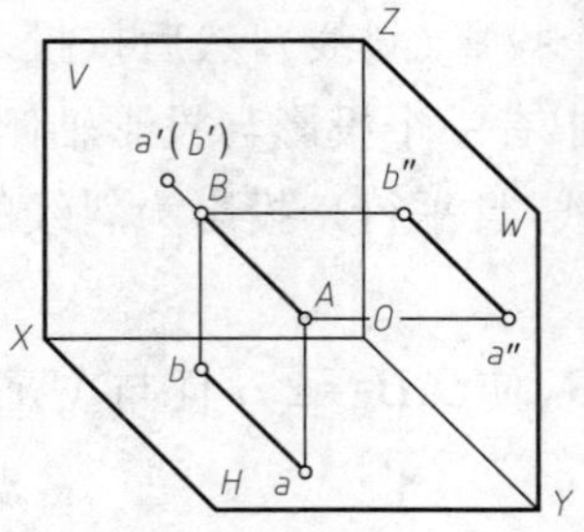	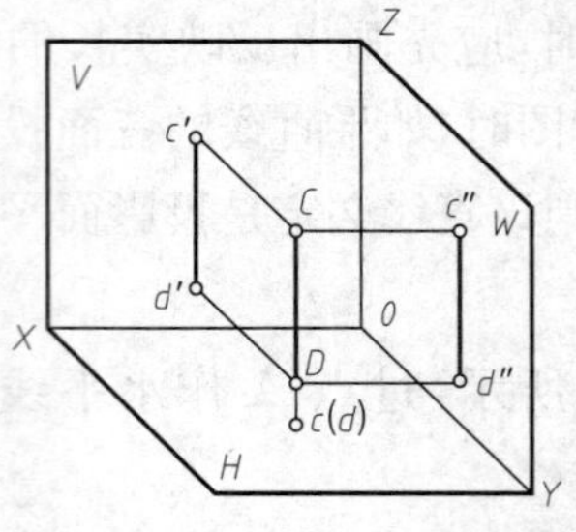	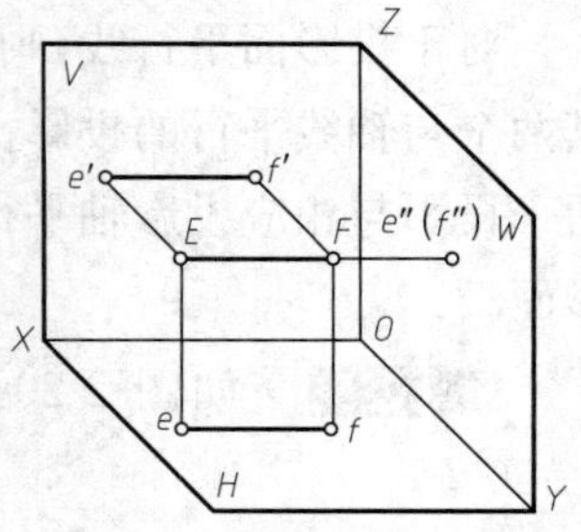
投影图	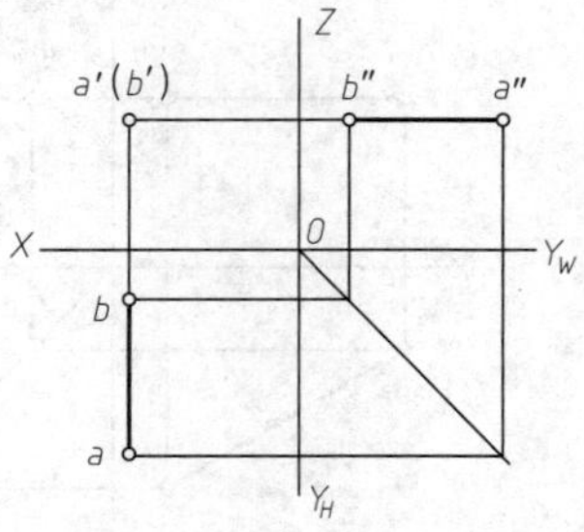	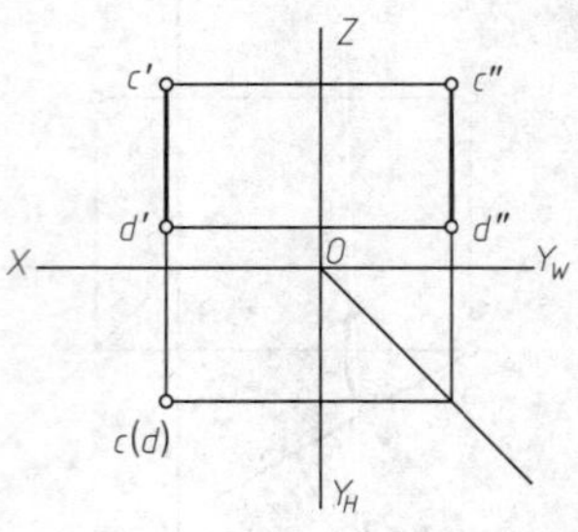	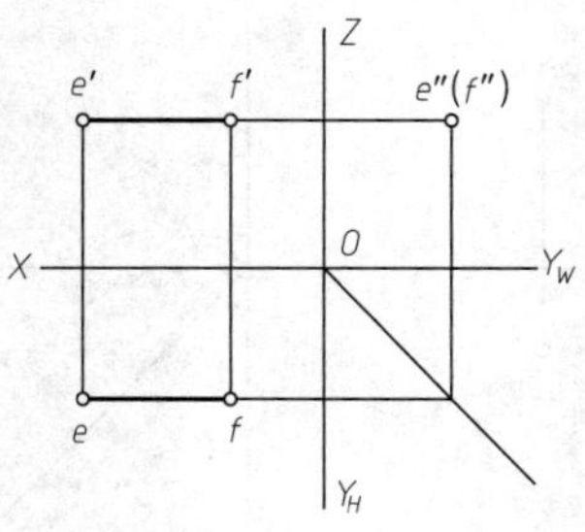
投影特性	1. $a'b'$积聚为一点； 2. $ab \perp OX$，$a''b'' \perp OZ$； 3. $ab=a''b''=AB$	1. cd 积聚为一点； 2. $c'd' \perp OX$，$c''d'' \perp OY_W$； 3. $c'd'=c''d''=CD$	1. $e''f''$积聚为一点； 2. $ef \perp OY_H$，$e'f' // OZ$； 3. $ef=e'f'=EF$

3. 一般位置直线

与三个投影面都倾斜的直线称为一般位置直线，如图 2-19 所示。

一般位置直线的投影特性归纳如下：

①三个投影都与投影轴倾斜。

②三个投影的长度都短于实长。

③投影与投影轴的夹角不反映直线与投影面的倾角。

(二)直线上点的投影特性

点在直线上，则点的投影在直线的同面投影上(从属性)，并将直线段的各个投影长度分割成和空间长度相同的比值(定比性)，如图 2-21 所示，$AC:CB=a'c':c'b'=ac:cb$。

判断点是否在直线上，对于一般位置直线只判断直线的两个投影即可，如图 2-22(a)所示。若直线是投影面平行线，且没有给出直线的实长投影，则需求出实长投影进行判断，或采用直线上点的定比性来判断，如图 2-22(b)所示。若直线是投影面垂直线，则在直线所垂直的投影面上点的投影必和直线的积聚投影重合，如图 2-22(c)所示。

例 2-6　如图 2-23(a)所示，已知点 C 在直线 AB 上，且点 C 分 AB 为 $AC:CB=1:4$，求点的投影。

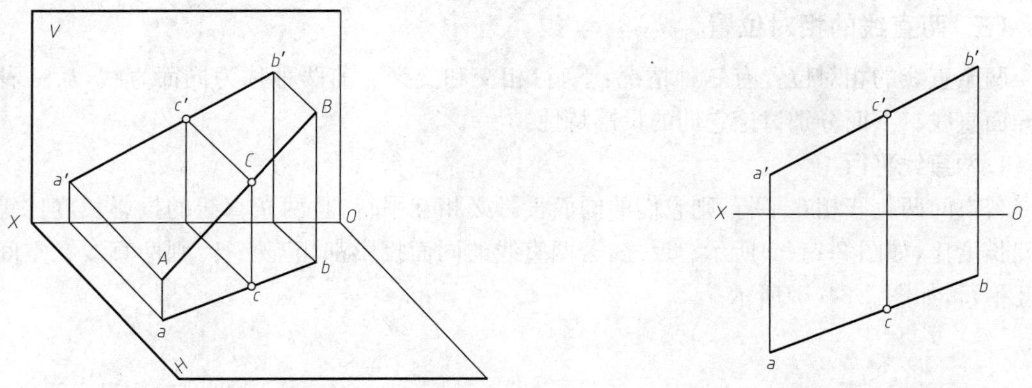

（a）直观图　（b）投影图

图 2-21 直线上点的从属性和定比性

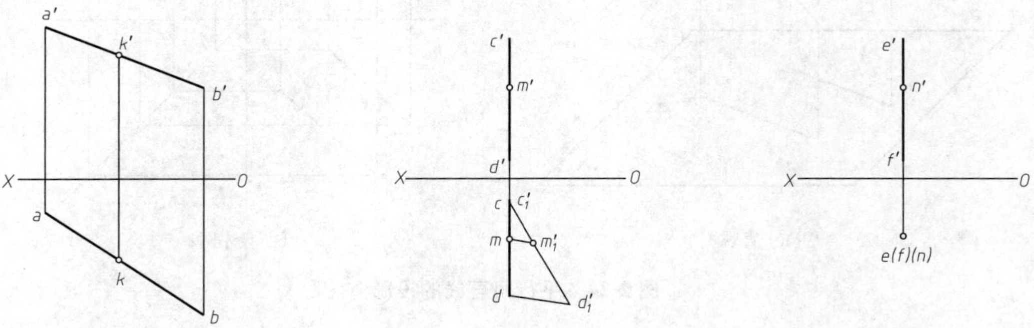

（a）　（b）　（c）

图 2-22 判断点是否在直线上

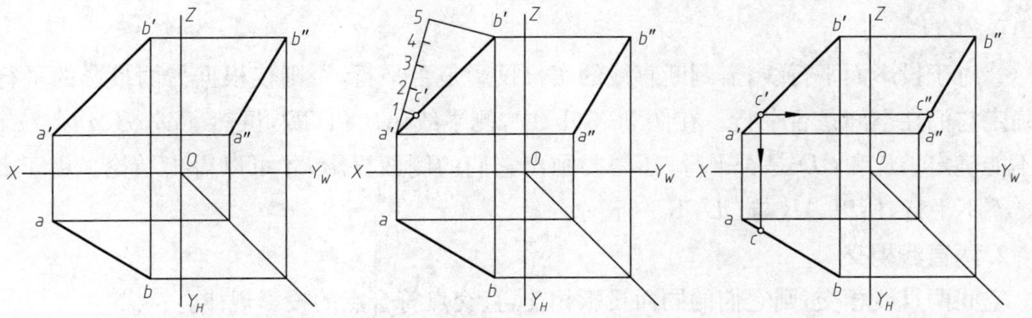

（a）已知条件　（b）确定C点正面投影　（c）求C点其他投影

图 2-23 求直线上点的投影

分析：根据直线上点的投影特性，首先将直线 AB 的任一投影分割成 1∶4，求得点 C 的一个投影，然后利用从属性，在直线 AB 上求出点 C 的其余投影。

作图：

(1)过点 a' 作任意直线，截取 5 个单位长度，连接 $5b'$。过 1 作 $5b'$ 平行线，交 $a'b'$ 于 c'，如图 2-23(b)所示。

(2)过 c' 作投影连线，与 ab 交点为 c，与 $a''b''$ 交点为 c''，即为所求，如图 2-23(c)所示。

(三)两直线的相对位置

两条直线的相对位置有三种情况:平行、相交和交叉。前两种称为同面直线,后一种称为异面直线。下面分别讨论它们的投影特性。

1. 两直线平行

若空间两直线相互平行,则它们的同面投影必相互平行,且两条直线的投影长度比等于空间长度比,如图 2-24(a)所示。反之,若两直线的同面投影都相互平行,则两直线在空间必相互平行,如图 2-24(b)所示。

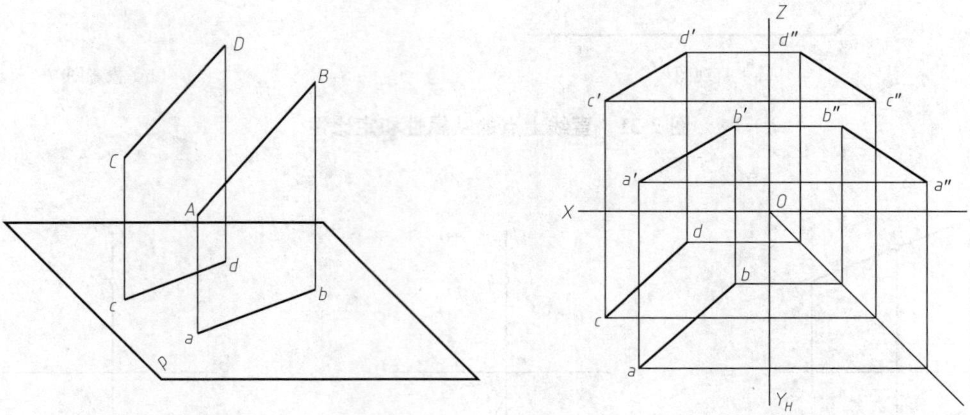

(a)直观图　　(b)投影图

图 2-24　平行两直线的投影

在投影图中判断两直线是否平行的方法如下:

①对于一般位置直线,根据两面投影判断即可。如图 2-25(a)所示,直线 AB 和 CD 是一般位置直线,给出的两面投影均相互平行,即 $ab /\!/ cd$、$a'b' /\!/ c'd'$,可以判定空间也相互平行,即 $AB /\!/ CD$。

②对于投影面平行线,需判断直线的实长投影是否平行,否则仅根据另两投影的平行不能确定它们在空间是否平行。在图 2-25(b)中,侧平线 AB 和 CD,虽然 $ab /\!/ cd$、$a'b' /\!/ c'd'$,但不能确定 AB 和 CD 是否平行,还需要画出它们的侧面投影,才可以得出结论。由于 $a''b''$ 与 $c''d''$ 不平行,所以 AB 与 CD 不平行。

2. 两直线相交

空间两直线相交,则它们的同面投影相交,且交点符合点的投影规律。

图 2-26 中,直线 AB 和 CD 相交于点 K,因点 K 是两条直线的共有点,所以 k 既属于 ab 又属于 cd,即 k 为 ab 和 cd 的交点。同理,k' 是 $a'b'$ 和 $c'd'$ 的交点,k'' 是 $a''b''$ 和 $c''d''$ 的交点,因为 k、k'、k'' 为空间一点的三面投影,所以应符合点的投影规律。

在投影图中判断两直线是否相交的方法如下:

①对于一般位置直线,根据两面投影判断即可,如图 2-27(a)所示,$a'b'$ 与 $c'd'$ 相交,ab 与 cd 相交,且 $k'k \perp OX$ 轴,可判断 AB 和 CD 相交。

②当两直线中有一条直线是投影面平行线时,应根据该直线在所平行的投影面内的投影来判断。在图 2-27(b)中,直线 AB 和侧平线 CD 的水平投影、正面投影均相交,但不能确

定它们在空间是否相交，还需画出它们的侧面投影 $a''b''$、$c''d''$ 才能得出正确结论。从图中可知，正面投影的交点和侧面投影“交点”的连线不垂直于 OZ 轴，也就是交点不符合点的投影规律，所以直线 AB 与侧平线 CD 不相交。

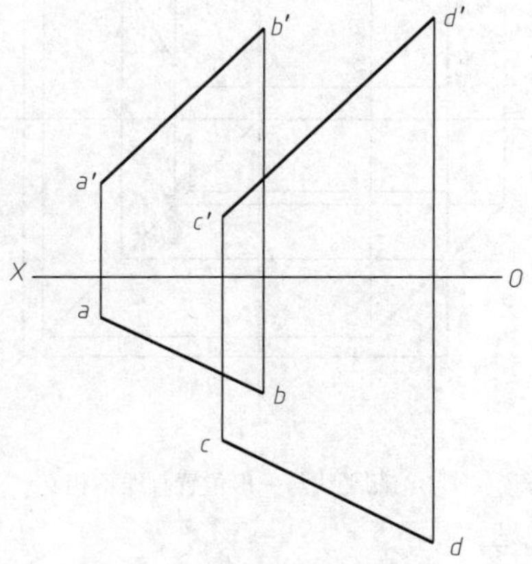

（a）两一般位置直线

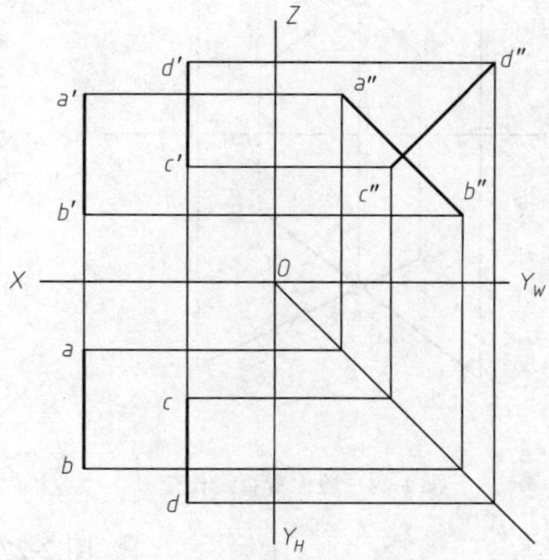

（b）两侧平线

图 2-25 判断两直线是否平行

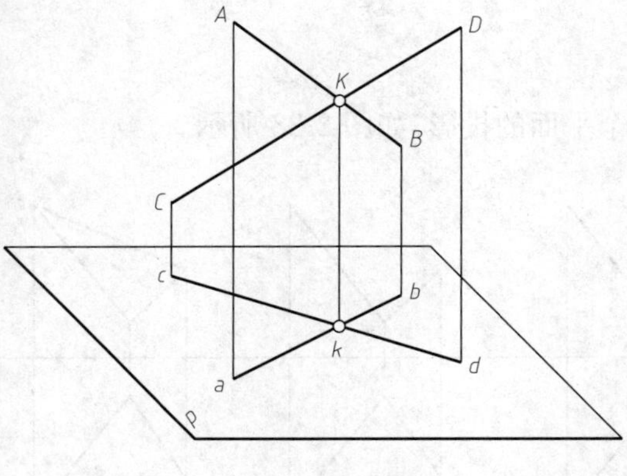

（a）直观图

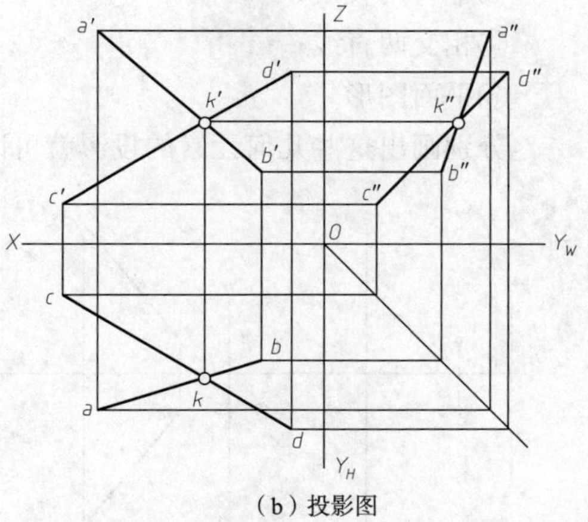

（b）投影图

图 2-26 两一般位置直线相交

3. 两直线交叉

空间两直线既不平行也不相交，称为交叉两直线。交叉两直线的各面投影既不符合平行两直线的投影特性，又不符合相交两直线的投影特性。图 2-27(b)所示直线为交叉两直线。

三、平面的投影

(一)平面的表示方法

1. 用几何元素表示平面

平面的几何元素表示法有以下几种：

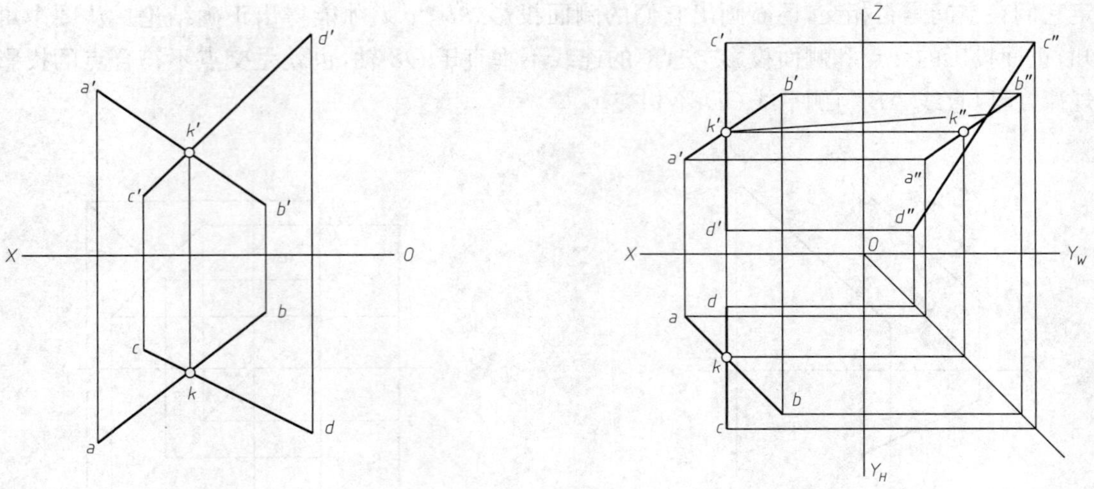

（a）两一般位置直线相交　　（b）侧平线与一般位置直线不相交

图 2-27　判断两直线是否相交

①不在同一直线上的三点；

②一直线和直线外一点；

③平行两直线；

④相交两直线；

⑤平面图形。

分别画出这些几何元素的投影就可以确定一个平面的投影，如图 2-28 所示。

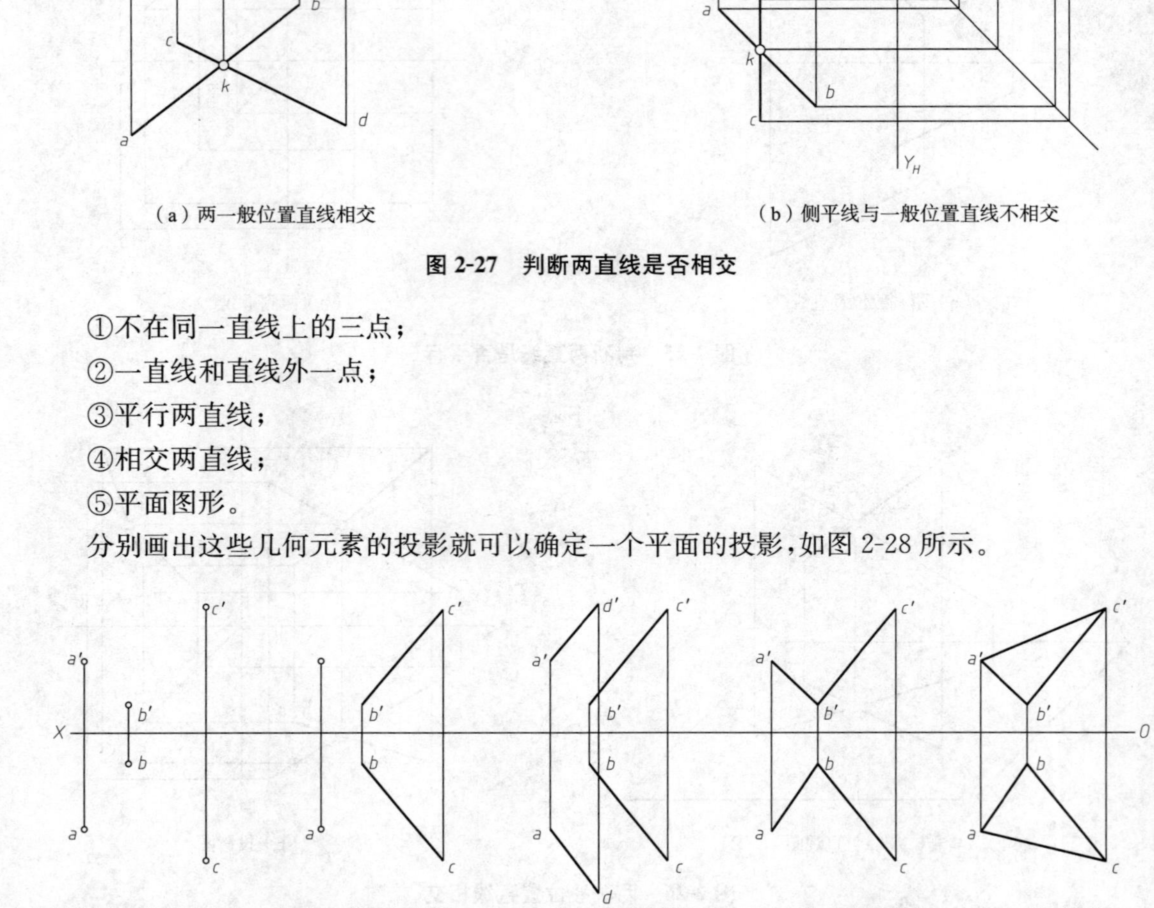

（a）不在同一直线上的三点　（b）一直线和直线外一点　（c）平线两直线　（d）相交两直线　（e）平面图形

图 2-28　平面的表示法

2. 用迹线表示平面

平面与投影面的交线称为平面的迹线，如图 2-29 所示。平面 P 与 H 面的交线称为平面的水平迹线，用 P_H 标记；平面 P 与 V 面的交线称为平面的正面迹线，用 P_V 标记。

因为 P_V 位于 V 面内，所以它的正面投影和它本身重合，它的水平投影和 OX 轴重合，为了简化起见，我们只标注迹线本身，而不再用符号标出它的各个投影。图 2-29(a)所示为一般位置平面的迹线表示法；图 2-29(b)所示为铅垂面的迹线表示法；图 2-29(c)所示为水平面的迹线表示法。

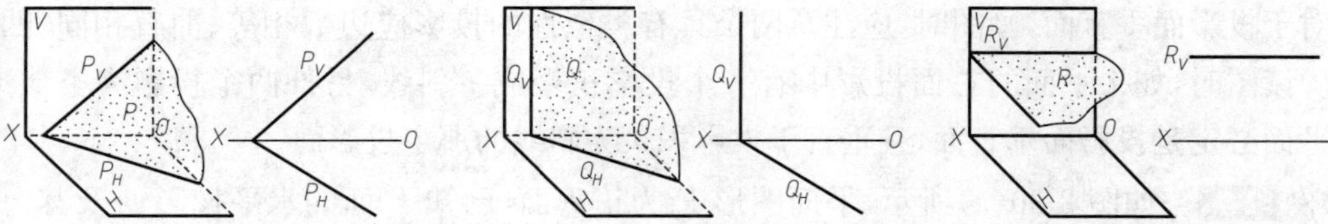

（a）一般位置平面的迹线表示法　（b）铅垂面的迹线表示法　（c）水平面的迹线表示法

图 2-29　用迹线表示平面

(二)各种位置平面的投影特性

根据平面与投影面的相对位置不同，将其分为三类：投影面垂直面、投影面平行面和一般位置平面。前两类统称为特殊位置平面。通常平面对投影面 H、V、W 的倾角分别用字母 α、β、γ 表示。下面介绍各种位置平面的投影特性。

1. 投影面垂直面

垂直于一个投影面而与另外两个投影面倾斜的平面称为投影面垂直面。垂直于 V 面称为正垂面；垂直于 H 面称为铅垂面；垂直于 W 面称为侧垂面。表 2-3 列出了这三种投影面垂直面的立体图、投影图及其投影特性。

表 2-3　投影面垂直面的投影特性

名称	正垂面	铅垂面	侧垂面
直观图	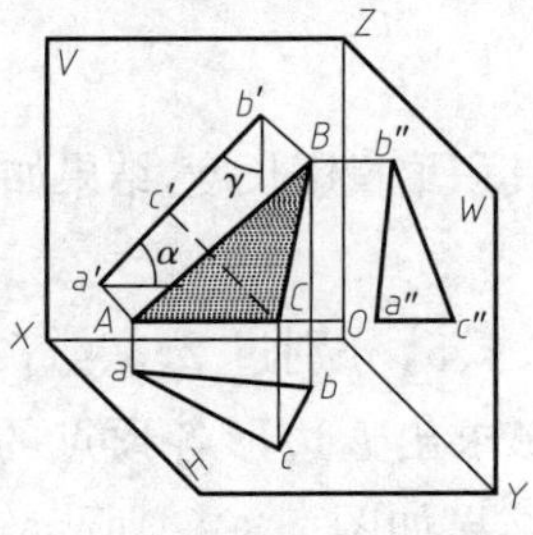	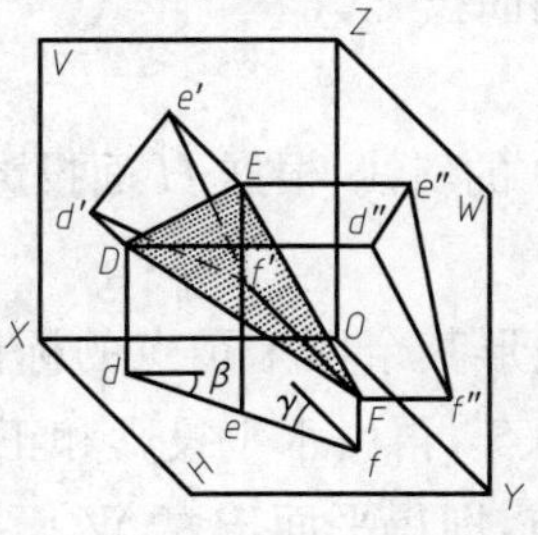	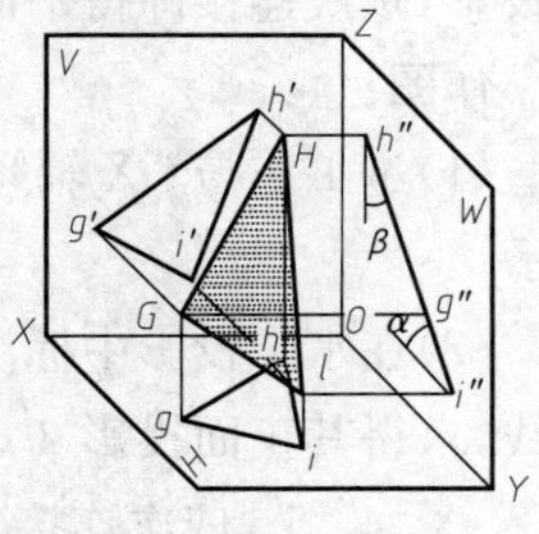
投影图	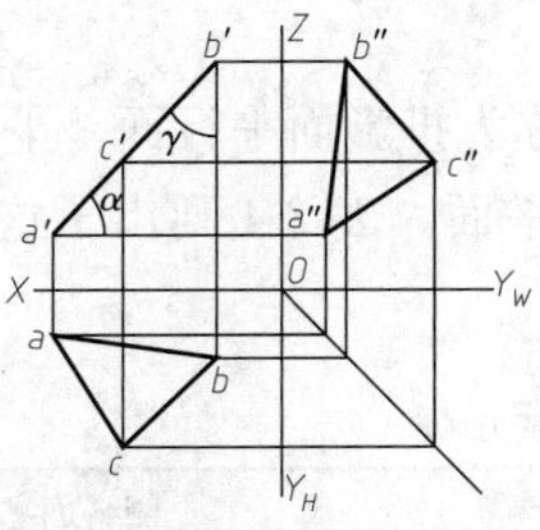	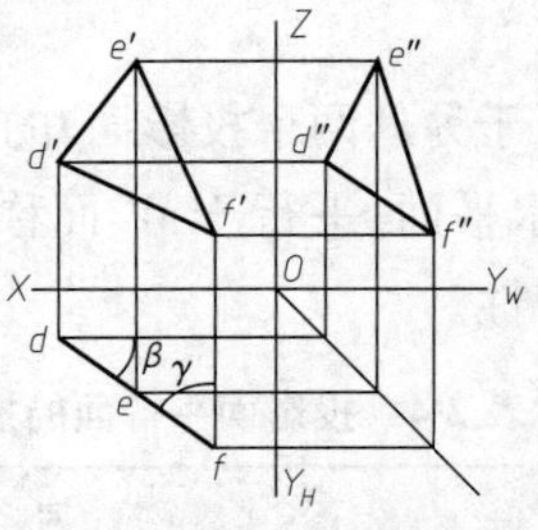	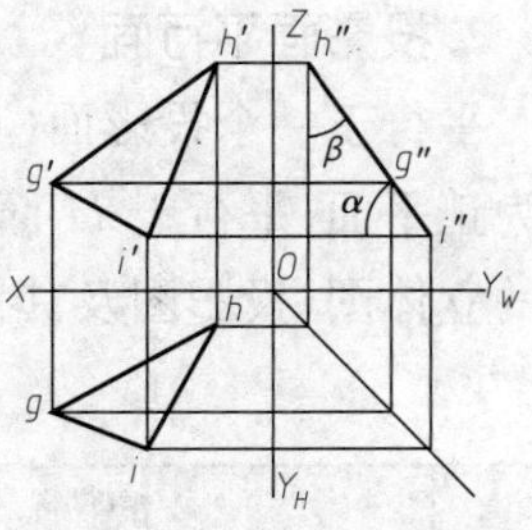
投影特性	1. V 面投影有积聚性，且反映 α、γ 角； 2. H 面、W 面投影为类似图形	1. H 面投影有积聚性，且反映 β、γ 角； 2. V 面、W 面投影为类似图形	1. W 面投影有积聚性，且反映 α、β 角； 2. H 面、V 面投影为类似图形

投影面垂直面的投影特性归纳如下：

①平面在所垂直的投影面上的投影，积聚成一斜线。积聚投影与两投影轴的夹角反映平面与另外两个投影面的倾角。

②平面在另外两个投影面上的投影有类似性。

对于投影面垂直面，画图时，应注意两个具有类似性的投影应边数相等、曲直相同、凹凸一致。读图时，如果平面的三面投影中有一个投影积聚成一斜线，另外两个投影为类似形，则该平面必定是投影面垂直面，且垂直于投影积聚为斜线的那个投影面。

例 2-7 如图 2-30(a)所示，平面图形 P 为正垂面，已知 P 面的水平投影 p 及其上顶点 1 的 V 面投影 $1'$，且 P 对 H 面的倾角 $\alpha=30°$，试完成该平面的 V 面和 W 面投影。

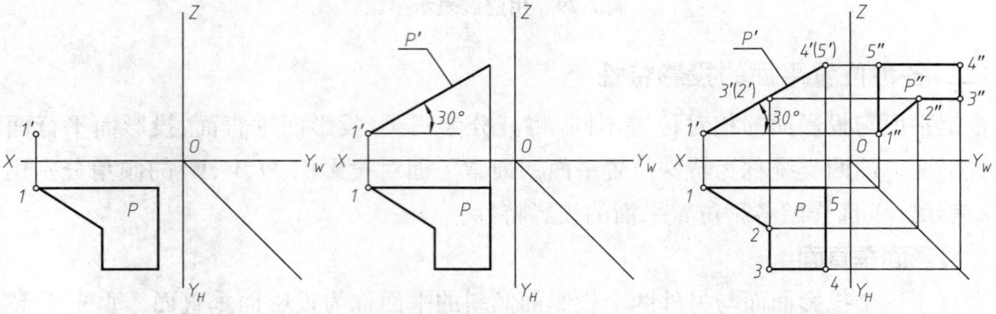

(a) 已知条件　　(b) 求作正面积聚投影　　(c) 求作侧面投影

图 2-30　作正垂面的投影

分析:因 P 平面为正垂面，其 V 面投影积聚成一斜直线，此倾斜直线与 OX 轴的夹角即为 α 角。正垂面的侧面投影为类似形，可首先根据水平投影和正面投影求出平面各顶点的侧面投影，顺次连接即得平面的侧面投影。

作图:

(1)过 $1'$ 作与 OX 轴倾斜 30°的斜线，根据 H 面投影确定其积聚投影长度，结果如图 2-30(b)所示。

(2)在水平投影中标注五边形其余四个顶点的标记 2、3、4、5，分别过 2、3、4、5 点作投影连线，求得其正面投影 $2'$、$3'$、$4'$、$5'$，再由水平投影和正面投影求出五边形各顶点的侧面投影 $1''$、$2''$、$3''$、$4''$、$5''$，依次连接各顶点，即得平面 P 的 W 面投影，结果如图 2-30(c)所示。

2. 投影面平行面

平行于一个投影面(必垂直于另外两个投影面)的平面称为投影面平行面。平行于 V 面称为正平面；平行于 H 面称为水平面；平行于 W 面称为侧平面。表 2-4 列出了这三种平行面的立体图、投影图及其投影特性。

表 2-4　投影面平行面的投影特性

名称	正平面	水平面	侧平面
立体图	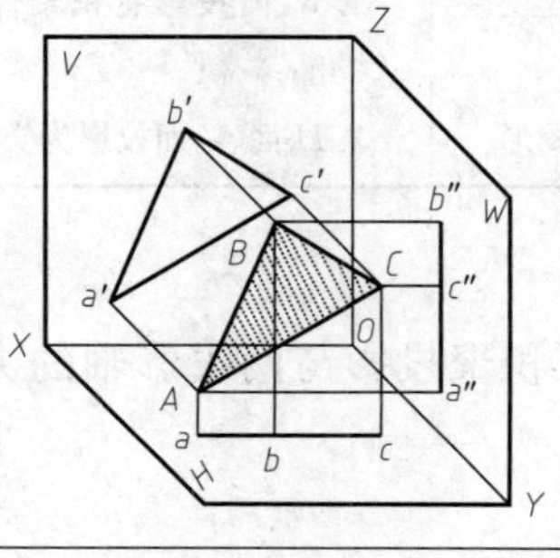	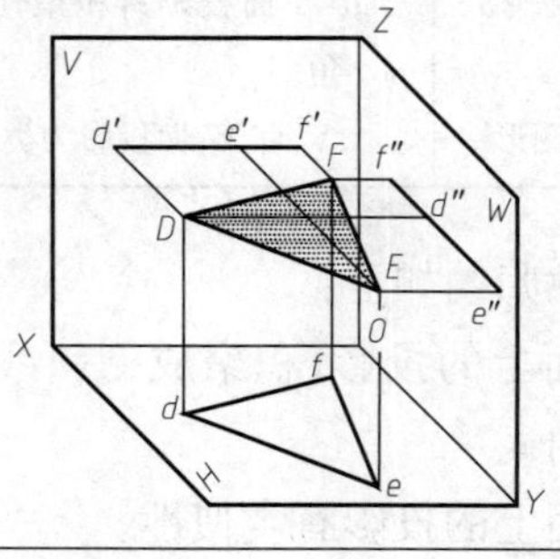	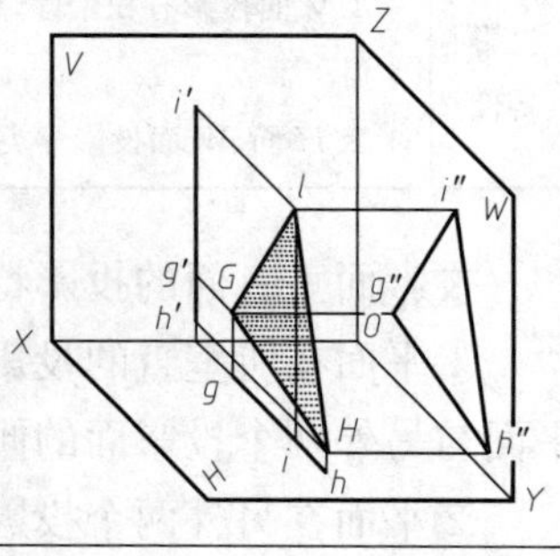

续上表

名称	正平面	水平面	侧平面
投影图	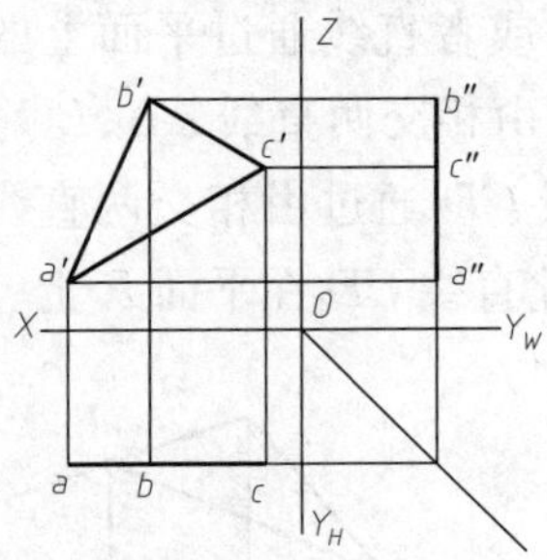	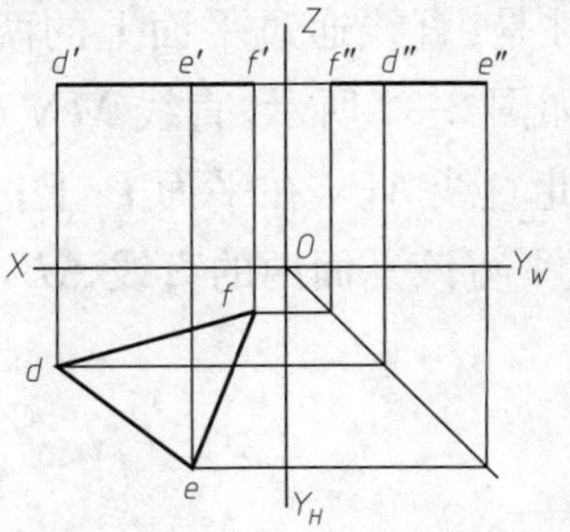	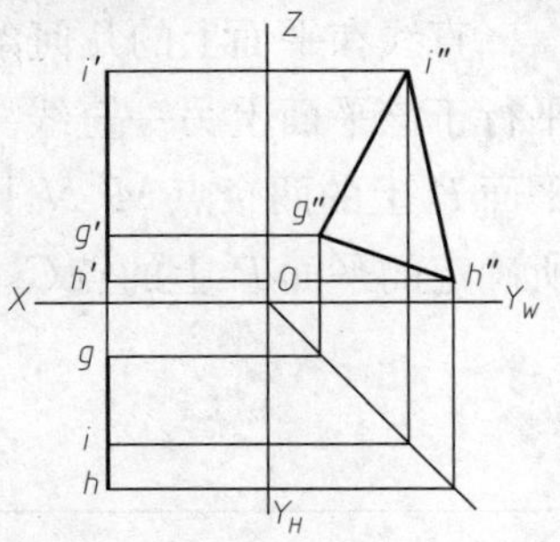
投影特性	1. V 面投影反映实形； 2. H 面、W 面投影均积聚成直线，分别平行于 OX、OZ 轴	1. H 面投影反映实形； 2. V 面、W 面投影均积聚成直线，分别平行于 OX、OY_W 轴	1. W 面投影反映实形； 2. V 面、H 面投影均积聚成直线，分别平行于 OZ、OY_H 轴

投影面平行面的投影特性归纳如下：

①平面在所平行的投影面上的投影反映实形。

②平面在另外两个投影面上的投影积聚成直线，并且平行相应投影轴。

对于投影面平行面，画图时，一般先画反映实形的那个投影，然后按投影关系画出两个积聚投影。读图时，只要平面的投影图中有一个投影积聚为与投影轴平行的直线段，即可判断该平面为投影面的平行面，平面的三面投影中为平面形的投影即为平面的实形。

3. 一般位置平面

与三个投影面都倾斜的平面称为一般位置平面，如图 2-31 所示。

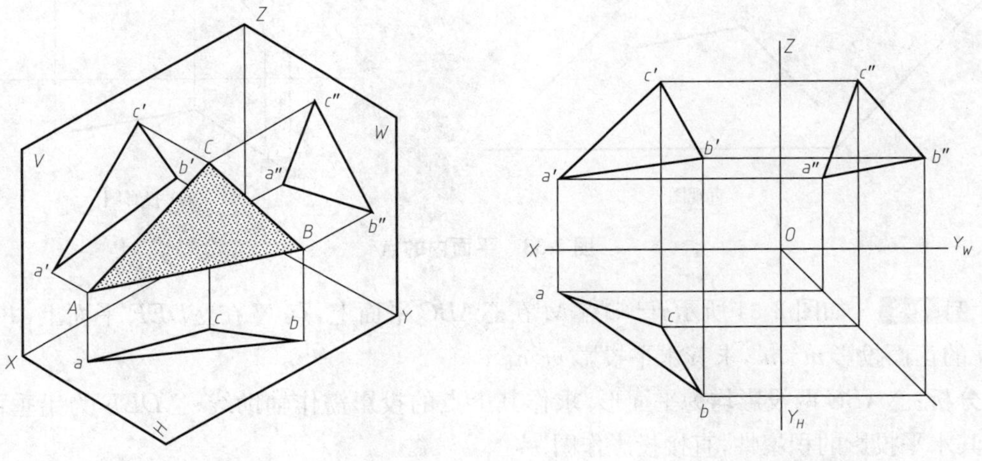

（a）直观图　　（b）投影图

图 2-31 一般位置平面

一般位置平面的投影特性归纳如下：

①三个投影都是边数相等的平面形。

②三个投影都不反映平面的变形。

③投影图中不反映平面与投影面的倾角。

(三)平面上的点和直线

1. 直线在平面上的几何条件

直线在平面上的几何条件是:直线通过平面上的两点;或者直线通过平面上的一点,且平行于该平面上另一直线。如图 2-32 所示,直线 MN 通过由相交两直线 AB、BC 所确定的平面 P 上的两个点 M、N,因此直线 MN 在平面 P 上;直线 CD 通过由相交两直线 AB、BC 所确定的平面 P 上的点 C,且平行该平面内的直线 AB,因此直线 CD 在平面 P 上。

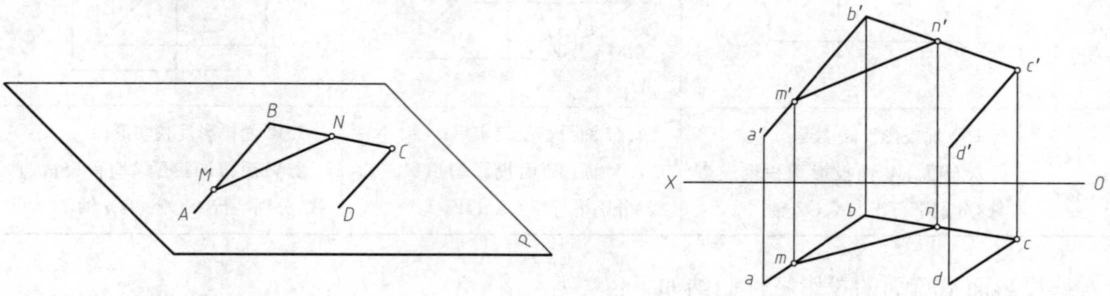

(a) 直观图　　(b) 投影图

图 2-32　平面内的直线

2. 点在平面上的几何条件

点在平面上的几何条件是:该点在这个平面内的某一条直线上。如图 2-33 所示,由于 M 点在由相交两直线 AB、BC 所确定的平面 P 内的直线 AB 上,因此点 M 是 P 平面上的点。

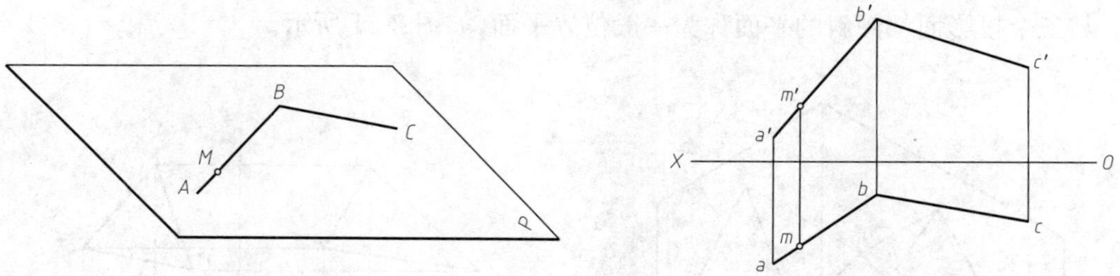

(a) 直观图　　(b) 投影图

图 2-33　平面内的点

例 2-8　如图 2-34 所示,已知点 M 在△ABC 平面上,点 N 在△DEF 平面上,并知点 M、N 的正面投影 m'、n',求其水平投影 m、n。

分析:△ABC 两投影均为平面形,求作其上点的投影需作辅助线;△DEF 为铅垂面,可利用其水平投影的积聚性,直接投影作图。

作图:

①求 m。过 m'在平面内作任意辅助线 CD 的正面投影 $c'd'$,并求出其水平投影 cd,利用直线上点的从属性,在 cd 上求得 m,即为所求,如图 2-34(a)所示。

②求 n。如图 2-34(b)所示,过 n'向下作投影连线,与△DEF 积聚投影 def 的交点即为 n。

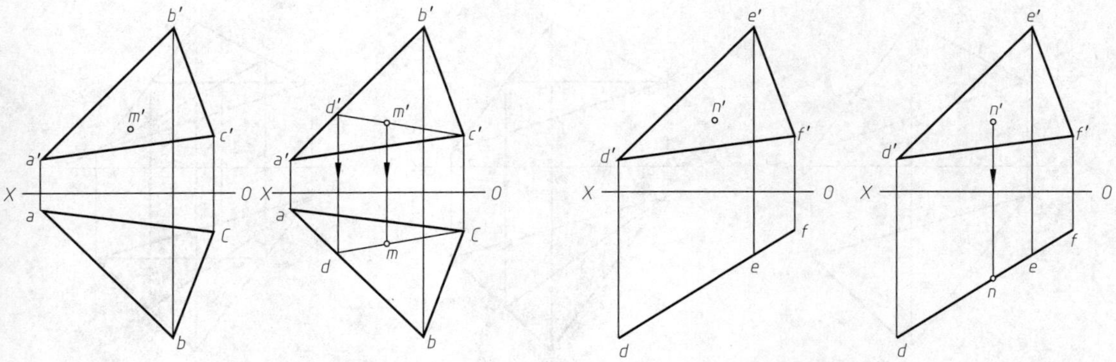

（a）辅助线法求点　　（b）利用积聚投影求点

图 2-34　平面上求点的投影

例 2-9　如图 2-35(a)所示，判断点 K、直线 AM 是否在△ABC 平面上。

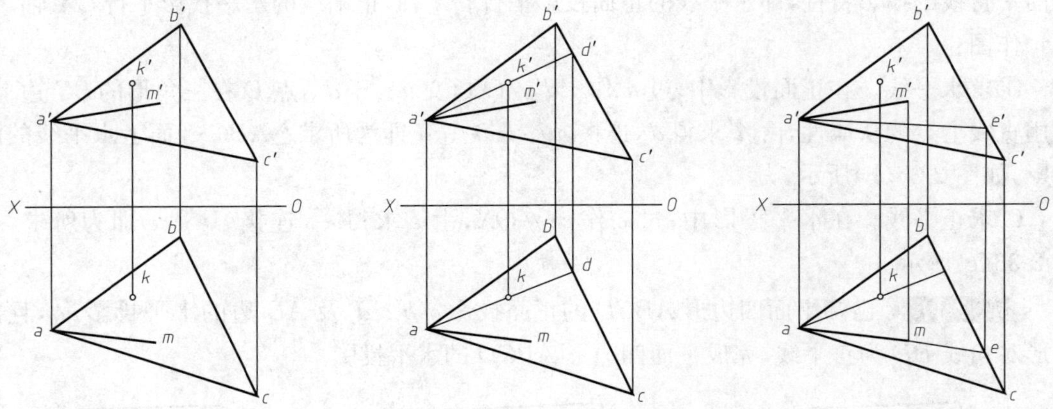

（a）已知条件　　（b）判断点K是否在平面上　　（c）判断直线AM是否在平面上

图 2-35　判断点 K、直线 AM 是否在平面上

分析： 根据点、直线在平面上的几何条件，若点 K 在△ABC 平面内的一条线上，则点 K 在△ABC 平面上，否则点 K 就不在△ABC 平面上；对于直线 AM，由于点 A 是△ABC 平面上的已知点，只要判断 M 点是否在△ABC 平面上，就可以判断出直线 AM 是否在△ABC 平面上。

作图：

①如图 2-35(b)所示，假设点 K 在△ABC 平面上，作 AK 的正面投影，即连接 $a'k'$，并延长与 $b'c'$交于 d'。

②由 d'求出其水平投影 d，连线 ad。由于 K 点的水平投影 k 在 ad 上，说明点 K 在△ABC 平面上的直线 AD 上，即点 K 在△ABC 平面上。

③如图 2-35(c)所示，采用同样方法，判断出点 M 不在△ABC 平面上，则直线 AM 不在△ABC 平面上。

例 2-10　如图 2-36(a)所示，已知△ABC 的两面投影，试在△ABC 上通过 A 点作水平线，通过 C 点作正平线。

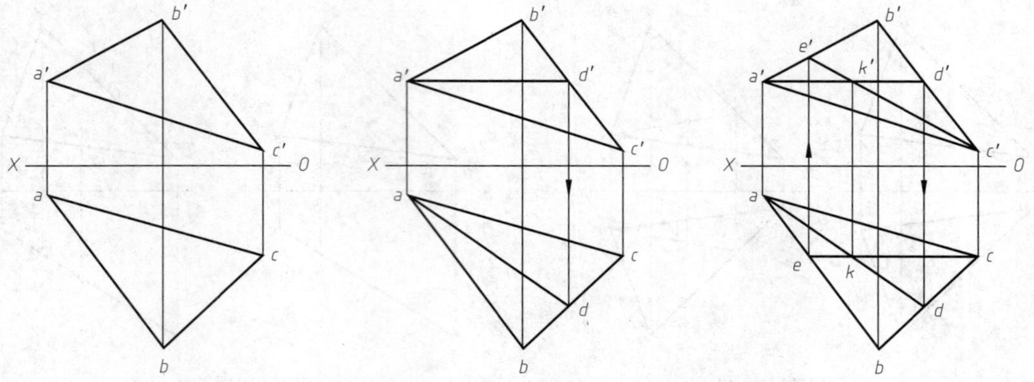

（a）已知条件　　（b）作水平线　　（c）作正平线

图 2-36　平面上的投影面平行线

分析：在平面上作水平线和正平线，不仅要符合平面上直线的投影特性，而且要符合投影面平行线的投影特性，即水平线的正面投影平行 OX 轴，正平线的水平投影平行 OX 轴。

作图：

①求水平线。在正面投影中，过 a' 作 $a'd' /\!/ OX$，交 $b'c'$ 于 d'，点 D 在三角形的 BC 边上，利用直线上点的从属性，由 d' 求得 d，连接 ad。$a'd'$、ad 即为所求△ABC 平面上水平线的两投影，如图 2-36(b)所示。

②求正平线。在水平投影中，过 c 作 $ce /\!/ OX$，由 e 求得 e'，连接 $c'e'$、ce 即为所求，如图 2-36(c)所示。

例 2-11　已知平面四边形 $ABCD$ 的正面投影 $a'b'c'd'$ 及 AB 边的水平投影 ab，且四边形对角线 BD 为正平线，完成平面四边形 $ABCD$ 的水平投影。

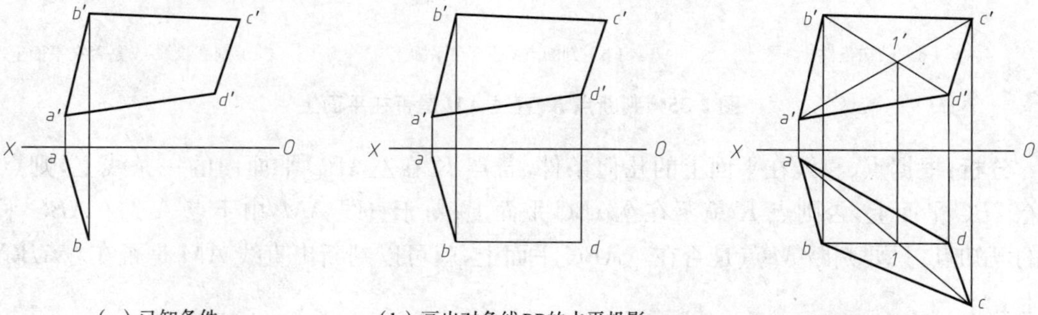

（a）已知条件　　（b）画出对角线BD的水平投影　　（c）辅助线法求c，连线

图 2-37　求作平面四边形投影

分析：由图 2-37(a)可知，只要作出 C、D 两点的水平投影 c、d，然后顺次连接 b、c、d、a 即可。因为平面四边形的对角线为正平线，根据正平线的投影特性，其水平投影与 OX 轴平行，可画出其水平投影，从而确定顶点 D 的水平投影。再利用辅助线法，在△ABD 的平面上求出点 C，连线即完成平面四边形的水平投影。

作图：

①在水平投影中，过 b 作 OX 平行线与过 d' 所作投影连线的交点即为 d，如图 2-37(b)所示。

②在正面投影中，画出两条对角线，其交点为 $1'$，在对角线 BD 的水平投影 bd 上求得 1，连线 a_1 并延长与由正面投影 c' 所作投影连线交点为 c，连接 bc、cd、da 三条边即为所求，如图 2-37(c)所示。

小　结

1. 投影法的概念

投影法分为中心投影法、平行投影法。平行投影法根据投射线与投影面所成角度的不同又分为平行正投影(简称正投影)和平行斜投影(简称斜投影)。因为正投影作图简便，能反映物体形状且度量性好，所以机械图样主要采用正投影法绘制。

正投影的投影特性主要有实形性、积聚性、类似性。

2. 三视图的形成及投影规律

三视图是应用正投影原理，分别向三个互相垂直的投影面投射所得到的投影图。

投影规律可以归纳为：长对正、高平齐、宽相等(简称"三等关系")。

3. 点的投影

①空间点及其投影的标记规定为：空间点用大写字母表示，水平投影用相应小写字母表示，正面投影用相应小写字母右上角加一撇表示，侧面投影用相应小写字母右上角加两撇表示。

②点在三投影体系中的规律是：点的正面投影与水平投影的连线一定垂直于 OX 轴；点的正面投影与侧面投影的连线一定垂直于 OZ 轴；点的水平投影到 OX 轴的距离等于点的侧面投影到 OZ 轴的距离。

③两点的相对位置和重影点。根据投影图判断两个点的左右、前后和上下关系；重影点需判别其可见性。

4. 直线的投影

①直线的投影特性可简单归纳为：直线平行于投影面，其投影反映实长；直线垂直于投影面，其投影积聚为点；直线倾斜于投影面，其投影短于实长。

②直线上点的投影特性为：若点在直线上，则点的投影一定在直线的同名投影上；点的投影将线段的同名投影分割成与空间线段相同的比例。

③两直线的相对位置为：平行，空间两直线平行，则其各同名投影必相互平行，反之亦然；相交，若空间两直线相交，则其同名投影必相交，且交点的投影必符合空间点的投影规律，反之亦然；交叉，既不平行也不相交的两直线。

5. 平面的投影

①平面的投影特性可归纳为：平面平行于投影面，其投影反映实形；平面垂直于投影面，其投影积聚成直线段；平面倾斜于投影面，其投影为平面形的类似形。

②平面上的直线和点的投影特性为：直线在平面上的几何条件是通过平面上的两个点或过平面内一点且平行平面内的一直线；点在平面上的几何条件是点在平面内的某一直线上。

项目三

基本体及表面交线的投影

学习目标

1. 掌握平面体的投影特性、三视图的画法及表面取点的作图方法。
2. 掌握曲面体的投影特性、三视图的画法及表面取点的作图方法。
3. 掌握平面体、曲面体截断后的投影规律及作图方法。

任务一　学习基本体的投影

立体按其表面的构成不同可分为平面立体和曲面立体。表面全部由平面围成的立体称为平面立体；表面由曲面或曲面和平面共同围成的立体称为曲面立体。

一、平面立体的投影

工程中常用的平面立体是棱柱和棱锥。由于平面立体由若干多边形平面所围成，则画平面立体的投影，就是画各个多边形的投影。多边形的边线是立体相邻表面的交线，即为平面立体的轮廓线。当轮廓线可见时，画粗实线；不可见时，画虚线；当粗实线与虚线重合时，应画粗实线。

(一)棱柱

棱柱由一个顶面、一个底面和几个侧棱面组成。棱面与棱面的交线称为棱线，棱柱的棱线是相互平行的。棱线垂直于底面的棱柱称为直棱柱；棱线与底面斜交的棱柱称为斜棱柱；底面是正多边形的直棱柱称为正棱柱。按棱柱棱线数目可分为三棱柱、四棱柱、五棱柱、六棱柱等。

1. 棱柱的投影

如图 3-1(a)所示，正六棱柱的顶面和底面都是水平面，它们的边分别是四条水平线和两条侧垂线。侧棱面是四个铅垂面和两个正平面，棱线是六条铅垂线。

作图步骤：

①先画出棱柱的水平投影正六边形，六棱柱的顶面和底面是水平面，正六边形是六棱柱顶面、底面重合的实形，顶面和底面的边线均反映实长。六棱柱六个棱面的水平投影积聚在

六边形的六条边上，六条侧棱的水平投影积聚在六边形的六个顶点上。该投影为棱柱的形状特征投影。

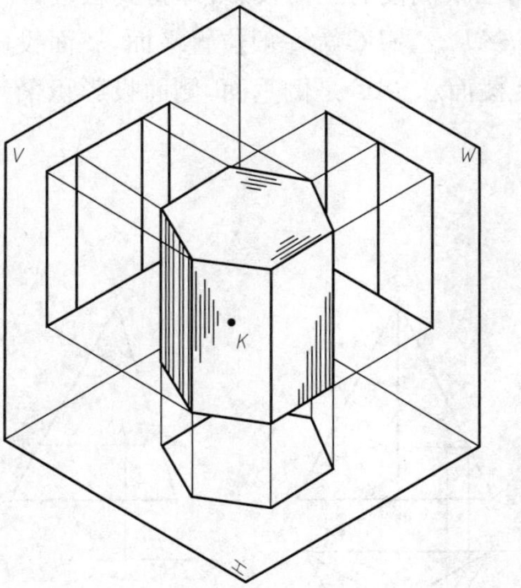

（a）立体图

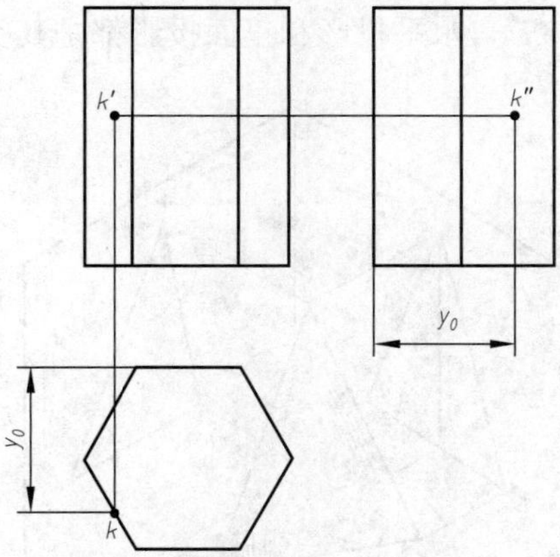

（b）投影图

图 3-1 棱柱的投影及表面取点

②根据六棱柱的高度尺寸，画出六棱柱顶面和底面有积聚性的正面、侧面投影。

③按照投影关系分别画出六条侧棱线的正面、侧面投影，即得到六棱柱的六个侧棱面的投影，如图 3-1(b)所示。六棱柱的前后侧棱面为正平面，正面投影反映实形，侧面投影均积聚为两条直线段。另外四个侧棱面为铅垂面，正面和侧面投影均为类似形。

2. 棱柱表面上取点

因为棱柱表面都是平面，所以在棱柱表面上取点与在平面上取点的方法相同。作图时，应首先确定点所在的平面的投影位置，然后利用平面上点的投影作图规律求作该点的投影。

在图 3-1(b)中，已知棱柱表面上点 K 的正面投影 k'，求 k 和 k''。

因为 k' 是可见的，所以点 K 在棱柱的左前棱面上，该棱面的水平投影积聚成一条线，它是六边形的一条边，k 就在此边上。再按投影关系，可求得点 K 的侧面投影 k''。

(二)棱锥

棱锥有一个底面和几个侧棱面，棱锥的全部棱线交于锥顶。当棱锥的底面为正多边形，顶点在底面的投影位于多边形中心的棱锥称为正棱锥。按棱锥棱线数的不同可分为三棱锥、四棱锥、五棱锥、六棱锥等。

1. 棱锥的投影

如图 3-2(a)所示，三棱锥底面是水平面，底面的边线分别是两条水平线和一条侧垂线；左、右侧棱面是一般位置平面；后棱面是侧垂面。前棱线是侧平线，另外两条棱线是一般位置直线。

作图步骤：

①先画出三棱锥底面的三面投影，水平投影△abc 反映底面实形，正面投影和侧面投影

分别积聚成一直线。

②根据棱锥的高度尺寸画出锥顶 S 的三面投影。

③过锥顶向底面各顶点连线，画出三棱锥的三条侧棱的三面投影，即得到三棱锥三个侧棱面的投影。如图 3-2(b)所示，左、右两棱面△SAB、△SBC 为一般位置平面，三面投影都是类似的三角形；侧面投影 $s''a''b''$ 和 $s''c''b''$ 重合；后棱面△SAC 是侧垂面，侧面投影积聚为一直线 $s''a''(c'')$，水平投影和正面投影都是其类似形。

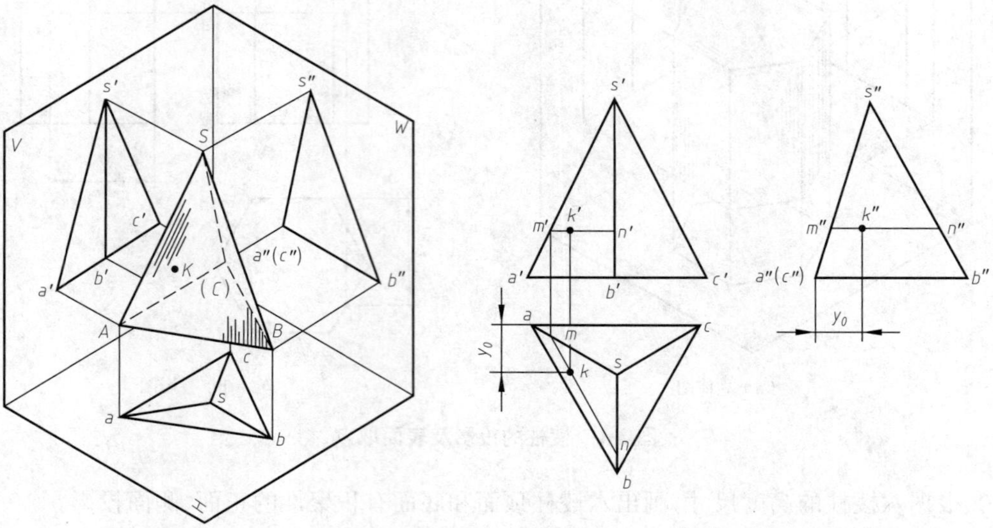

（a）立体图　　　　（b）投影图

图 3-2　棱锥的投影及表面取点

2. 棱锥表面上取点

如图 3-2(b)所示，已知棱锥表面一点 K 的正面投影 k'，试求点 K 的水平和侧面投影。

由于 k' 可见，可以断定点 K 在△SAB 棱面上，在一般位置棱面上找点，需作辅助线。过 K 点的已知投影在△SAB 棱面上作一辅助直线，然后在辅助线的投影上求出点的投影。

作图过程如图 3-2(b)所示。过 k' 在棱面△$s'a'b'$ 上作一水平线 $m'n'$（也可作其他形式辅助线）与 $s'a'$ 交于 m'，与 $s'b'$ 交于 n'。如图 3-2(b)所示，$m'n' /\!/ a'b'$，根据平行两直线的投影特性可知，$mn /\!/ ab$。由 m' 在 sa 上求出 m，作 $mn /\!/ ab$，点的水平投影 k 在 mn 上。利用点的投影规律，可求出 k''。

二、曲面立体的投影

常见的曲面立体是回转体，回转体是由回转面或回转面和平面共同围成的立体。工程中用得最多的回转体是圆柱、圆锥和圆球。绘制回转体投影，就是画回转面和平面的投影。回转面上可见面与不可见面的分界线称为转向轮廓素线。画回转面的投影，需画出回转面的转向轮廓素线和轴线的投影。

（一）圆柱

圆柱是由圆柱面、顶面和底面组成的。圆柱面是由直线绕与它相平行的轴线旋转而成。这条旋转的直线称为母线，圆柱面任一位置的母线称为素线，如图 3-3(a)所示。

1. 圆柱的投影

图 3-3(a)所示圆柱体，其轴线为铅垂线，圆柱面垂直 H 面，圆柱的顶面和底面是水平面。

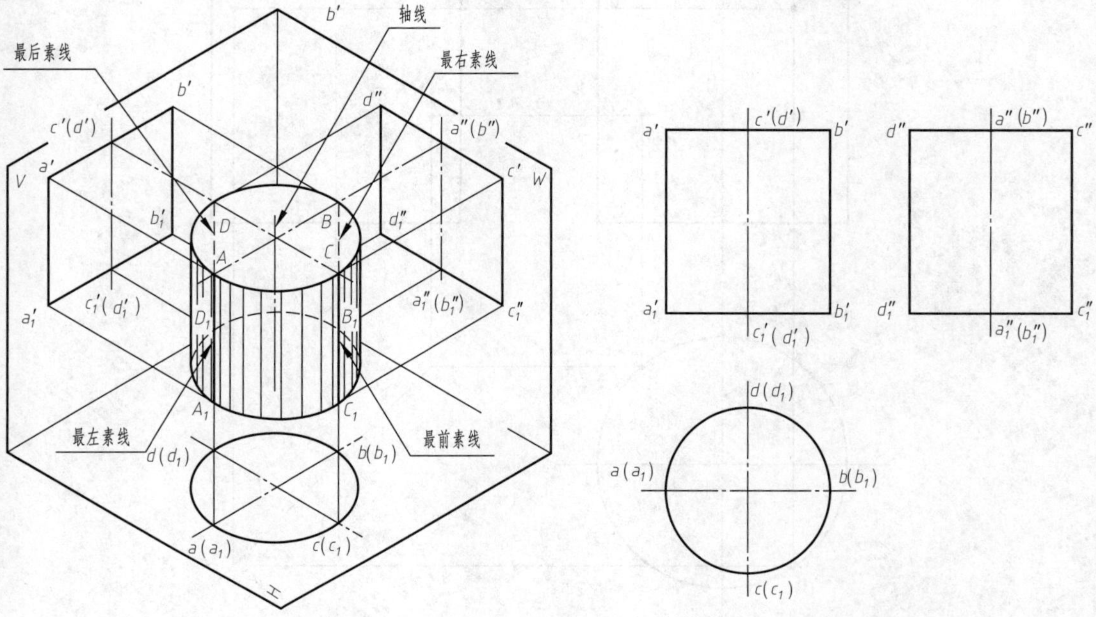

（a）立体图　　（b）投影图

图 3-3　圆柱的投影

圆柱体的投影分析如图 3-3(b)所示。圆柱的顶面和底面的水平投影反映实形——圆，圆心是圆柱轴线的水平投影。画圆之前应先画出水平和垂直的两条点画线，确定圆心位置。顶面和底面的正面投影积聚成两条直线段 $a'b'$、$a'_1b'_1$，侧面投影积聚成两条直线段 $d''c''$、$d''_1c''_1$；圆柱面垂直 H 面，水平投影积聚成一个圆，圆柱的素线为铅垂线。正面矩形投影的 $a'a'_1$ 和 $b'b'_1$ 是圆柱面对正面投影的转向轮廓线，它们是圆柱面上最左、最右素线的正面投影，也是正面投影可见的前半圆柱面和不可见的后半圆柱面的分界线。侧面矩形投影的 $c''c''_1$ 和 $d''d''_1$ 是圆柱面对侧面投影的转向轮廓线，它们是圆柱面上最前、最后素线的侧面投影，也是侧面投影可见的左半圆柱面和不可见的右半圆柱面的分界线。在圆柱体的矩形投影中，应用点画线画出圆柱面轴线的投影。

作图步骤：

①先用点画线画出圆柱体各投影的轴线、中心线，再根据圆柱体底面的直径绘制出水平投影——圆。

②根据圆柱的高度尺寸，画出圆柱顶面和底面有积聚性的正面、侧面投影。

③在正面投影中画出圆柱最左、最右轮廓素线的投影，侧面投影中画出最前、最后轮廓素线的投影，结果如图 3-3(b)所示。

2. 圆柱表面上取点

如图 3-4 所示，已知圆柱面上点 E 和 F 的正面投影 e' 和 (f')，求作它们的水平投影和侧面投影。

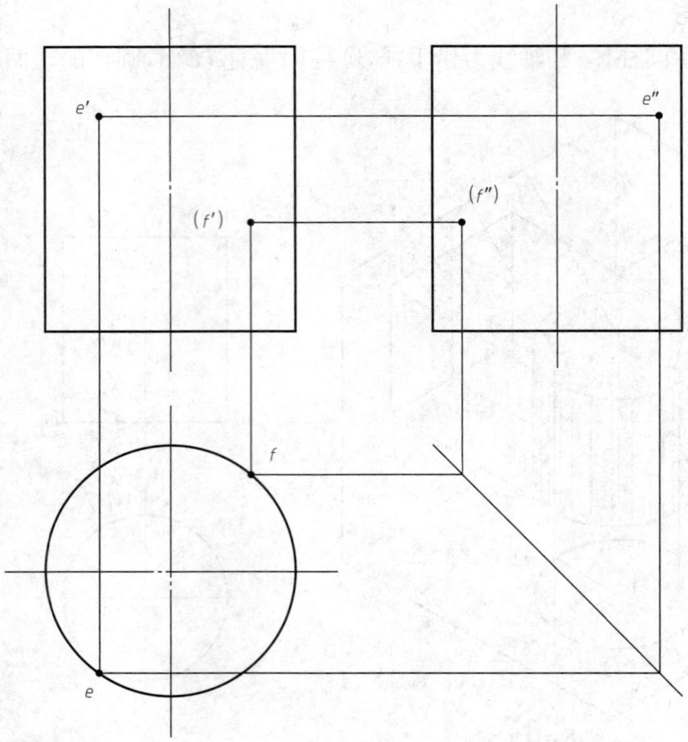

图 3-4 圆柱表面上取点

由于 e' 可见，(f')不可见，可知点 E 在前半个圆柱面上，点 F 在后半个圆柱面上。先由 e' 和(f')引铅垂投影连线，在圆柱面有积聚性的水平投影上分别求出两点的水平投影 e 和 f。然后，利用点的投影规律求出两点的侧面投影 e'' 和(f'')，由水平投影可知点 E 在左半圆柱面上，点 F 在右半圆柱面上，故 e'' 可见，f'' 不可见，记为(f'')。

(二)圆锥

圆锥由圆锥面和底面围成。圆锥面是由直线绕与它相交的轴线旋转而成，这条旋转的直线称为母线，圆锥面上任一位置的母线称为素线，如图 3-5(a)所示。

1. 圆锥的投影

图 3-5 所示圆锥，其轴线为铅垂线，圆锥底面为水平面，圆锥面相对三个投影面都处于一般位置。

圆锥体投影的投影分析如图 3-5(b)所示。圆锥底面的水平投影反映实形，正面、侧面投影分别积聚成直线段。圆锥面的水平投影与底面水平投影相重合，圆锥面的正面和侧面投影分别为等腰三角形。正面投影三角形的边线 $s'a'$ 和 $s'b'$ 是圆锥面对正面投影的转向轮廓线，它们是圆锥面上最左和最右素线的正面投影，也是正面投影可见的前半圆锥面与不可见的后半圆锥面的分界线。侧面投影三角形的边线 $s''c''$ 和 $s''d''$ 是圆锥面对侧面投影的转向轮廓线，它们是圆锥面上最前、最后素线的侧面投影，也是侧面投影可见的左半圆锥面与不可见的右半圆锥面的分界线。

作图步骤：

①先用点画线画出圆锥各投影的轴线、中心线，再根据圆锥底面的半径绘制出水平投

影——圆。

②画出圆锥底面有积聚性的正面、侧面投影。

③根据圆锥的高度尺寸，画出锥顶的正面、侧面投影。

④在正面投影中画出圆锥最左、最右轮廓素线的投影，侧面投影中画出最前、最后轮廓素线的投影，结果如图 3-5(b)所示。

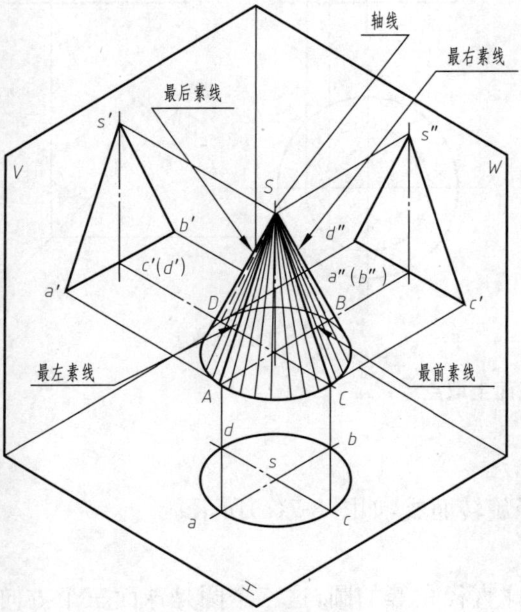

(a) 直观图

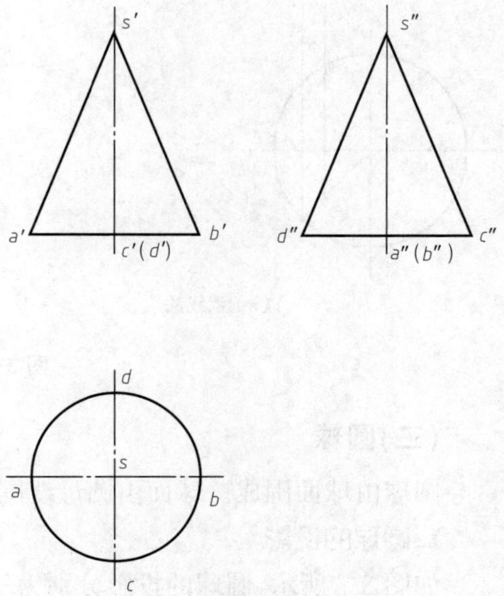

(b) 投影图

图 3-5　圆锥的投影

2. 圆锥表面上取点

如图 3-6 所示，已知圆锥面上点 K 的正面投影 k'，求作它的水平投影 k 和侧面投影 k''。

由于圆锥面的三个投影都没有积聚性，圆锥面上找点需作辅助线。在圆锥面上取点的作图方法通常有两种，即素线法和纬圆法，现分述如下：

①素线法。如图 3-6(a)所示，由于 k' 可见，所以点 K 在前半圆锥面上。首先，过锥顶及点 K 在圆锥面上画一条素线，连接 $s'k'$，并延长交底圆于 a'，得素线的正面投影。再由 a' 向下作投影连线，与水平投影圆交点即为 a，连接 sa 得素线的水平投影，利用直线上点的投影特性，可求得 K 点水平投影 k。再由 k'、k 求出(k'')。

因为圆锥面水平投影可见，所以 k 可见，又因为 K 点在右半个圆锥面上，所以 k'' 不可见，标记为(k'')。

②纬圆法。如图 3-6(b)所示，过点 K 作垂直于轴线的水平圆，该圆称为纬圆，纬圆正面投影和侧面投影都积聚成一条水平线，积聚投影的长度即为纬圆的直径。水平投影是底面投影的同心圆。过 k 作圆锥面上纬圆的正面投影，与最左、最右素线的交点间距离即为纬圆直径，量取一半在水平投影画圆，可根据 k' 求得 k，再由 k' 和 k 作出(k'')。

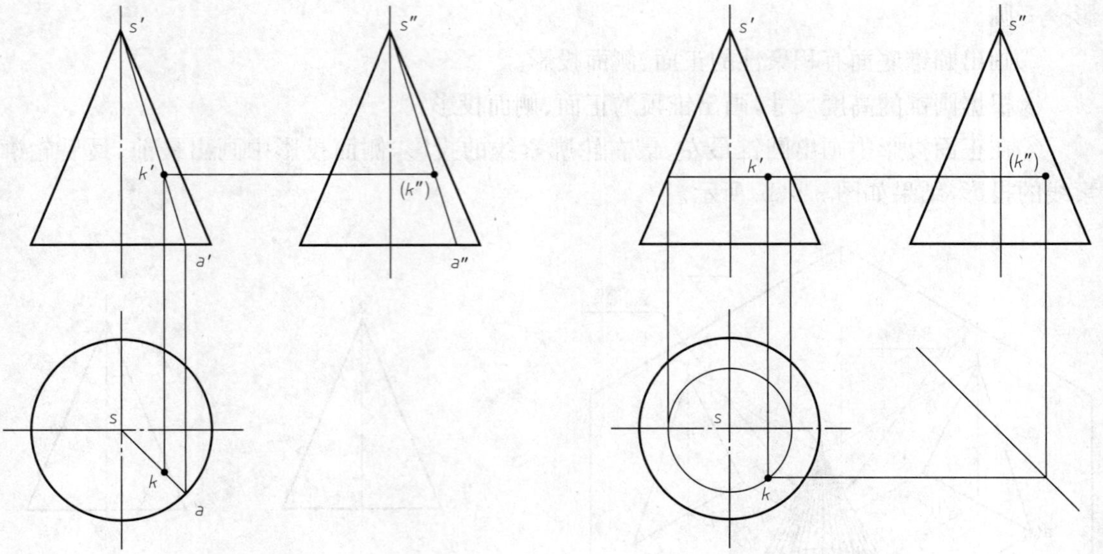

（a）素线法　　（b）纬圆法

图 3-6　圆锥表面上取点

（三）圆球

圆球由球面围成。球面由圆母线围绕其直径旋转而成，如图 3-7(a)所示。

1. 圆球的投影

如图 3-7 所示，圆球的投影分别为三个与圆球直径相等的圆，这三个圆是球面三个方向转向轮廓线的投影。

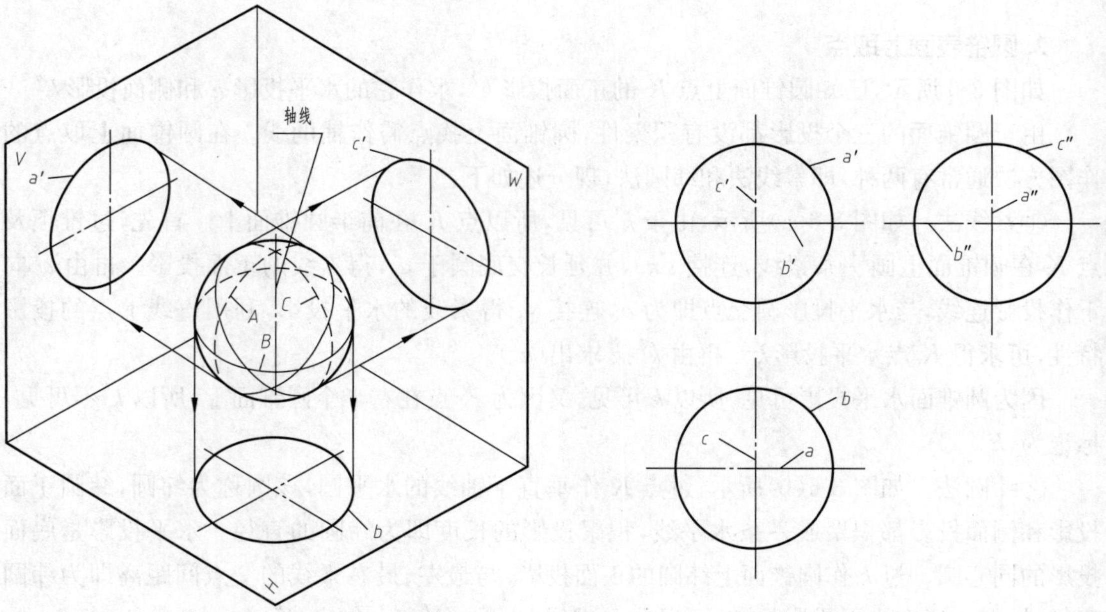

（a）立体图　　（b）投影图

图 3-7　圆球的投影

正面投影的转向轮廓线是球面上平行于正面的最大圆 A 的正面投影，它是前后半球面的分界线。水平投影的转向轮廓线是球面上平行于水平面的最大圆 B 的水平投影，它是上下半球面的分界线。侧面投影的转向轮廓线是球面上平行于侧面的最大圆 C 的侧面投影，它是左右半球面的分界线。在球的三面投影中，应分别用点画线画出中心线。圆球的投影如图 3-7(b)所示。

作图步骤：

①先用点画线画出圆球各投影的中心线。

②根据圆球的半径，分别画出 A、B、C 三个圆的实形投影，结果如图 3-7(b)所示。

2. 圆球表面上取点

如图 3-8 所示，已知圆球面上点 K 的正面投影 k'，求作点 K 的水平投影和侧面投影。由于球面的三个投影都没有积聚性，且母线不为直线，故在球面上取点只能用纬圆法。作图步骤如下：过 k' 作水平圆的正面投影，与 A 圆的两个交点间距离即为纬圆直径。取一半为半径作水平圆的实形投影。因为 k' 可见，由 k' 引铅垂投影连线求出 k，再由 k' 和 k 求出 k''。因 K 点在圆球的上方、前方、右方，故 k 可见，k'' 不可见，标记为(k'')。

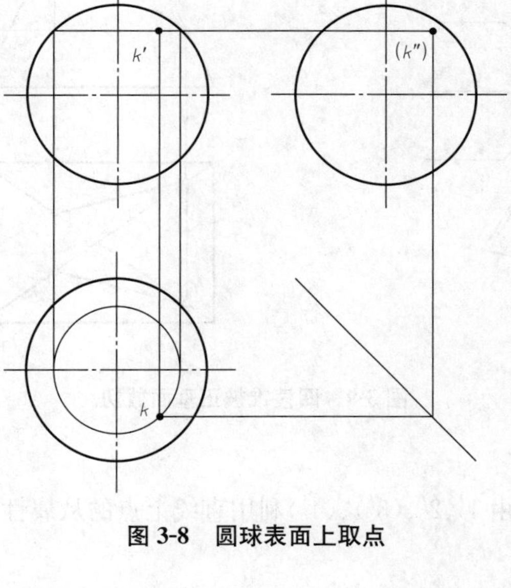

图 3-8　圆球表面上取点

任务二　学习平面与立体相交的画法

平面与立体表面的交线称为截交线。与立体相交的平面称为截平面，由截交线所围成的平面图形称为截断面。

一、平面与平面立体相交

平面立体的截交线是一个多边形，多边形的顶点是平面立体的棱线或底边与截平面的交点，多边形的边是截平面与平面立体表面的交线，如图 3-9(a)所示。

截交线具有如下性质：

①表面性。截交线是截平面与立体表面的交线，因此截交线均在立体表面上。

②共有性。截交线是截平面与立体表面的共有线。它既在截平面上又在立体表面上，截交线上的点，均是截平面与立体表面的共有点。

③封闭性。因立体表面是封闭的，故截交线一般情况下都是封闭的平面图形。

例 3-1 求作如图 3-9 所示四棱锥被正垂面截切后的三面投影。

分析：如图 3-9(a)所示，因截平面 P 与四棱锥四个侧棱面相交，所以截交线为四边形，它的四个顶点即为四棱锥的四条棱线与截平面 P 的交点Ⅰ、Ⅱ、Ⅲ、Ⅳ。因为 P 平面是正垂面，所以截交线四边形的四个顶点Ⅰ、Ⅱ、Ⅲ、Ⅳ的正面投影 1′、2′、(3′)、(4′)重合在 P 平面有积聚性的投影上。

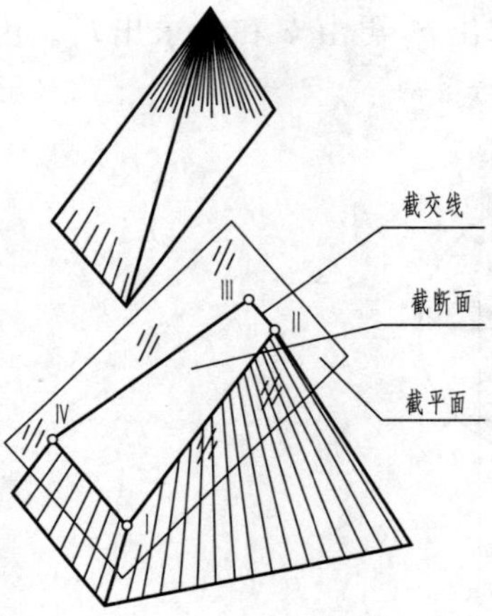

(a) 立体图

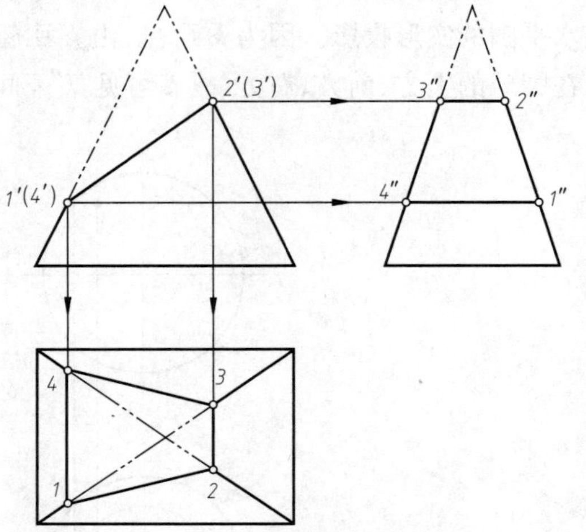

(b) 投影图

图 3-9 四棱锥被正垂面截切

作图方法和步骤如下：

①如图 3-9(b)所示，由 1′、2′、(3′)、(4′)利用直线上点的从属性可求出 1、2、3、4 和 1″、2″、3″、4″。

②将各顶点的水平投影 1、2、3、4 和侧面投影 1″、2″、3″、4″依次连接起来，即得截交线的水平投影和侧面投影，如图 3-9(b)所示。

③处理轮廓线，如图 3-9(b)所示，各侧棱线以交点为界，擦去切除一侧的棱线，并将保留的轮廓线加深为粗实线。

例 3-2 补画如图 3-10(a)所示五棱柱切割体的左视图。

分析：如图 3-10(a)所示，五棱柱被正垂面 P 及侧平面 Q 同时截切，因此，要分别求出 P 平面及 Q 平面与五棱柱的截交线的投影。P 平面与五棱柱的四个侧棱面及 Q 平影上。

作图方法和步骤如下：

①如图 3-9(b)所示，由 1′、2′、(3′)、(4′)利用直线上点的从属性可求出 1、2、3、4 和 1″、2″、3″、4″。

②将各顶点的水平投影 1、2、3、4 和侧面投影 1″、2″、3″、4″依次连接起来，即得截交线的水平投影和侧面投影，如图 3-9(b)所示。

③处理轮廓线，如图 3-9(b)所示，各侧棱线以交点为界，擦去切除一侧的棱线，并将保留的轮廓线加深为粗实线。

例 3-3　补画如图 3-10(a)所示五棱柱切割体的左视图。

分析：如图 3-10(a)所示，五棱柱被正垂面 P 及侧平面 Q 同时截切，因此，要分别求出 P 平面及 Q 平面与五棱柱的截交线的投影。P 平面与五棱柱的四个侧棱面及 Q 平面相交，其截断面的空间形状为平面五边形；Q 平面与五棱柱的顶面、两个侧棱面及 P 平面相交，其截断面的空间形状为矩形。补画左视图时，应在画出五棱柱左视图的基础上，正确画出各截断面的投影。

作图方法和步骤如下：

①画出五棱柱的左视图，如图 3-10(b)所示。

②求作各截断面投影。

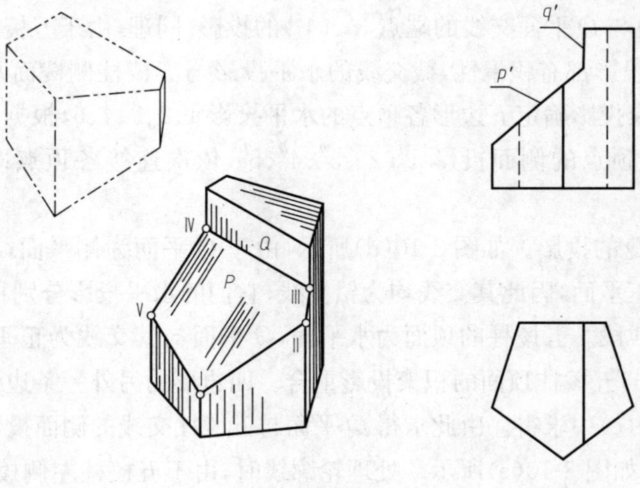

（a）已知条件

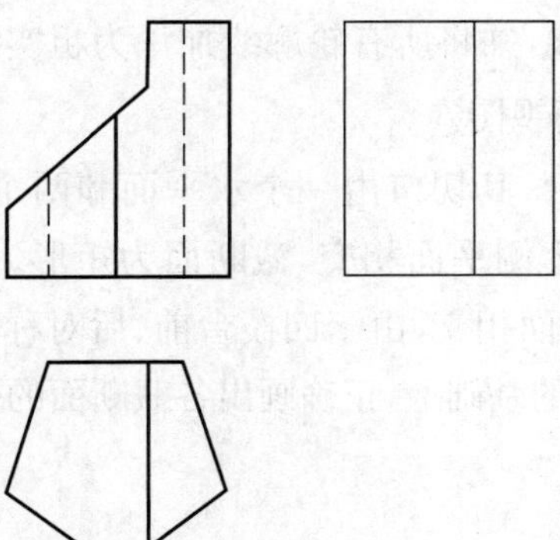

（b）画五棱柱左视图

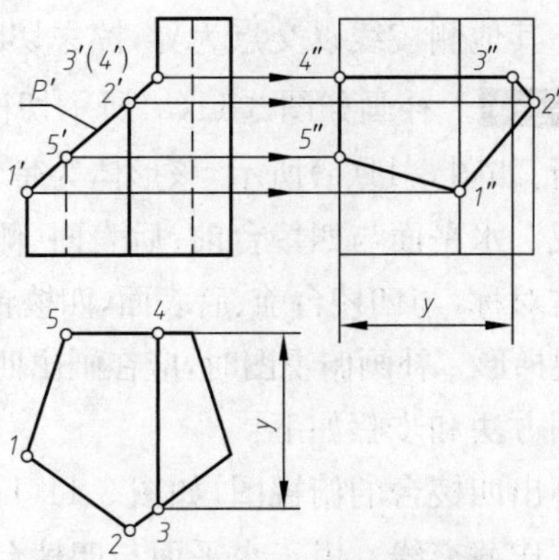

（c）求P平面与五棱柱的截交线

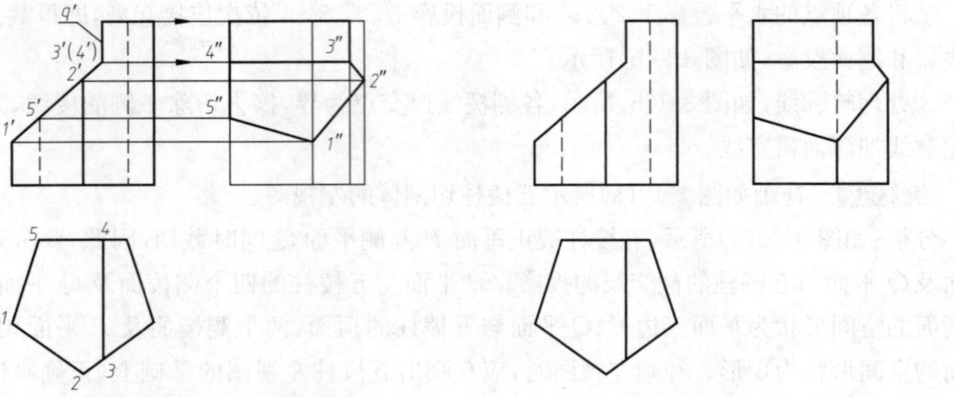

（d）求Q平面与五棱柱的截交线　　（e）检查、加深图线

图 3-10　五棱柱截断体的画图步骤

③求作正垂面 P 的投影。如图 3-10(c)所示，由于 P 平面为正垂面，截交线的投影与正垂面的积聚投影重合。利用正垂面的积聚投影，在主视图上依次标出正垂面 P 与五棱柱棱线的交点 $1'$、$2'$、$5'$及与 Q 平面交线的端点 $3'$、$(4')$的投影，同理，由于五棱柱各棱面的水平投影及 Q 平面的水平投影都有积聚性，截交线的水平投影与五棱柱侧棱面及 Q 平面的积聚投影重合。可利用积聚投影确定五边形各顶点的水平投影 1、2、3、4、5，根据正面投影和水平投影，可求出截交线各顶点的侧面投影 $1''$、$2''$、$3''$、$4''$、$5''$，依次连接各顶点即为截交线的侧面投影。

④求作侧平面 Q 的投影。如图 3-10(d)所示，由于 Q 平面为侧平面，与其相交的两个棱面分别为铅垂面和正平面，因此其交线均为铅垂线，它们的水平投影分别积聚在 3、4 两点，侧面投影为两段竖直线段。五棱柱的顶面为水平面，Q 平面与其交线为正垂线，其水平投影与 3、4 重合，侧面投影与五棱柱顶面的积聚投影重合。四边形的另外一条边为 Q 平面与正垂面的交线，已在图 3-10(c)中求得。由此求得 Q 平面与五棱柱交线的侧面投影。

⑤处理轮廓线，如图 3-10(e)所示。处理轮廓线时，由于五棱柱左侧棱线，在 P 平面以上的部分被截切，因此在侧面投影上棱线的这些部分不应再画出，右前侧棱线由于不可见，应画虚线。其他侧棱线以交点为界，擦去切除一侧的棱线，并将所有轮廓线加深为粗实线。

例 3-4　补画如图 3-11(a)所示切槽四棱台的俯视图。

分析：如图 3-11(a)所示，该形体为带切口的四棱台，其切口由一个水平面和两个侧平面切割而成。水平面与四棱台前、后表面(侧垂面)及两个侧平面相交，截断面为矩形。两个侧平面左右对称，与四棱台前、后表面，四棱台顶面及水平面相交，由于四棱台前、后对称，故截断面为等腰梯形。补画俯视图时，应在画出四棱台俯视图的基础上，正确画出各截断面的投影。

作图方法和步骤如下：

①画出四棱台的俯视图，如图 3-11(b)所示。

②求作截交线。由于水平面与四棱台顶面、底面平行，因此其与四棱台各侧面产生的交线也一定与四棱台顶面、底面的边线平行。在主视图上延长水平面的积聚投影，使其与四棱台左前侧棱线得交点 a'，利用直线上点的从属性求出其俯视图上点 a，并根据平行线的投影规律作出矩形。再由主视图画投影连线确定水平面与四棱台侧面交线的水平投影。两个侧

平面在俯视图中的投影均积聚为直线段，其长度可由水平面的交线端点 B、C 来确定。作图结果如图 3-11(c)所示。

③检查、加深图线。由于切槽时，四棱台底面及 4 条侧棱线均没有被切割，应加深为粗实线，四棱台上台面部分棱线被切割，将其擦除，其余部分画成粗实线，如图 3-11(d)所示。

（a）已知条件

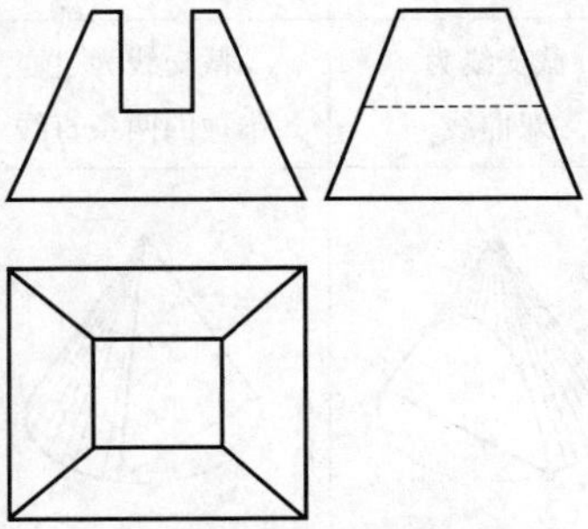

（b）补画四棱台俯视图

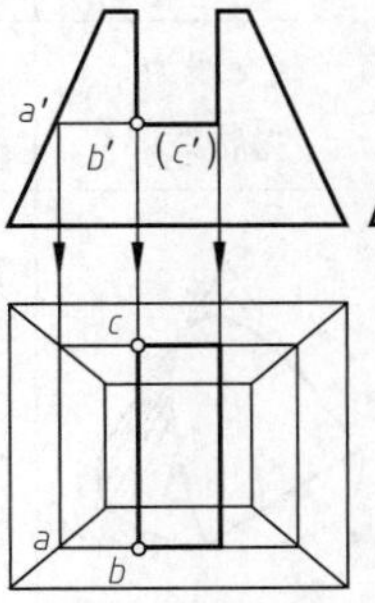

（c）求作截交线

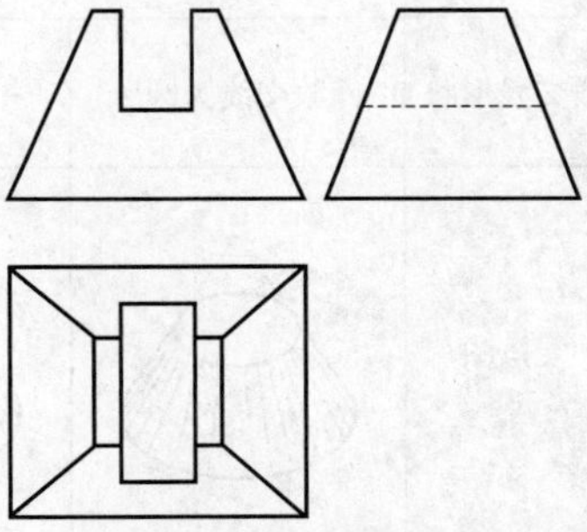

（d）检查、加深图线

图 3-11 四棱台截断体的画图步骤

二、平面与曲面立体相交

平面与曲面立体相交，其截交线通常是一条封闭的平面曲线，或由曲线与直线所围成的平面图形，特殊情况下为平面折线。截交线的形状与曲面体的形状及截断面的截切位置有关。圆柱体的截交线有三种不同的形状，见表 3-1。圆锥体的截交线有五种不同的形状，见表 3-2。球体被切割截交线始终为圆，根据截平面与投影面的相对位置不同，投影可能为圆或椭圆，见表 3-3。

表 3-1 圆柱体截交线

截平面位置	截平面平行于轴线	截平面垂直于轴线	截平面倾斜于轴线
截交线形状	截交线为平行于轴线的两条直线	截交线为圆	截交线为椭圆
立体图	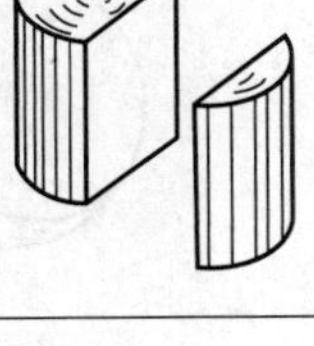	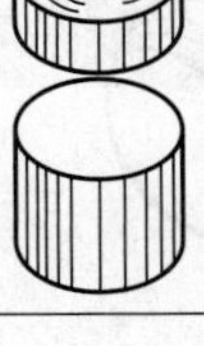	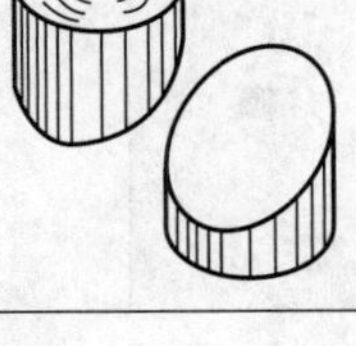

续上表

截平面位置	截平面平行于轴线	截平面垂直于轴线	截平面倾斜于轴线
投影图	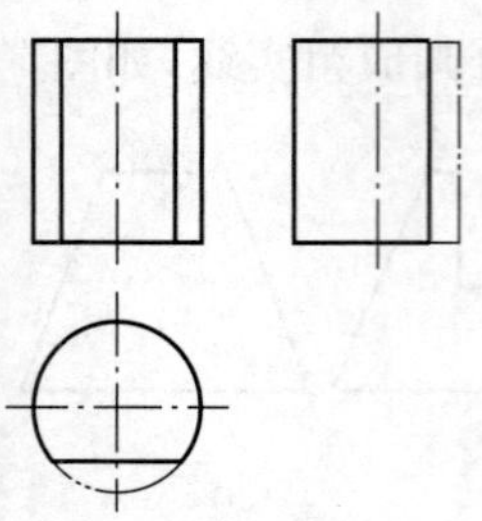	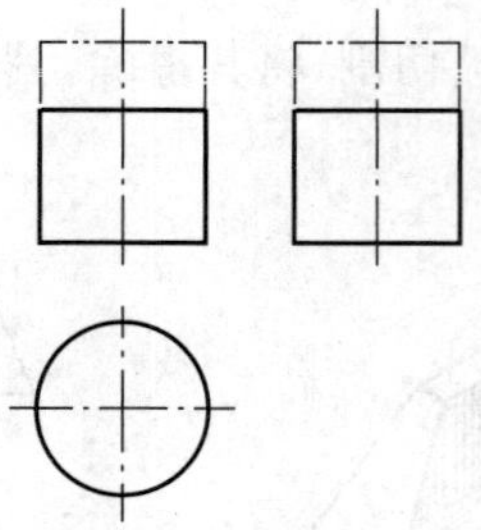	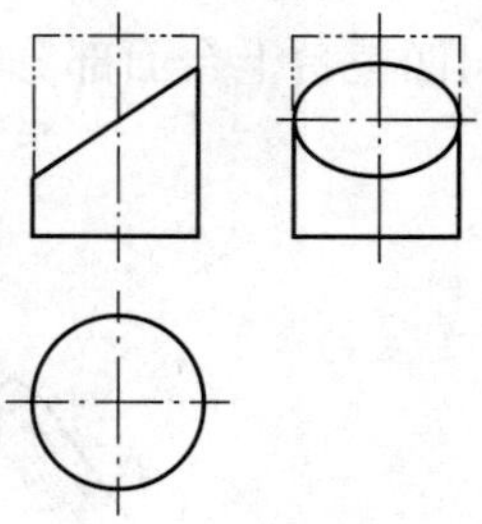

表 3-2 圆锥体截交线

截平面位置	截平面与轴线垂直	截平面与所有素线相交	截平面平行一条素线	截平面与轴线平行	截平面过锥顶
截交线形状	截交线为圆	截交线为椭圆	截交线为抛物线	截交线为双曲线	截交线为过锥顶的两条直线
立体图	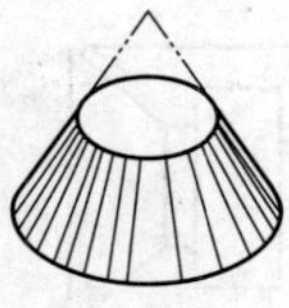	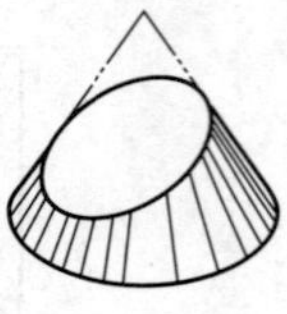	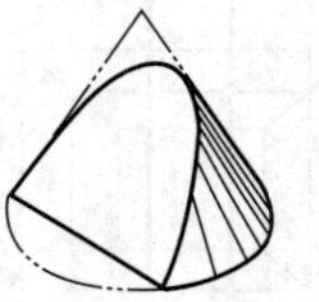	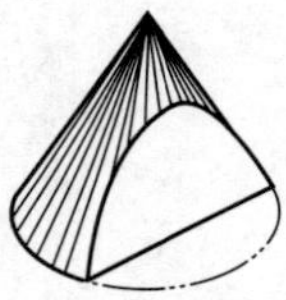	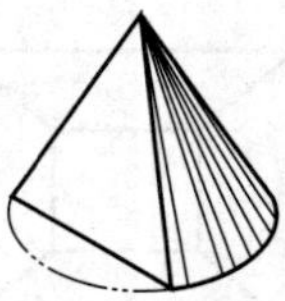
投影图	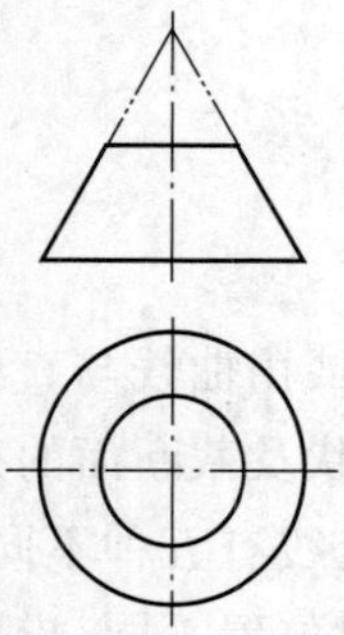	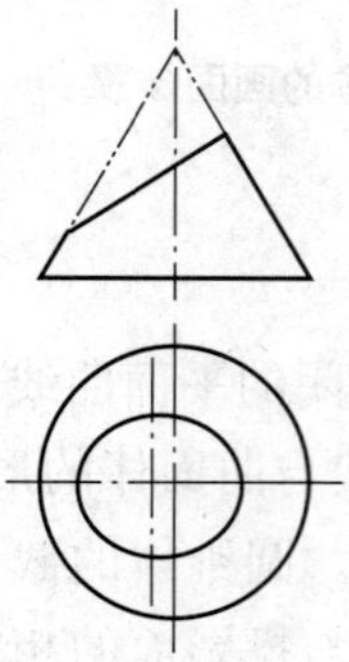	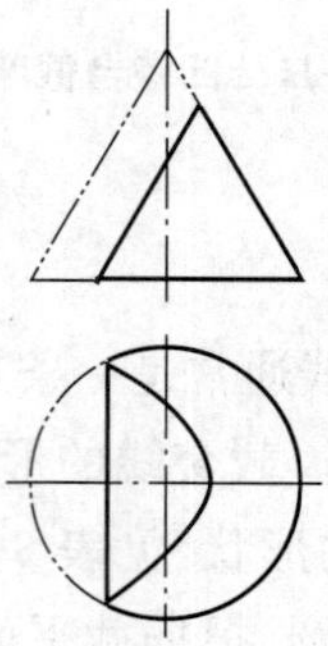	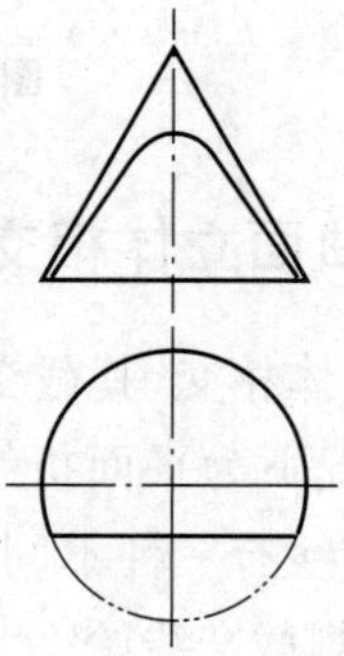	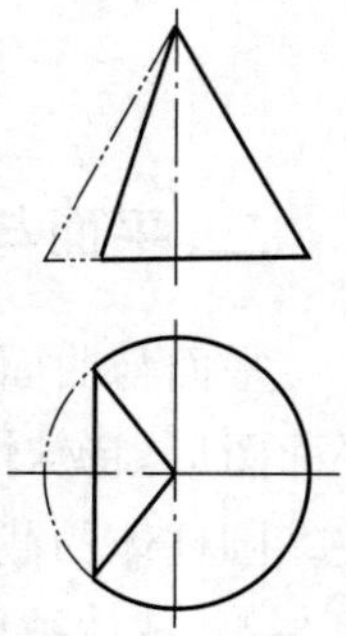

表 3-3 圆球体截交线

截平面位置	截平面为投影面平行面	截平面为投影面垂直面
截交线	截交线投影分别为圆和直线	截交线投影分别为椭圆和直线
立体图		

续上表

截平面位置	截平面为投影面平行面	截平面为投影面垂直面
投影图	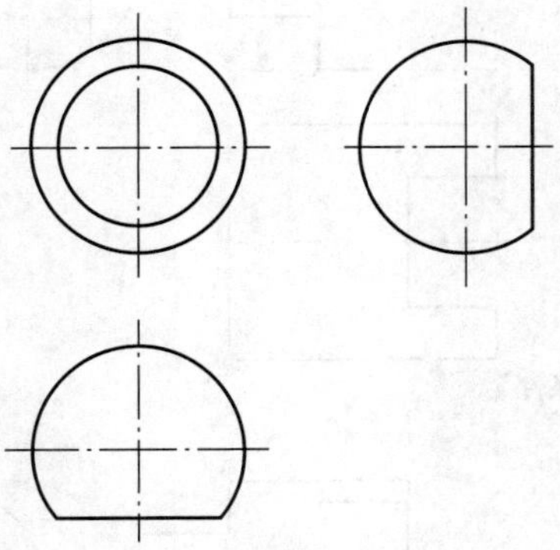	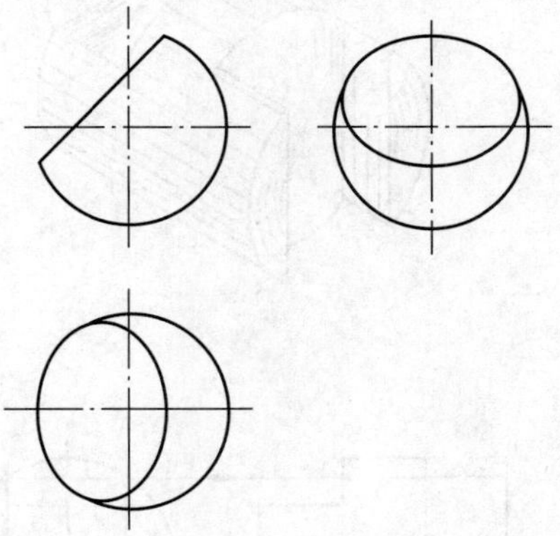

熟练掌握各种回转体的投影特性，以及截交线的形状，是绘制复杂形体投影图必备的基础知识。对于表3-1至表3-3中各种形状的截交线，当截交线的投影为平面多边形或圆时，可使用尺规直接作出其投影；当截交线投影为椭圆、双曲线或抛物线时，则需先求出若干个共有点的投影，然后用曲线将它们依次光滑地连接起来，作出截交线的投影。

例 3-5　补全如图3-12所示接头的主视图和俯视图。

分析：如图3-12(a)所示，接头的左端槽口可以看成圆柱被两个与轴线平行的正平面和一个与轴线垂直的侧平面切割而成；右端凸榫由两个与轴线平行的水平面和一个与轴线垂直的侧平面切割而成。可由表3-1查得各段截交线分别为直线和圆弧。

作图方法和步骤如下：

①补画主视图左侧圆柱切槽部分的投影。左端槽口的两个正平面与圆柱体轴线平行，其截交线是四条侧垂线，其在左视图上积聚成点，位于圆柱面有积聚性的侧面投影上，可由侧面投影求得其正面投影，如图3-12(b)所示；侧平面在主视图中投影积聚为一直线，其中被遮挡的部分应画成虚线；由俯视图可知，侧平面将圆柱的最上、最下两条素线截去一段，所以在主视图中，其转向轮廓素线的左端应截断。结果如图3-12(b)所示。

②补画俯视图右侧圆柱凸榫部分的投影。切割圆柱右端凸榫的两个水平面与圆柱体的轴线平行，截交线为直线，可由左视图量取y值，求得其俯视图中的投影；侧平面在俯视图中积聚为直线段，如图3-12(c)所示。由于侧平面没有截切到圆柱面的最前、最后两条素线，其在俯视图中的积聚投影与转向轮廓素线之间有一定的距离，故在俯视图中转向轮廓素线是完整的。

例 3-6　补全如图3-13(a)所示顶尖的俯视图。

分析：如图3-13(a)所示，顶尖由圆锥、小圆柱、大圆柱同轴连接，其上切口部分可以看成被水平面和正垂面截切而成。由表3-1和表3-2可知水平面与圆锥的轴线平行，其截交线为双曲线，与大小圆柱的轴线平行，截交线是四条侧垂线。正垂面只截切到大圆柱的一部分，且与轴线倾斜，交线为椭圆弧(见表3-1)。作图时，应分段画出截交线的投影，并整理画出所有轮廓线的投影。

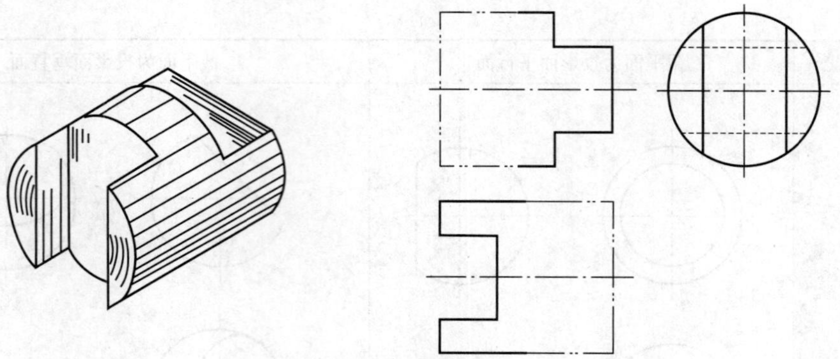

（a）已知条件

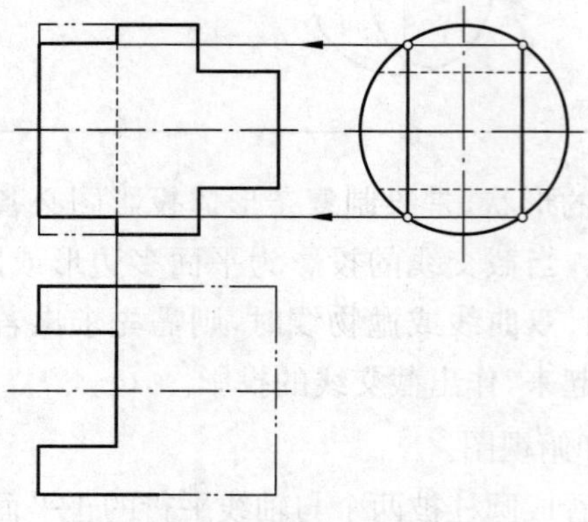

（b）补画主视图

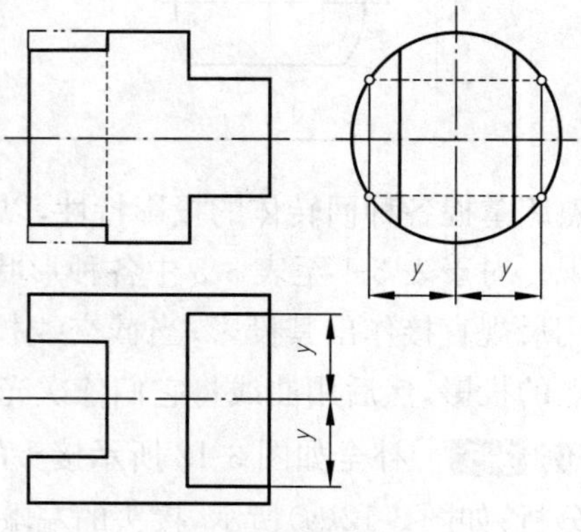

（c）补画俯视图

图 3-12　绘制圆柱截断体的画图步骤

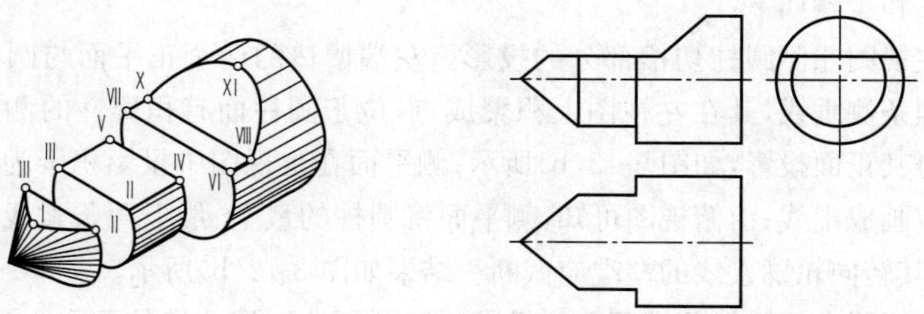

（a）已知条件

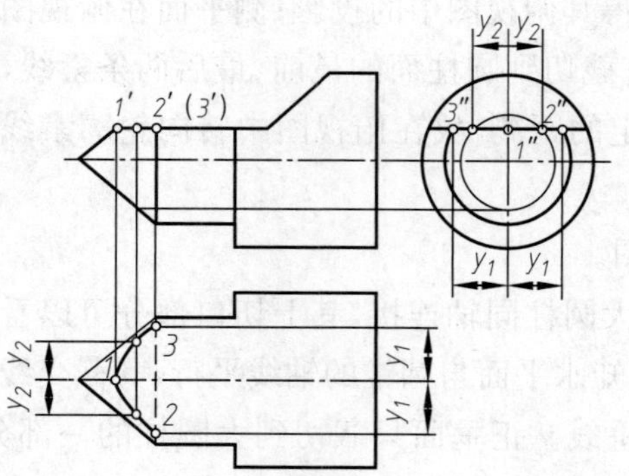

（b）求水平面与圆锥交线

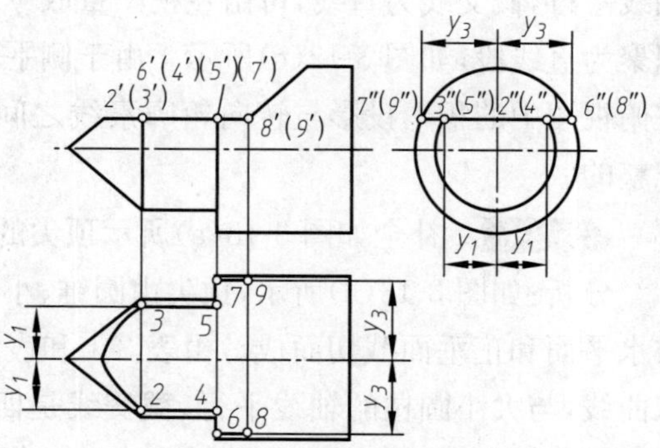

（c）求水平面与大小圆柱交线

图 3-13　顶尖的画图步骤

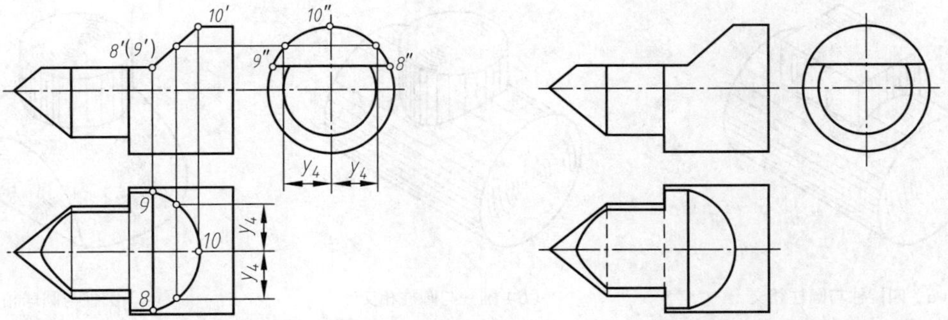

（d）求正垂面与圆柱交线　　　　（e）检查、加深图线

图 3-13　顶尖的画图步骤(续)

作图方法和步骤如下：

①由水平面切割产生的截交线在主视图和左视图中分别积聚在水平面的积聚投影上，可由主视图和左视图求出其在俯视图中的投影。

②求作圆锥面的交线——双曲线。如图 3-13(b)所示，先求双曲线上的特殊点，顶点Ⅰ和端点Ⅱ、Ⅲ。顶点Ⅰ在圆锥的最上轮廓素线上，端点Ⅱ、Ⅲ两点是圆锥面与小圆柱面交线上的点，先在主视图上确定 1′、2′和(3′)，对应找出其左视图上 1″、2″、3″，利用点的投影规律可求出Ⅰ、Ⅱ、Ⅲ各点在俯视图中的投影 1、2、3。再求一般点。与求特殊点一样，先在主视图上确定其位置，如图 3-13(b)中在 1′、2′(3′)之间找一两个一般点。利用纬圆法在圆锥面上求出该点的侧面投影。用曲线光滑连接各点，即可在俯视图中画出双曲线。

③求作水平面与大小圆柱面的交线——侧垂线。如图 3-13(c)所示，如前面分析，水平面与大小圆柱面的交线为侧垂线，侧垂线在主视图上 2′(4′)与(3′)(5′)重合，6′8′与(7′)(9′)重合，在左视图上分别积聚为点 2″(4″)、3″(5″)、6″(8″)、7″(9″)，可由左视图中分别量取 y_3、y_1 值，对照主视图中位置，作出其俯视图上的投影，结果如图 3-13(c)所示。

④如图 3-13(a)中立体图所示，正垂面与大圆柱面的交线为椭圆弧，主视图在正垂面的积聚投影上，左视图在大圆柱面的积聚投影上，可利用圆柱表面找点的方法求其俯视图中的投影，作图步骤如图 3-13(d)所示。

⑤检查、加深轮廓线。俯视图中，水平面之上部分被切断，处于水平面下方的部分不可见，应画成虚线，其余部分画实线，如图 3-13(e)所示。

任务三　学习立体与立体相贯的画法

两立体相交称为两立体相贯，相贯的两立体为一个整体，称为相贯体。两立体表面的交线称为相贯线，相贯线是两立体表面的共有线，也是两立体表面的分界线，相贯线上的点是两立体表面的共有点，如图 3-14 所示。

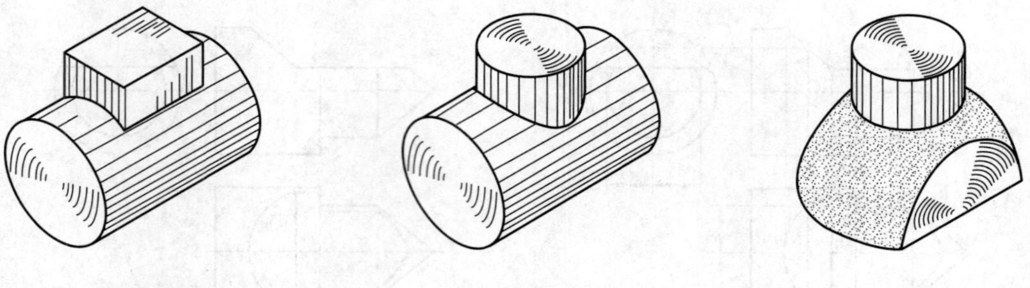

（a）四棱柱与圆柱相交　　（b）圆柱与圆柱相交　　（c）圆柱与圆球相交

图 3-14　常见的相贯体

一、相贯线的画法

相贯线是两个基本体表面的交线，是由两个基本体表面一系列共有点组成的。相贯线的形状取决于两基本体的形状、大小及它们之间的相对位置。求作相贯线的实质就是求两个基本体的表面共有线。

例 3-7　求图 3-15 所示四棱柱与圆柱相交时的相贯线。

分析：如图 3-15(a)所示，四棱柱的前、后表面与圆柱轴线平行，其交线为两段与圆柱体轴线平行的线段ⅠⅡ、ⅢⅣ。四棱柱的左、右表面与圆柱轴线垂直，其交线为两段圆弧ⅠⅤⅣ、ⅡⅥⅢ。把各段交线依次连接，即为四棱柱与圆柱体相贯线。相贯线在俯视图中与四棱柱的侧棱面的投影重合，积聚在矩形线框上。相贯线在左视图中与圆柱面的侧面投影重合，积聚在圆弧上。由于相贯线在俯视图和主视图中均为已知，因此，只需求作其主视图上的投影。

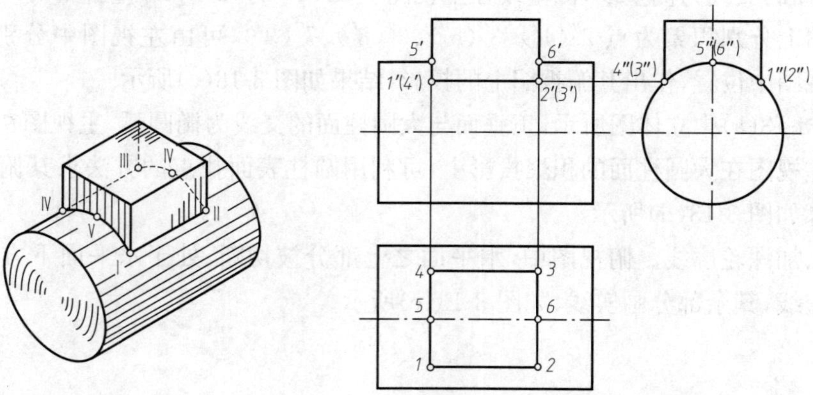

（a）立体图　　（b）投影图

图 3-15　四棱柱与圆柱相交

作图方法与步骤如下：

①求四棱柱前后侧棱面与圆柱面交线。如图 3-15(b)所示，相贯线的前、后交线ⅠⅡ、ⅢⅣ，可由俯视图中的点 1、2、3、4 和左视图中的点 1″、(2″)、(3″)、4″，求出主视图上的 1′、2′、(3′)、(4′)，两两连线，即得四棱柱的前、后表面与圆柱面的交线。由于该形体为对称形体，所以 1′2′与(3′)(4′)重合。

②求四棱柱左右侧棱面与圆柱面交线。四棱柱的左、右表面与圆柱面的交线为两段圆

弧ⅠⅤⅥ、ⅡⅣⅢ，主视图为两段竖向线段，由俯视图中的点 5、6 和左视图中的点 5″、(6″)求得对应主视图中的 5′、6′，将点 5′与 1′、(4′)连线，6′与 2′(3′)连线，即为所求。

例 3-8　求如图 3-16 所示圆柱与圆柱相交时相贯线的投影。

分析：如图 3-16(a)所示，两直径不等圆柱相交，且两个圆柱轴线垂直，相贯线为一条前后、左右都对称的封闭空间曲线。相贯线在俯视图中与小圆柱面的积聚投影重合，积聚在圆形线框上。左视图中，相贯线与大圆柱面的侧面积聚投影重合，积聚在一段圆弧上。由于相贯线在俯视图和左视图中均为已知，因此，只需求作其主视图上的投影。

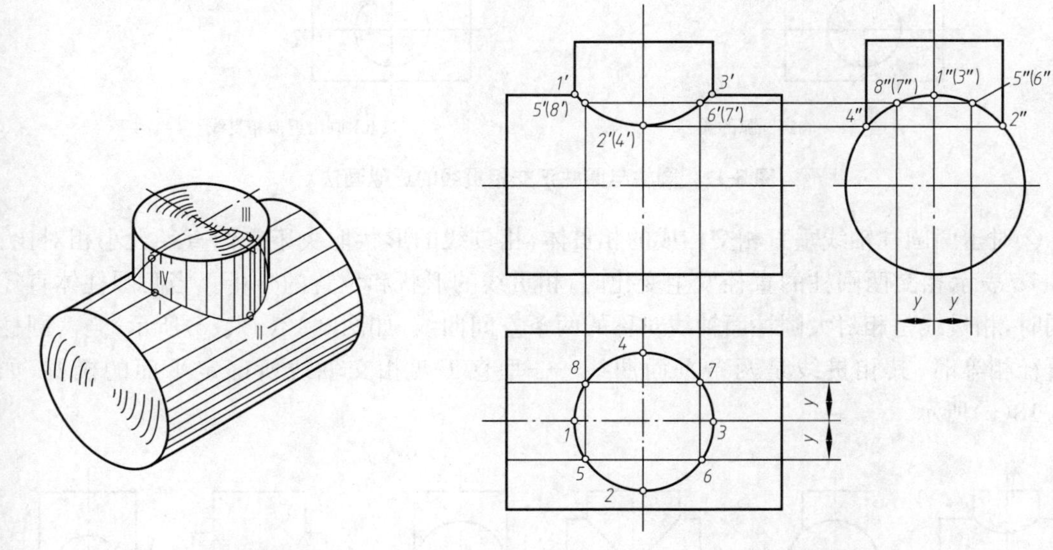

(a) 立体图　　(b) 投影图

图 3-16　圆柱与圆柱相交

作图方法与步骤如下：

①求特殊点。在俯视图中标注相贯线的最左点、最前点、最右点、最后点的投影 1、2、3、4，分别位于小圆柱面的最左、最前、最右和最后轮廓素线上。左视图中，小圆柱面的四条转向轮廓素线与大圆柱面积聚投影的交点为 1″、2″、(3″)、4″。由此可知，点Ⅰ、Ⅲ和点Ⅱ、Ⅳ又分别是相贯线上的最高点和最低点。根据点的投影规律，求出主视图上的 1′、2′、3′、(4′)，如图 3-16(b)所示。

②求一般点。先在相贯线的俯视图上确定点 5，利用 y 坐标值相等的投影关系，求出左视图中 5″，再由 5、5″求得 5′。由于相贯线左右对称、前后对称，故可以同时求得对称点 6′、(7′)、(8′)。

③连线并判别可见性。在主视图上将相贯线上各点按照俯视图中各点的排列顺序依次连接，即前半条 1′—5′—2′—6′—3′—(7′)—(4′)—(8′)—1′。前半条可见，画粗实线；后半条不可见，应画成虚线。由于相贯线前后对称，主视图上投影重合，连线为粗实线，如图 3-16(b)所示。

两圆柱轴线垂直相交是工程形体上常见的相贯体，求作相贯线时应注意以下几个方面：

①当两圆柱直径不相等时，其相贯线的投影总是向小圆柱轴线方向弯曲，在不致引起误解的情况下，可采用简化画法作图，即用圆弧代替相贯线。其相贯线的近似画法如图 3-17 所

示，以两轮廓线交点为圆心、以 R 为半径画弧交小圆柱轴线于 O（R 为较大圆柱体的半径），再以 O 为圆心、R 为半径画弧即为所求。

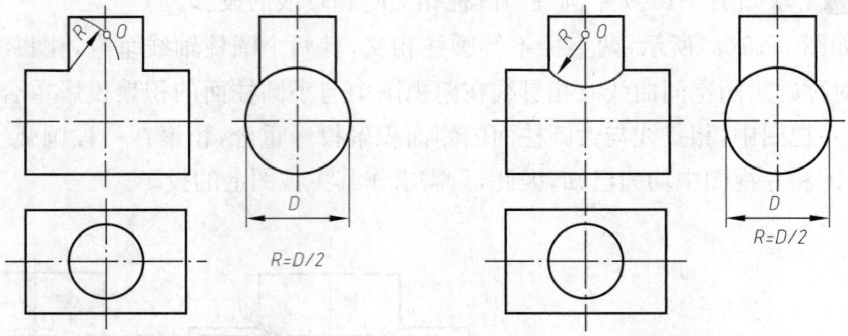

（a）确定圆弧的圆心　　（b）画出近似相贯线

图 3-17　圆柱与圆柱正交相贯线的近似画法

②对于两圆柱轴线垂直相交构成的相贯体，相贯线的形状取决于它们直径大小相对比。图 3-18 表示相交两圆柱的直径发生变化时，相贯线的形状和位置的分析。当两圆柱体直径不同时，相贯线是相对大圆柱面轴线对称的两条空间曲线，如图 3-18(a)、(c)所示；当两圆柱体直径相等时，其相贯线是两条平面曲线——垂直于两相交轴线所确定平面的椭圆，如图 3-18(b)所示。

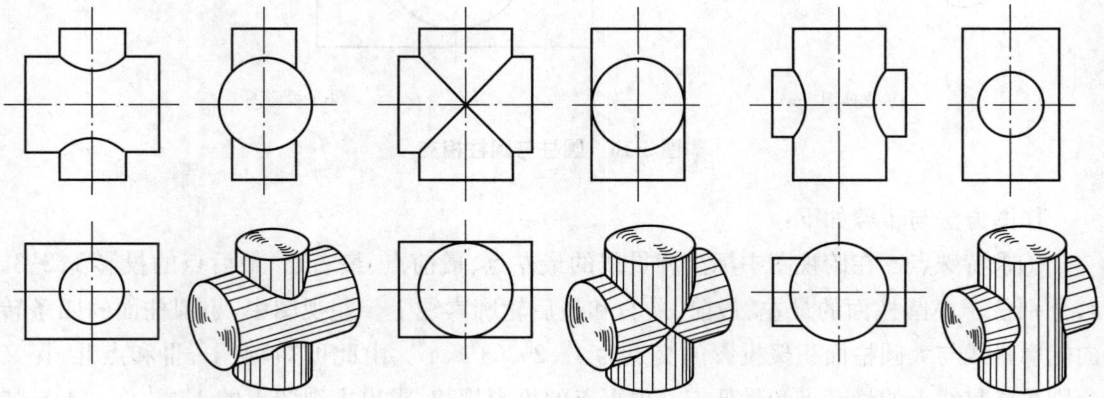

（a）上下两条空间曲线　　（b）两个互相垂直的椭圆　　（c）左右两条空间曲线

图 3-18　垂直相交两圆柱直径相对变化时的相贯线分析

③圆柱与圆柱相贯主要有三种形式。图 3-19(a)为两圆柱外表面相交；图 3-19(b)为圆柱外表面与圆柱内表面相交；图 3-19(c)为两圆柱内表面相交。它们虽然内、外表面不同，但由于两圆柱面的大小和相对位置不变，因此它们交线的形状是完全相同的。

例 3-9　求如图 3-20 所示圆柱与圆球相交时相贯线的投影。

分析：圆柱与圆球相交，一般情况下，相贯线是一条空间曲线。如果圆柱的轴线通过球心，则其相贯线为垂直圆柱轴线的平面内的圆。图 3-20(a)所示圆柱体轴线为铅垂线，则相贯线为水平圆。相贯线在主视图和左视图中均积聚为直线，俯视图中与圆柱面的积聚投影重合。

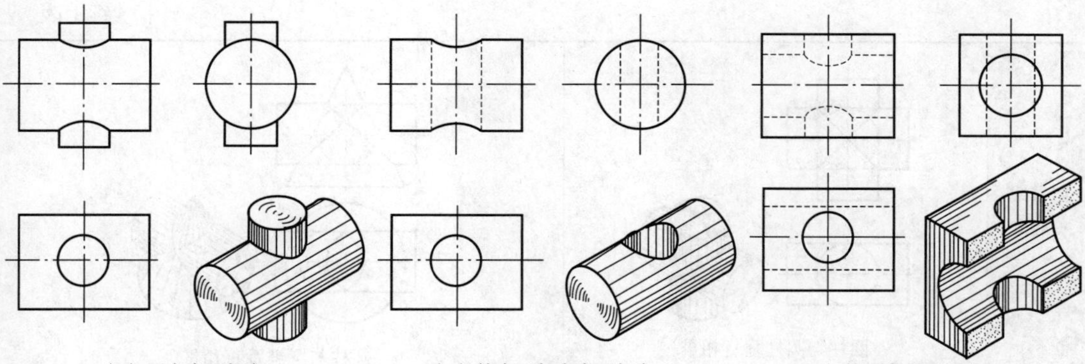

（a）两个表面相交　　（b）外表面与内表面相交　　（c）两内表面相交

图 3-19　内外圆柱表面相交的相贯线分析

作图方法与步骤如下：

①将圆柱体最左、最右轮廓素线与圆球正面投影轮廓圆的交点连线，即为相贯线的正面投影，如图 3-20(b)所示。

②同理，求出相贯线的侧面投影，如图 3-20(b)所示。

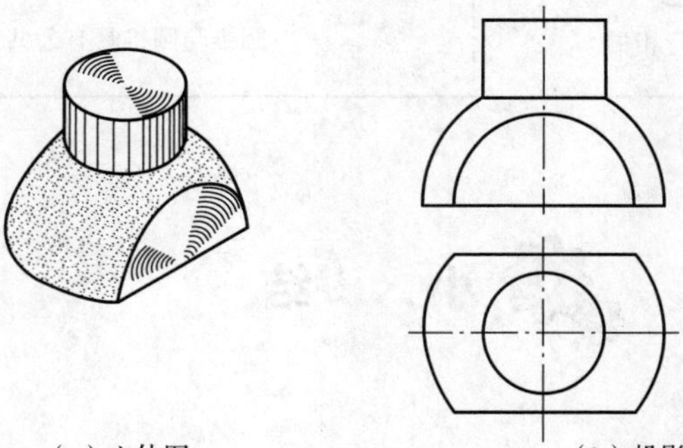

（a）立体图　　（b）投影图

图 3-20　圆柱与圆球相交

二、相贯线的特殊情况

一般情况下，两回转体的相贯线是空间曲线；特殊情况下，相贯线可能是平面曲线或直线段。相贯线的形状可根据两相交回转体的形状、大小和相对位置进行判断。相贯线的特殊情况见表 3-4。

表 3-4　相贯线的特殊情况

分类		
相贯线为圆	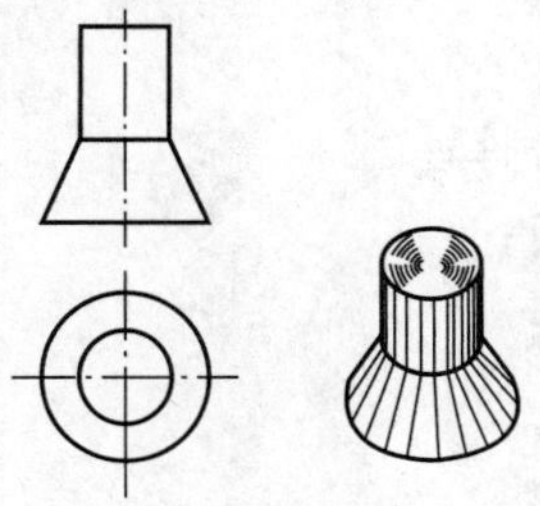 圆柱与圆锥同轴相贯	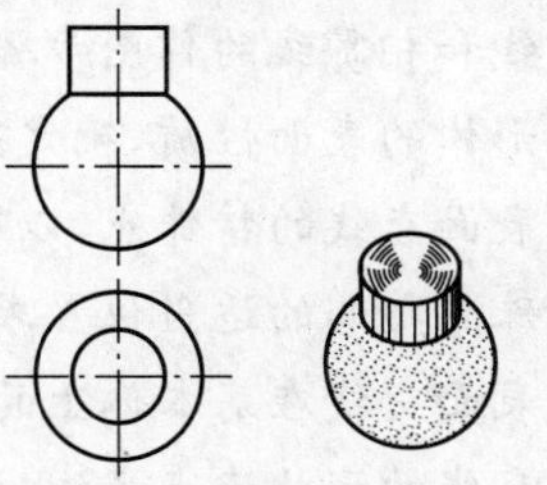 圆柱与圆球同轴相贯

续上表

相贯线为椭圆	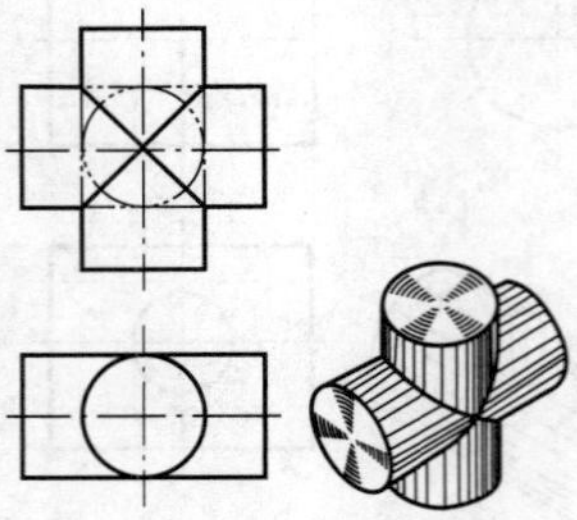 圆柱与圆柱垂直相贯	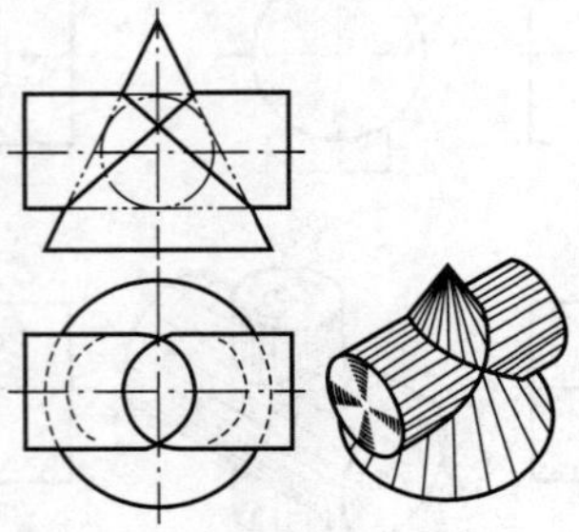 圆柱与圆锥垂直相贯
相贯线为直线	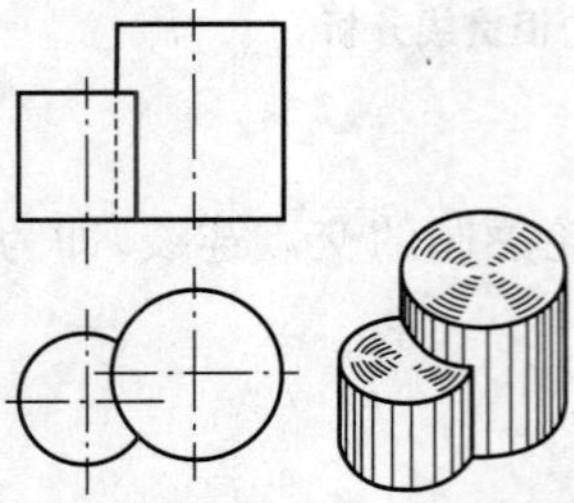 圆柱与圆柱轴线平行相贯	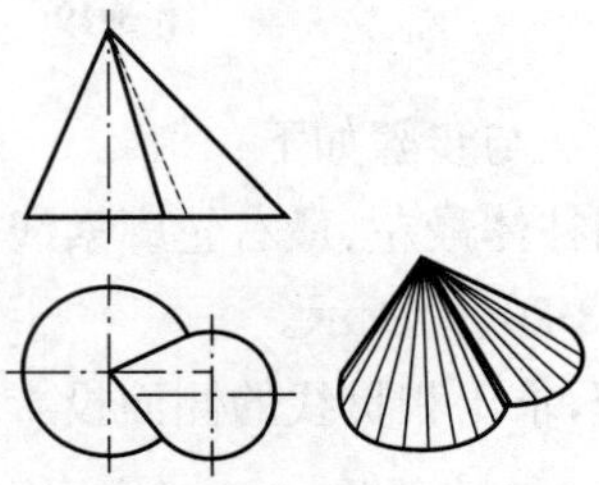 圆锥与圆锥具有公共锥顶相贯

小　　结

立体按其表面的构成不同可分为平面立体和曲面立体。表面全部由平面围成的立体称为平面立体；表面由曲面或曲面和平面共同围成的立体称为曲面立体。

1. 基本体的投影

①画平面立体的投影，就是画组成立体的各个平面和棱线的投影；

②绘制回转体投影，就是画回转面和平面的投影，回转面需画出转向轮廓线和轴线的投影。

2. 立体表面的交线

平面与立体表面的交线称为截交线。立体与立体表面的交线称为相贯线。

截交线与相贯线的性质有表面性、共有性、封闭性。

求截交线和相贯线的作图步骤：

①分析形体的表面性质，确定交线的形状及投影特性；

②求出表面交线的特殊点，以确定表面交线的范围；

③在特殊点之间的适当位置求一定数目的一般点；

④根据表面交线在基本体上的位置判断可见性；

⑤根据交线的形状连点成线，即得表面交线的投影。

项目四

轴测图

学习目标

1. 了解轴测投影的基本概念。

2. 掌握正等测的画法。

3. 掌握斜二测的画法。

前面介绍的三视图能准确、完整地表达物体的形状与大小，且作图简便、度量性好，但这种视图缺乏立体感，具有一定读图能力的人才能看懂，如图 4-1(a)所示。为了帮助读者读懂视图，工程上常采用轴测图作为辅助图样。

轴测图是用平行投影法绘制单面投影图，能同时反映物体长、宽、高三个方向的形状，富有立体感，直观性好，但作图复杂，且不能准确表达出物体的真实形状，如图 4-1(b)所示。本项目主要介绍轴测图的基本概念及画法。

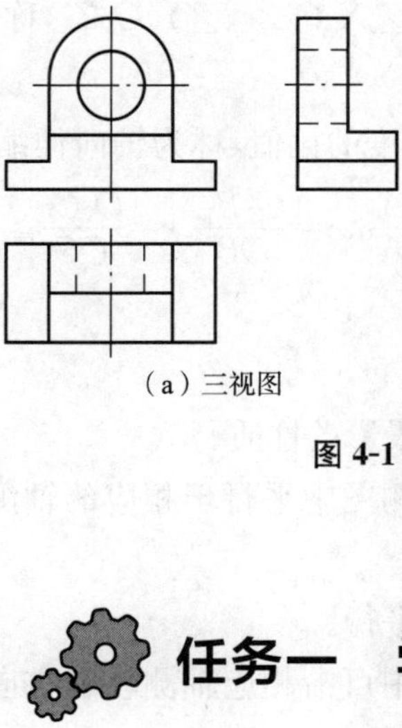

(a) 三视图

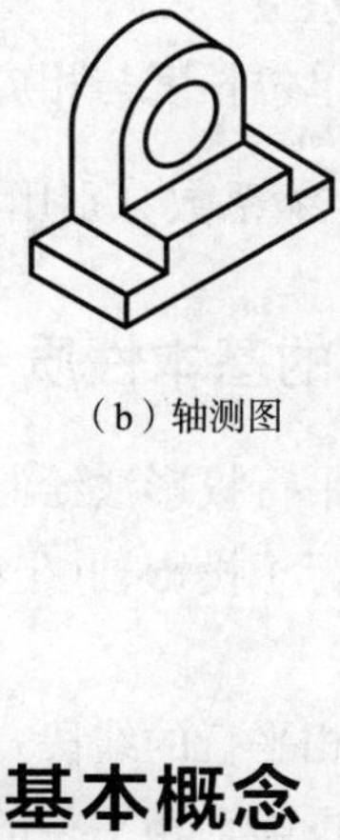

(b) 轴测图

图 4-1 三视图与轴测图

任务一 学习轴测图的基本概念

一、轴测图的形成

轴测图是将物体连同其参考直角坐标系，沿不平行于任一坐标面的方向，用平行投影法将其投射在单一投影面上所得到的图形。

如图 4-2 所示，投影面 P 称为轴测投影面，投影方向 S 称为投射方向，空间坐标轴 OX、OY、OZ 在轴测投影面上的投影 O_1X_1、O_1Y_1、O_1Z_1 称为轴测投影轴，简称轴测轴。绘制轴测图时，通过改变物体与投影面的相对位置或改变投影线与投影面的相对位置，可得到不同的轴测图。用正投影法绘制的轴测图，称为正轴测图，如图 4-2(a)所示。用斜投影法绘制的轴测图，称为斜轴测图，如图 4-2(b)所示。

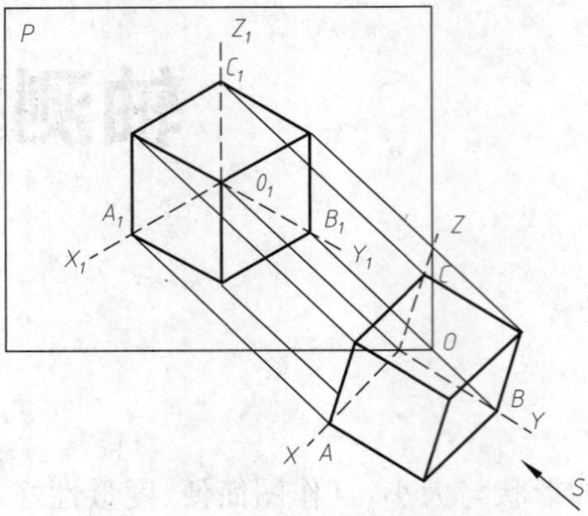

（a）正轴测图

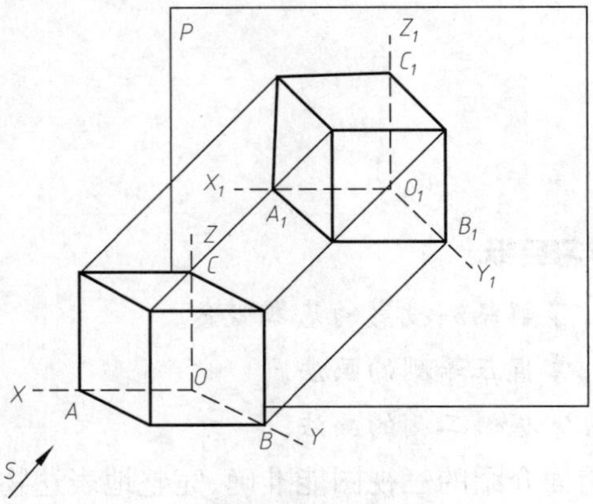

（b）斜轴测图

图 4-2　轴测图的形成

二、轴间角与轴向伸缩系数

1. 轴间角

轴测图中相邻两轴测轴之间的夹角$\angle X_1O_1Y_1$、$\angle X_1O_1Z_1$、$\angle Y_1O_1Z_1$，称为轴间角。

2. 轴向伸缩系数

轴测轴上的单位长度与相应坐标轴上的单位长度的比值，称为轴向伸缩系数。OX、OY、OZ 轴上的轴向伸缩系数分别用 p、q、r 表示，$p=\dfrac{O_1A_1}{OA}$，$q=\dfrac{O_1B_1}{OB}$，$r=\dfrac{O_1C_1}{OC}$。

三、轴测图的基本性质

轴测图是用平行投影法绘制的，所以具有平行投影的性质。

①物体上平行于投影轴(坐标轴)的线段，在轴测图中平行于相应的轴测轴，并具有相同的伸缩系数。

②物体上互相平行的线段，在轴测图上仍互相平行。

③物体上与投影轴相平行的线段，在轴测投影中可沿相应轴测轴的方向直接度量尺寸。所谓“轴测”就是沿轴向测量尺寸。

四、轴测图的分类

1. 正轴测

正轴测图中，三个轴向伸缩系数均相等的称为正等轴测图；两个轴向伸缩系数相等的称为正二轴测图；三个轴向伸缩系数各不相等的称为正三轴测图。

2. 斜轴测

斜轴测图中，三个轴向伸缩系数均相等的称为斜等轴测图；两个轴向伸缩系数相等的称为斜二轴测图；三个轴向伸缩系数各不相等的称为斜三轴测图。

工程中用得较多的是正等轴测图和斜二轴测图。本项目只介绍这两种轴测图的画法。

任务二　学习画正等轴测图

当物体上的三根参考直角坐标轴与轴测投影面的倾角相同时，用正投影法得到的单面投影图称为正等轴测图。

一、正等轴测图的轴间角和轴向伸缩系数

正等轴测图的轴间角$\angle X_1O_1Y_1=\angle X_1O_1Z_1=Y_1O_1Z_1=120°$，一般$O_1Z_1$轴画成铅垂方向，$O_1X_1$、$O_1Y_1$分别与水平线成30°角。各轴向伸缩系数都相等，$p=q=r\approx0.82$，为了作图简便，常采用简化系数，即$p=q=r=1$。采用简化系数作图，沿各轴向所有的尺寸都用真实长度量取，简洁方便，但画出的图形沿各轴向的长度都分别放大了约1.22倍。图4-3所示为四棱柱正等轴测图，其中图4-3(a)为投影图，图4-3(b)表示正等轴测图中轴测轴的方向，图4-3(c)为按轴向伸缩系数所画的正等轴测图，图4-3(d)为按简化系数画出的正等轴测图，比投影图放大了1.22倍。

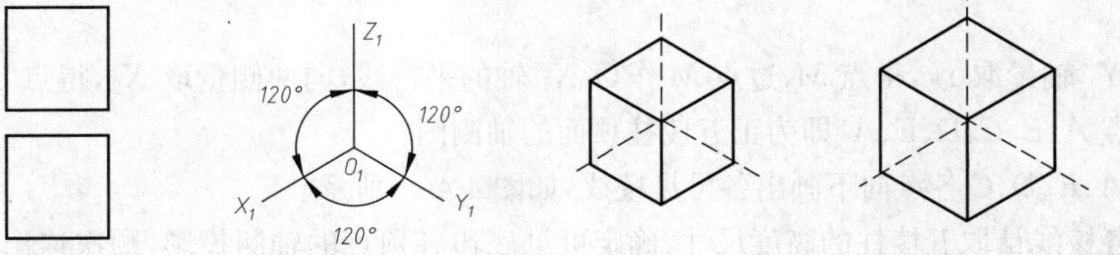

(a) 投影图　(b) 轴测轴与轴间角　(c) 轴向伸缩系数：$p=q=r=0.82$　(d) 轴向伸缩系数：$p=q=r=1$

图4-3　四棱柱正等轴测图

二、正等轴测图的画法

(一)平面立体正等轴测图的画法

绘制平面立体轴测图，可根据物体的形状特征，选择各种不同的作图方法，如坐标法、叠加法、切割法等。下面举例说明三种方法的画法。

1. 坐标法

根据物体的特点，选定适合的坐标原点和坐标轴，然后沿轴向量取物体表面上各顶点的坐标值，依次画出各点的轴测投影，再连点成线，连线成图，完成物体轴测图，这种方法称为坐标法。

例 4-1 如图 4-4(a)所示，已知正五棱柱的两视图，用简化系数画正五棱柱的正等轴测图。

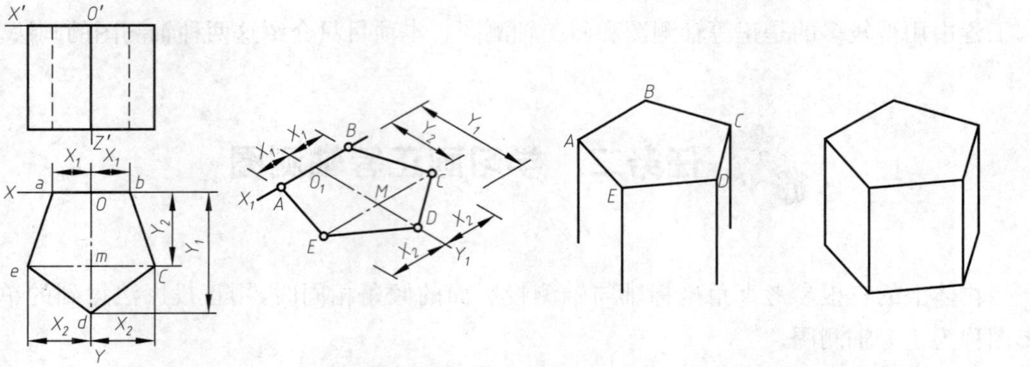

（a）定坐标轴　（b）画轴测轴，画顶面　（c）画可见棱线及底边　（d）画底边，检查、加深

图 4-4　坐标法画五棱柱的正等轴测图

分析：正五棱柱左右对称，为作图方便，将 XOY 坐标面放置在五棱柱顶面上，将坐标原点 O 定在五边形后边线 AB 的中点，以五边形的后边线 AB 及五边形高度线 OD 为 OX 轴和 OY 轴，从顶面开始作图。

作图步骤如下：

①定出坐标原点及坐标轴，如图 4-4(a)所示。

②画出轴测轴 O_1X_1、O_1Y_1，由于顶点 A 和 B 在 OX 轴上，可直接量取 X_1 尺寸并在 O_1X_1 轴上作出 A 和 B；顶点 D 在 O_1Y_1 轴上，量取 Y_1 尺寸在 O_1Y_1 轴上作出 D，如图 4-4(*b*)所示。

沿 O_1Y_1 轴量取 Y_2，得点 M，过点 M 作 O_1X_1 轴的平行线，向两侧量取 X_2，得点 C 和 E；顺次连接点 A、B、C、D、E、A，即为正五棱柱顶面的轴测图。

③由 A、E、D、C 各点向下画出各可见棱线，如图 4-4(c)所示。

④沿各棱线量取五棱柱的高度尺寸，确定可见底边各顶点的轴测投影，顺次连出正五棱柱各可见底边，即完成正五棱柱正等轴测图底稿的全部作图。

⑤检查，加粗诸可见轮廓线，擦除多余图线，即完成全图，如图 4-4(d)所示。

2. 叠加法

把物体看成由几个基本体构成，画图时，从大到小，采用叠加方法，逐个画出各基本体轴测投影，分析整理各构成部分之间的连接关系，从而完成物体的轴测图，这种方法称为叠加法。

例 4-2 如图 4-5(a)所示，已知形体的两视图，画其正等轴测图。

分析：从图 4-5(a)所示两视图中可以看出，这是由两个四棱柱和一个三棱柱叠加而形成的形体，对于这类形体，适合用叠加法求作。

作图步骤如下：

①根据图 4-5(a)视图中给出的尺寸，首先沿 O_1X_1 方向量取 X_1 尺寸，沿 O_1Y_1 方向量取 Y_1 尺寸，画出下方四棱柱顶面的轴测投影，如图 4-5(b)所示。

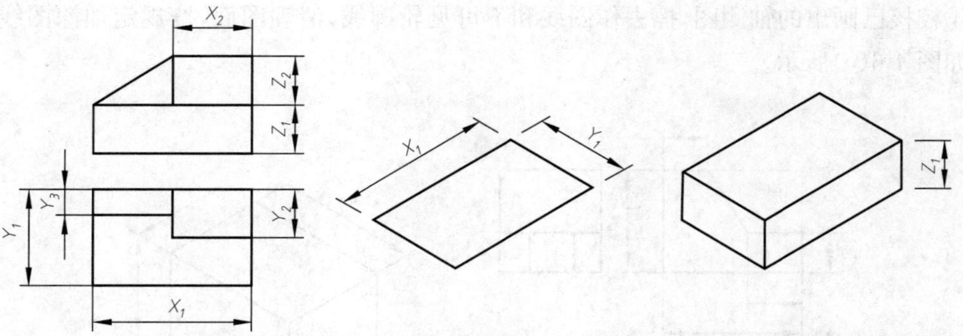

（a）投影图　（b）画下方四棱柱顶面轴测投影　（c）画下方四棱柱的轴测图

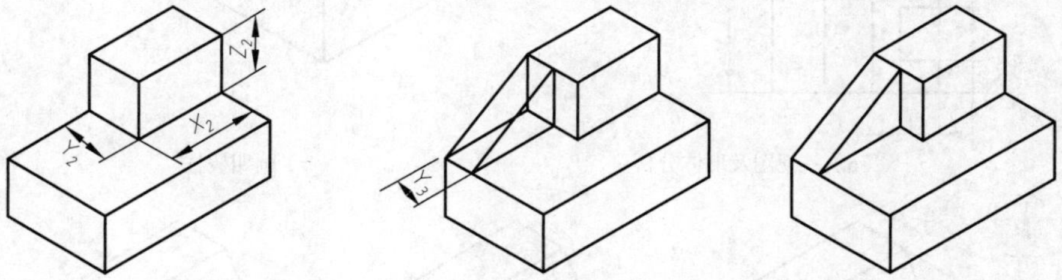

（d）在下方四棱柱顶面确定上方四棱柱位置，并画其轴测图　（e）画三棱柱轴测图　（f）检查、加深

图 4-5　叠加法画正等轴测图

②通过下方四棱柱顶面各个顶点向下画出其高度线（Z_1），并画出下方四棱柱底面的轴测投影，结果如图 4-5(c)所示。

③同样方法，在下方四棱柱的顶面上确定上方四棱柱的位置，并按图 4-5(a)所给出的取上方四棱柱的长、宽、高尺寸（X_2、Y_2、Z_2），画出上方四棱柱的轴测投影，擦除各不可见的轮廓线，结果如图 4-5(d)所示。

④由于三棱柱的高度和长度尺寸在轴测图中均已确定，故只需在图 4-5(a)中量取三棱柱的宽度尺寸 Y_3，即可画出三棱柱的轴测投影，如图 4-5(e)所示。

⑤底稿完成后，经校核无误，清理图面，按规定加深图线，作图结果如图 4-5(f)所示。

3. 切割法

平面立体中，有一些形体可以设想为由四棱柱切割而成，为此，可先画出四棱柱的正等轴测图后在轴测图中进行切割，从而完成物体的轴测图，这种方法称为切割法。

例 4-3　如图 4-6(a)所示，已知形体的三视图，画其正等轴测图。

分析：图 4-6(a)所示三视图中，添加双点画线后的外轮廓所表示的形体是一个四棱柱，在四棱柱的左上方被一个正垂面和一个水平面截切掉一个梯形四棱柱，之后再用两个前后对称的正平面和一个侧平面在其下方切掉一个四棱柱形成矩形槽。本题适合用切割法求作。

作图步骤如下：

①首先分别沿 X、Y、Z 轴测轴方向量取 X_1、Y_1、Z_1 尺寸，画出未切割时的四棱柱的轴测投影，如图 4-6(b)所示。

②从图 4-6(a)中量取尺寸，用正垂面、水平面切割四棱柱，画出切割梯形四棱柱后形成的 L 形柱体的轴测投影，如图 4-6(c)所示。

③从图 4-6(a)中量取尺寸画出矩形槽的轴测投影，如图 4-6(d)所示。

④校核已画出的轴测图，擦去作图线和不可见轮廓线，清理图面，按规定加深图线，作图结果如图 4-6(e)所示。

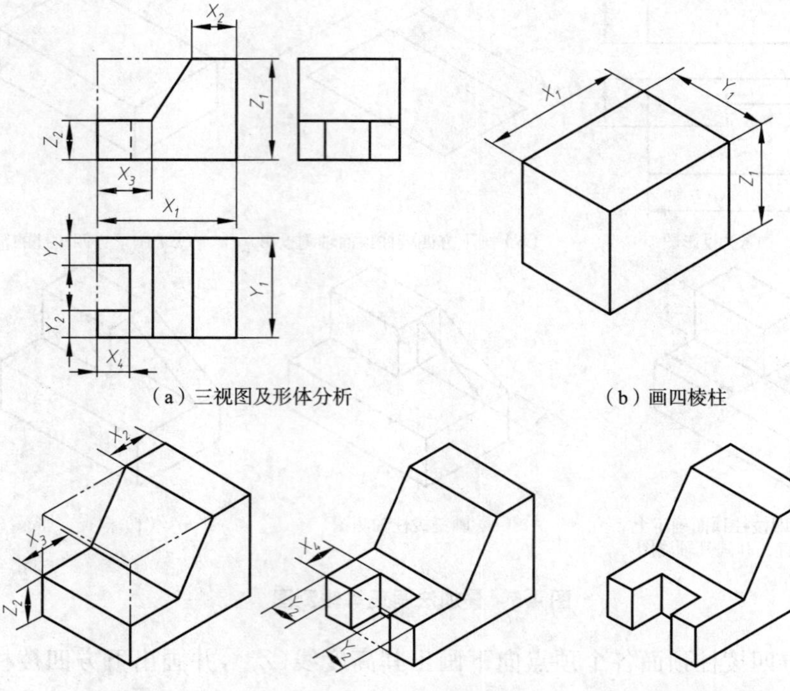

（a）三视图及形体分析　（b）画四棱柱

（c）切割梯形柱　（d）切割四棱柱槽　（e）校核、清理图面、加深

图 4-6　切割法画正等轴测图

(二)曲面体正等轴测图的画法

1.平行于坐标面的圆的画法

平行于坐标面的圆与轴测投影面是倾斜的，所以其轴测图是椭圆。椭圆的画法常用近似画法——四心法作图，作图方法和步骤如图 4-7 所示。

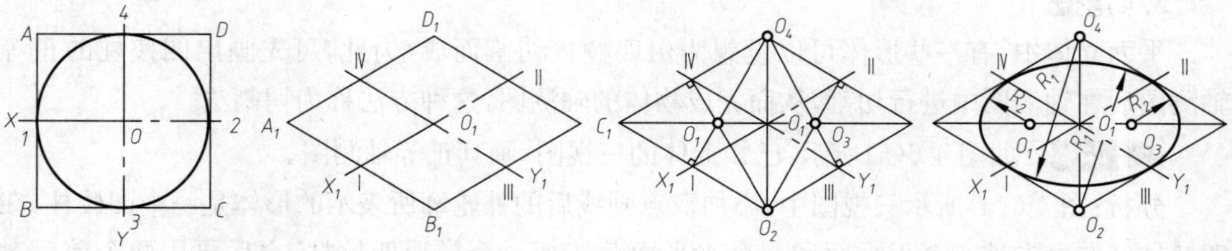

（a）作坐标轴和外切正方形　（b）画轴测轴，按圆的外切正方形画出菱形　（c）求四个圆心　（d）画四段圆弧完成椭圆

图 4-7　平行于 *H* 面的圆的正等轴测椭圆的近似画法

①如图 4-7(a)所示，在投影图上画坐标轴，将原点设置在圆心的位置。作圆的外切正方形 *ABCD*，得切点 1、2、3、4。

②如图 4-7(b)所示，画出轴测轴 O_1X_1、O_1Y_1，从原点 O_1 分别量取圆的半径，得Ⅰ、Ⅱ、Ⅲ、Ⅳ四个切点的轴测投影，再通过这四个点作轴测轴 O_1X_1、O_1Y_1 的平行线，交得一个菱形

$A_1B_1C_1D_1$，即为圆的外切正方形 $ABCD$ 的轴测投影。

③如图 4-7(c)所示，菱形短对角线的顶点 O_2、O_4 是椭圆上半径相等的两段大弧的圆心，小弧的圆心 O_1、O_3 在长对角线上，分别过点Ⅰ、Ⅱ、Ⅲ、Ⅳ作对边垂线的交点。

④如图 4-7(d)所示，分别以 O_2、O_4 为圆心，长度 $R_1=O_2$Ⅱ$=O_4$Ⅰ为半径，画两段大弧，再分别以点 O_1、O_3 为圆心，长度 $R_2=O_1$Ⅳ$=O_3$Ⅲ为半径，画两段小弧，完成椭圆。

回转体上的圆形若位于或平行于某个坐标面时，在正等轴测图中投影均为椭圆。而圆形所在的坐标面不同，画出的椭圆长短轴方向也随之改变。椭圆的长短轴与轴测轴有以下关系，如图 4-8(a)所示。

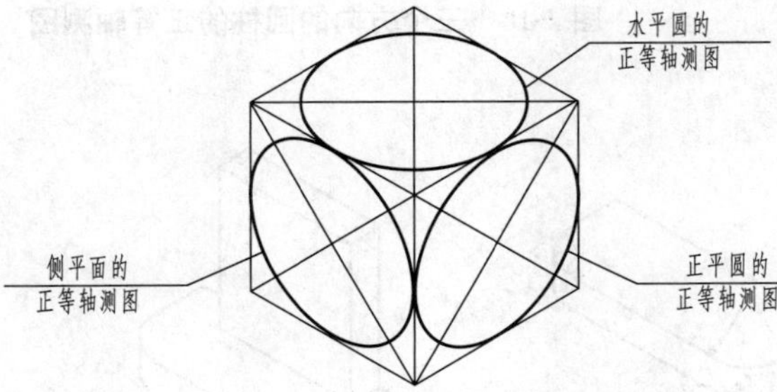

(a) 椭圆长短轴的方向

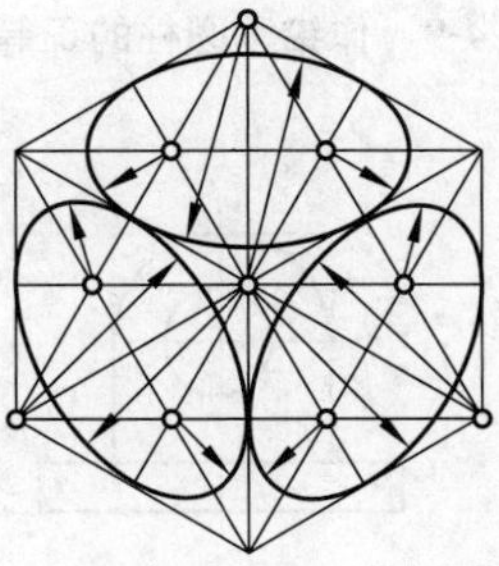
(b) 四心法画椭圆的圆心、半径

图 4-8 不同坐标面上圆形的正等轴测图

当圆所在的平面平行 XOY 面(即水平面)时，椭圆的长轴垂直于 O_1Z_1 轴，短轴平行于 O_1Z_1 轴。

当圆所在的平面平行 XOZ 面(即正平面)时，椭圆的长轴垂直于 O_1Y_1 轴，短轴平行于 O_1Y_1 轴。

当圆所在的平面平行 YOZ 面(即侧平面)时，椭圆的长轴垂直于 O_1X_1 轴，短轴平行于 O_1X_1 轴。

采用四心法画椭圆时，三个坐标面上椭圆各段圆弧的圆心和半径如图 4-8(b)所示。

2. 圆柱体的正等轴测图

图 4-9 是一个铅垂圆柱的正等轴测图。作图时，可首先按图 4-7 所介绍的方法，作出圆柱顶面圆的正等轴测图；再从顶面圆的圆心向下引竖直线，并量取圆柱的高度尺寸，得底面圆的圆心，用同样的方法作底面圆的正等轴测椭圆；然后作出顶面和底面两个椭圆的公切线，即可画出圆柱的正等轴测图。

上述方法比较复杂，由于顶面圆和底面圆的两个椭圆完全相同，所以画底面圆正等轴测图时，只需将底面椭圆的可见部分的圆心和切点，从顶面已画出的诸圆弧的圆心和切点下移圆柱的高度尺寸，就能画出底面圆正等轴测的可见轮廓线，如图 4-9 所示。

绘制正垂圆柱和侧垂圆柱正等轴测图的方法，与绘制铅垂圆柱正等轴测图的方法基本相同，不再赘述。三个方向的圆柱的正等轴测图如图 4-10 所示。

(三)带曲面物体正等轴测图的画法

例 4-4 如图 4-11(a)所示，已知形体的两面视图，画其正等轴测图。

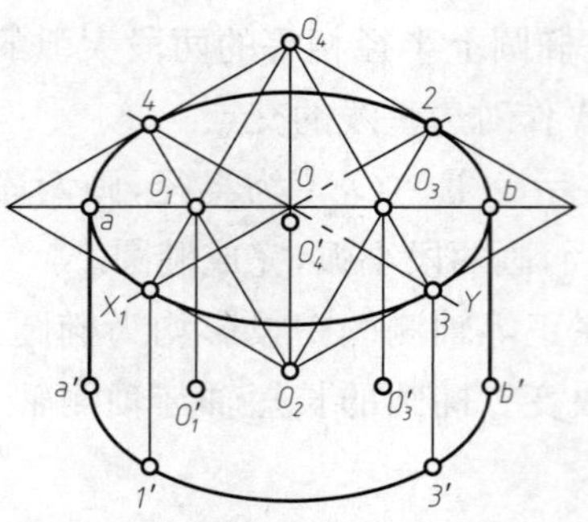

图 4-9　作铅垂圆柱的正等轴测图

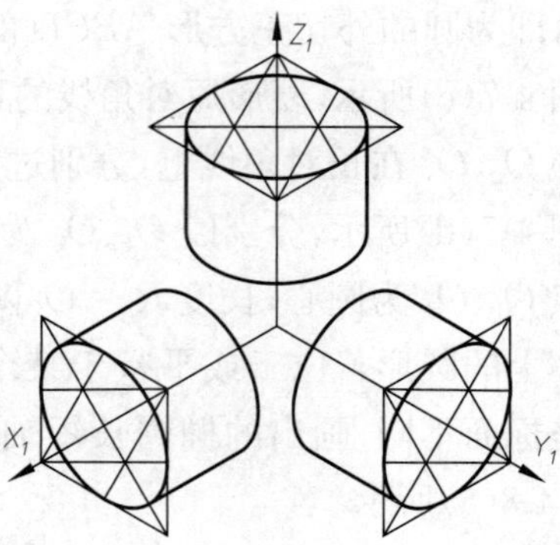

图 4-10　三个方向的圆柱的正等轴测图

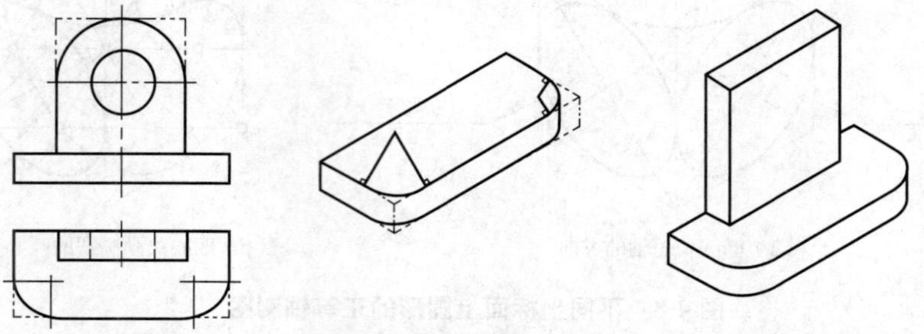

（a）已知条件和分析　（b）画矩形底板及板上的圆角　（c）画矩形竖板

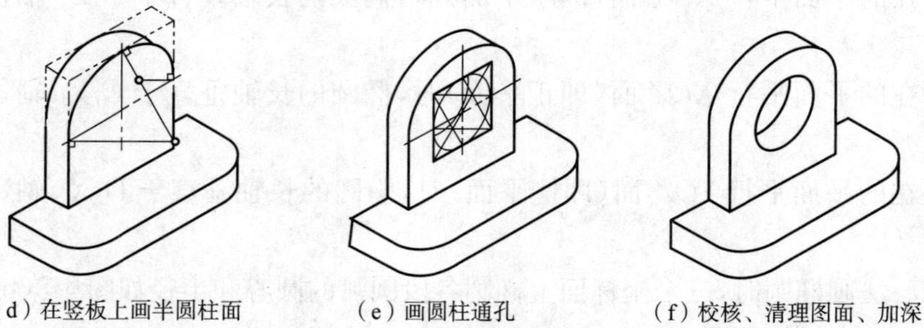

（d）在竖板上画半圆柱面　（e）画圆柱通孔　（f）校核、清理图面、加深

图 4-11　根据已知两视图画正等轴测图

分析：从图 4-11(a)所示两视图中可以看出，这个形体由底板和竖板叠加而成。底板的左前角和右前角都是 1/4 圆柱面形成的圆角，竖板具有圆柱通孔和半圆柱面的上端。形体左右对称，竖板和底板的后表面平齐。

作图步骤如下：

①画矩形底板。在图 4-11(a)的平面图中添加双点画线，假定它是完整的矩形板，画出它的正等轴测图，如图 4-11(b)所示。

②画底板上的圆角。如图 4-11(b)所示，从底板顶面的左右两角点，沿顶面的两边量取圆角半径，得切点。分别由切点作出其所在的边的垂线，交得圆心。由圆心和切点作圆弧。沿高度方向向下平移圆心一个板厚，便可画出底板底面上可见的圆弧轮廓线。沿 O_1Z_1 轴方向作出右前圆角在顶面和底面上的圆弧轮廓线的公切线，即得具有圆角底板的正等轴测图。

③画矩形竖板。按平面图、立面图中所添加的双点画线，假定竖板为完整的矩形板，画

出其正等轴测图，如图 4-11(c)所示。

④在竖板上端画半圆柱面。如图 4-11(d)所示，由图 4-11(a)中量取尺寸，在矩形竖板的前表面上作出中心线，即过圆孔口中心作 O_1X_1、O_1Z_1 轴测轴方向的平行线，它们与矩形竖板前表面的轮廓线有三个交点，过这三个点分别作所在边的垂线，三条垂线的两个交点即是圆弧的圆心。由此可分别画大弧与小弧。用向后平移这两个圆心一个板厚的方法，即可画出竖板后表面上椭圆的大、小两个圆弧，作 O_1Y_1 方向的公切线，完成竖板上端半圆柱正等轴测图。

⑤画圆柱通孔。如图 4-11(e)所示，圆柱通孔画法与画正垂圆柱相同，但要注意只画出竖板后表面上圆孔的可见部分。

⑥完成形体的正等轴测图底稿后，经校核和清理图面，按规定加深图线，完成全图，如图 4-11(f)所示。

任务三 学习画斜二轴测图

一、轴间角和轴向伸缩系数

绘制斜二轴测图时，使轴测投影面平行于正立投影面，投影方向倾斜于轴测投影面，轴测轴 O_1X_1、O_1Z_1 分别与投影轴（坐标轴）OX、OZ 平行，轴间角 $\angle Z_1O_1X_1=90°$，轴间角 $\angle X_1O_1Y_1=\angle Y_1O_1Z_1=135°$，斜二轴测图有两个轴向伸缩系数相等，$p=r=1$，$q=0.5$，图 4-12(a)为四棱柱的投影图，图 4-12(b)为斜二轴测图的轴间角和轴测轴的方向，图 4-12(c)为四棱柱的斜二轴测图。

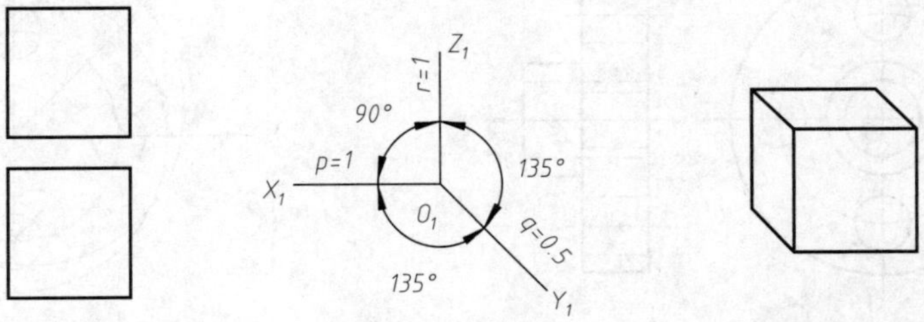

(a) 投影图　(b) 轴测轴和轴向伸缩系数　(c) 轴测图

图 4-12　斜二轴测图

二、斜二轴测图的画法

斜二轴测图的画图方法和步骤与正等轴测图的画法基本相同，不再赘述。由于斜二轴测图的轴测投影面与正立投影面 V 面平行，因此，凡平行于 XOZ 坐标面的平面在斜二轴测图中都反映实形，所以对于单方向形状比较复杂的形体，采用斜二轴测图可使其作图过程简单易画。

例 4-5　画图 4-13(a)所示 V 形块的斜二轴测图。

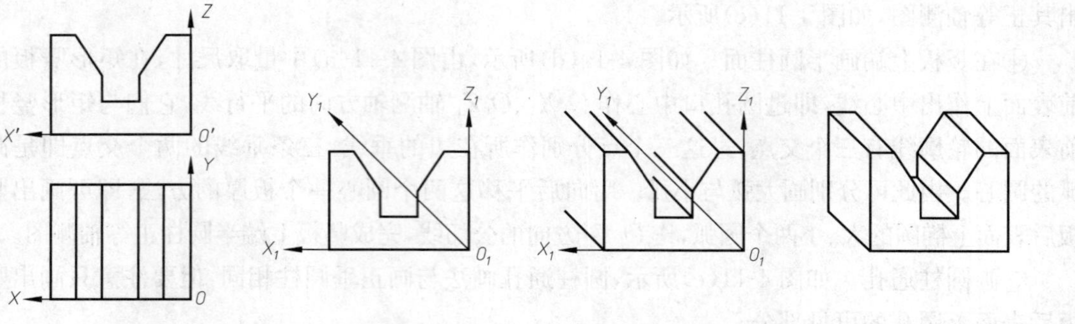

（a）已知两视图　（b）画轴测轴并抄画主视图　（c）画Y方向轮廓线　（d）画后端面、检查、加深图线

图 4-13　画 V 形块的斜二轴测图

分析：由图 4-13(a)可知，V 形块的各侧棱尺寸相同，为作图方便，将 XOZ 坐标面设定在 V 形块的前端面上，并以右下交点作为坐标原点。画斜二轴测图时，可先画出前端面的实形，再作出可见的各侧棱及后端面的轴测投影。

作图步骤如下：

①选定坐标原点及坐标轴，如图 4-13(a)所示。

②画出轴测轴，在 $X_1O_1Z_1$ 内画出 V 形块前端面的实形，如图 4-13(b)所示。

③通过前端面各个顶点作 O_1Y_1 的平行线，并在其上截取 V 形块厚度的一半，如图 4-13(c)所示。

④画出后端面可见轮廓线。检查、按规定加深图线，结果如图 4-13(d)所示。

例 4-6　画图 4-14(a)所示回转体的斜二轴测图。

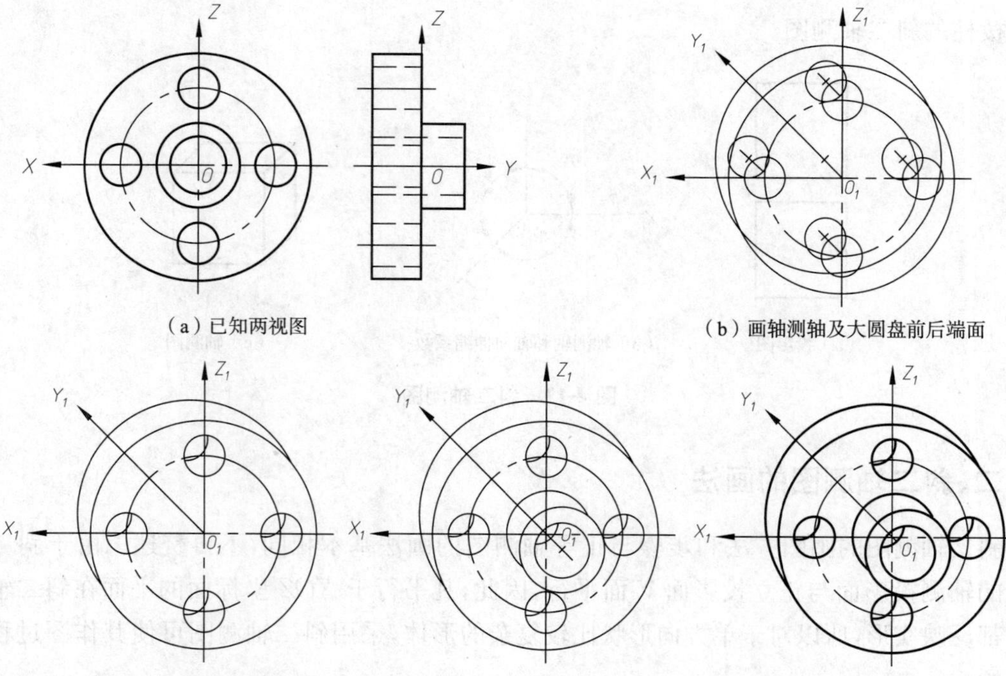

（a）已知两视图　（b）画轴测轴及大圆盘前后端面

（c）作公切线、整理大圆盘轮廓线　（d）画小圆筒　（e）检查、加深图线

图 4-14　画回转体的斜二轴测图

分析:该形体由后面大圆盘和前面小圆筒两部分组成,为作图方便,XOZ 坐标面设定在大圆盘的前端面上,并将其圆心作为坐标原点。先沿 Y_1 轴向后量取尺寸画大圆盘部分,然后再沿 Y_1 轴向前量取尺寸画小圆筒部分。

作图步骤如下:

①选定坐标原点及坐标轴,如图 4-14(a)所示。

②画出轴测轴,在 $X_1O_1Z_1$ 内画出大圆盘前端面的实形,然后通过前端面各个圆的圆心向后作 O_1Y_1 的平行线,并在其上截取大圆盘厚度的一半尺寸,确定大圆盘后端面圆心位置,画出大圆盘后端面的轴测投影,如图 4-14(b)所示。

③画出大圆盘外圆的公切线,并擦除后端面不可见部分的轮廓线,结果如图 4-14(c)所示。

④在 $X_1O_1Z_1$ 内画出小圆筒后端面的实形,然后通过圆心向前作 O_1Y_1 的平行线,并在其上截取小圆筒厚度的一半尺寸,确定小圆筒前端面圆心位置,画出小圆筒前端面的轴测投影。由于小圆筒的内孔通至大圆盘的后端面,因此,需将 $X_1O_1Z_1$ 内的小圆向后移至大圆盘的后端面上。作外圆的公切线,擦除不可见部分的轮廓线。结果如图 4-14(d)所示。

⑤整理轮廓线。检查、按规定加深图线,完成全图结果如图 4-14(e)所示。

任务四　轴测草图的画法

在设计工作中草拟设计意图或在学习中作为读图的辅助手段,徒手绘制的轴测图就是轴测草图。徒手绘制草图其原理和过程与尺规作图一样,所不同的是不受条件限制,更具灵活快捷的特点,有很大的实用价值。随着计算机技术的普及,徒手画图的应用将更加凸显。

一、绘制草图的几项基本技能

(一)轴测轴画法

正等轴测图的轴测轴 O_1X_1、O_1Y_1 与水平线成 30°角,可利用直角三角形两条直角边的长度比定出两端点,连成直线,如图 4-15(*a*)所示。斜二轴测图的 O_1Y_1 轴测轴与水平线成 45°角,两直角边长度相等,画法如图 4-15(b)所示。通过将 1/4 圆弧二等分或三等分也可以画出 45°和 30°斜线,如图 4-15(c)所示。

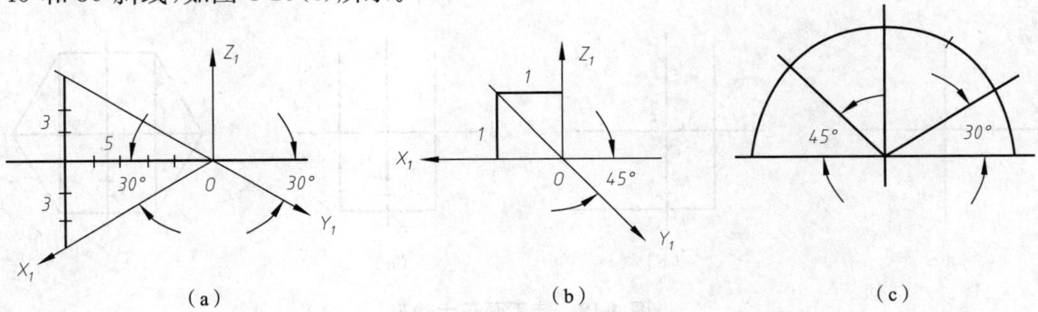

图 4-15　画轴测轴

(二)平面图形草图画法

1. 正三角形画法

徒手绘制正三角形的作图步骤如下：

①已知三角形边长 AB，过中点 O 作 AB 边的垂直线，五等分 OA，获取测量单位长度在画出的垂线上量取 3 个单位长，得 N 点，如图 4-16(a)所示。

②过 N 点画直线 A_1B_1，长度等于 AB，且与 AB 平行，如图 4-16(b)所示。

③在垂直线的另一边量取 6 个单位长，得 C 点，如图 4-16(c)所示。

④连接 A_1B_1C 作出正三角形，结果如图 4-16(d)所示。

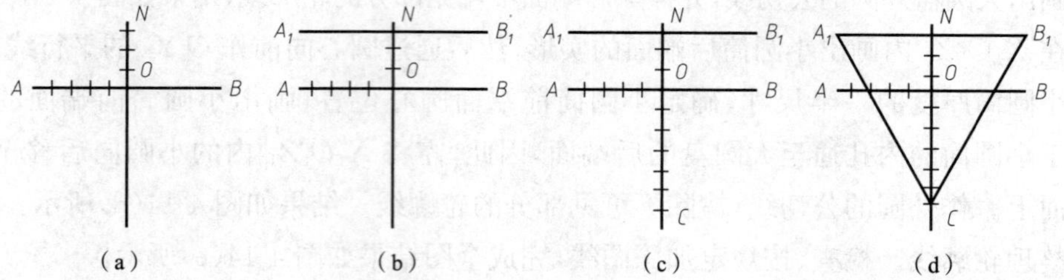

图 4-16　徒手画正三角形

⑤按上述步骤在轴测轴上画出正三角形的正等轴测图，如图 4-17 所示。

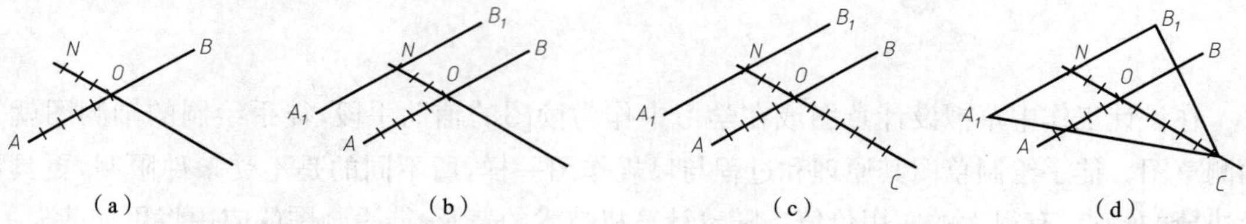

图 4-17　徒手画正三角形的正等轴测图

2. 正六边形画法

徒手绘制正六边形的作图步骤如下：

①先作出水平和垂直中心线，如图 4-18(a)所示，根据已知的六边形边长截取 OA 和 OK，并分别六等分。

②过 OK 上的 N 点(第五等分)和 OA 的中点 M(第三等分)，分别作水平线和垂直线相交于 B 点，如图 4-18(b)所示。

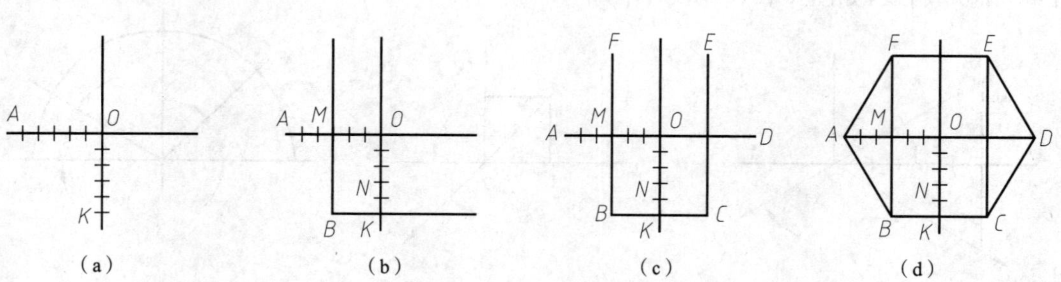

图 4-18　徒手画正六边形

③在水平线右侧作出对称点 C，竖直线上方作出对称点 F。同样方法求出对称点 D、E，如图 4-18(c)所示。

④顺次连接 A、B、C、D、E、F 各点，得正六边形，结果如图 4-18(d)所示。

⑤按上述步骤在轴测轴上画出正六边形的正等轴测图，如图 4-19 所示。

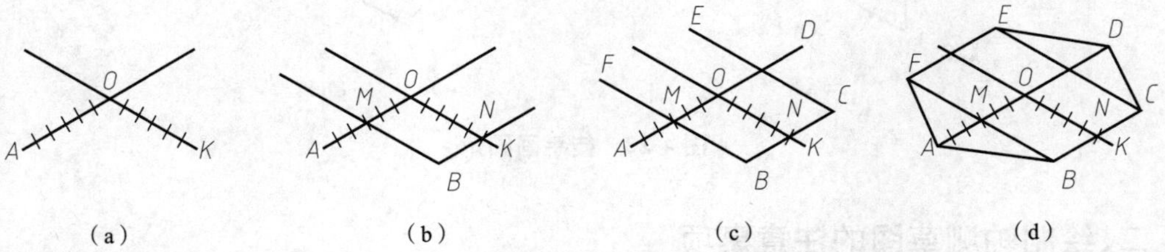

图 4-19　徒手画正六边形的正等轴测图

(三)平行于各坐标面的圆的正等轴测图

画较小的椭圆时，可根据已知圆的直径作菱形，得椭圆的 4 个切点，并顺势画四段圆弧，如图 4-20 所示。

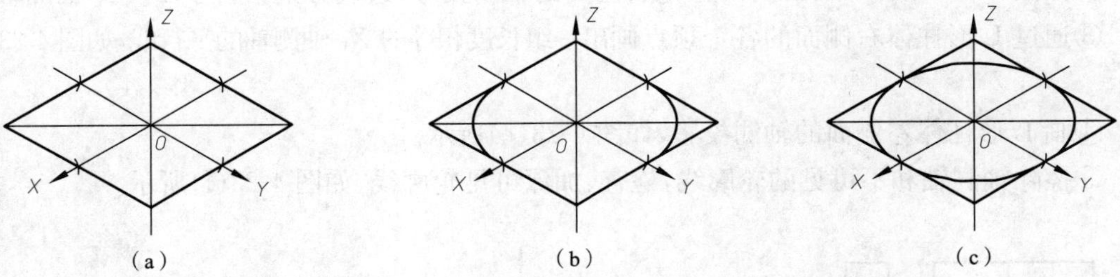

图 4-20　徒手画较小椭圆

画较大的椭圆时，按图 4-21 所示方法，先画出菱形，得椭圆的 4 个切点。然后四等分菱形的边线，并与对角相连，与椭圆的长短轴得到 4 个交点，连接 8 个点即为正等轴测椭圆的近似图形，结果如图 4-21(c)所示。

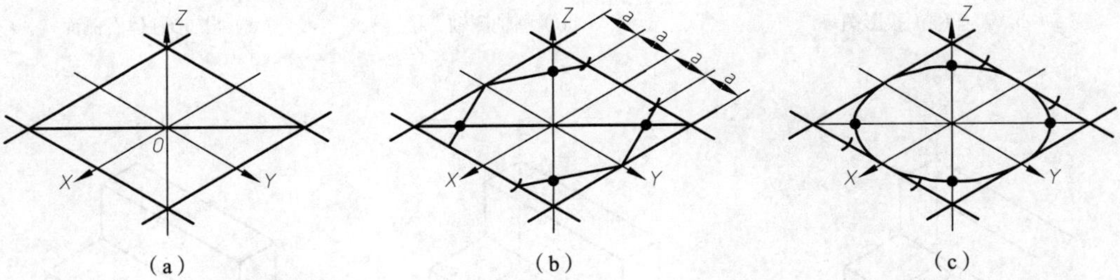

图 4-21　徒手画较大椭圆

(四)圆角的正等轴测草图

画圆角的正等轴测草图时，可先画外切于圆的尖角以帮助确定椭圆曲线的弯曲趋势，然后徒手画圆弧，如图 4-22 所示。

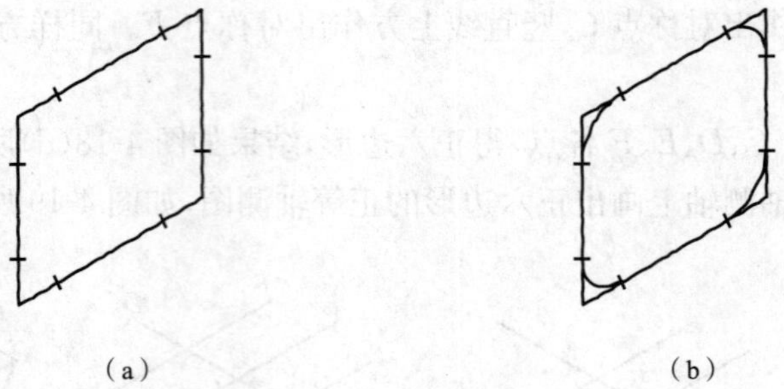

图 4-22　徒手画圆角

二、绘制轴测草图的注意事项

1. 空间平行的线段应尽量画得平行

例 4-7　徒手绘制如图 4-23(a)所示 L 形柱体的正等轴测图。

作图步骤如下：

①按图 4-15 所示画轴测轴的方法，画出轴测轴 X_1、Y_1、Z_1，如图 4-23(b)所示。

②如图 4-23(c)所示画出 L 形柱体右侧面的轴测投影，边线分别平行于 Y_1、Z_1 轴测轴。

③通过 L 形柱体右侧面的各个顶点画出一组长度相等的 X_1 轴测轴的平行线，如图 4-23(d)所示。

④画 L 形柱体左侧面的轴测投影，如图 4-23(e)所示。

⑤擦除轴测轴和不可见的轮廓线，检查、加深可见轮廓线，如图 4-23(f)所示。

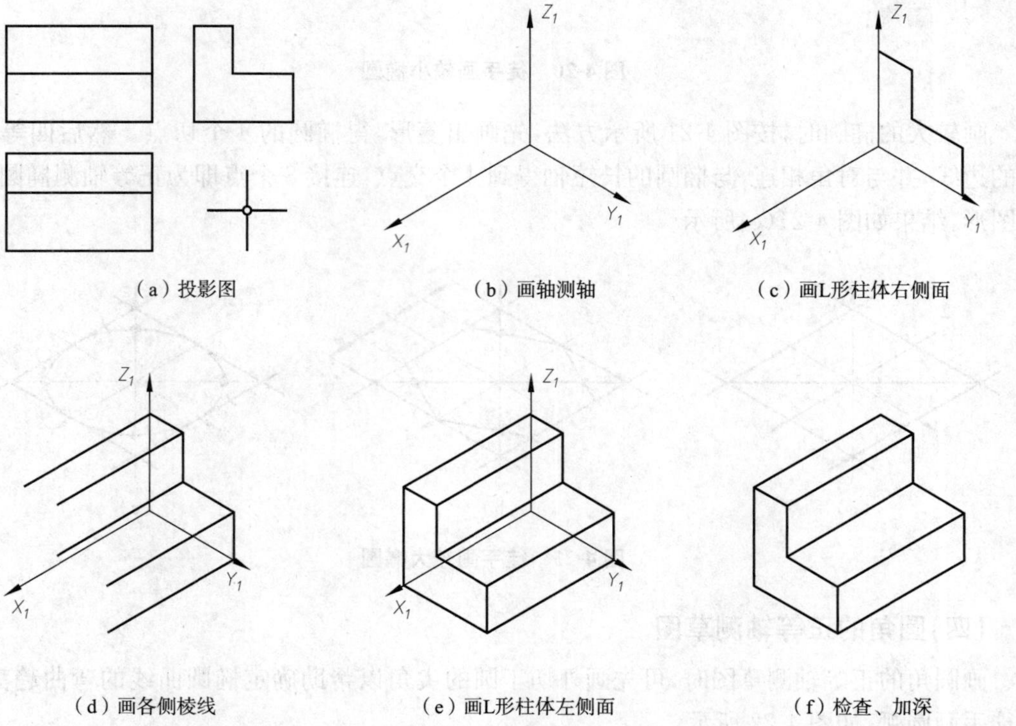

图 4-23　徒手画 L 形柱体正等轴测图

2. 物体各部分的大小应大致符合实际比例关系

例 4-8 徒手绘制如图 4-24(a)所示切槽圆柱体的正等轴测图。

分析:由投影图可知,圆柱体上切槽的宽度略小于其半径,槽的深度略大于圆柱体高度的一半。圆柱体顶面在轴测投影中为椭圆,准确画出轴测椭圆的关键之一是确定椭圆的长短轴方向;其二是画好同心圆的轴测投影。

作图步骤如下:

①按图 4-21 所示方法画出圆柱体顶面的轴测投影,并绘竖直线与椭圆相切长度等于圆柱高度尺寸,如图 4-24(b)所示。

②按圆柱体的高度尺寸,画出圆柱体底面可见部分的轮廓线,即与顶面椭圆的平行弧线,如图 4-24(c)所示。

③在顶面对称量取中间槽的宽度尺寸,画出平行于 Y_1 轴的宽度线,通过宽度线与椭圆的交点沿 Z_1 轴画出槽的高度线,如图 4-24(d)所示。

④按槽的高度尺寸,画槽底面可见的轮廓线,应对应与顶面轮廓线平行,检查、加深,如图 4-24(e)所示。

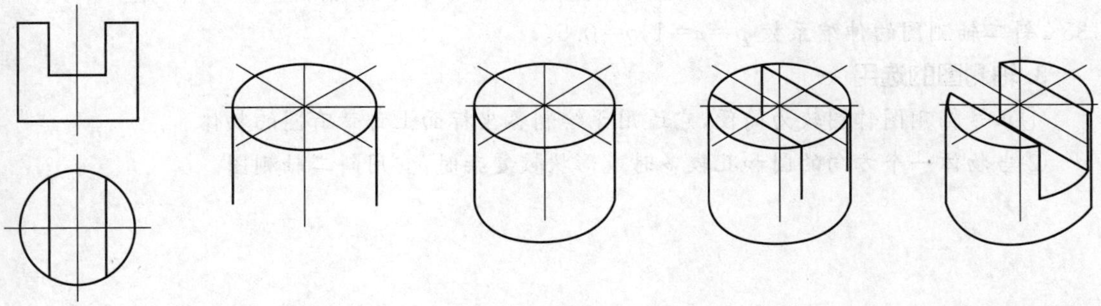

(a)投影图 (b)画圆柱顶面 (c)画圆柱底面 (d)画槽宽度及高度线 (e)画槽底面、检查、加深

图 4-24 徒手画切槽圆柱体的正等轴测图

图 4-25 所示为徒手画榫头的作图步骤,作图方法与圆柱体切槽基本相同,不再赘述。

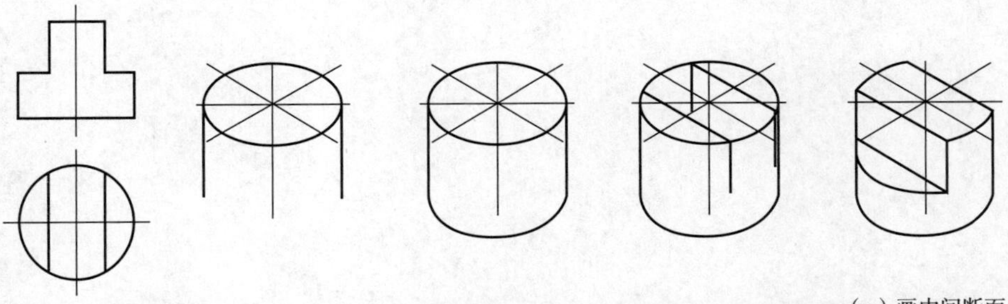

(a)投影图 (b)画圆柱体顶面 (c)画圆柱体底面 (d)画切角宽度及高度线 (e)画中间断面、检查、加深

图 4-25 徒手画榫头正等轴测图

小　结

在工程上常采用富有立体感的轴测图作为辅助图样来帮助说明物体的形状。常用的轴测图有正等轴测图和斜二轴测图。

1. 轴测投影的特性

①空间互相平行的线段，在轴测图中一定互相平行。与坐标轴平行的线段，其轴测投影必与相应的轴测轴平行。

②与轴测轴平行的线段，可按轴向伸缩系数进行度量。与轴测轴倾斜的线段，不能按轴向伸缩系数进行度量。

2. 轴测图的画法

①正等轴测图。正等轴测图的轴间角均为 120°，其简化轴向伸缩系数 $p=q=r=1$。

②斜二轴测图。斜二轴测图的轴间角 $\angle Z_1O_1X_1=90°$，轴间角 $\angle X_1O_1Y_1=\angle Y_1O_1Z_1=135°$，斜二轴测图的伸缩系数 $p=r=1, q=0.5$。

3. 轴测图的选用

①正等轴测图作图较为简便，它适用于绘制各坐标面上都带有圆的物体。

②当物体一个方向的圆和孔较多时或形状较复杂时，宜用斜二轴测图。

项目五

组合体

学习目标

1. 熟悉组合体的形体分析法，熟悉线面分析法。
2. 熟悉组合体的读图、画图及尺寸标注的方法与步骤。
3. 熟悉组合体上的截交线和相贯线的作图方法。
4. 具备阅读和绘制组合体三视图的能力。

任何复杂的物体，从形体角度看，都可以看成是由一些基本体（柱、锥、球等）组成的。由两个或两个以上的基本体组成的物体称为组合体。

任务一　学习组合体的构成及形体分析

一、组合体的构成形式

组合体的构成形式可分为叠加型、切割型及既有叠加又有切割的混合型。

1. 叠加型组合体

叠加型组合体是由两个或两个以上的基本体按不同形式叠加（包括叠合、相交和相切）而成的组合体。如图 5-1(a)所示组合体，是由圆台、圆柱及六棱柱三个基本体组成的，圆柱左侧面与圆台右侧面重合，圆柱右侧面与六棱柱左侧面重合，如图 5-1(b)所示。

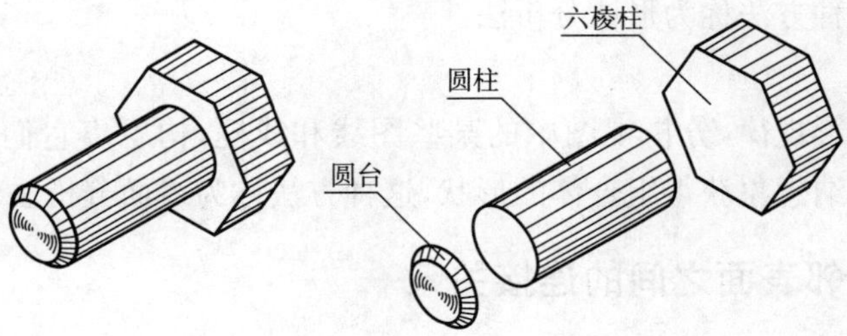

(a) 组合体　　(b) 形体分析

图 5-1　叠加型组合体

2. 切割型组合体

切割型组合体是由一个基本体切割掉若干部分而形成的组合体。如图 5-2 所示，基本体为圆柱，在其左侧中间位置切割去一个上下为弧面的四棱柱，在其右侧上、下对称各切割去一个弧形柱。

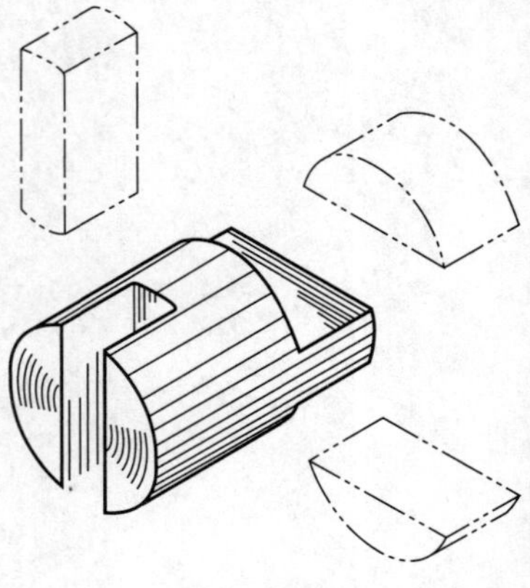

图 5-2　切割型组合体

3. 混合型组合体

混合型组合体是指形状比较复杂的形体，组合体的各个组成部分之间既有叠加特征又有切割特征。如图 5-3 所示组合体，可看成由上部、中部、下部各一个基本体叠加而成。上部是一个铅垂圆柱体，中部是一个具有圆柱通孔的拱形柱，下部是一个四棱柱。

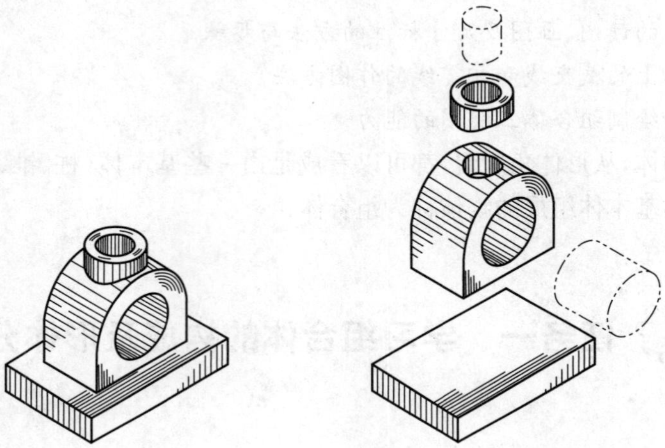

（a）组合体　　（b）形体分析

图 5-3　混合型组合体

二、形体分析与线面分析

在分析组合体的视图时，最常用的方法有两种。

1. 形体分析法

将组合体分解为若干个基本体，分析这些基本体的形状和它们的相对位置，并想象出组合体的完整形状，这种方法称为形体分析法。

2. 线面分析法

应用线、面的投影规律，分析视图中的某些图线和线框，构思出它们的空间形状和相对位置，在此基础上归纳想象获得组合体的形状，这种方法称为线面分析法。

三、组合体相邻表面之间的连接关系

1. 平行

①共面。当两个基本体表面平齐时，它们之间没有分界线，在视图上不应画线，如图 5-4 所示。

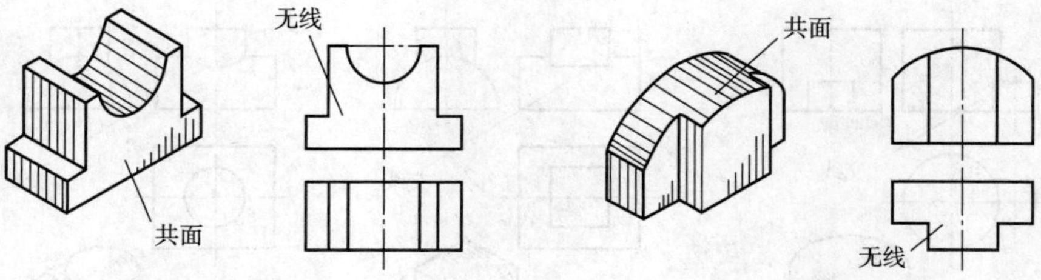

（a）两平面共面　（b）两曲面共面

图 5-4　形体表面连接关系——共面

②不共面。当两个基本体表面不平齐时，视图中两个基本体之间有分界线，视图上应画线，如图 5-5 所示。

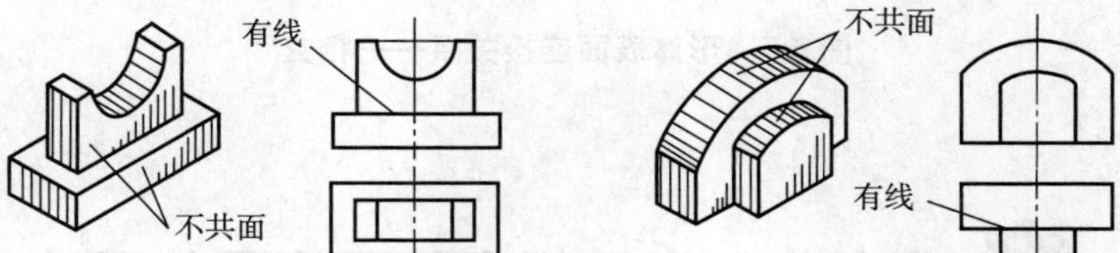

（a）两平面不共面　（b）两曲面不共面

图 5-5　形体表面连接关系——不共面

2. 相切

当两个基本体的连接表面（平面与曲面或曲面与曲面）光滑过渡时称为相切。相切处没有分界线，如图 5-6 所示。

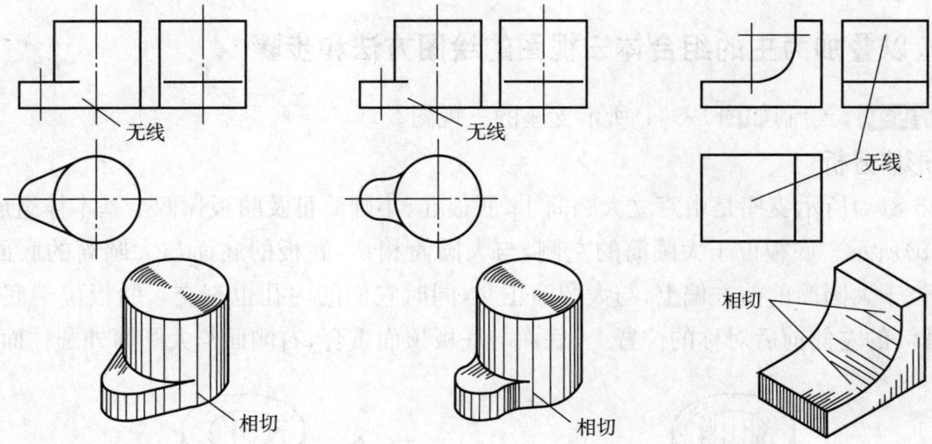

（a）平面与曲面相切　（b）曲面与曲面相切　（c）平面与曲面相切

图 5-6　形体表面连接关系——相切

3. 相交

当两个基本体相交，则在立体的表面产生交线，画图时应画出交线的投影，如图 5-7 所示。

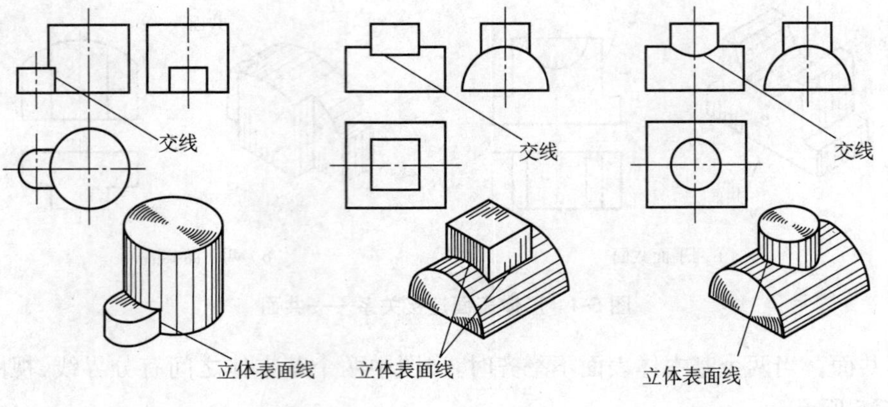

（a）平面与曲面相交　　（b）平面与曲面相交　　（c）曲面与曲面相交

图 5-7　形体表面连接关系——相交

任务二　学习组合体三视图的画法

画组合体三视图时，首先要运用形体分析法，将组合体分解为若干个基本体，分析组成组合体的各个基本体的组合形式和相对位置，判断形体间相邻表面是否处于共面、相切或相交的关系，然后逐一绘制其三视图。必要时还要对组合体中投影面的垂直面或一般位置平面及其相邻表面关系进行线面分析。

一、以叠加为主的组合体三视图的绘图方法和步骤

例 5-1　绘制如图 5-8(a)所示支座的三视图。

1. 形体分析

图 5-8(a)所示支座是由直立大圆筒Ⅰ、底板Ⅱ、小圆筒Ⅲ及肋板Ⅳ四个基本体组成的，如图 5-8(b)所示。底板位于大圆筒的左侧，与大圆筒相切，底板的底面与大圆筒的底面共面。小圆筒位于大圆筒的前方偏上，与大圆筒正交，同时它们的内孔也正交。肋板位于底板的上方、大圆筒的左侧前后对称的位置上，底面与底板顶面重合，右侧面与大圆筒外圆柱面重合。

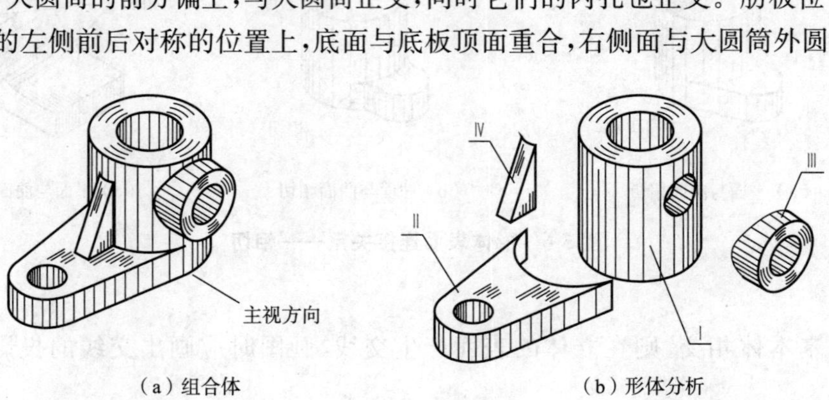

（a）组合体　　（b）形体分析

图 5-8　支座的形体分析

2. 选择主视图

主视图主要由组合体的安放位置和投影方向两个因素决定。其中安放位置由作图方便与形体放置稳定来确定；投影方向应选择较多地表达组合体的形状特征及各组成部分相对位置关系的方向，并使其他视图中虚线尽量减少。图 5-8(a)所示支座主视图方向确定之后，相应的俯视图、左视图的投射方向也确定。

3. 画图步骤

①布置图面，如图 5-9(a)所示。画组合体视图时，首先选择适当的比例，按图纸幅面布置视图位置。视图布置要匀称美观，便于标注尺寸及阅读，视图间不应间隔太密或集中于图纸一侧，也不要太分散。安排视图的位置时应以中心线、对称线、底面等为画图的基准线，定出各视图之间的位置。

②画大圆筒的三视图，如图 5-9(b)所示。画回转体视图时，对圆形投影应画出其中心线，对非圆形投影则用点画线画出回转轴的投影。

③画底板的三视图，如图 5-9(c)所示。绘制底板时，应注意主视图中底板右侧与大圆筒相切，相切处不应画线。

④画小圆筒的三视图，如图 5-9(d)所示。小圆筒与大圆筒正交，大圆筒的外圆柱面与小圆筒的外圆柱面相交，生成外相贯线；大圆筒的内圆柱面与小圆筒的内圆柱面相交，生成内相贯线。可根据项目三介绍的正交圆柱体相贯线的近似画法，画出外、内相贯线的投影。

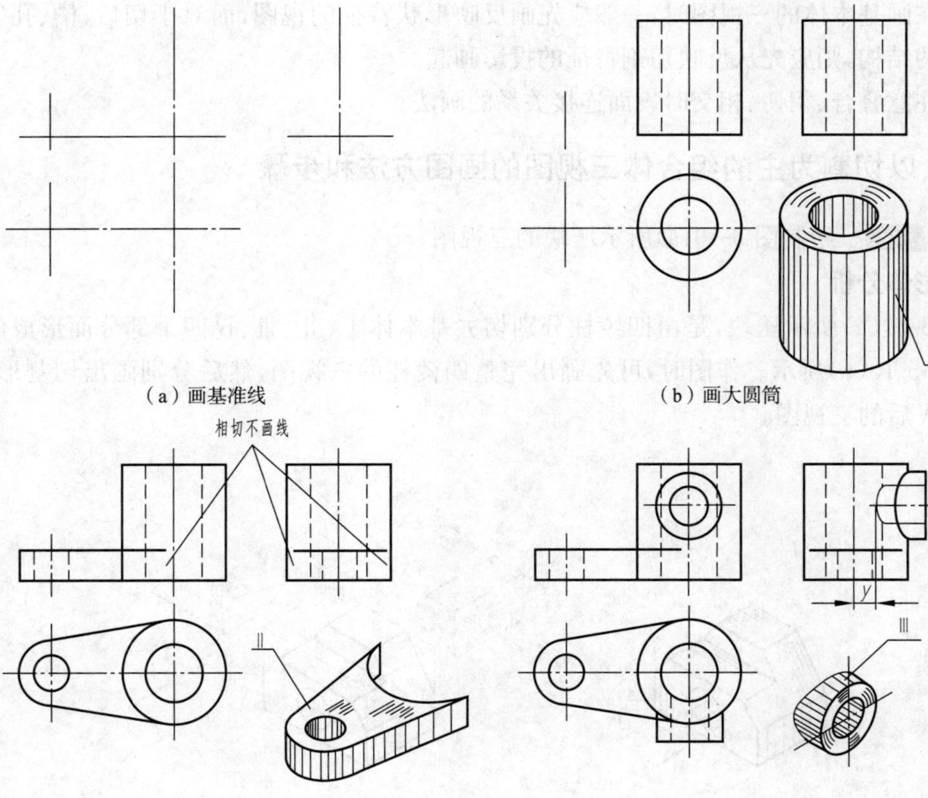

图 5-9　支座三视图的画图步骤

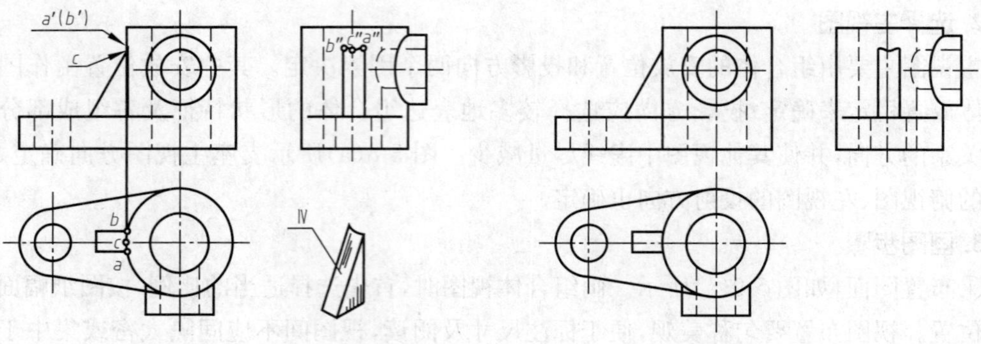

（e）画肋板　　　　（f）检查、加深图线

图 5-9　支座三视图的画图步骤(续)

⑤画肋板的三视图，如图 5-9(e)所示。肋板前后表面与大圆柱面相交，其交线可由俯视图求得。肋板上斜面与圆柱面的交线是一段椭圆弧，可利用其共有性求出 A、B、C 三点的投影，光滑连接各点即为所求，结果如图 5-9(e)所示。

⑥最后校核、修正、加深图线，如图 5-9(f)所示。

4. 注意事项

①绘制组合体的各组成部分时，应将各基本体的三视图联系起来，同时作图，不仅能保证各基本体的三视图符合“长对正、高平齐、宽相等”的投影关系，而且能够提高画图速度。

②在画基本体的三视图时，一般应先画反映形状特征的视图，而对于切口、槽、孔等被切割部分的结构，则应先从反映切割特征的投影画起。

③注意叠合、相切、相交时表面连接关系的画法。

二、以切割为主的组合体三视图的画图方法和步骤

例 5-2　绘制图 5-10(a)所示压块的三视图。

1. 形体分析

图 5-10(a)所示压块，是由四棱柱分别切去基本体Ⅰ、Ⅱ、Ⅲ、Ⅳ四个部分而形成的组合体，如图 5-10(b)所示。作图时，可先画出完整四棱柱的三视图，然后分别画出切割形体Ⅰ、Ⅱ、Ⅲ、Ⅳ后的三视图。

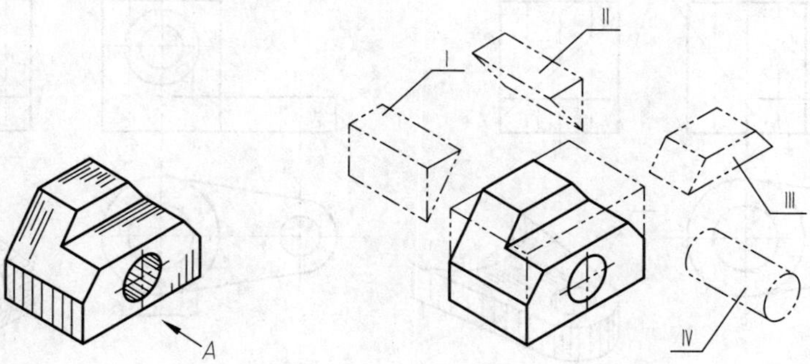

（a）组合体　　　　（b）形体分析

图 5-10　压块的形体分析

2. 选择主视图

A 方向能较多地表达组合体的形状特征及各组成部分相对位置关系，选择箭头 A 所指方向作为主视图的投射方向。

3. 画图步骤

①图面布置。以组合体的底面、左右对称线和后表面为作图基准线，如图 5-11(a)所示。

②画四棱柱三视图，如图 5-11(b)所示。

③画切去形体Ⅰ、Ⅱ后的三视图，应先画主视图，然后画出俯视图和左视图中交线的投影，如图 5-11(c)所示。

④画切去形体Ⅲ后的三视图，绘图时应先画出反映其形状特征的左视图，然后利用三视图的“三等关系”分别画出其在主视图和俯视图上的投影，如图 5-11(d)所示。

⑤画切去形体Ⅳ形成的圆柱孔的三视图，应注意，绘制回转体的视图时，必须画出其轴线和圆的中心线，如图 5-11(e)所示。

⑥最后校核、修正、加深图线，如图 5-11(f)所示。

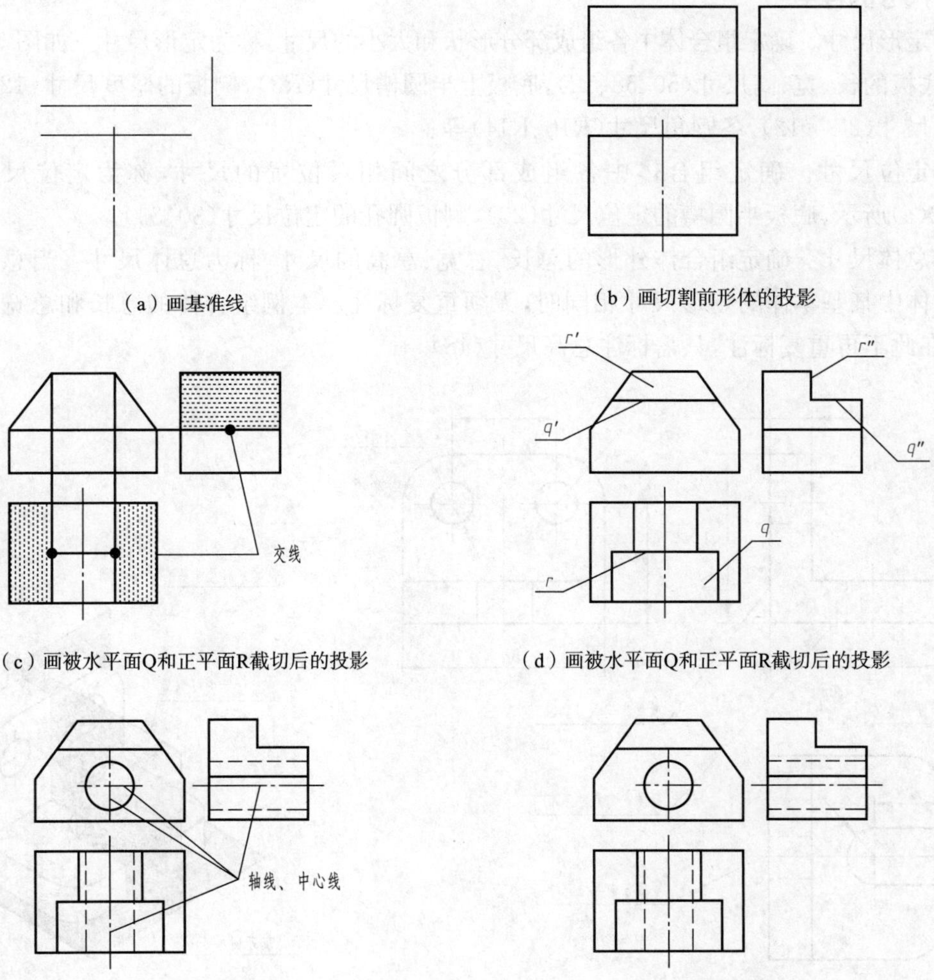

（a）画基准线　（b）画切割前形体的投影

（c）画被水平面Q和正平面R截切后的投影　（d）画被水平面Q和正平面R截切后的投影

（e）画圆柱孔的投影　（f）检查、加深

图 5-11　切割型组合体的画图步骤

任务三　学习组合体的尺寸标注

组合体的三视图只能表达物体的结构和形状，它的各组成部分的真实大小及相对位置必须通过尺寸标注来确定。标注组合体尺寸的基本要求如下：

①正确。尺寸标注应符合制图标准中的相关规定(参见项目一)。

②完整。标注的尺寸要完整，不遗漏、不重复。

③清晰。尺寸的布置应清楚、整齐、匀称，便于查找和阅读。

④合理。所注尺寸应符合形体的构成规律与要求，便于测量。

一、尺寸的种类及尺寸基准

1. 尺寸的种类

①定形尺寸。确定组合体中各组成部分形状和大小的尺寸，称为定形尺寸。如图 5-12(a)所示，底板的长、宽、高尺寸(50、58、12)，底板上半圆槽尺寸(*R*8)，侧板的厚度尺寸(12)，侧板上圆孔尺寸(2× ϕ12)，各圆角尺寸(*R*10、R14)等。

②定位尺寸。确定组合体中各组成部分之间相对位置的尺寸，称为定位尺寸。如图 5-12(a)所示，底板半圆槽的定位尺寸(20)，侧板圆孔的定位尺寸(30、34)。

③总体尺寸。确定组合体外形的总长、总宽、总高的尺寸，称为总体尺寸。当总体尺寸与组合体中某基本体的定形尺寸相同时，无须重复标注。本例组合体的总长和总宽与底板相同，在此不再重复标注，只需标注总高尺寸(48)。

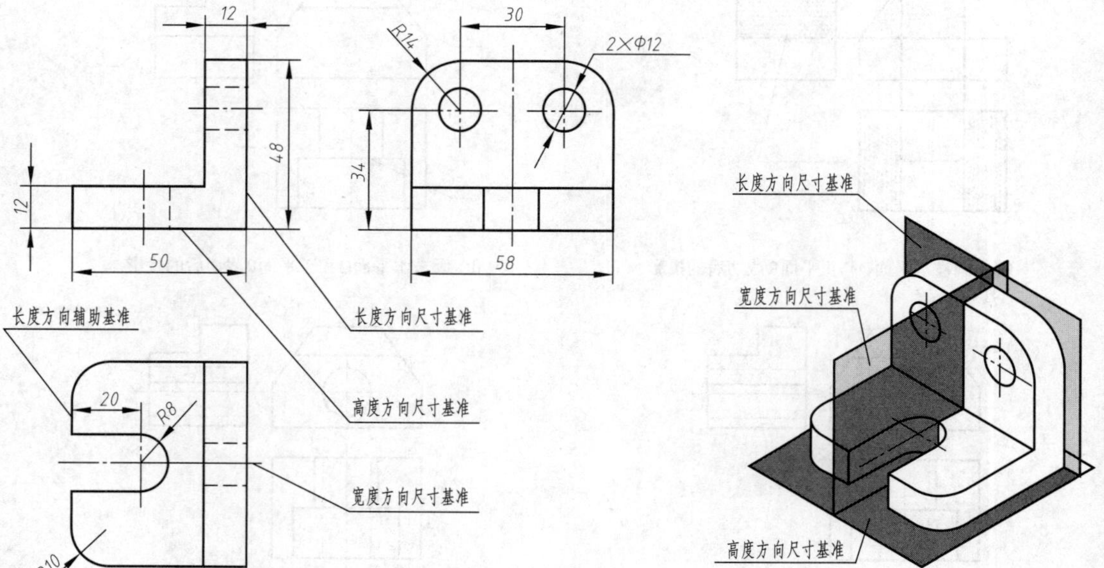

(a) 组合体尺寸标注　　　　(b) 尺寸基准

图 5-12　组合体的尺寸

2. 尺寸基准

标注尺寸的起始点称为尺寸基准。组合体具有长、宽、高三个方向的尺寸，所以一般有三个方向的基准，如图 5-12(b)所示。常采用组合体的对称面(中心对称线)、较大端面、底面或回转体的轴线等作为主要尺寸基准，根据需要，还可选其他几何元素作为辅助基准。标注定位尺寸时，首先要选好尺寸基准，以便从基准出发标注各基本体之间的定位尺寸。

二、简单形体的尺寸标注

1. 基本体的尺寸标注

标注基本体的尺寸，一般要注出长、宽、高三个方向的尺寸，常见的几种基本体的尺寸标注如图 5-13 所示。

图 5-13(a)～(d)为平面立体，其长、宽尺寸宜注写在能反映其底面实形的俯视图上；高度尺寸宜注写在反映高度方向的主视图上。

图 5-13(e)～(h)为回转体，对于回转体，可在其非圆视图上注出直径方向(简称“径向”)尺寸“ϕ”，这样不仅可以减少一个方向的尺寸，而且还可以省略一个视图。球的尺寸应在直径或半径符号前加注球的符号“S”，即 $S\phi$或 SR，如图 5-13(h)所示。

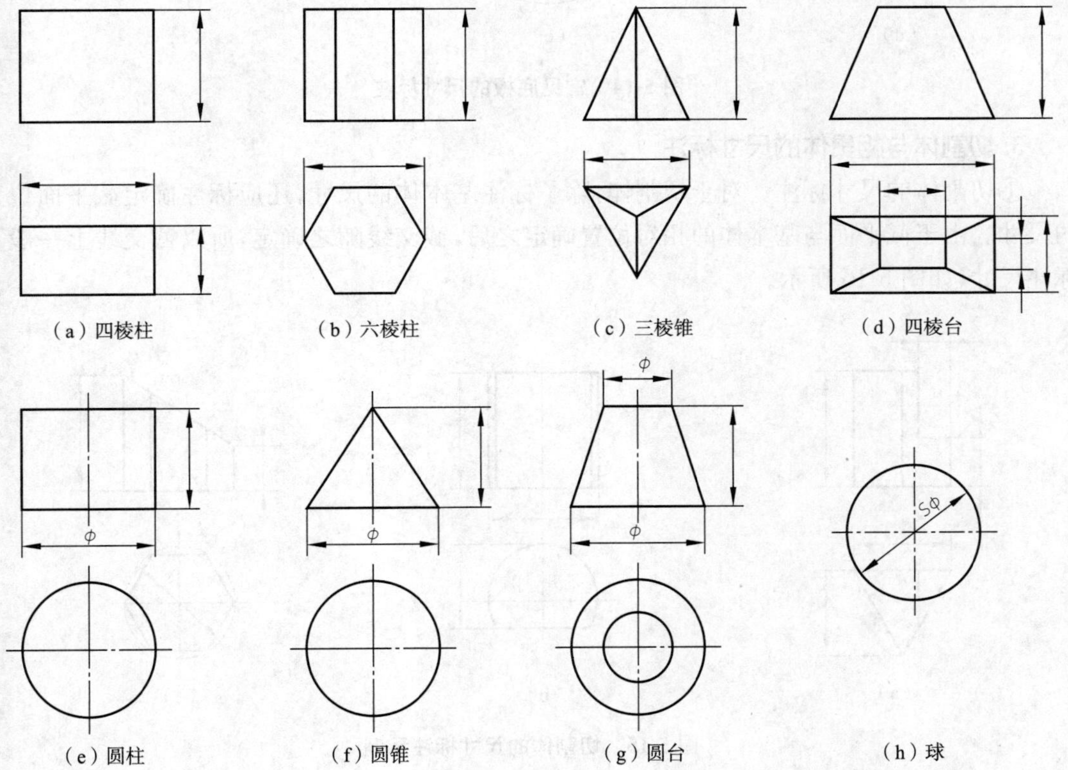

(a) 四棱柱 (b) 六棱柱 (c) 三棱锥 (d) 四棱台

(e) 圆柱 (f) 圆锥 (g) 圆台 (h) 球

图 5-13 基本体的尺寸标注

2. 常见底板的尺寸标注

常见形体的尺寸标注有其一定的标注形式和规律。图 5-14 所示是零件中常见的一些底板的尺寸标注形式。当遇到图中所示的底板时，应按图中所示的标注形式进行标注。

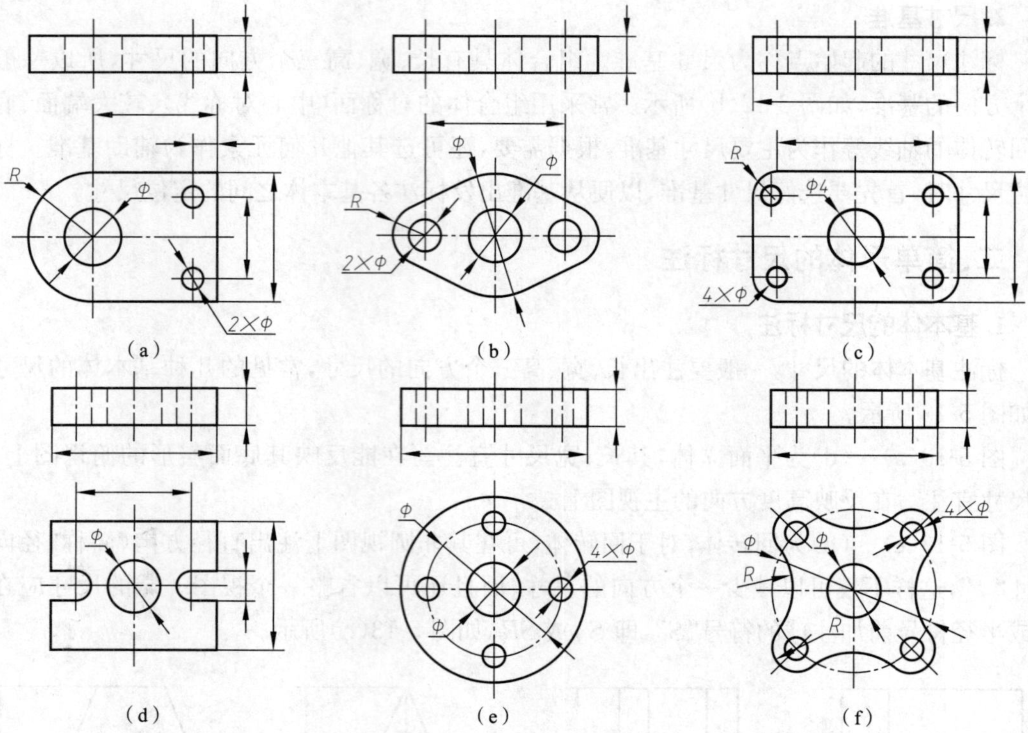

图 5-14　常见底板的尺寸标注

3. 切割体与相贯体的尺寸标注

①切割体的尺寸标注。对于切割体，除了标注基本体的尺寸，还应标注确定截平面位置的尺寸。由于截平面与基本体的相对位置确定之后，截交线随之确定，所以截交线上一般不标注尺寸，如图 5-15 所示。

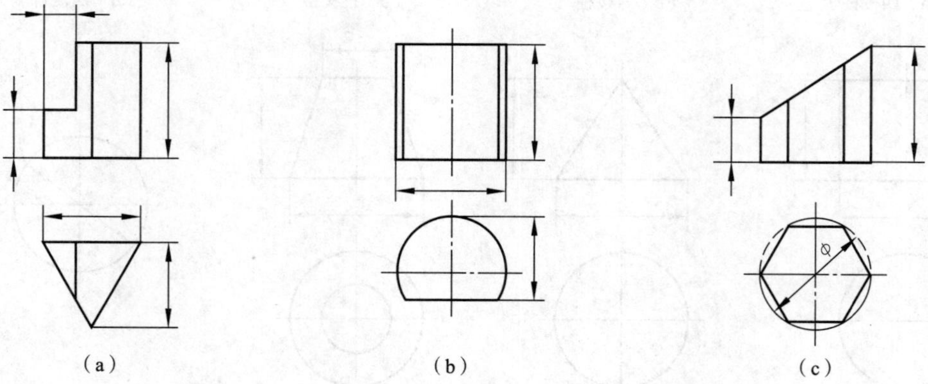

图 5-15　切割体的尺寸标注示例

②相贯体的尺寸标注。对于相贯体，应首先分别标注相交的两个基本体的定形尺寸，然后标注两个基本体相对位置尺寸。当两个相交的基本体的大小及相对位置确定之后，相贯线也随之确定，所以相贯线上不应标注尺寸，如图 5-16 所示。图 5-16(b)所示形体如果为对称形体，可省略注有括号的尺寸。

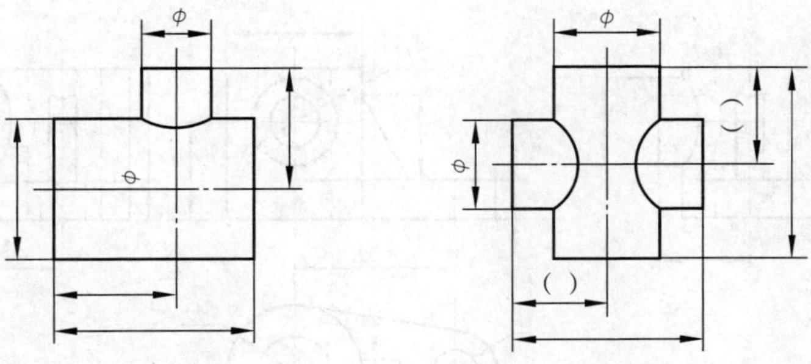

（a）　　（b）　　（c）

图 5-16　相贯体的尺寸标注示例

三、组合体尺寸标注的方法和步骤

标注组合体尺寸的基本方法是形体分析法。首先，逐个标出各个反映基本体形状和大小的定形尺寸，然后标注反映各基本体间相对位置的定位尺寸，最后标注组合体的总体尺寸。

例 5-3　如图 5-17 所示，已知支座的三视图，试标注其尺寸。

①形体分析。在标注组合体尺寸之前，首先要进行形体分析，明确组合体是由哪些基本体组成，以什么样的方式组合而成，也就是要读懂三视图，想象出组合体的结构形状。支座的形体分析同例 5-1，这里不再重复。

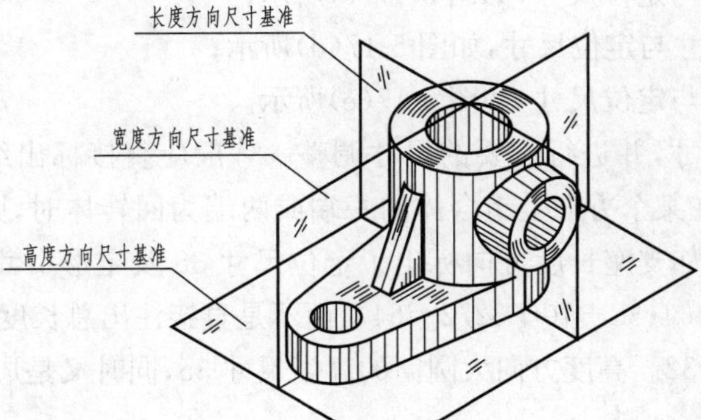

（a）确定尺寸基准

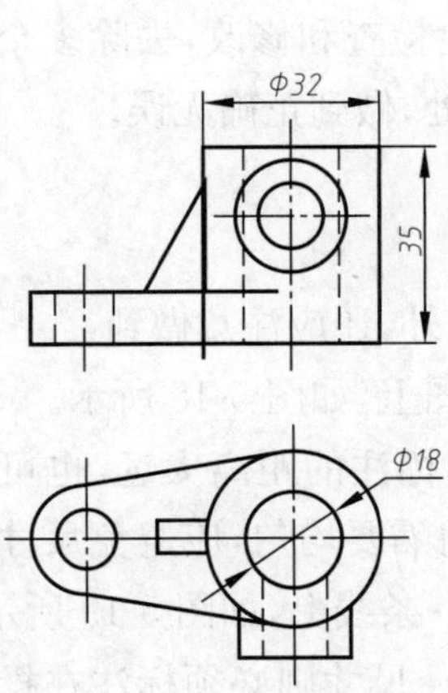

（b）标注大圆筒尺寸

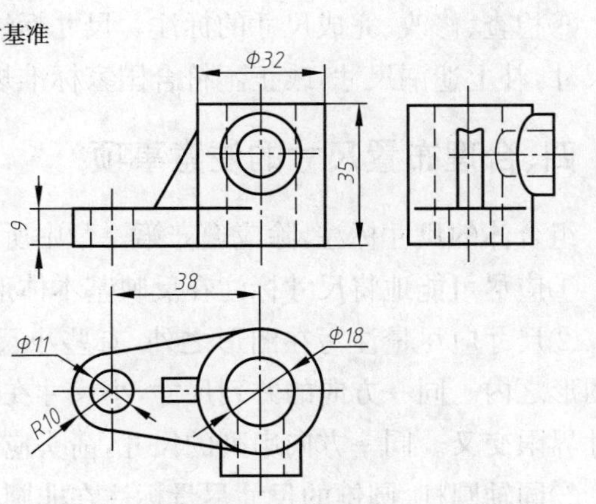

（c）标注底板尺寸

图 5-17　组合体尺寸标注示例

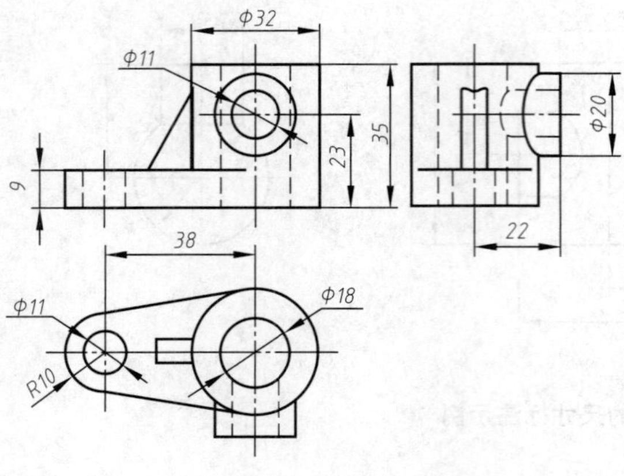

（d）标注小圆筒尺寸

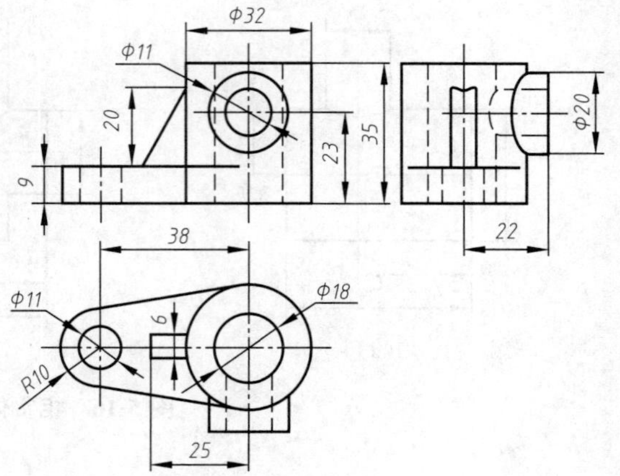

（e）标注肋板尺寸、总体尺寸

图 5-17　组合体尺寸标注示例(续)

②选择尺寸基准。选用底板的底面为高度方向的尺寸基准；支座前后基本对称，选用基本对称面为宽度方向的尺寸基准；选用大圆筒和小圆筒轴线所在的平面作为长度方向的尺寸基准，如图 5-17(a)所示。

③逐个标出组成支座各基本体的尺寸。

a. 标注大圆筒的定形尺寸，如图 5-17(b)所示；

b. 标注底板的定形尺寸与定位尺寸，如图 5-17(c)所示；

c. 标注小圆筒的定形尺寸与定位尺寸，如图 5-17(d)所示；

d. 标注肋板的定形尺寸与定位尺寸，如图 5-17(e)所示。

④标出组合体的总体尺寸，并进行必要的尺寸调整。一般应直接标出组合体长、宽、高三个方向的总体尺寸，但当在某个方向上组合体的一端或两端为回转体时，则应该标出回转体的定形尺寸和定位尺寸。如支座长度方向标出了定位尺寸 38 及定形尺寸 $R10$ 和 $\phi32$，通过计算可间接得到总体尺寸 64(38＋10＋32/2＝64)，而不是直接注出总长度尺寸 64。同理，支座宽度方向应标出 22 和 $\phi32$。高度方向大圆筒的高度尺寸 35，同时又是形体的总高尺寸，如图 5-17(e)所示。

⑤检查、修改、完成尺寸的标注。尺寸标注完以后，要仔细地检查和修改，去除多余的重复尺寸，补上遗漏尺寸，改正不符合国家标准规定的尺寸标注之处，做到正确无误。

四、合理布置尺寸的注意事项

组合体的尺寸标注，除应遵守第一章中所述尺寸注法的规定外，还应注意做到：

①应尽可能地将尺寸标注在反映基本体形状特征明显的视图上，如图 5-18 所示。

②尺寸应尽量注写在图形之外，有些小尺寸，为了避免引出标注的距离太远，也可标注在图形之内。同一方向的并列尺寸，小尺寸在内，大尺寸在外，间隔要均匀，应避免尺寸线与尺寸界限交叉。同一方向串列的尺寸，箭头应相互对齐，排列在一条线上，如图 5-19 所示。

③同轴圆柱、圆锥的尺寸尽量标注在非圆视图上，圆弧的半径尺寸则必须标注在投影为圆弧的视图上，如图 5-20 所示。

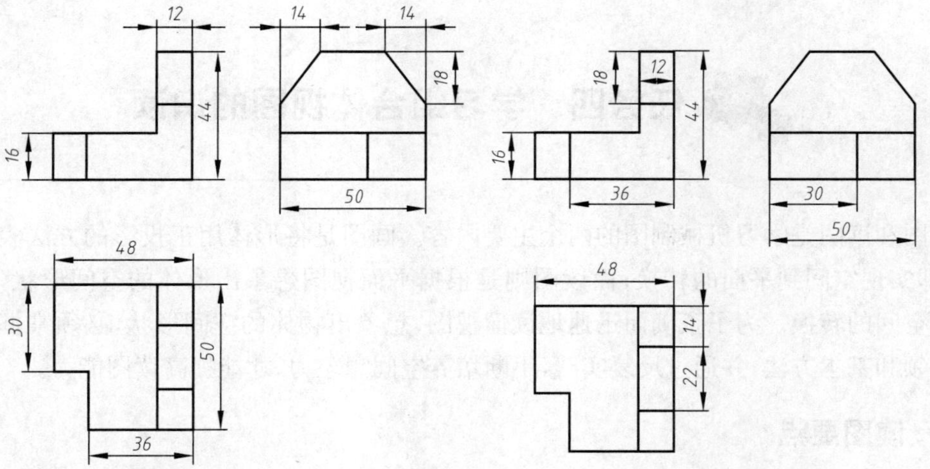

（a）恰当　　（b）不恰当

图 5-18 尺寸标注在形状特征视图上

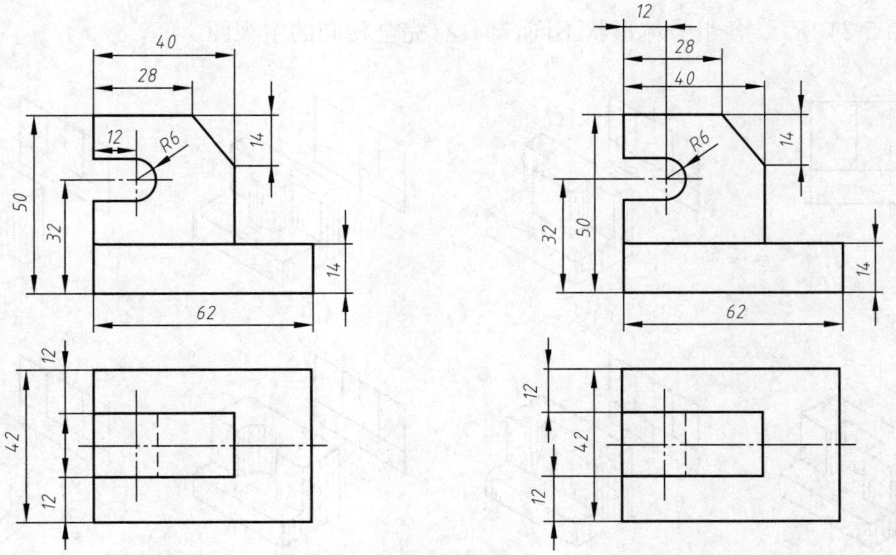

（a）恰当　　（b）不恰当

图 5-19 尺寸排列应整齐

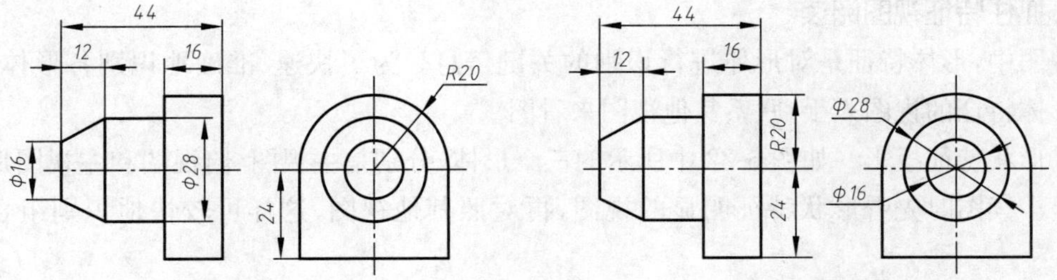

（a）恰当　　（b）不恰当

图 5-20 组合体上直径、半径尺寸的标注

任务四　学习组合体视图的识读

画图和读图是学习机械制图的两个主要内容。画图是将形体用正投影的方法表达在平面上，即实现空间到平面的转换；而读图则是根据平面视图想象出形体的空间形状，即实现平面到空间的转换。为了正确而迅速地读懂视图，想象出物体的空间形状，必须掌握读图的基本要领和基本方法，并通过反复实践，不断培养空间想象力，才能提高读图能力。

一、读图要点

1. 综合关联视图进行立体分析

组合体的三视图中，每个视图只能表达物体长、宽、高三个方向中的两个方向，读图时，不能只看一个视图，要把各个视图按“三等关系”联系起来看图，切忌看了一个视图就下结论。如图 5-21 所示，各组合体形状不同，却具有完全相同的主视图。

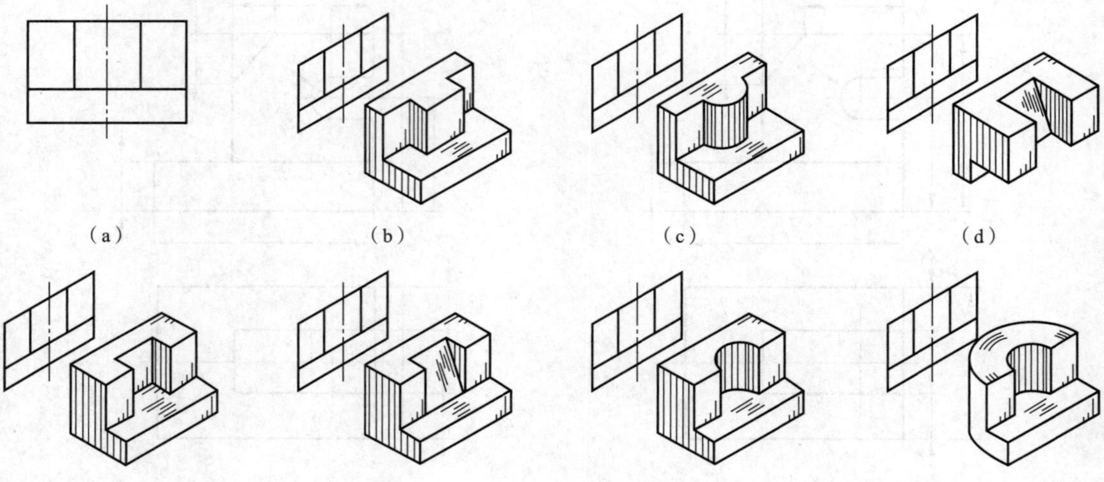

(a)　(b)　(c)　(d)

(e)　(f)　(g)　(h)

图 5-21　单个视图不能唯一确定组合体的形状

2. 抓住特征视图阅读

视图中，形体特征是对形体进行识别的关键信息。为了快速、准确地识别各形体，要从反映形体特征的视图入手，联系其他视图来看图。

①形状特征投影。如图 5-22 中所示的三个形体，分别是主视图、俯视图和左视图形状特征明显。读图时先看形状特征明显的视图，再对照其他视图，这样可较快地识别组合体的形状。

②位置特征投影。如图 5-23(a)所示，如只看组合体的主视图和俯视图，不能确定其唯一形状。如图 5-23(b)所示，是根据给出的主视图和俯视图画出的形状不同的两个左视图。其立体图分别如图 5-23(c)、(d)所示。若给出主视图和左视图，则根据主视图和左视图就可以

确定组合体的形状，因此，主视图是反映形状特征的视图，而左视图是反映位置特征的视图。

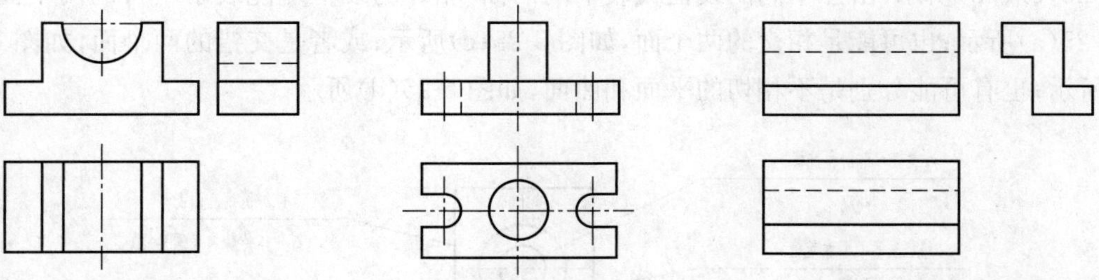

（a）主视图反映形状特征　（b）俯视图反映形状特征　（c）左视图反映形状特征

图 5-22　反映形状特征的组合体视图的读图示例

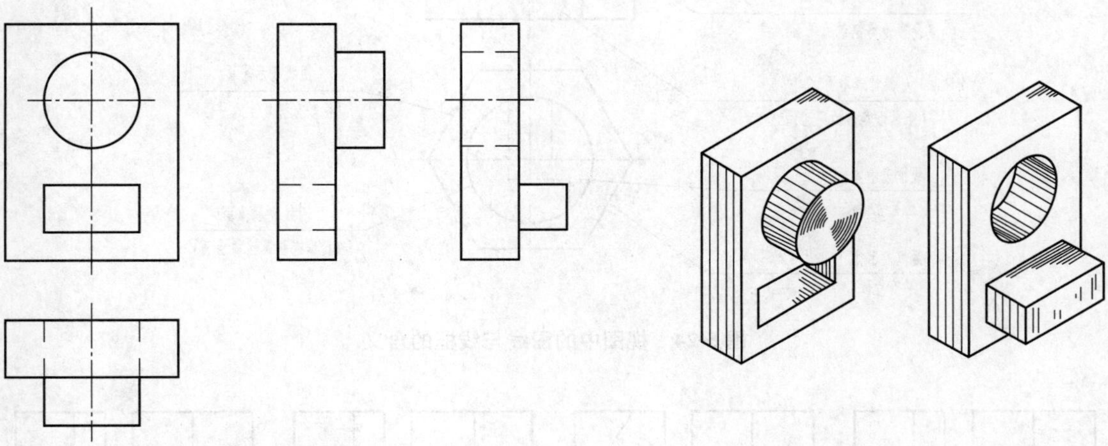

（a）主视图和俯视图　（b）两个形状不同的左视图　（c）形状一　（d）形状二

图 5-23　反映位置特征的组合体视图的读图示例

3. 分析视图中的图线和线框

(1)视图中的每条图线和每个线框所代表的含义

视图是由图线及线框构成的，读图时要正确读懂每条图线和每个线框所代表的含义，如图 5-24 所示。

视图中的图线有下述几种含义：

①表示投影有积聚性的平面或曲面。

②表示两个面的交线。

③表示回转体的转向轮廓素线。

视图中的线框有下述几种含义：

①表示一个投影为实形或类似形的平面。

②表示一个曲面。

③表示一个平面立体或曲面立体。

④表示某一形体上的一个孔洞或坑槽。

(2)分析视图中的线框，识别形体表面的相对位置关系

①相邻的两个封闭线框，表示物体上两个面的投影。两个线框的公共边线，表示错位的

两个面之间的第三面的积聚投影，如图 5-25(a)、(b)所示，或者表示两个面的交线的投影，如图 5-25(c)、(d)所示；由于不同的线框代表不同的面，相邻的线框可能表示平行的两个面，如图 5-25(a)所示；也可能是相交的两个面，如图 5-25(c)所示；或者是交错的两个面，如图 5-25(b)所示；也有可能分别是不相切的平面和曲面，如图 5-25(d)所示。

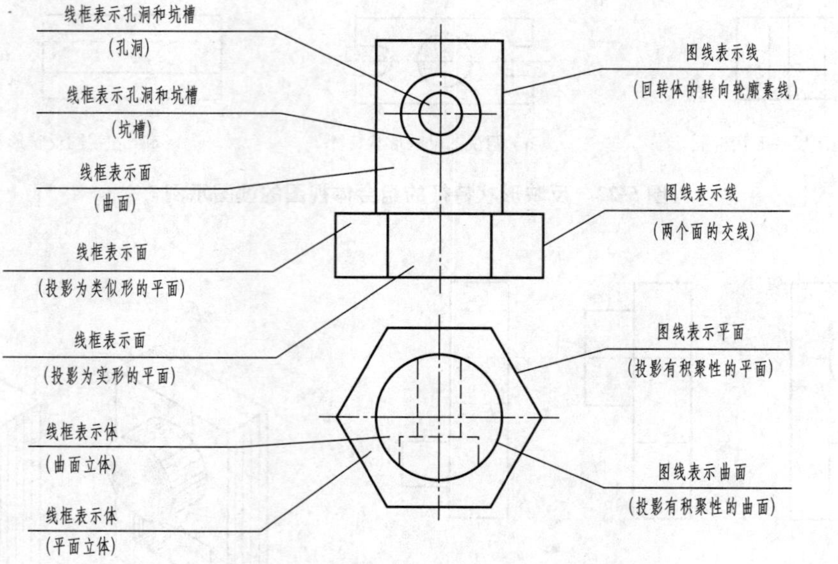

图 5-24　视图中的图线与线框的含义

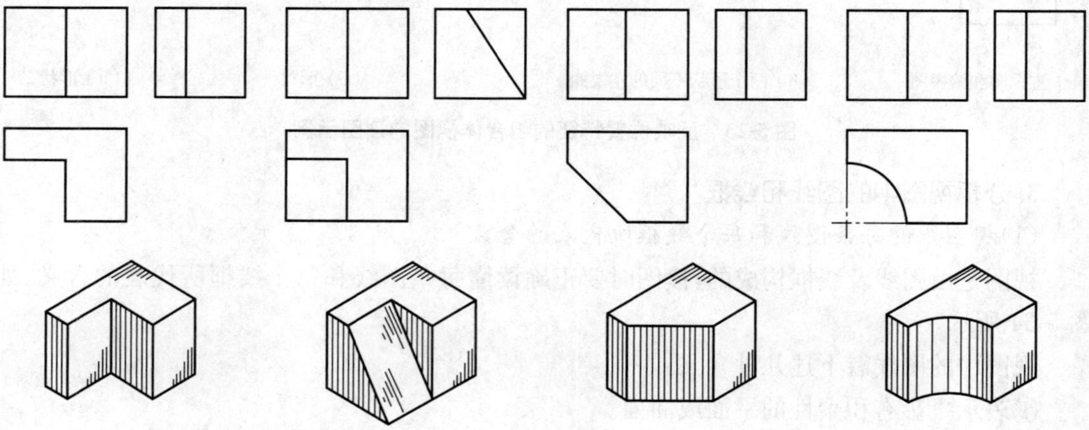

(a) 两平面平行　(b) 两平面交错　(c) 两平面相交　(d) 平面与曲线

图 5-25　相邻表面的投影分析

②两个同心圆，一般情况下表示凸起、凹槽面，或通孔，如图 5-26 所示。

(3)视图中虚线的分析

虚线在视图中表示不可见的结构，通过虚线投影可确定几个表面的位置关系，如图 5-27 所示。图 5-27(a)、(b)所示两个组合体的主视图和俯视图完全相同，均为左右对称形体。图 5-27(a)左视图内部的两条粗实线，表示三棱柱左侧面与“L”形六棱柱的左侧面是错位的，故三棱柱放置在组合体正中位置。图 5-27(b)左视图在此处为两条虚线，说明三棱柱左侧面与"L"形六棱柱的左侧面对齐，故形体上左右对称放置两个三棱柱。同理，图 5-27(c)、(d)所示两个形体，可借助视图中画出的虚线判断组合体各组成部分的位置关系。请读者自行分析，不再赘述。

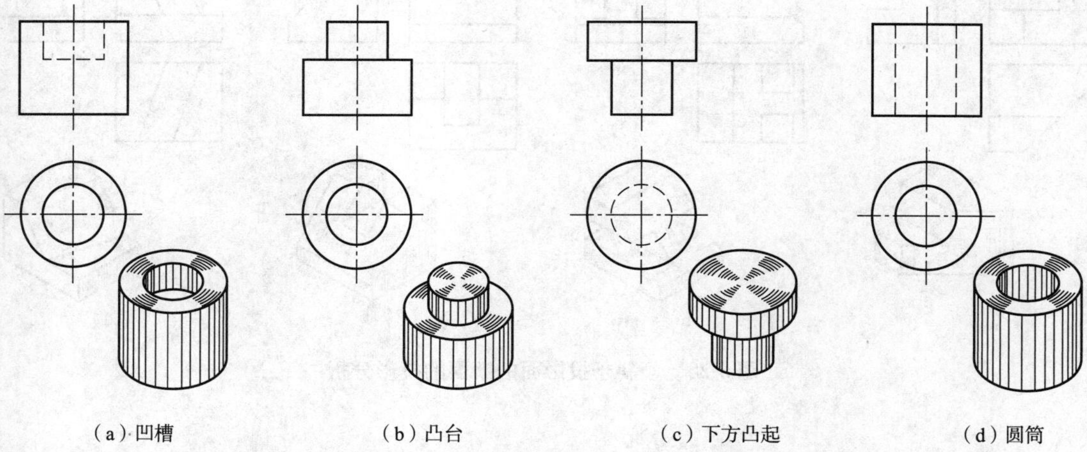

图 5-26　视图中同心圆的投影分析

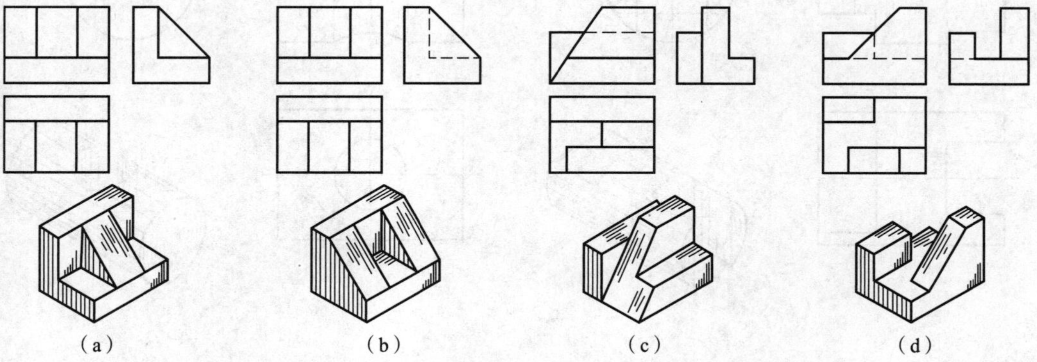

图 5-27　视图中虚线的投影分析

(4)分析面的形状，找出类似形投影

当基本体被投影面垂直面截切时，根据投影面垂直面的投影特性，断面在与截平面垂直的投影面上的投影积聚成直线，而在另两个与截平面倾斜的投影面上的投影则是类似形。在图 5-28(a)～(c)中，分别有 L 形铅垂面、工字形正垂面、凹字形侧垂面。在三视图中，断面除了在与其垂直的投影面上的投影积聚成一斜线外，在其他两个视图中都是类似形。图 5-28(d)中平行四边形为一般位置面，其在三视图中的投影均为类似形。

(5)注意画出切割体与相贯体中交线的投影

图 5-29(a)、(b)为切割体，图 5-29(c)、(d)为相贯体，其表面交线的求作方法在第三章中已作详细介绍。一般在绘制组合体三视图时，均可采用简化画法作图。

二、形体分析法识读组合体视图

形体分析法是读图的基本方法。形体分析法是根据组合体构成特点，将比较复杂的组合体视图按线框分成几个部分，应用三视图的投影规律，逐个想象出它们的形状，再根据各部分的相对位置关系、组合方式、表面连接关系，综合想象出整体的结构形状。

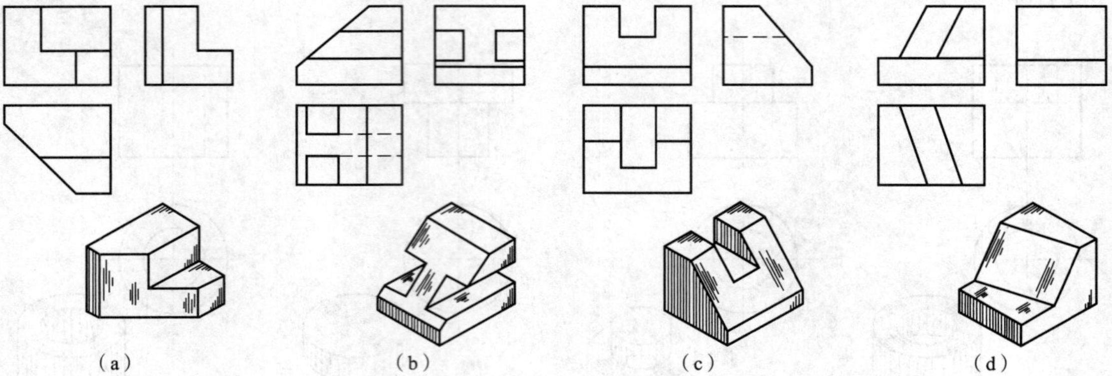

图 5-28　倾斜于投影面的断面的投影分析

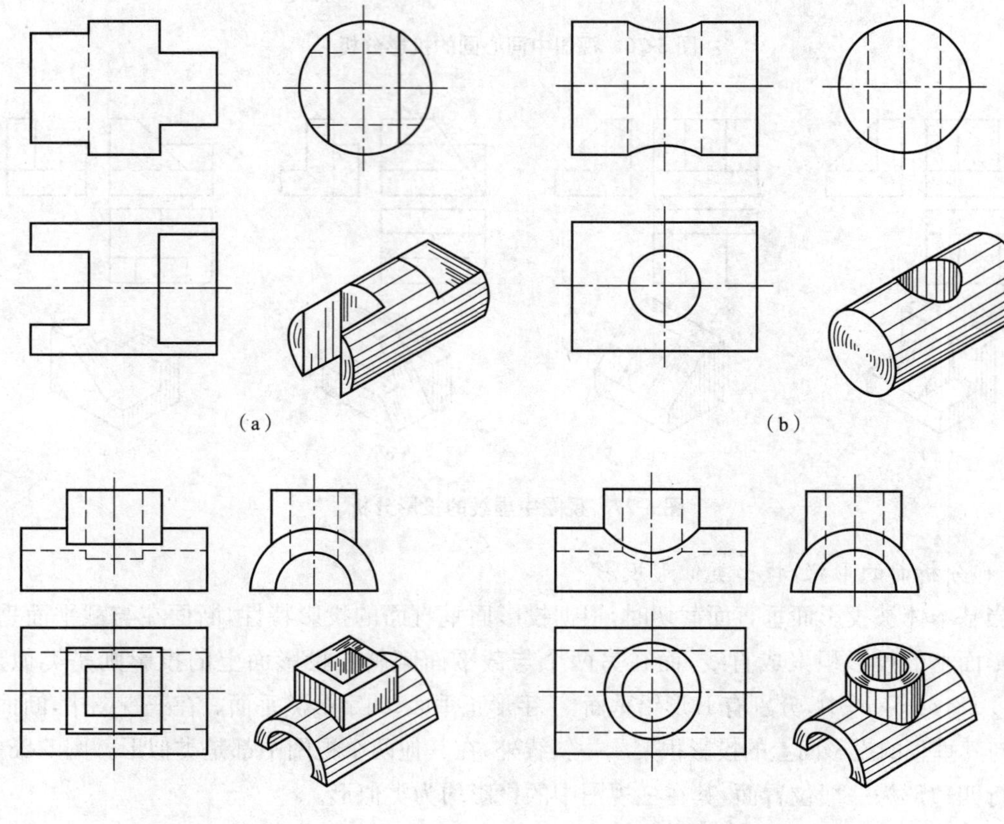

图 5-29　立体表面交线的投影分析

形体分析法识读组合体视图的步骤如下：

①从主视图入手，参照特征视图，分解形体。

②对投影，想形状。利用“三等关系”，找出每一组成部分的三个视图，想象出每一部分

的空间形状。

③综合起来想整体。根据每一组成部分的形状和相对位置、组合方式和表面连接关系想象出整个组合体的空间形状。

例 5-4 读如图 5-30(a)所示组合体三视图。

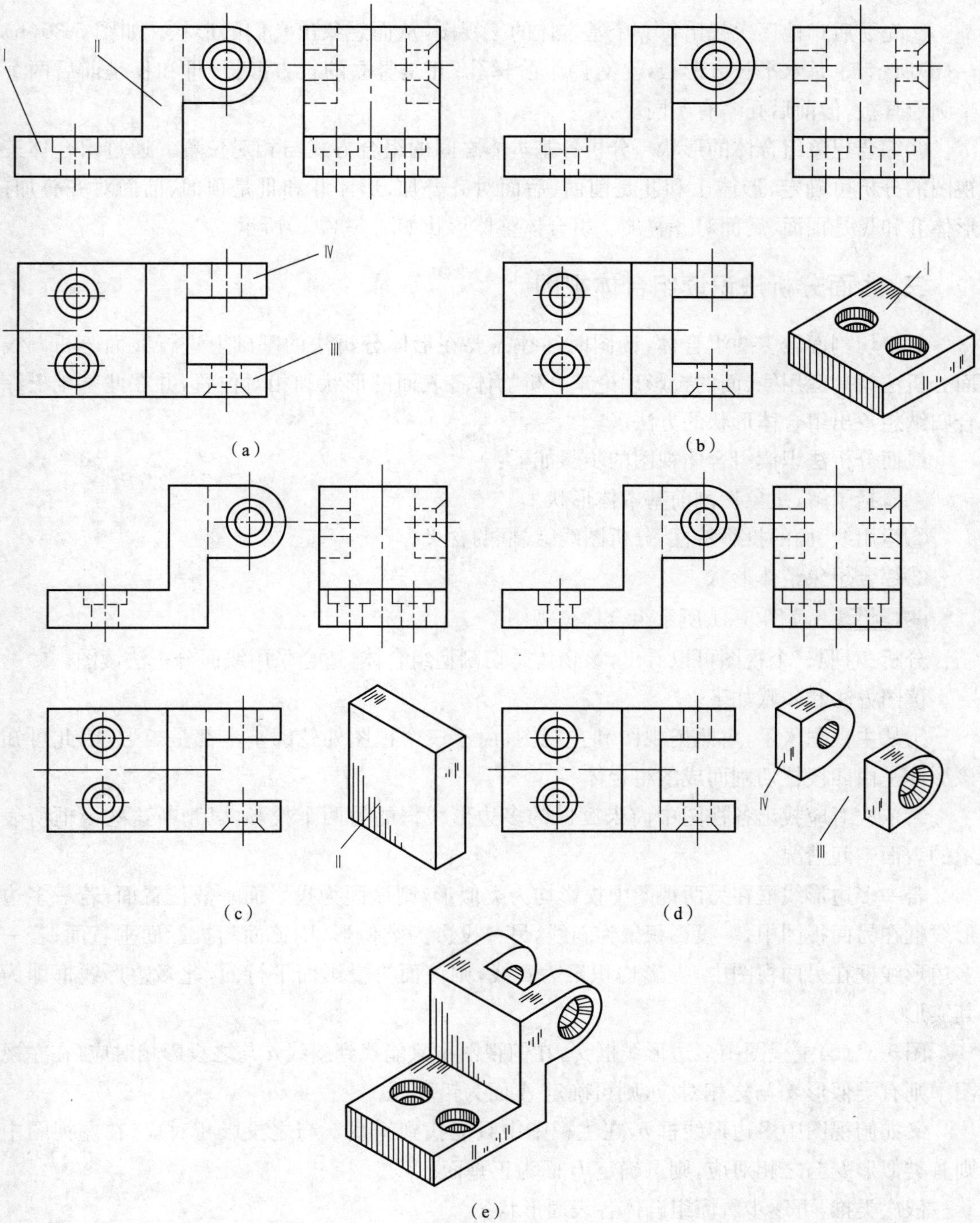

图 5-30 形体分析法读组合体视图

分析：由主视图可以看出，该形体是以叠加为主的组合体，可采用形体分析法进行读图。

读图方法和步骤如下：

①从主视图入手，把三个视图按“三等关系”粗略看一遍，以对该组合体有一个概括的了解。从特征明显、容易划分的主视图入手，结合其他视图将组合体视图分解为Ⅰ、Ⅱ、Ⅲ、Ⅳ四个部分，如图5-30(a)所示。

②先易后难地逐次找出每一个基本体的三视图，从而想象出它们的形状。如图5-30(b)～(d)所示，Ⅰ是水平长方形板，上有两个阶梯孔；Ⅱ是竖立的长方形板；Ⅲ和Ⅳ是前后两个半圆形耳板，但前后孔略有不同。

③综合想象组合体的形状。分析各基本体之间的组合方式与相对位置。通过组合体三视图的分析可确定，形体Ⅰ和Ⅱ是前面、后面对齐叠加；形体Ⅱ和Ⅲ是顶面、前面对齐叠加；形体Ⅱ和Ⅳ是顶面、后面对齐叠加。组合体整体形状如图5-30(e)所示。

三、线面分析法识读组合体视图

对于切割面较多的组合体，读图时往往需要在形体分析法的基础上进行线面分析。线面分析法就是运用线、面的投影理论来分析物体各表面的形状和相对位置，并在此基础上综合归纳想象出组合体形状的方法。

线面分析法识读组合体视图的步骤如下：

①概括了解，想象切割前基本体形状。

②运用线、面的投影特性，分析图线、线框的含义。

③综合想象整体形状。

例 5-5 读图5-31所示组合体三视图。

分析：对照三个视图可以看出，该物体是切割型组合体，适合采用线面分析法读图。

读图方法和步骤如下：

①从主视图入手，对照俯视图和左视图，由于三个视图外轮廓基本都是矩形，因此可知该形体是由四棱柱切割而成的组合体。

②依次对应找出各视图中尚未读懂的多边形线框的另两个投影，以判断这些线框所表示的表面空间情况。

若一多边形线框在另两视图中投影均为类似形，则该面为投影面一般位置面；若一多边形线框在另两视图中，一投影积聚为斜线，另一投影为类似形，则该面为投影面垂直面；若一多边形线框在另两视图中，投影均积聚为直线，则该面为投影面平行面，此多边形线框即为其实形。

图5-31(a)主视图中多边形线框 a'，在俯视图中只能找到斜线 a 与之投影相对应，在左视图中则有类似形 a'' 与之相对应，则可确定 A 面为铅垂面。

又如俯视图中多边形线框 b，在主视图中只能找到斜线 b' 与之投影相对应，在左视图中则有类似形 b'' 与之相对应，则可确定 B 面为正垂面。

依次类推，可逐步看懂组合体各表面形状。

③比较相邻两线框的相对位置，逐步构思组合体。两个封闭线框表示两个表面。主视图中的两相邻线框应注意区分其在空间的前后关系；俯视图中的两相邻线框应注意区分其

在空间的上下关系；左视图中的两相邻线框应注意区分其在空间的左右关系。图 5-31(a)主视图中的线框 d' 和 e' 必有前后之分，对照俯视图、左视图可知，D 面和 E 面均为正平面，D 面在前，E 面在后。相邻两线框还可能是空与实的相间，一个代表空的，一个代表实的，如俯视图中大小两圆组成的线框表示一个水平面，但小圆线框内却是空的，是一个通孔，没有平面，应注意鉴别。

④综合想象组合体的整体形状。组合体的整体形状如图 5-31(b)所示。

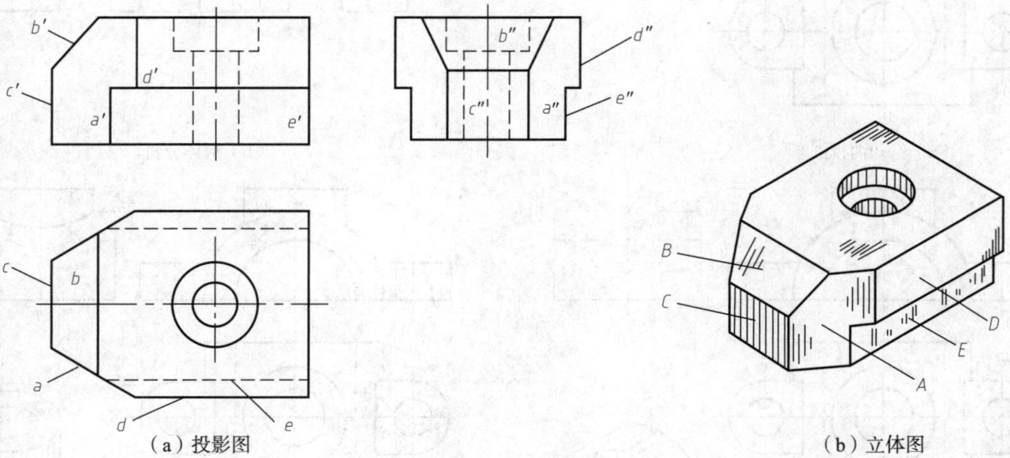

(a) 投影图　　(b) 立体图

图 5-31　线面分析法读组合体视图

四、补视图、补漏线

读图训练的题目，主要有已知两视图补画第三视图和补画给出视图中遗漏的图线两种类型。补视图、补漏线都是根据已知的图形，通过分析比较，想象出组合体的形状和结构，并经过试补、调整、验证，补画出所缺的视图或图线。补视图、补漏线是提高读图能力和空间想象力的主要手段，也是培养工程技术人员综合审图能力的主要途径。

例 5-6　补画如图 5-32(a)所示轴承盖的左视图。

分析：根据组合体的两个视图求第三视图，是画图和读图的综合练习。首先要读懂给出的两个视图，想象组合体的空间形状，然后按画组合体视图的方法，画出第三视图。

作图方法和步骤如下：

①主视图反映了轴承盖的主要特征，从图 5-32(a)可以看出空心半圆柱部分是轴承座的主体部分，上面是油孔凸台部分，其左右耳板是连接部分。

②以特征明显、容易划分的主视图入手，结合俯视图把轴承盖主视图拆分成Ⅰ、Ⅱ、Ⅲ、Ⅳ四个部分，如图 5-32(b)所示。

③对照两个视图，想象出各组成部分的形状，依次补画其左视图，如图 5-32(c)～(e)所示。补画左视图时，应注意分析各基本体之间的组合方式与相对位置，明确表面的连接关系。例如：形体Ⅱ、Ⅲ(左右耳板)相对形体Ⅰ(空心半圆柱)是前后、左右对称放置；形体Ⅳ(空心小圆柱体)在形体Ⅰ(空心半圆柱)的上方，与形体Ⅰ正交，应画出其上外相贯线和内相贯线在左视图上的投影。

④检查、加深轮廓线，如图 5-32(f)所示。

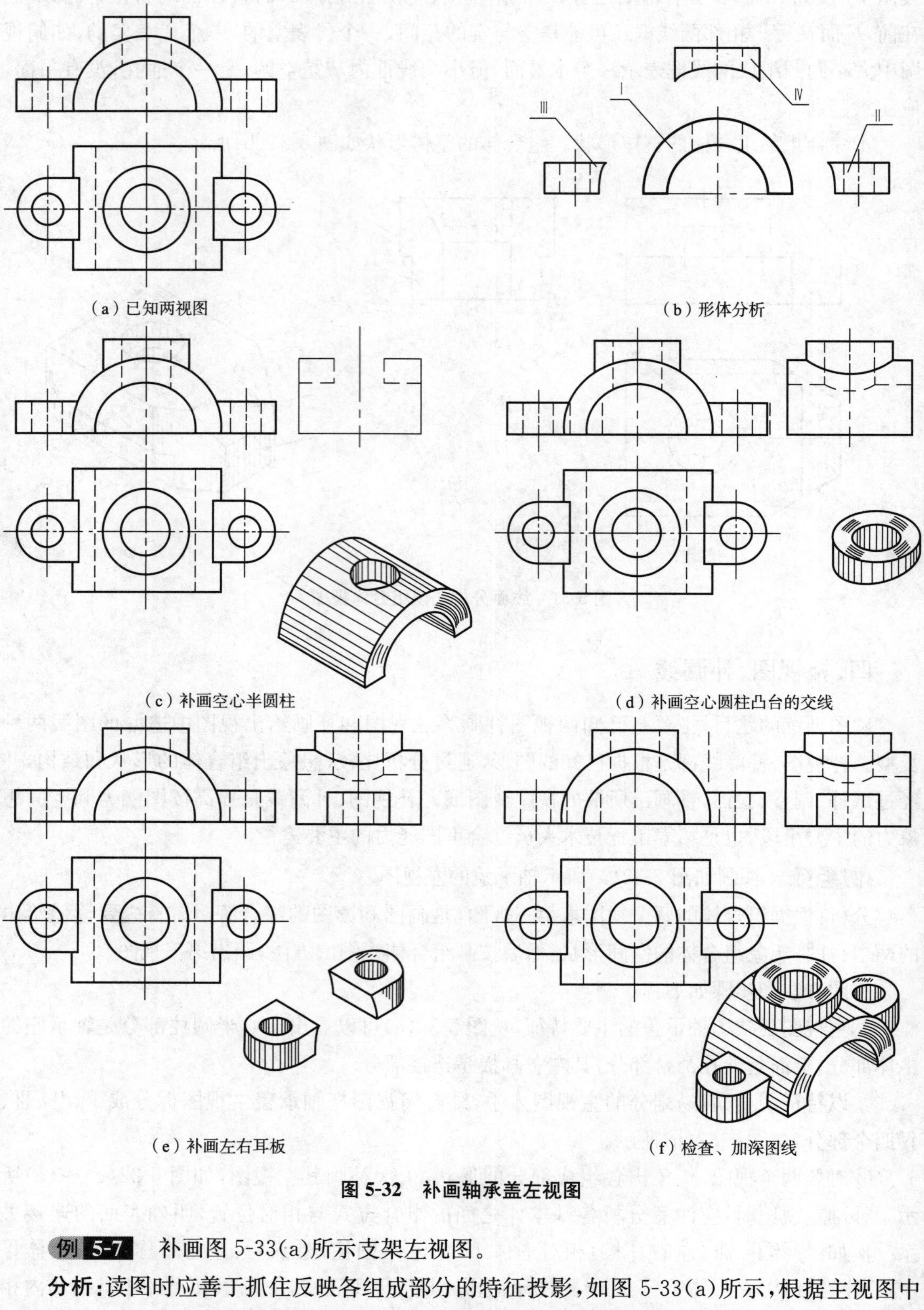

图 5-32　补画轴承盖左视图

例 5-7　补画图 5-33(a)所示支架左视图。

分析：读图时应善于抓住反映各组成部分的特征投影，如图 5-33(a)所示，根据主视图中的放倒的 L 形、直角梯形和俯视图中的同心圆，可以初步确定其基本体的形状分别为 L 形柱、梯形柱和圆筒，然后对照其他视图进一步确定其形状。

作图方法和步骤如下：

①根据支架的特征投影，将该形体拆分成Ⅰ、Ⅱ、Ⅲ三个部分，如图 5-33(a)所示。

②补画各组成部分的左视图，如图 5-33(b)～(d)所示。注意在形体Ⅱ上截交线的画法。

③检查、加深轮廓线，如图 5-33(e)所示。

组合体的整体结构，如图 5-33(f)所示。

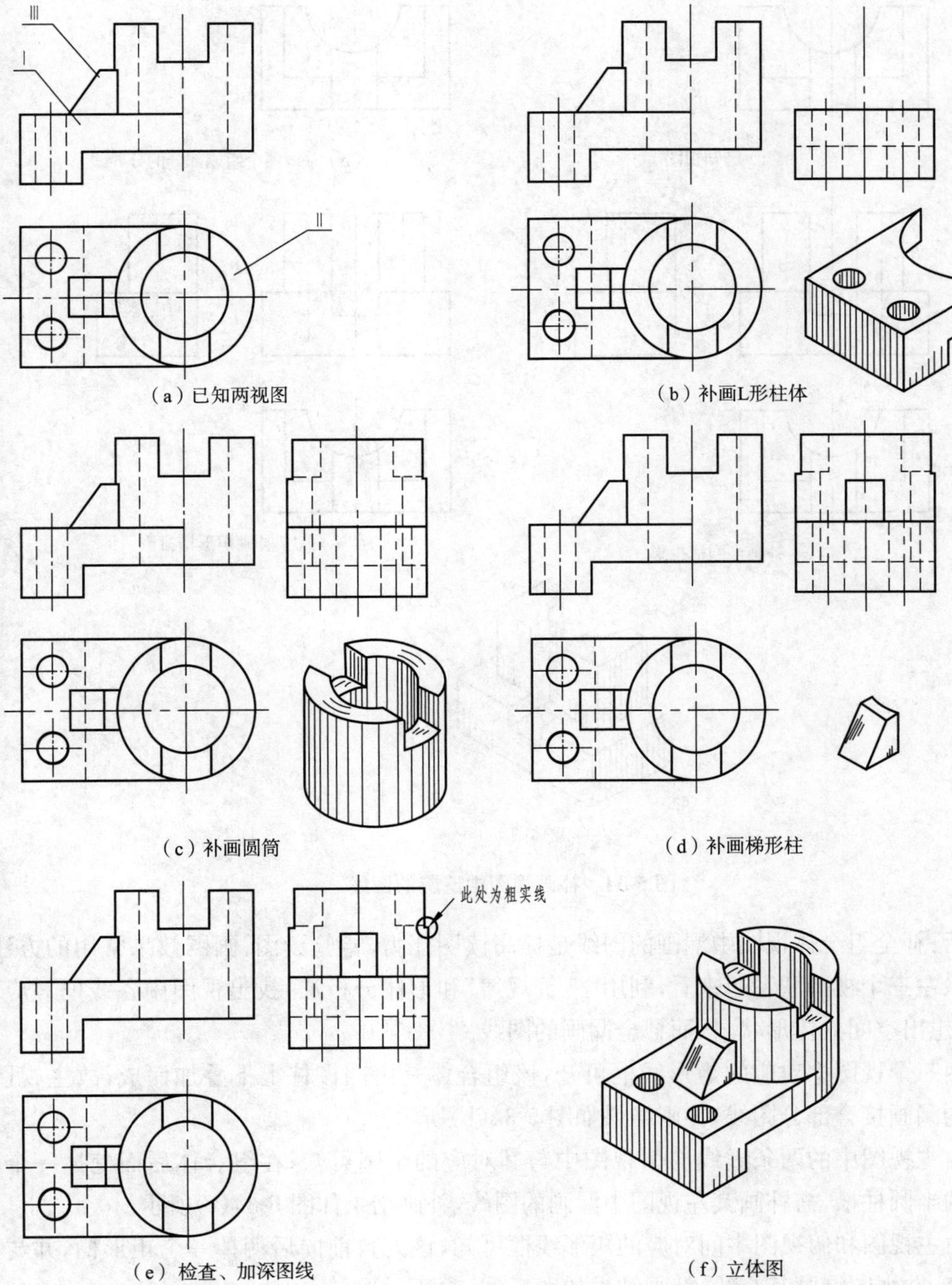

（a）已知两视图

（b）补画L形柱体

（c）补画圆筒

（d）补画梯形柱

（e）检查、加深图线

（f）立体图

图 5-33　补画支架左视图

例 5-8 已知组合体三视图如图 5-34(a)所示，补画其主视图和左视图中的漏线。

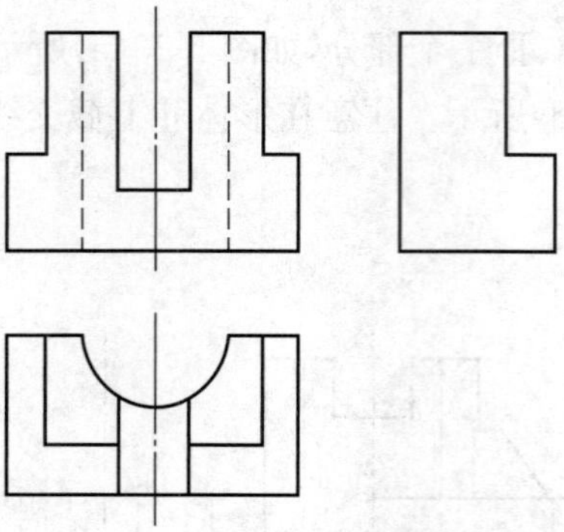

（a）已知视图

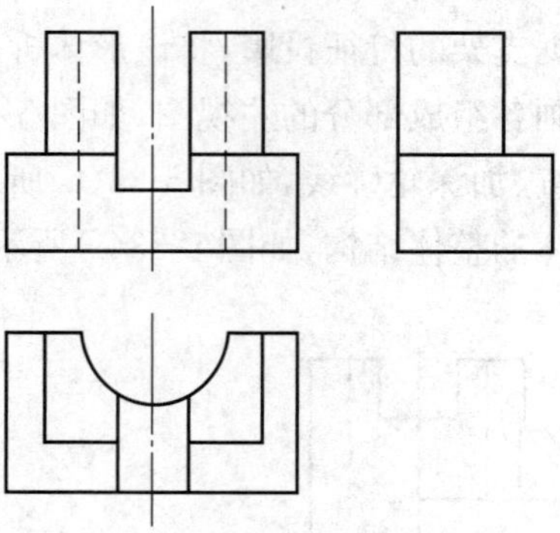

（b）补画两个组成部分的分界线

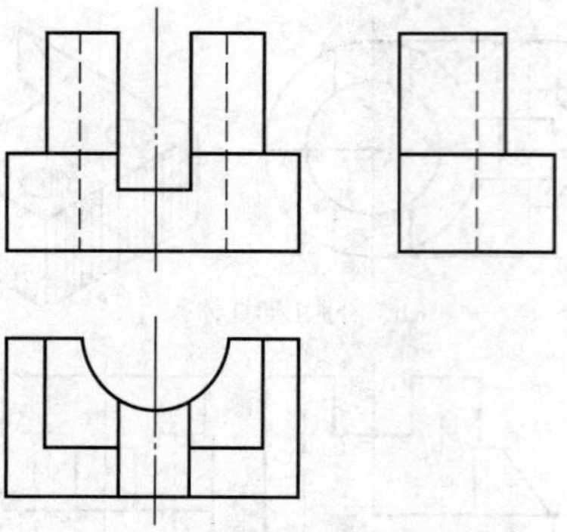

（c）补画半圆槽投影

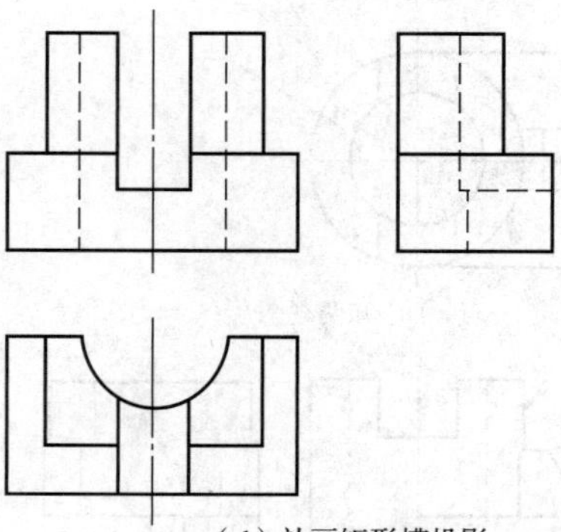

（d）补画矩形槽投影

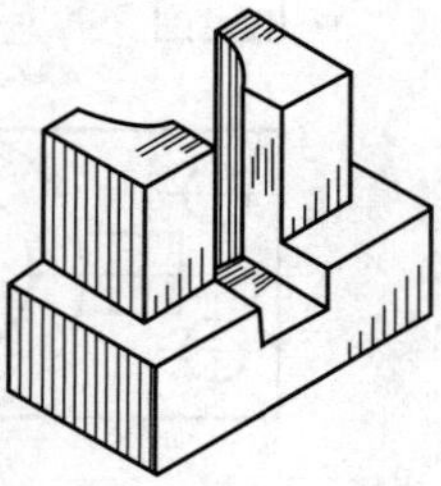

（e）立体图

图 5-34　补画视图中遗漏的图线

分析：补全组合体视图中漏画的图线是提高读图能力，检验读图、画图效果常用的方法。将主、俯、左三个视图联系起来看，利用“三等规律”和形体分析法，找出视图中各线框对应的结构，并想出空间立体形状，从而补全漏画的图线。

①由三个视图中对应的矩形线框可知，该组合体是由四棱柱上下叠加而成，故主视图、左视图均漏画接合部分图线，补画结果如图 5-34(b)所示。

②由主视图中的两条虚线与俯视图中与其对应的半圆可知，在组合体后面挖掉一个轴线铅垂的半圆柱槽，需补画其左视图中漏画的图线，补画结果如图 5-34(c)所示。

③由主视图和俯视图中间对应的矩形线框可知，该处自前向后切掉一个矩形槽，并与半圆柱相交，左视图漏画其交线，补画结果如图 5-34(d)所示。

④构思组合体的整体结构，如图 5-34(e)所示。

小　结

组合体是由一些简单的基本体如棱柱、棱锥、圆柱、圆锥、圆球等组合而成。

1. 组合体的组合方式

组合体的组合方式有叠加型、切割型和混合型三种，它们表面的连接方式有不共面、共面、相切和相交四种情况。

2. 形体分析法和线面分析法

①形体分析法。将组合体分解为若干基本体，分析这些基本体的形状和它们的相对位置，并想出组合体的完整形状，这种方法称为形体分析法。

②线面分析法。应用线、面的投影规律，分析视图中的某些图线和线框，构思出它们的空间形状和相对位置，在此基础上归纳想象获得组合体的形状，这种方法称为线面分析法。

3. 画组合体三视图

画组合体三视图时，首先要运用形体分析法，将组合体分解为若干个基本体，分析组成组合体的各个基本体的组合形式和相对位置，判断形体间相邻表面是否处于共面、相切或相交的关系，然后逐一绘制其三视图。必要时还要对组合体中某些表面及其相邻表面关系进行线面分析。

4. 看组合体三视图

形体分析法和线面分析法的读图步骤可概括为"分、找、想、合"四个步骤。读比较复杂物体的视图时，一般都是先看懂一部分，再以这些已知部分为基础，经过假设和验证、分析、判断、综合等步骤逐步从"知之不多到知之甚多"最后达到全部看懂。

看组合体三视图的要领是：认识视图抓特征，分析视图想形体，线面分析攻难点，综合起来想整体。

5. 组合体尺寸标注的基本要求

组合体尺寸标注的基本要求是"正确、完整、清晰、合理"。组合体的尺寸分为三类，即定形尺寸、定位尺寸、总体尺寸。在一般情况下标注尺寸可按五个步骤进行：①形体分析；②选定尺寸基准；③标注定形尺寸；④标注定位尺寸；⑤标注总体尺寸。最后还需检查尺寸有无重复和遗漏，进行修正和调整。

项目六

机件的表达方法

学习目标

1. 掌握各种视图、剖视图的画法，标注方法和适用范围。

2. 熟悉局部放大图和常用的简化画法。

3. 了解第三角投影法，以及第三角投影与第一角投影的异同。

在生产实践中，机件的形状和结构复杂多样。为了正确、完整、清晰地表达机件的内外结构和形状，国家标准《技术制图　图样画法》《机械制图　图样画法》及《技术制图　简化表示法》规定了各种表达方法。在绘制工程图样时，应选用适当的表达方法，用尽可能少的视图，将机件的内外结构和形状表达清楚。本项目主要介绍视图、剖视图、断面图、局部放大图以及规定画法和简化画法。

任务一　学习机械制图中的视图

视图是指根据有关标准和规定用正投影法所绘制的物体的图形，它包括视图、剖视图、断面图等。但本任务中，“视图”这一术语专指主要用于表达机件外部结构和形状的图形，包括基本视图、向视图、局部视图和斜视图。

一、基本视图

机件向基本投影面投影所得到的视图，称为基本视图。

为了表达形状比较复杂的机件，制图标准规定，以正六面体的六个面作为基本投影面，将机件置于六面体中间，分别向各投影面进行投射，得到六个基本视图，如图 6-1(a)所示。

主视图——由前向后投射得到的视图。

俯视图——由上向下投射得到的视图。

左视图——由左向右投射得到的视图。

后视图——由后向前投射得到的视图。

仰视图——由下向上投射得到的视图。

右视图——由右向左投射得到的视图。

六个投影面展开时，规定正立投影面不动，其余各投影面按图 6-1(b)所示方向，展开到与正立投影面在同一平面上。

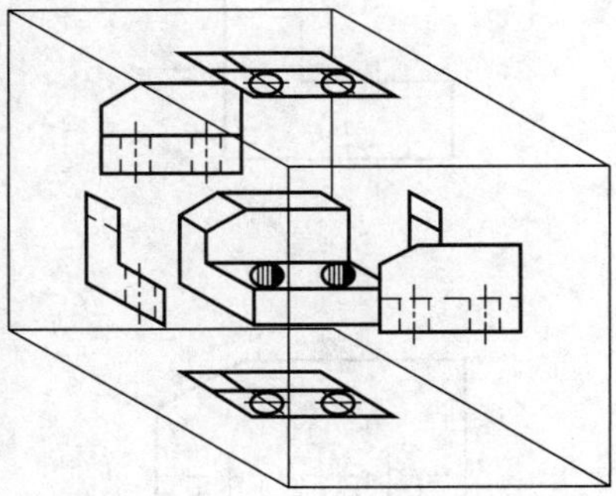

(a) 立体图

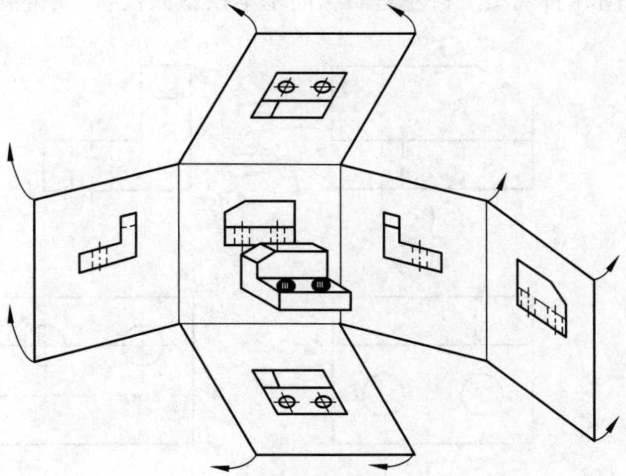

(b) 投影展开图

图 6-1　六个基本视图的形成与投影面的展开

在同一张图纸内，六个基本视图的配置关系按图 6-2 所示。此时，可不标注视图的名称。

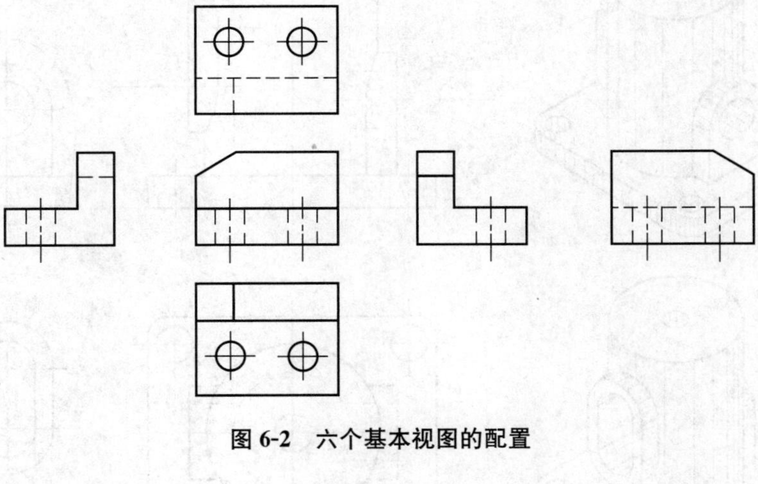

图 6-2　六个基本视图的配置

二、向视图

在实际设计绘图中，为了合理地利用图纸，可以自由配置的视图称为向视图，它是基本视图的另一种配置形式。

向视图需进行标注。在向视图的上方标注“*X*”(“*X*”为大写字母 *A*、*B*、*C*……)，为向视图名称。在相应视图的附近用箭头指明投射方向，并标注相同的字母，如图 6-3 所示。

三、局部视图和斜视图

1. 局部视图

当机件在平行于某基本投影面的方向上仅有局部结构形状需要表达，没有必要画出其完整的基本视图时，可将机件的局部结构形状向基本投影面投射，这样得到的视图，称为局部视图。如图 6-4 所示，机件的左右凸缘的形状在主视图中没有表达清楚，也没必要画出左视图和右视图。将左右凸缘向基本投影面投射，便得到"A"和"B"局部视图。

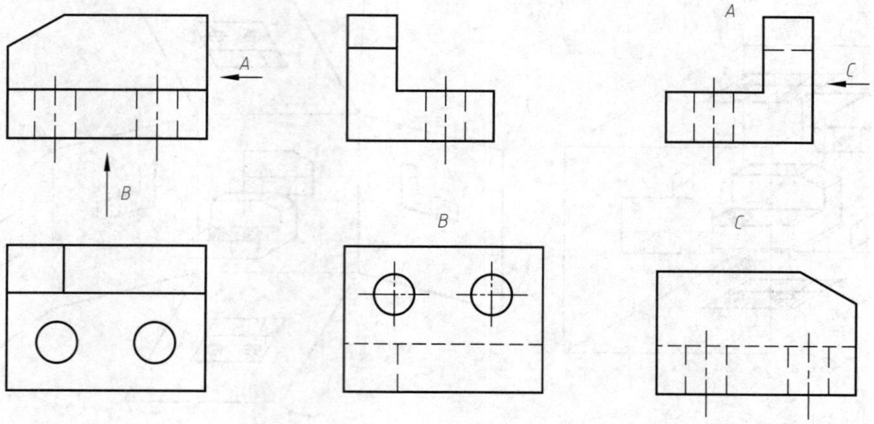

图 6-3　向视图

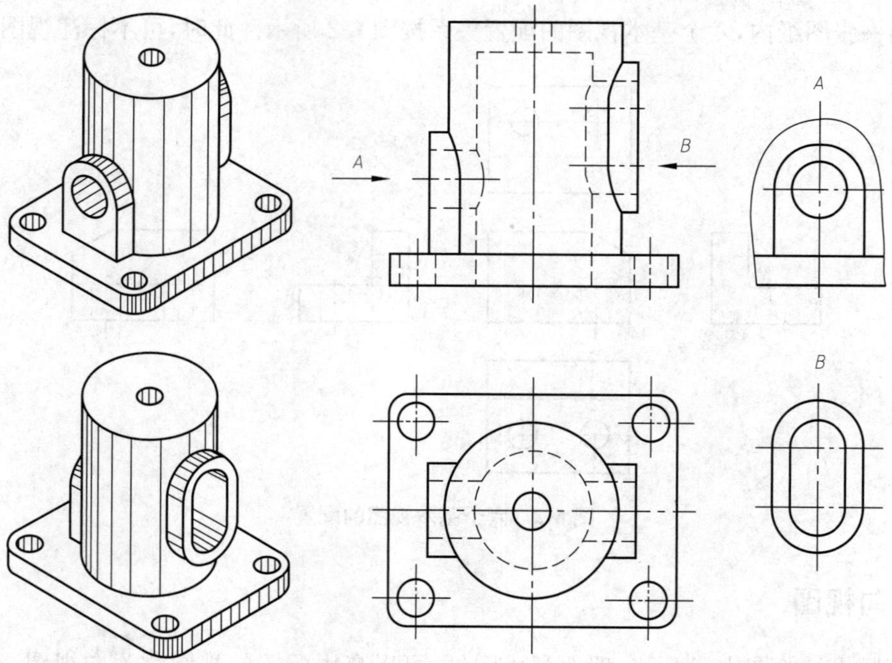

（a）立体图　　（b）投影图

图 6-4　局部视图

局部视图的画法和标注应符合如下规定：

①局部视图的断裂边界应以波浪线表示，见图 6-4(b)"A"局部视图。

②当表达的局部结构是完整的，且外轮廓线呈封闭时，波浪线省略不画，见图 6-4(b)中"B"局部视图。

③局部视图尽量配置在箭头所指的投射方向上，并画在有关视图附近，以便于看图，见

图 6-4(b)中“*A*”局部视图。必要时也允许配置在其他位置，以便于布置图面，见图 6-4(b)中“*B*”局部视图。

④画局部视图时，一般要在局部视图上方标注视图名称，如“*A*”和“*B*”等。在相应视图附近用箭头指明投射方向，并标注同样的字母。若局部视图按基本视图位置配置，中间又没有其他视图隔开时，可省略标注，图 6-4(b)中“*A*”局部视图的标注可以省略。

2. 斜视图

当机件具有倾斜结构，如图 6-5(a)所示，该部分在基本投影面上既不反映实形，又不便于标注尺寸。为了表达倾斜部分的真实形状，设置一个与倾斜部分平行且与基本投影面垂直的新投影面（*P* 投影面），将该倾斜部分向新投影面进行投射，这样得到的视图称为斜视图。见图 6-5(b)中的“*A*”视图。

斜视图的画法和标注应符合如下规定：

①斜视图只表达机件上倾斜结构的局部形状，而不需表达的部分不必画出，用波浪线断开，见图 6-5(b)中的“*A*”视图。

②画斜视图时，必须在视图上方标注视图的名称“*X*”，在相应的视图附近用箭头指明投射方向，并标注上同样的字母。字母一律水平书写。

③斜视图一般按投影关系配置，见图 6-5(b)中的“*A*”视图。必要时也可以配置在其他适当的位置，为了便于画图，允许将图形旋转放正，旋转配置的斜视图名称要加注旋转符号“↶”或“↷”，且旋转符号的箭头要靠近表示该视图名称的字母。旋转符号表示的旋转方向应与图形的旋转方向相同，见图 6-5(c)中的“*A*↶”视图。

倾斜部分向新投影面进行投射，这样得到的视图称为斜视图。见图 6-5(b)中的“*A*”视图。

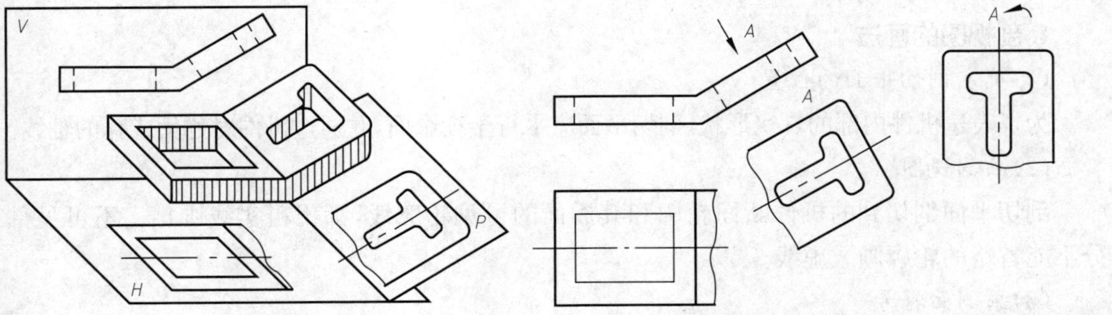

（a）立体图　　（b）斜视图按投影配置　　（c）斜视图旋转配置

图 6-5　斜视图

任务二　学习剖视图的画法

当机件的内部结构比较复杂时，视图中虚线过多，影响图面的清晰程度，既不便于标注尺寸，又不利于读图，如图 6-6(a)所示。为了清晰地表达机件的内部结构，国家标准规定采用剖视图来表达。

一、剖视图的概念

假想用剖切面(平面或柱面)在适当的位置剖开机件,将处于观察者和剖切面之间的部分移去,而将剩余部分向投影面进行投射所得到的图形,称为剖视图,简称剖视,如图 6-6(b)、(c)所示。

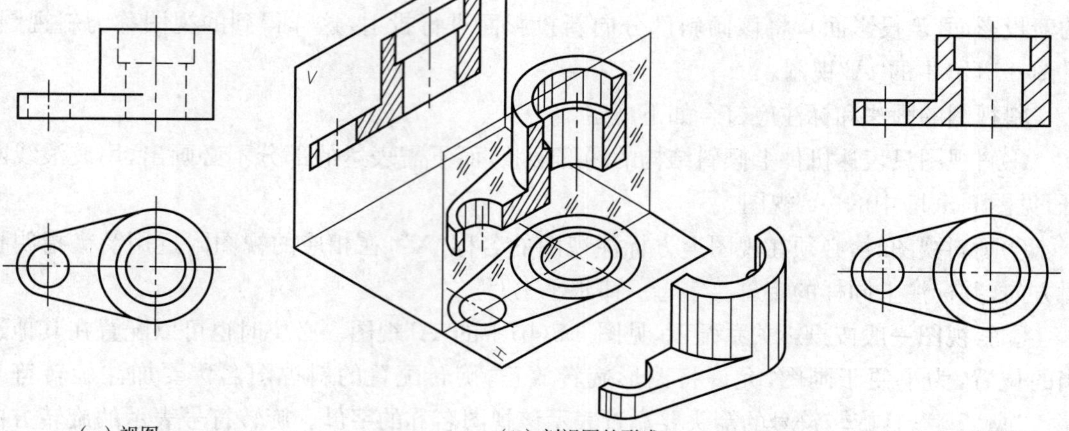

(a)视图　　(b)剖视图的形成　　(c)剖视图

图 6-6　剖视图的概念

二、剖视图的画法

1. 剖视图的画法

(1)确定剖切平面的位置

为了表达机件内部的真实形状,剖切平面应平行于投影面,并通过机件对称面或孔的轴线。

(2)画剖视图

剖切平面剖切到的机件断面轮廓和其后面的可见轮廓线,都用粗实线画出。不可见部分不能省略的轮廓画成虚线。

(3)画剖面符号

在剖切平面与机件接触面区域画出剖面符号。剖面符号与材料有关,表 6-1 是国家标准规定常用材料的剖面符号。其中金属材料的剖面符号称为剖面线。剖面线一般应画成与主要轮廓线或剖面区域对称线呈 45°的平行细实线。同一机件在各个视图中的剖面线间隔、角度及倾斜方向均应一致。特殊情况剖面线的角度可画成 30°或 60°。

表 6-1　剖面符号

材　　料	图　　例	材　　料	图　　例
金属材料 (已有规定剖面符号除外)		基础周围的泥土	

续上表

材　料	图　例	材　料	图　例
非金属材料 （已有规定剖面符号除外）	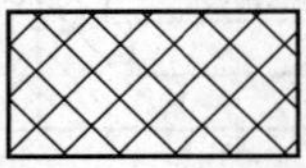	混凝土	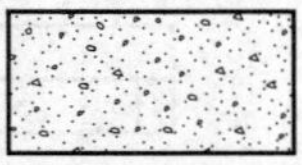
固体材料	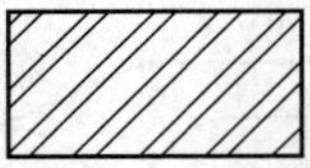	钢筋混凝土	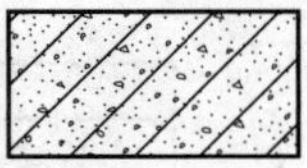
液体材料		型砂、填砂、粉末冶金、 砂轮、陶瓷刀片等	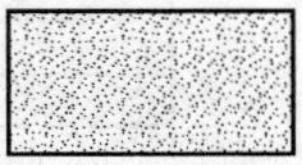
水质胶合板		玻璃及其他透明材料	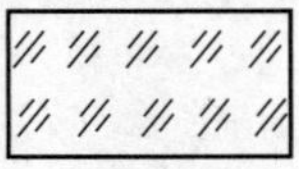
木材　纵剖面		转子、电枢、变压器和 电抗器等叠钢片	
木材　横剖面		线圈绕组元件	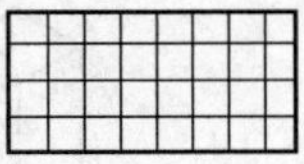

(4)剖视图的标注

为了便于看图，在画剖视图时，应标注剖切位置、投射方向和剖视图名称，如图 6-7(a)所示。

①剖切符号。用以表示剖切面的位置。剖切符号用长为 5～10 mm 的粗短线，并尽量避免与图形轮廓线相交。

②投射方向。在剖切符号的外侧用与其垂直的箭头，表示剖切后的投射方向。

③剖视图名称。在剖视图上方用大写字母标注剖视图的名称“*X*—*X*”，并在剖切符号的起止及转折处的外侧注写同样的字母。

④简化标注。用单一剖切平面通过机件的对称平面或基本对称平面，且剖视图按投射关系配置，而中间又没有其他视图隔开时，可省略标注，如图 6-7(b)所示。当剖切平面处于不对称位置，剖视图按投影关系配置，而中间又没有其他视图隔开，可省略箭头，如图 6-7(c)所示。

2. 画剖视图应注意的问题

①剖视图是假想把机件剖切后画出的投影，其余未剖切视图仍按完整机件画出。

②在剖切面后的可见轮廓线，应全部用粗实线画出，不能遗漏，见表 6-2。

③在剖视图中，一般应省略虚线，只有当机件形状没有表达清楚时，尚可在视图中画出少量虚线。

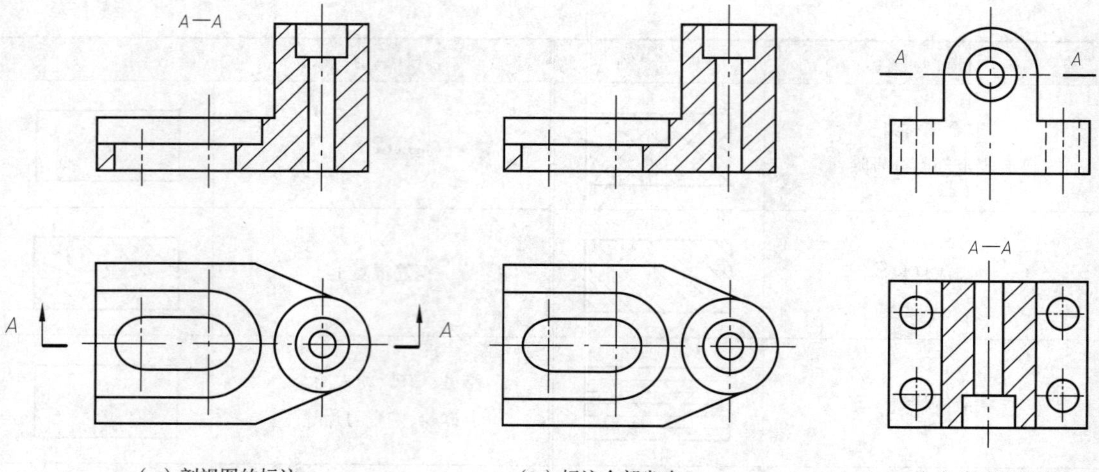

（a）剖视图的标注　　（b）标注全部省略　　（c）省略投影方向

图 6-7　剖视图的标注与简化标注

表 6-2　剖视图中容易漏画线的示例

轴测图	错误	正确
	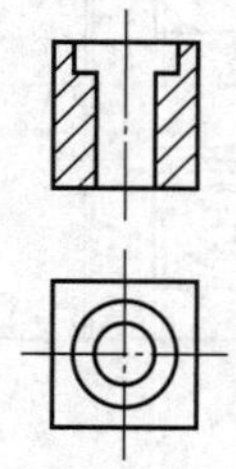	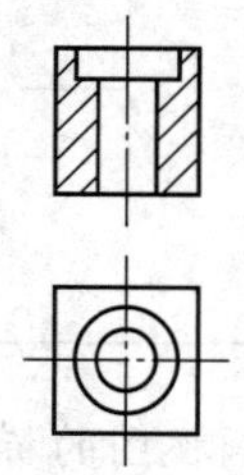
	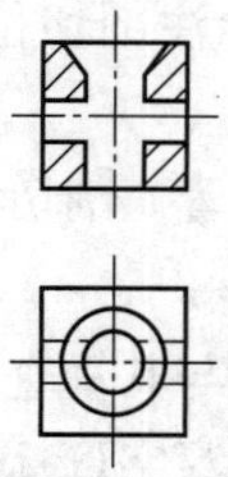	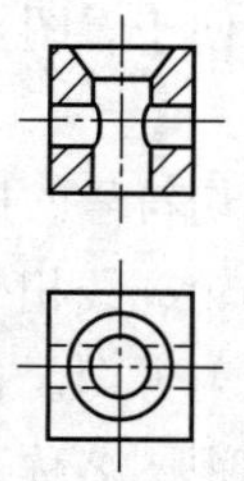
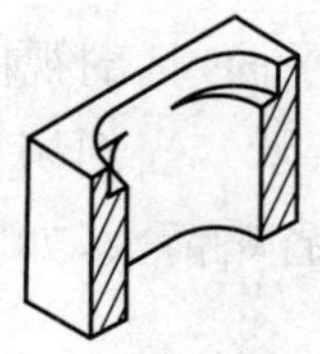	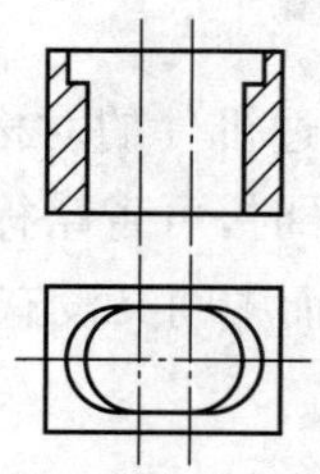	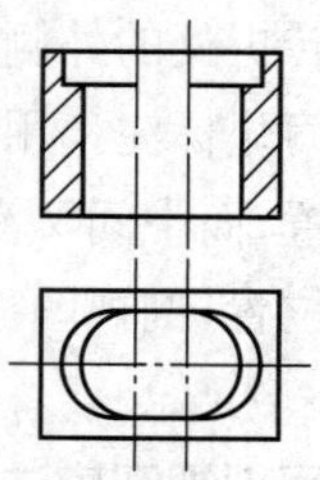

三、剖视图的种类

剖视图按机件被剖切的范围可分为全剖视图、半剖视图和局部剖视图。

1. 全剖视图

用剖切面完全地剖开机件所得到的剖视图，称为全剖视图，如图 6-8 所示。

全剖视图适用于内部结构复杂而外形简单的机件。

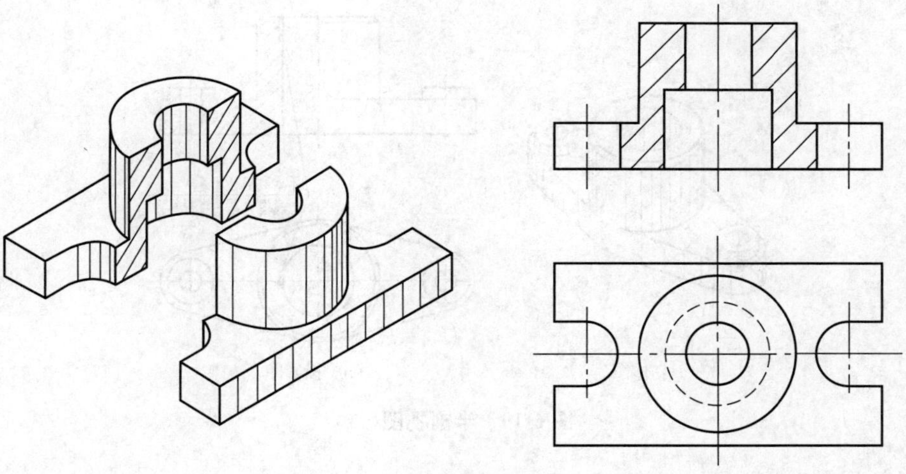

图 6-8　全剖视图

2. 半剖视图

当机件具有对称平面时，在垂直于机件对称平面的投影面上投射所得到的图形，以对称中心线（细点画线）为界，一半画成剖视图以表达内部结构，另一半画成视图以表达外形，这种图形称为半剖视图，如图 6-9 所示。

半剖视图适用于内外结构都需要表达且具有对称平面的机件。如图 6-9(b)中的主、俯、左视图所示。

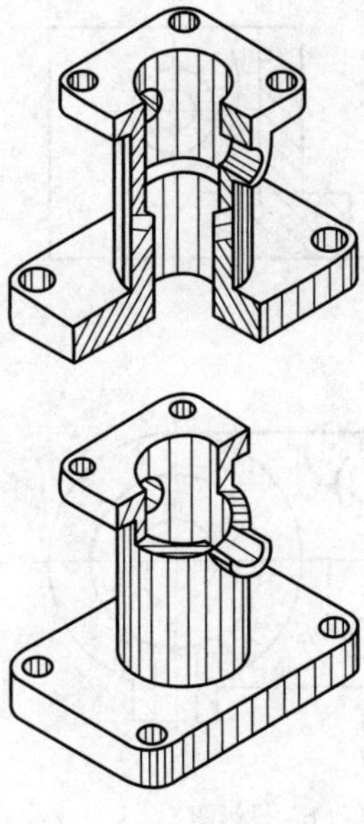

(a) 立体图

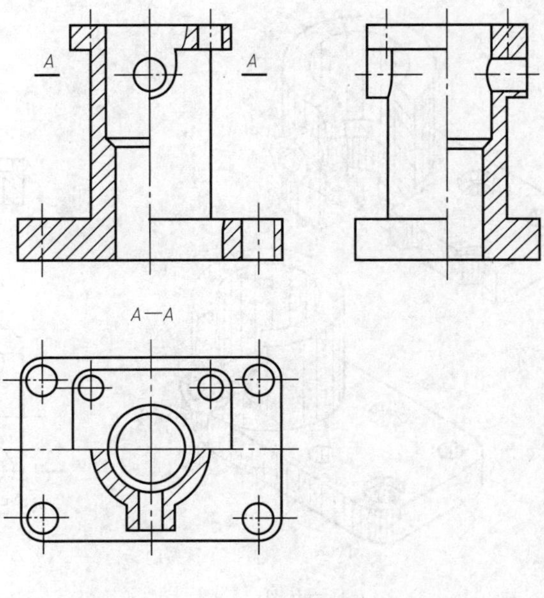

(b) 投影图

图 6-9　半剖视图(一)

当机件形状接近对称，如图 6-10(a)所示，且不对称部分已另有视图表达清楚时，也可画成半剖视图，如图 6-10(b)所示。

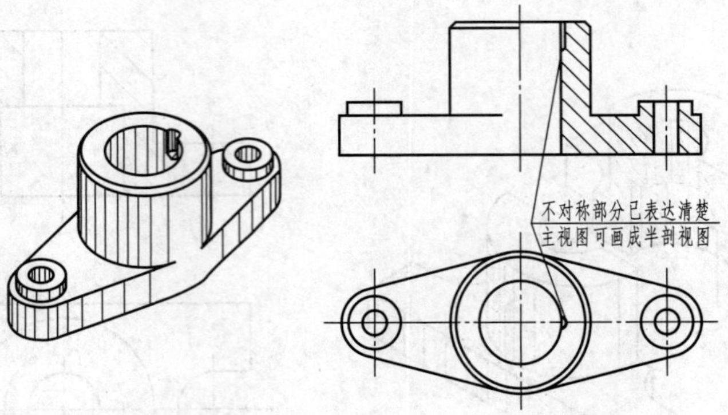

（a）立体图　　（b）投影图

图 6-10　半剖视图(二)

画半剖视图时应注意：

①以对称中心线作为视图与剖视图的分界线。

②由于机件对称，其内部结构如果在剖开的视图中表达清楚，则在未剖开的半个视图中不再画细虚线。

3. 局部剖视图

用剖切面将机件局部地剖开，以波浪线(或双折线)为分界线，一部分画成视图以表达外形，其余部分画成剖视图以表达内部结构，这样所得到的剖视图称为局部剖视图，如图 6-11 所示。

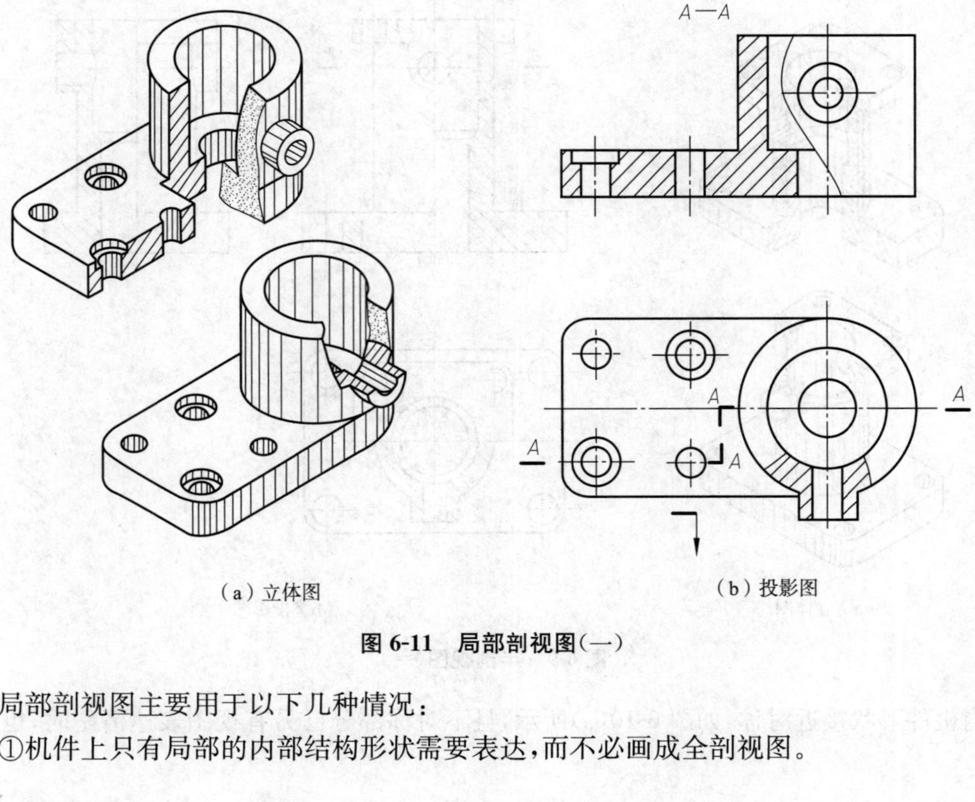

（a）立体图　　（b）投影图

图 6-11　局部剖视图(一)

局部剖视图主要用于以下几种情况：

①机件上只有局部的内部结构形状需要表达，而不必画成全剖视图。

②机件具有对称面，但不宜采用半剖视图表达内部形状。

③不对称机件的内、外形状都需表达。

对称平面的外形或内部结构上有轮廓线时，不能画成半剖视图，只能用局部剖视图表达，如图 6-12 所示。

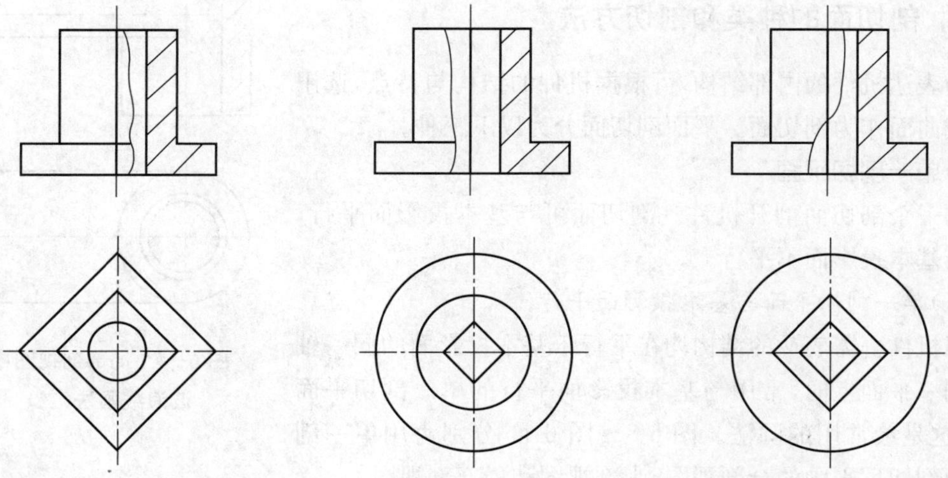

（a）外轮廓线与轴线重合　（b）内轮廓线与轴线重合　（c）内、外轮廓线与轴线重合

图 6-12　局部剖视图(二)

局部剖视图中，剖视图部分与视图部分之间应以波浪线为界，波浪线表示机件断裂处的边界线。

画局部剖视图时应注意：

①波浪线不能超出图形轮廓线，波浪线不应穿空而过，波浪线不应与其他图线重合，也不要画在其他图线的延长线上，如图 6-13 所示。

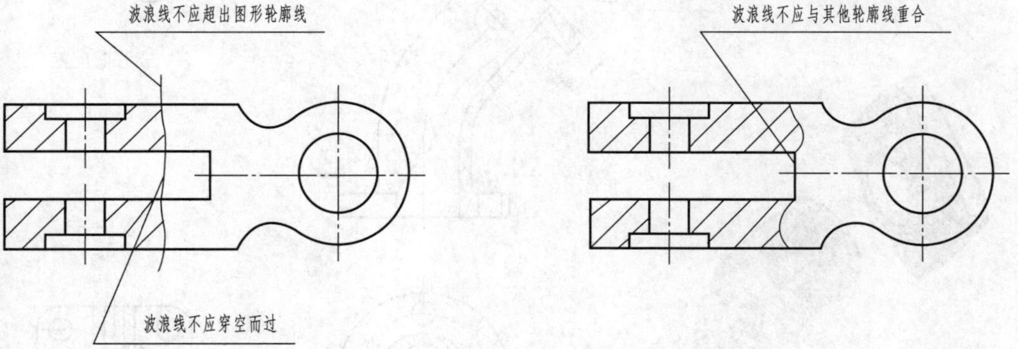

（a）　（b）

图 6-13　局部剖视图中波浪线画法(一)

②当被剖切的局部结构为回转体时，允许以该结构的中心线作为局部剖视图与视图的分界线，如图 6-14 所示。

③局部剖视图一般可省略标注，但当剖切位置不明显或局部剖视图没有按投影关系配

置时，则必须加以标注，如图 6-11 所示。

④局部剖视图剖切范围的大小，可根据表达机件的内外形状需要而定。但在同一个视图中，不宜采用过多局部剖视图，否则会显得零乱以致影响图形清晰程度。

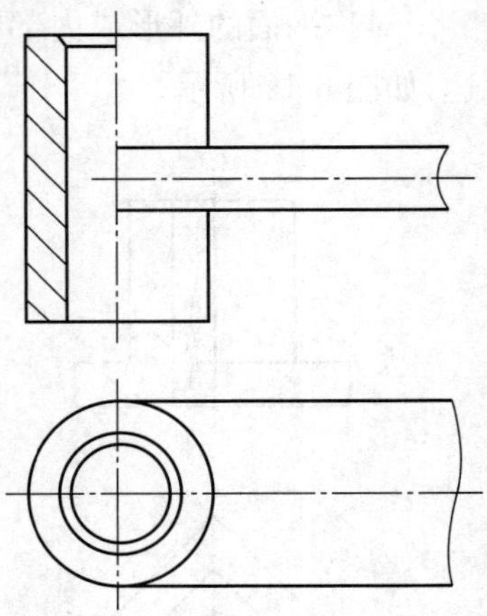

图 6-14　局部剖视图中波浪线画法(二)

四、剖切面的种类和剖切方法

为表达机件的内部结构，可根据机件的结构与特点，选用平面或曲面作为剖切面。平面剖切面分为以下三种。

1. 单一剖切平面

用一个剖切面剖开机件。剖切面可与基本投影面平行，也可与基本投影面不平行。

(1)单一剖切平面与基本投影面平行

当机件上需表达的结构均在平行于基本投影面的同一轴线或同一平面上时，常用与基本投影面平行的单一剖切平面剖切，这是最常用的画法。图 6-8～图 6-11 分别为用单一剖切平面剖切后平画的全剖视图、半剖视图和局部剖视图。

(2)单一剖切平面与基本投影面倾斜

当机件上有倾斜的内部结构需要表达时，常用此类剖切面剖切，如图 6-15 所示。

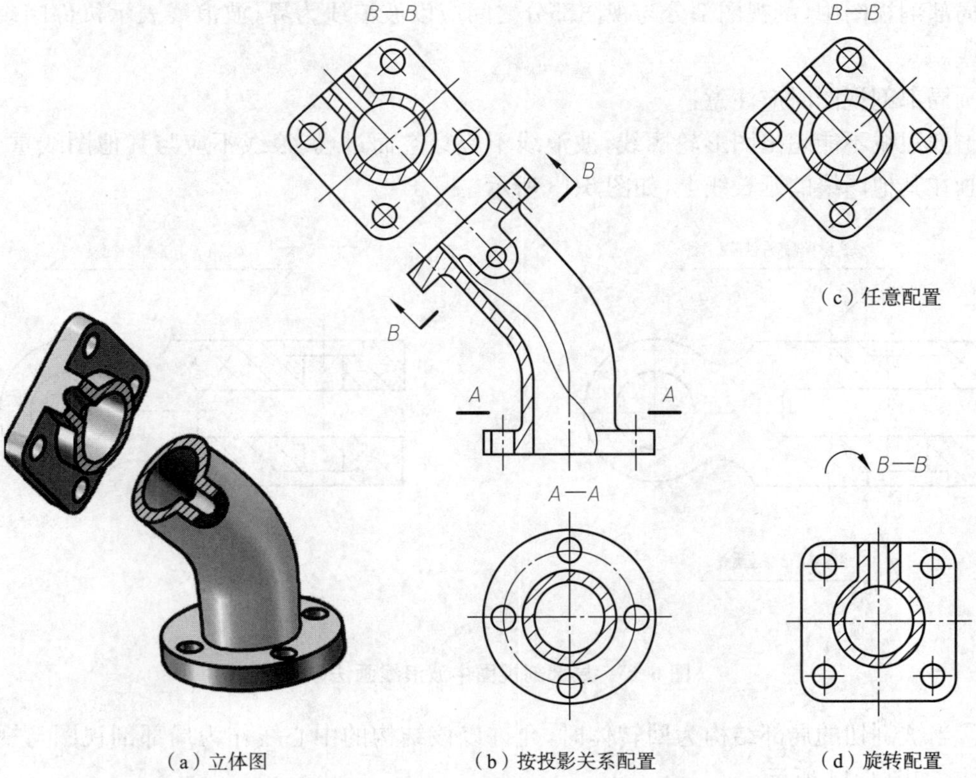

(a) 立体图　　(b) 按投影关系配置　　(c) 任意配置　　(d) 旋转配置

图 6-15　单一剖切平面剖切

剖切后的视图一般按投影关系配置，如图 6-15(b)所示，也可以将剖视图移至其他适当位置，如图 6-15(c)所示。有时为了绘图简便，允许把剖视图旋转摆正画出，此时还应加注旋转符号"↶"或"↷"，如图 6-15(d)中"↷ $B—B$"所示。

用此剖切面剖切必须标注剖切平面位置、投射方向及视图名称。

2. 几个平行剖切平面

用两个或多个平行的剖切平面剖开机件。当机件需表达的结构层次较多，且又相互平行时，常用此类剖切面剖切，如图 6-16 所示。

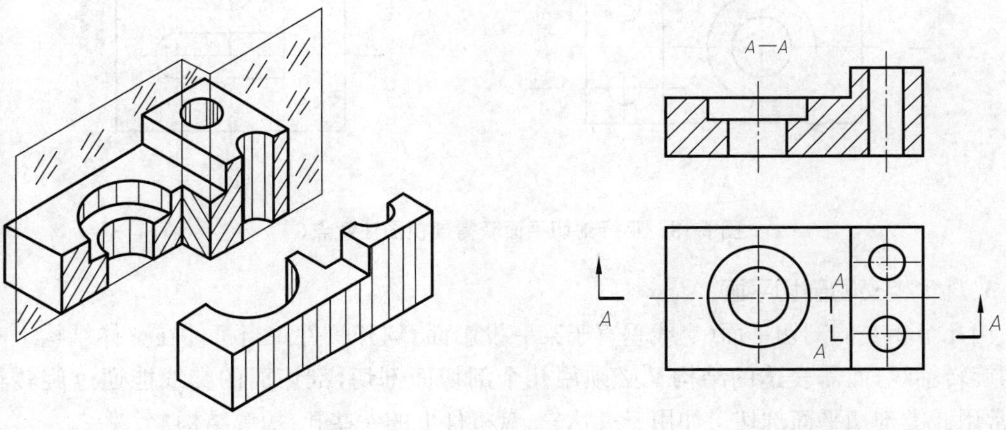

(a) 立体图　　(b) 投影图

图 6-16　两平行剖切平面剖切

画剖视图时，在剖切平面起讫和转折处应标注剖切符号、表示投射方向的箭头，并在剖视图的上方注明剖视图的名称。并应注意：

①不应画出剖切平面转折处的分界面的投影，如图 6-17(a)所示。

②剖切平面的转折处不应与图中的轮廓线重合，如图 6-17(b)所示。

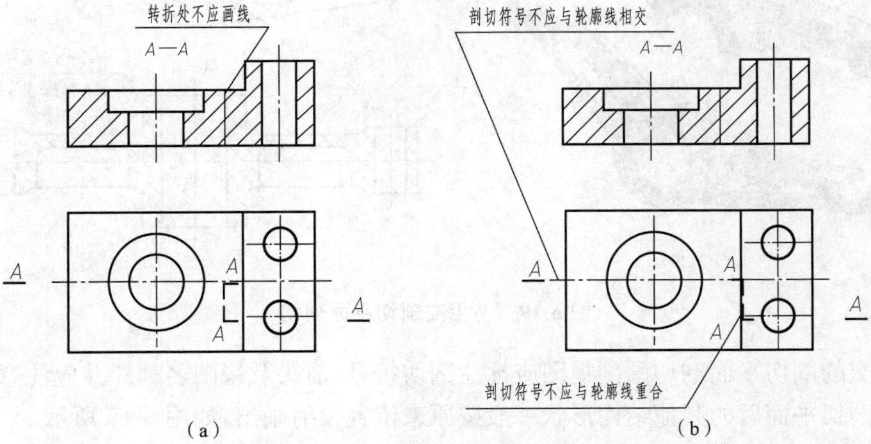

(a)　　(b)

图 6-17　平行剖切平面获得剖视图注意点(一)

③在图形内不应出现不完整的要素，如图 6-18(a)所示。只有当两个要素在图形上具有公共对称中心线时，才可以出现不完整要素。这时，应以对称中心线或轴线为界，各画一半，

如图 6-18(b)所示。

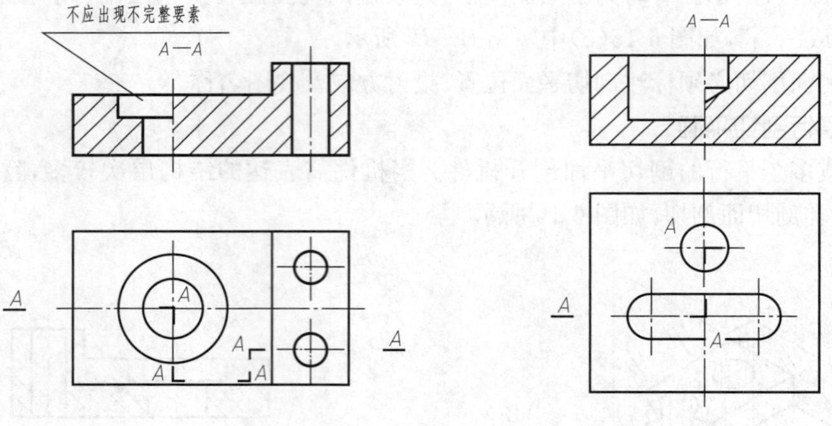

(a)　　(b)

图 6-18　平行剖切平面获得剖视图注意点(二)

3. 几个相交的剖切平面

用几个相交的剖切平面(交线垂直于某一投影面)剖开机件。当机件在整体结构上有明显的旋转轴线,而需表达的结构又必须用几个剖切面剖切,剖切面的交线能通过旋转轴线时,常用此类剖切平面剖切。如用于表达轮、盘机件上的一些孔、槽等结构。

画图时,应使剖切平面的交线与机件的回转轴线重合,将机件被剖切到的倾斜部分结构旋转到与选定的投影面平行,再进行投射画图,如图 6-19 所示。

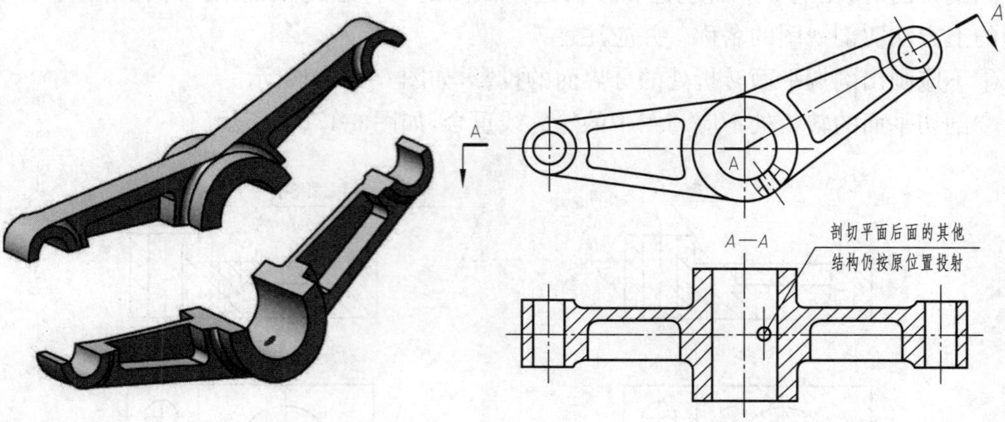

(a)立体图　　(b)投影图

图 6-19　两相交剖切平面剖切

用相交的剖切平面剖切画剖视图应标注剖切符号、箭头及视图名称。并应注意:

①在剖切平面后的其他结构形状一般按原来位置投射画出,如图 6-19 所示。

②当两相交剖切平面剖到机件上的结构出现不完整要素时,这部分结构按不剖来画出,如图 6-20 所示。

③当机件的内部结构形状较复杂,可采用一组相交的剖切平面剖切,如图 6-21 所示。采用这种剖切平面时,还可以结合展开画法,此时应标注“*X*—*X* 展开”,如图 6-22 所示。

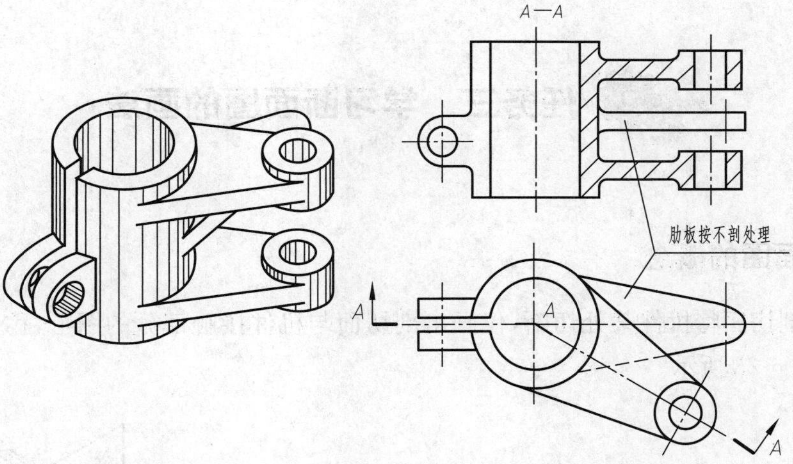

（a）立体图　　（b）投影图

图 6-20　两相交剖切平面画剖视图注意点

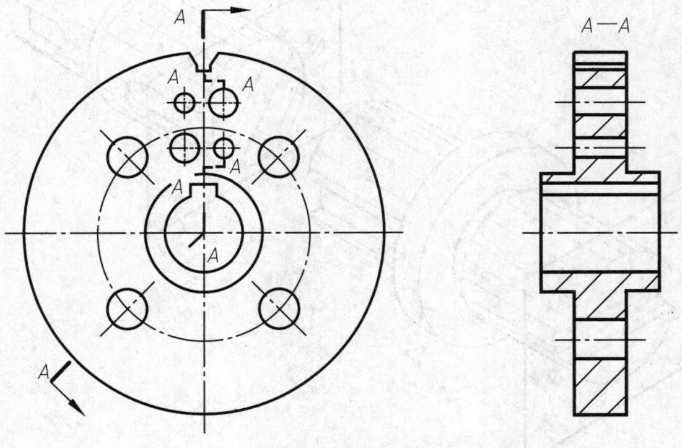

图 6-21　多个相交的剖切平面剖切（一）

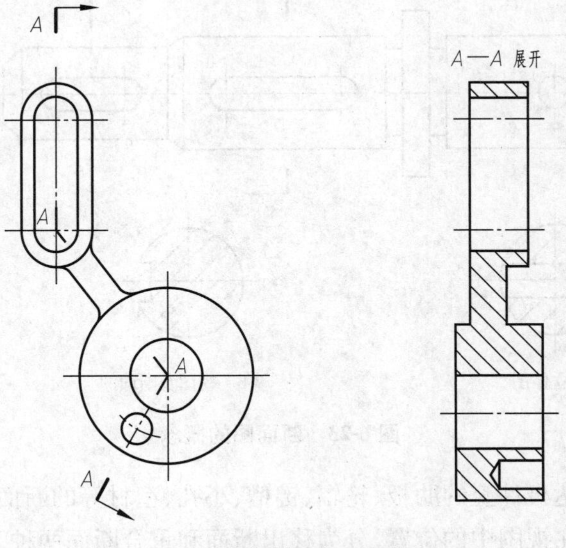

图 6-22　多个相交的剖切平面剖切（二）

任务三　学习断面图的画法

一、断面图的概念

假想用剖切面将机件某处切断，仅画出剖切面与机件接触部分的图形，称为断面图，简称断面，如图 6-23 所示。

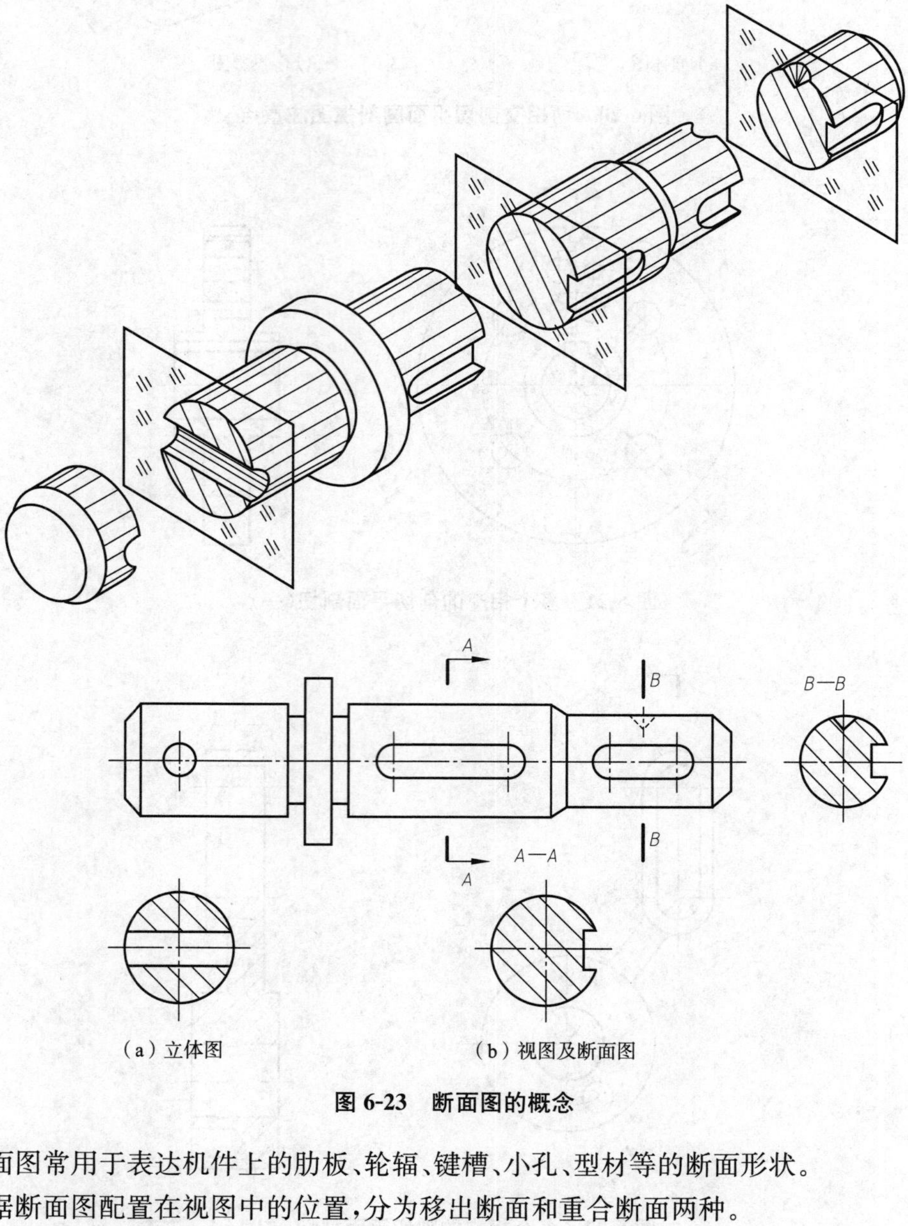

（a）立体图　　（b）视图及断面图

图 6-23　断面图的概念

断面图常用于表达机件上的肋板、轮辐、键槽、小孔、型材等的断面形状。

根据断面图配置在视图中的位置，分为移出断面和重合断面两种。

二、移出断面图

1. 移出断面图的画法

①移出断面图画在视图之外，轮廓线用粗实线绘制。

②移出断面图可画在剖切平面延长线上，如图 6-23(b)左边的断面图所示；可画在基本视图的位置，如图 6-23(b)中“*B*—*B*”所示；可画在视图中间断开处，如图 6-24(a)所示；以及其他适当位置上，如图 6-24(b)中“*A*—*A*”所示。

③当剖切平面通过回转面形成的孔或凹坑的轴线时，断面图中的这些结构按剖视图画出，如图 6-24(c)所示。

④由两个或多个剖切平面剖切机件得到的移出断面图，中间一般应断开绘制，如图 6-24(b)所示。

⑤当剖切平面通过非圆孔，会导致出现完全分离的两个断面时，则这些结构应按剖视图绘制，在不致引起误解时，允许将图形旋转，如图 6-24(d)所示。

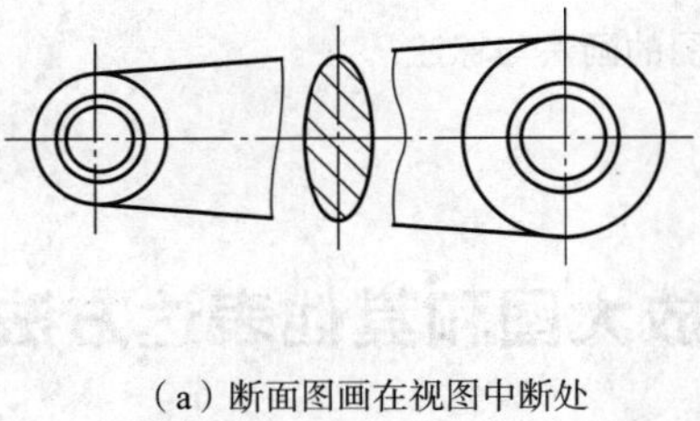

(a) 断面图画在视图中断处

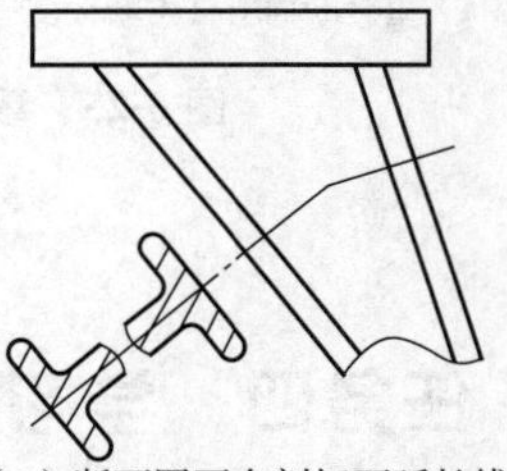

(b) 断面图画在剖切面延长线上

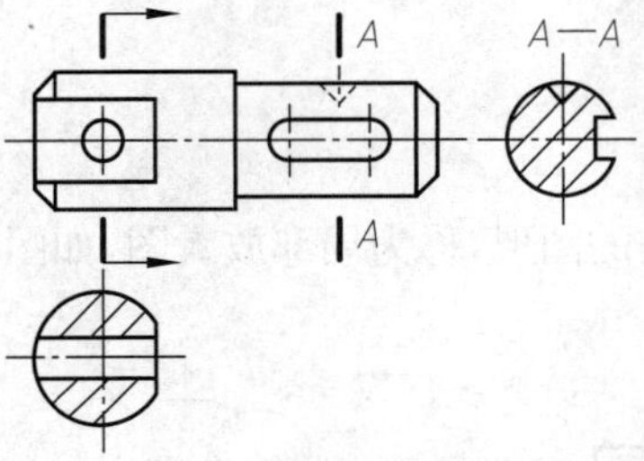

(c) 断面图按投影关系配置

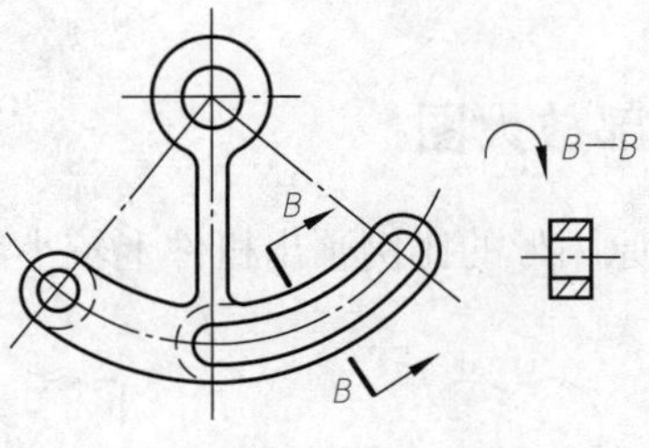

(d) 断面图旋转配置

图 6-24　移出断面图的画法与标注

2. 移出断面图的标注

移出断面图的标注省略与否，视断面图的所在位置及其图形本身是否对称而定。

①完整标注。配置在任意位置的不对称断面图，如图 6-23(b)中“*A*—*A*”所示。

②全部省略。配置在视图中断处及配置在剖切平面迹线延长线上的对称断面图，均不必标注，如图 6-24(a)、(b)所示。

③省略箭头。配置在视图位置的断面图，不论图形对称与否均可省略箭头，如图 6-24(c)中“*A*—*A*”所示。

④省略字母。配置在剖切平面延长线上的断面图，不论图形对称与否均可省略字母，如图 6-24(c)下面的断面图所示。

⑤经旋转后画出的断面图，须加注旋转符号，如图 6-24(d)中“↷*B*—*B*”所示。

三、重合断面图

1. 重合断面图的画法

重合断面图画在视图之内，断面图轮廓线用细实线绘制。当视图轮廓线与断面图轮廓线重叠时，视图轮廓线应完整画出，不可间断，如图 6-25 所示。

2. 重合断面图的标注

重合断面图图形对称时省略标注，如图 6-25(a)所示。图形不对称时可省略字母，但必须画出箭头，如图 6-25(b)所示。

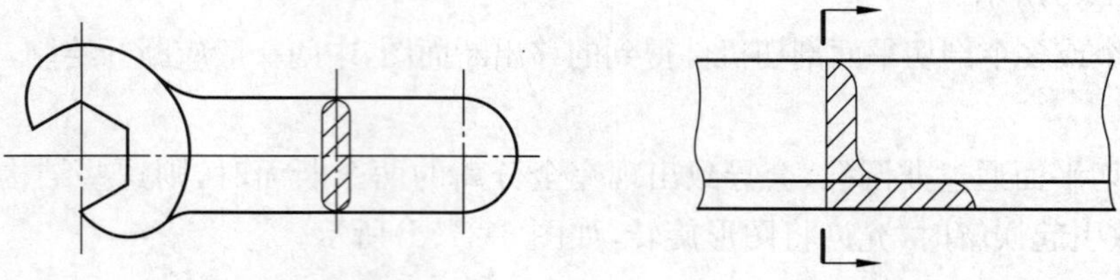

（a）重合断面对称省略标注　　（b）重合断面不对称省略字母

图 6-25　重合断面图的画法与标注

任务四　学习局部放大图和其他表达方法

一、局部放大图

用大于原图形的比例画出机件上较小部分结构的图形，称为局部放大图，如图 6-26 所示。

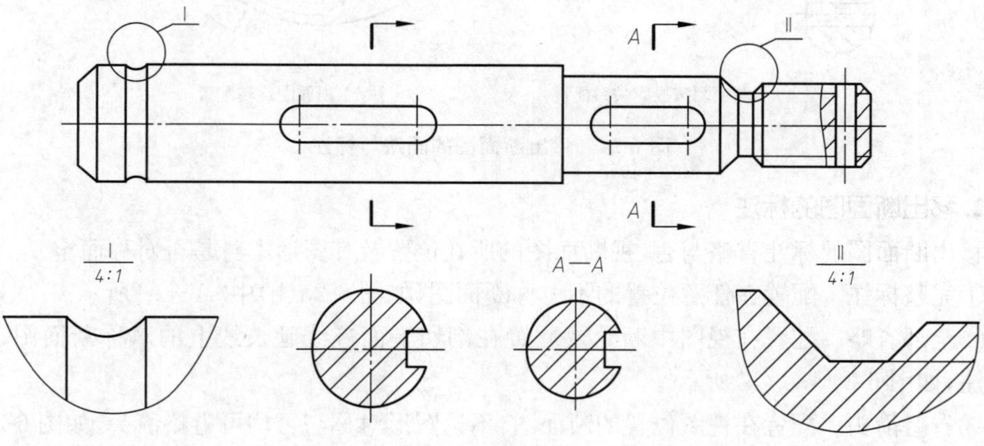

图 6-26　局部放大图

局部放大图可以画成视图、剖视图或断面图，它与被放大部位的表达方法及原比例无关。被放大部位用细实线圈出，如有多处需要放大，则应引出相应编号。局部放大图应尽量配置在被放大部位的附近，上方应标注所采用的比例及被放大部位的编号（用罗马数字表示），比例及编号间用细实线隔开，如图 6-27 所示。

二、规定画法和简化画法

为了简化作图、提高绘图效率，在不妨碍将机件的形状表达完整、清晰的前提下，对机件的某些结构在图形表达上进行简化。现将一些常用的规定画法和简化画法介绍如下。

1. 肋板、轮辐及薄壁的画法

对于机件上的肋板、轮辐及薄壁等如按纵向剖切，这些结构都不画剖面符号，可用粗实线将它与邻接部分分开，如图 6-27 所示。

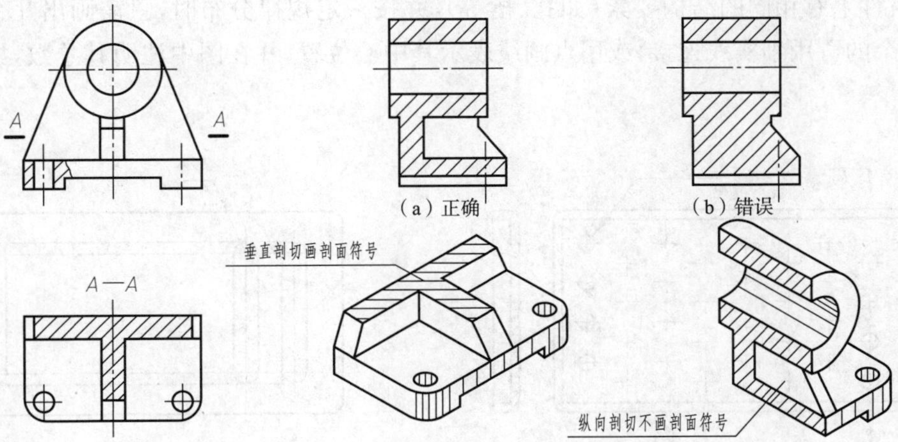

图 6-27　肋板的剖切画法

2. 均匀分布的肋板和孔的画法

当机件回转体上均匀分布的孔、肋板和轮辐等结构不处于剖切平面上时，可将这些结构旋转到剖切平面上画出，如图 6-28 所示。圆柱形法兰盘上均匀分布的孔可按图 6-29 绘制。

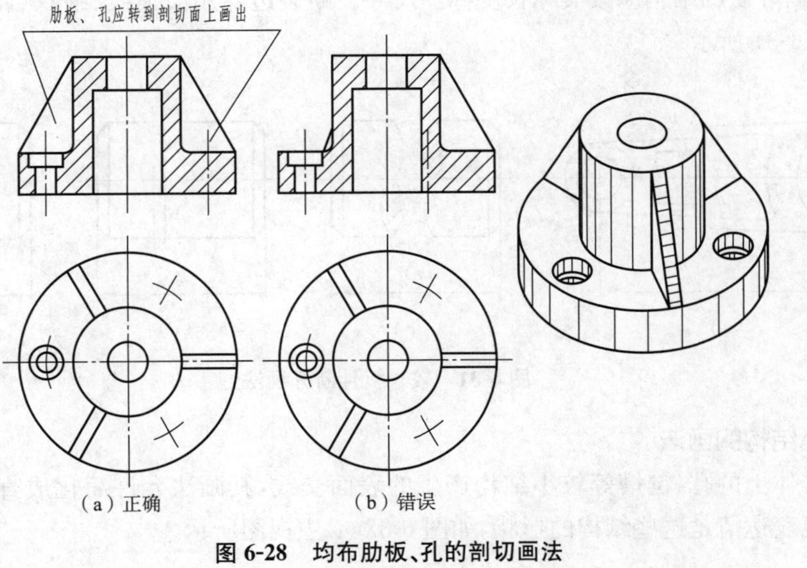

图 6-28　均布肋板、孔的剖切画法

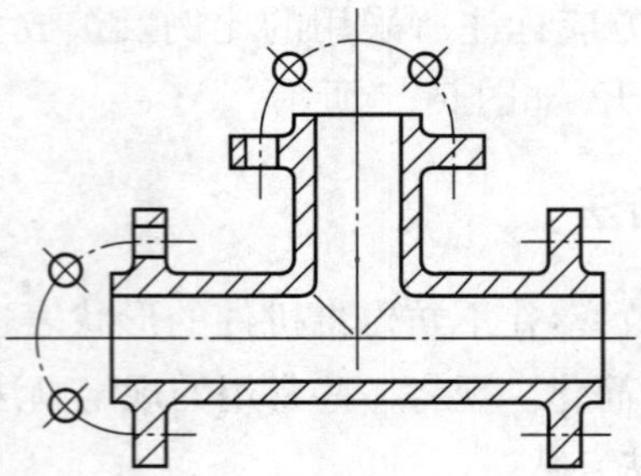

图 6-29　圆柱形法兰上均布孔的简化画法

3. 相同结构要素的画法

当机件上有相同的结构要素(如孔、槽等),并按一定规律分布时,只需画出几个完整的结构,其余的可用细实线连接,或用点画线表示其中心位置,并在图中注明其总数,如图 6-30 所示。

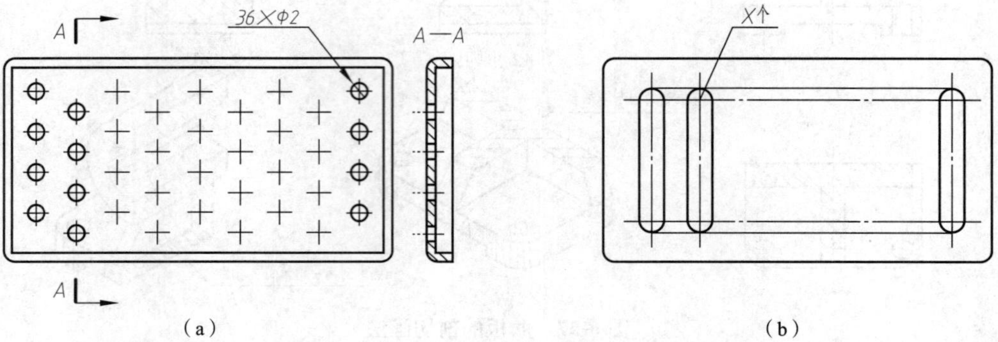

图 6-30　相同要素的简化画法

4. 断开画法

较长的机件(如轴、杆、型材等)沿长度方向的形状相同或按一定规律变化时,可断开后缩短绘制,断开后的结构应按实际长度标注尺寸。断裂边界用波浪线、细双点画线或双折线绘制,如图 6-31 所示。

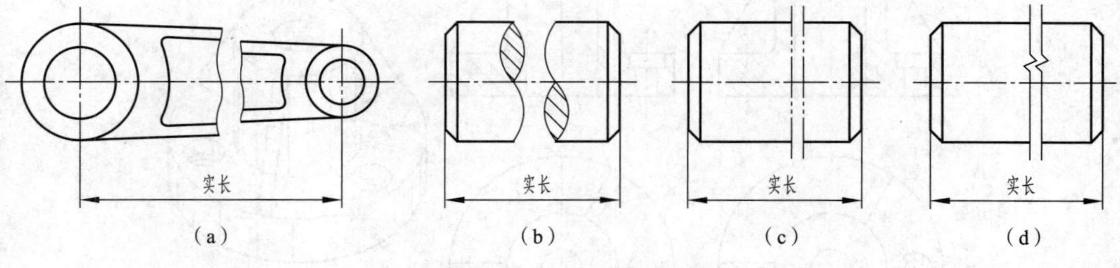

图 6-31　较长机件断开画法

5. 较小结构的画法

①回转体上的孔、键槽等较小结构产生的表面交线,其画法允许简化成直线,但必须有一个视图能表达清楚这些结构的形状,如图 6-32(a)主视图所示。

②与投影面倾斜角度小于或等于 30°的圆或圆弧，其投影可用圆或圆弧代替，如图 6-32(b)所示。

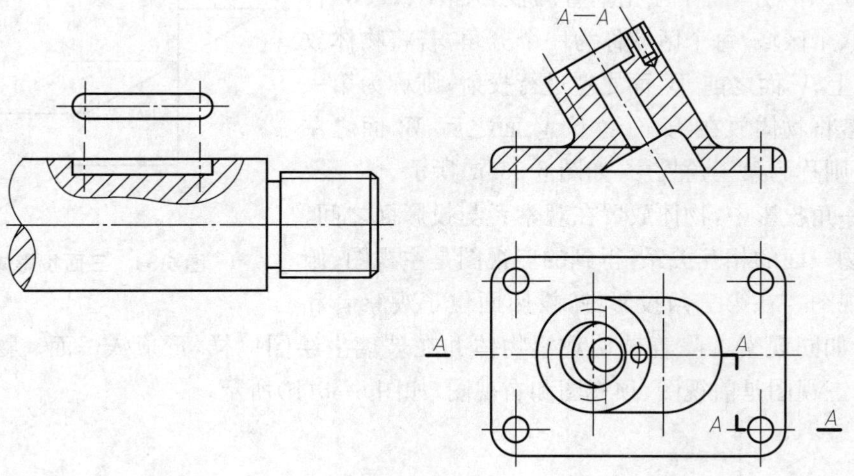

（a）　　（b）

图 6-32　较小结构简化画法

6. 其他简化画法

①机件表面的滚花、网状物等不必画全，可在图上或技术要求中注明具体要求，如图 6-33(a)所示。

②机件表面上的平面，如果没有其他视图表达清楚时，可用平面符号(相交的两细实线)表达该平面，如图 6-33(b)所示。

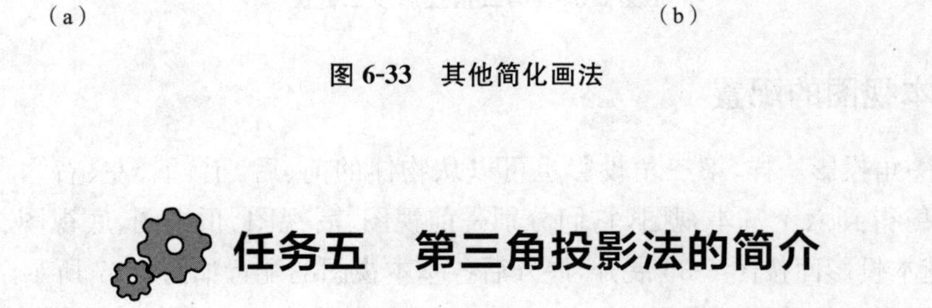

（a）　　（b）

图 6-33　其他简化画法

任务五　第三角投影法的简介

根据国家标准《技术制图　图样画法　视图》(GB/T 17451—1998)规定，我国工程图样按正投影绘制，并优先采用第一角投影，而美国、英国等其他国家采用第三角投影。为了便于国际交流，对第三角投影原理及画法做简要介绍。

一、第三角投影基本知识

如图 6-34 所示，三个互相垂直的投影面 V、H、W 将空间分为八个区域，每个区域称为一个分角，若将物体放在 H 面之上、V 面之前、W 面之左进行投射，则称为第一角投影。若将物体放在 H 面之下、V 面之后、W 面之左进行投射，则称为第三角投影，如图 6-35(a)所示。

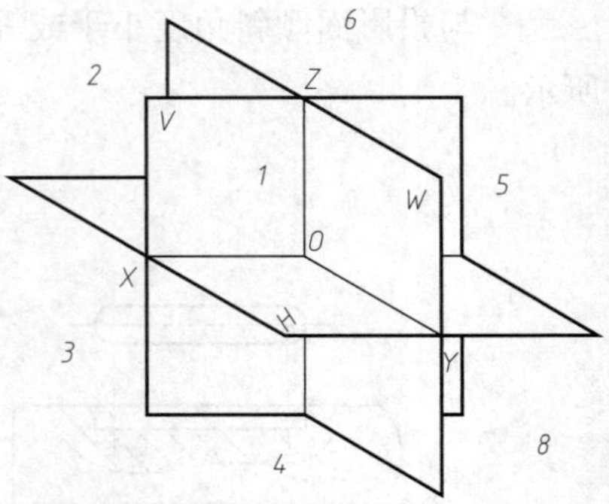

图 6-34　三面投影体系

在第一角投影中，物体放置在观察者与投影面之间，形成人—物—面的相互关系，得到的三视图是主视图、俯视图和左视图。在第三角投影中，投影面位于观察者和物体之间，如同观察者隔着玻璃观察物体并在玻璃上绘图一样，形成人—面—物的相互关系，得到的三视图是前视图、顶视图和右视图，如图 6-35(b)所示。

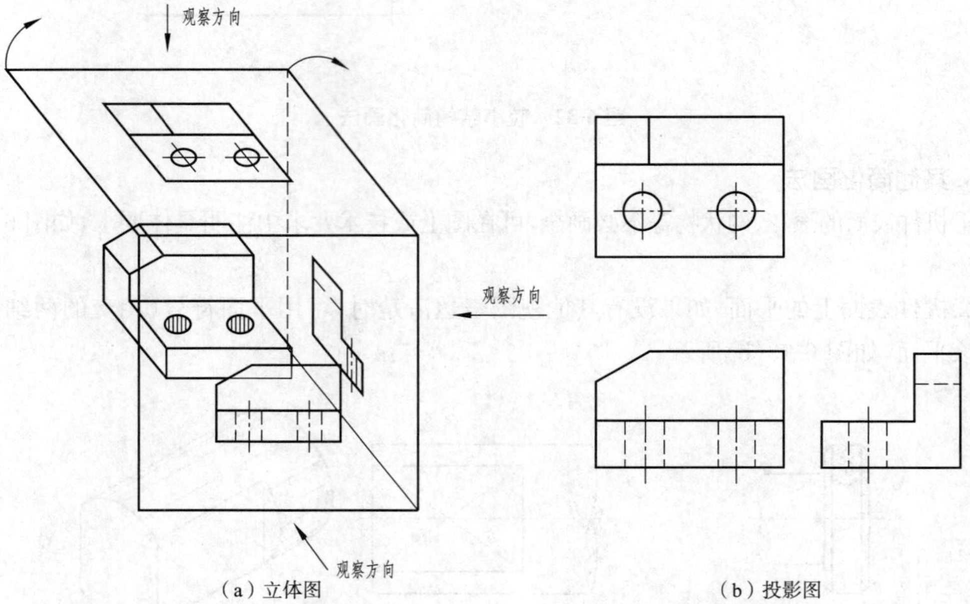

（a）立体图　　（b）投影图

图 6-35　第三角投影及三视图

二、基本视图的配置

如同第一角投影一样，第三角投影也可以从物体的前、后、上、下、左、右六个方向，向基本投影面投射得到六个基本视图，它们分别是前视图、后视图、顶视图、底视图、左视图和右视图，六个基本投影面按图 6-36 展开，展开后各基本视图的配置如图 6-37 所示。

第三角投影法仍采用正投影，故“长对正、高平齐、宽相等”的投影规律仍然适用。

为了说明图样采用第三角画法或第一角画法，可在图样上用特征标记加以区别。特征标记如图 6-38 所示。

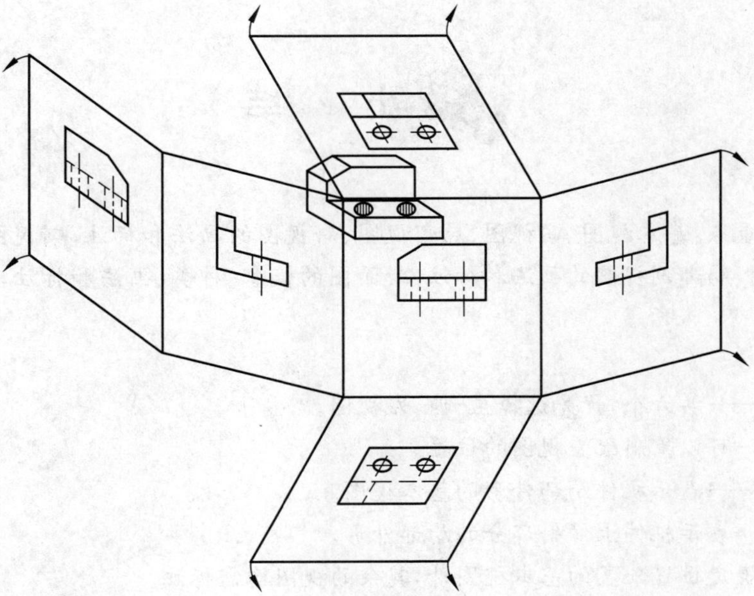

图 6-36　第三角投影中六个基本视图的形成

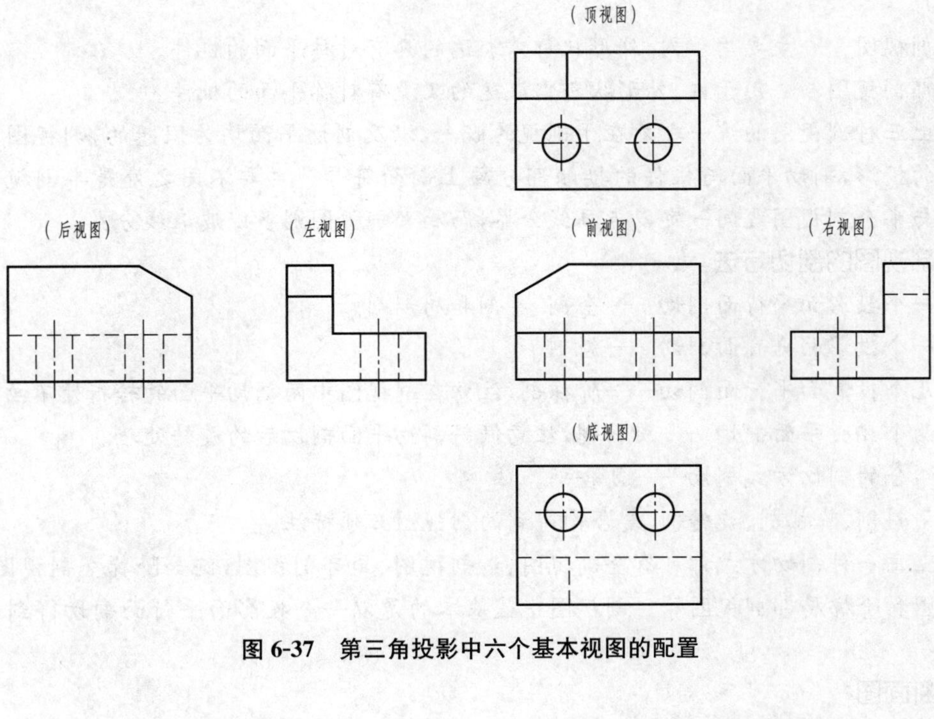

图 6-37　第三角投影中六个基本视图的配置

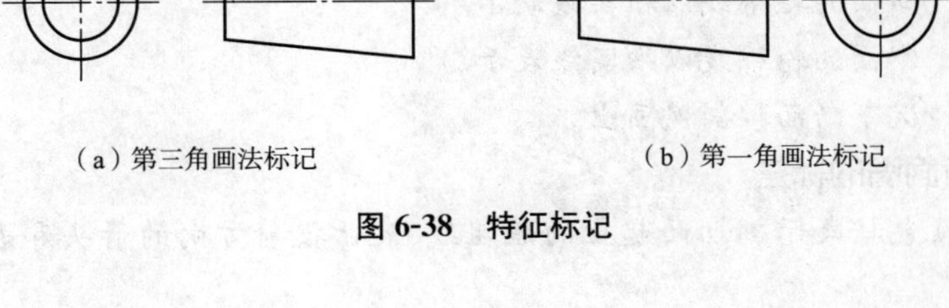

(a) 第三角画法标记　　(b) 第一角画法标记

图 6-38　特征标记

小 结

本项目的重点:基本视图、向视图、局部视图、斜视图的画法和标注;剖视图的概念;全剖视图、半剖视图、局部剖视图的画法和标注;断面图的概念、种类、画法和标注,以及肋板的规定画法。

1. 视图

基本视图——共六个,优先选择主、俯、左视图。

向视图——可以重新配置视图的位置。

局部视图——表示机件局部外形的基本视图。

斜视图——表示机件上倾斜部分的局部外形。

以上除按规定位置配置的基本视图外,其余的视图均需标注。

2. 剖视图

全剖视图——用于外形简单而内形需要表达的不对称机件或外形简单的对称机件(如套筒等)。

半剖视图——主要用于内、外形状都需表达的具有对称平面的机件。

局部剖视图——用于内、外形状都需表达的又没有对称平面的机件。

以上三种剖视图的统一之处在于剖视的概念,以及剖切平面均为假想的,剖视图是剖切后机件的投影,剖切平面与机件的接触部分画上剖面符号。主要不同之处是半剖视图的半个视图与半个剖视图之间一定以点画线分界,而局部剖视图则多以波浪线分界。

3. 剖视图的剖切方法

以一个投影面平行面剖切——全剖、半剖和局部剖。

以一个投影面垂直面剖切——斜剖。

以几个投影面平行面剖切——阶梯剖,注意在剖视图中两剖切平面的转折处不画线。

以两个相交平面剖切——旋转剖,注意倾斜剖切平面剖切后的旋转处理。

以组合的剖切方式剖切——复合剖。

对用斜剖、阶梯剖、旋转剖、复合剖得到的剖视图必须标注。

以上每一种剖切方式都可有全剖视图、半剖视图、局部剖视图,例如阶梯全剖视图、阶梯半剖视图和阶梯局部剖视图等。剖视图中最基本的是以一个投影面平行面剖切得到的全剖视图。

4. 断面图

断面图——表示机件某局部处的断面实形。

移出断面——断面的轮廓线以粗实线表示。

重合断面——断面的轮廓线以细实线表示。

注意在哪些情况下断面按剖视画出。

5. 剖视图、断面图的标注

①标注的要素包括表示剖切面起止的短粗线、表示投射方向的箭头和表示视图名称的

大写字母。

②剖切面的起止和转折线不要与图中的粗实线、虚线相交，剖视图名称（如 $A—A$）必须写在剖视图的上方。

③标注的要素中不注自明的要素可省略不注。

6. 画剖视图、断面图的注意事项

画剖视图、断面图时，必须进行空间的想象和分析，分析哪些形体被剖到，断面的形状如何，剖切面后面有哪些形体可见等。初学者常漏画剖切面后的可见投影线，为此要牢固地建立剖视剖切后形体的投影概念，另外要设法多看有关实物和立体图，有针对性地增加内形的感性认识，并通过反复练习，加深印象。

项目七

标准件和常用件

学习目标

1. 掌握螺纹的规定画法和标注方法。
2. 掌握常用螺纹紧固件及其连接的装配画法。
3. 掌握螺纹紧固件的规定标记和查表方法。
4. 掌握圆柱齿轮及其啮合的规定画法。
5. 掌握键、销、滚动轴承的规定画法。

在各种机械、仪器及设备中，由于一些连接件、传动件和支承件，如螺钉、螺栓、螺母、垫圈、键、销、滚动轴承等，应用广泛，使用量大，为了便于制造和使用，现已将其结构形式、尺寸大小及技术要求标准化、系列化，故称其为标准件；另有一些零件，如齿轮、弹簧等，虽然不属于标准件，但它们的部分结构和尺寸已标准化，称为常用件。国家标准对标准件和常用件中标准结构要素的表达制定了一系列规定画法和标记规则。

本项目简要介绍标准件及常用件的结构、规定画法及标注。

任务一　学习螺纹及螺纹紧固件

一、螺纹的基本知识

1. 螺纹的形成

沿着圆柱体（或圆锥体）表面螺旋线形成具有规定牙型的连续凸起和沟槽称为螺纹。在圆柱（或圆锥）外表面上形成的螺纹称为外螺纹；在圆柱（或圆锥）内表面上形成的螺纹称为内螺纹，图 7-1 所示是车削内、外螺纹的情形。

2. 螺纹的基本要素

（1）牙型

在通过回转体轴线的断面上，螺纹断面轮廓的形状称为螺纹牙型。常见的螺纹牙型有三角形、梯形、锯齿形等，如图 7-2 所示。不同的螺纹牙型有不同的用途：三角形螺纹和管螺纹主要起连接作用；梯形螺纹、锯齿形螺纹主要用来传递动力或运动。

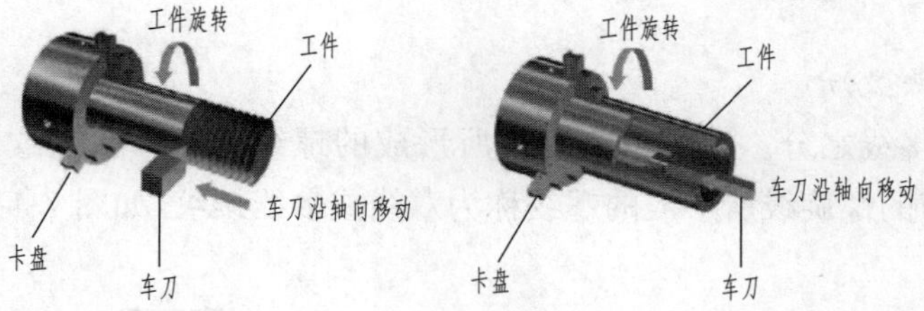

（a）车削外螺纹　　（b）车削内螺纹

图 7-1　车削内、外螺纹

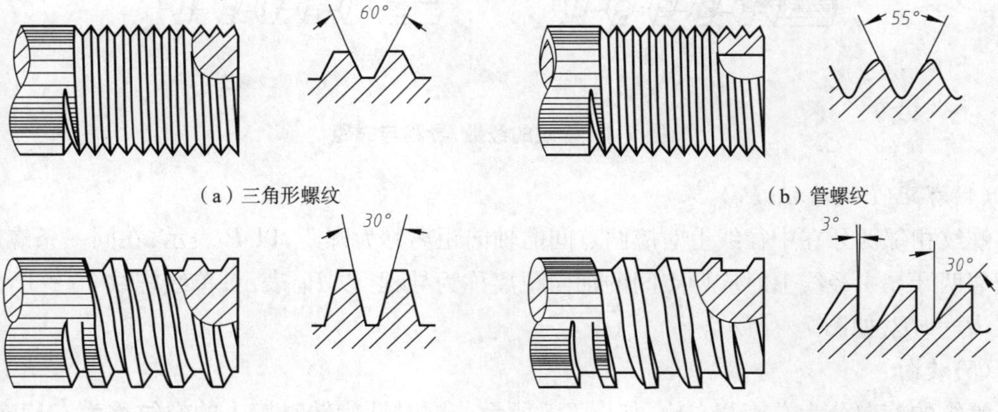

（a）三角形螺纹　　（b）管螺纹

（c）梯形螺纹　　（d）锯齿形螺纹

图 7-2　常用标准螺纹牙型

(2)大径、小径和中径

与外螺纹牙顶或内螺纹牙底相重合的假想圆柱面的直径称为螺纹的大径，螺纹的大径为螺纹的公称直径，内、外螺纹的大径分别以 D 和 d 表示；与外螺纹牙底或内螺纹牙顶相重合的假想圆柱面的直径称为螺纹的小径，内、外螺纹的小径分别以 D_1 和 d_1 表示；在大径和小径之间，母线通过牙型上沟槽和凸起宽度相等处的假想圆柱面的直径称为中径，内、外螺纹的中径分别以 D_2 和 d_2 表示，如图 7-3 所示。

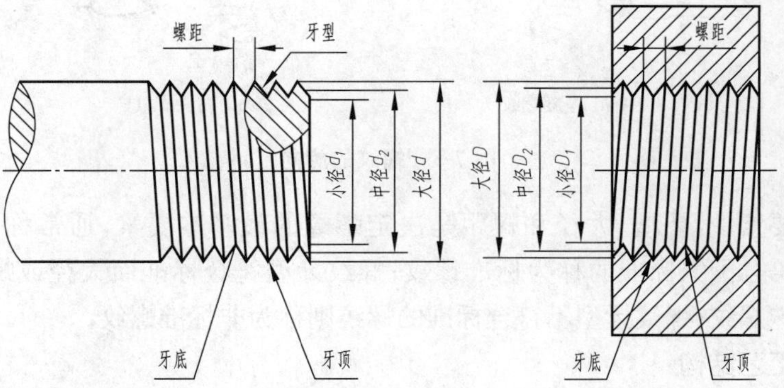

（a）外螺纹直径　　（b）内螺纹直径

图 7-3　螺纹的直径

(3)线数(俗称头数)n

螺纹有单线和多线之分。沿一条螺旋线所形成的螺纹称为单线螺纹;沿两条或两条以上,在轴向等距分布的螺旋线所形成的螺纹称为双线或多线螺纹,如图 7-4 所示。

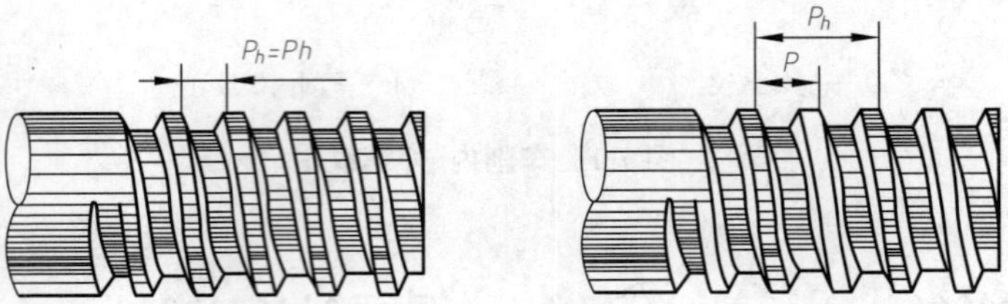

(a) 单线螺纹　　(b) 双线螺纹

图 7-4　螺纹的线数、导程与螺距

(4)螺距(P)、导程(P_h)

螺纹相邻两牙在中径线上对应两点间的轴向距离称为螺距,以 P 表示;在同一条螺旋线上相邻两牙在中径线上对应两点间的轴向距离称为导程,以 P_h 表示;单线螺纹 P_h=P,多线螺纹 $P_h=nP$,如图 7-4 所示。

(5)旋向

螺纹的旋向分为右旋和左旋,如图 7-5 所示。顺时针旋转时旋入的螺纹称为右旋螺纹;逆时针旋转时旋入的螺纹称为左旋螺纹。判断螺纹旋向时,可将其沿轴线竖起,螺纹可见部分左低右高为右旋,反之为左旋。工程上常用右旋螺纹。

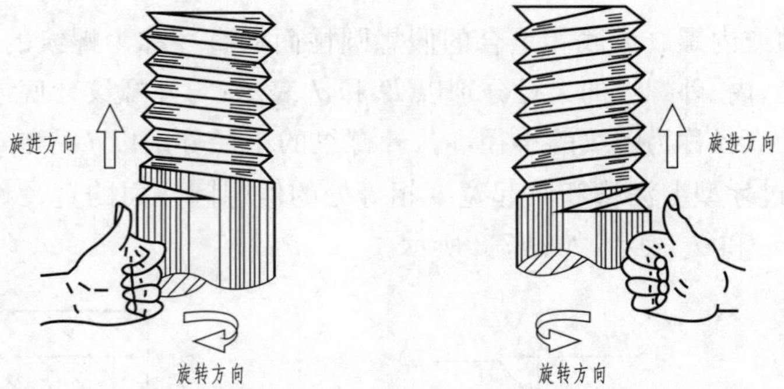

(a) 左旋螺纹　　(b) 右旋螺纹

图 7-5　螺纹的旋向

在螺纹的要素中,牙型、大径和螺距是决定螺纹的最基本要素,通常称为螺纹三要素。凡是这三要素符合国家标准的称为标准螺纹;螺纹牙型符合标准而大径或螺距不符合标准的螺纹称为特殊螺纹;螺纹牙型不符合标准的螺纹则称为非标准螺纹。

3. 螺纹的工艺结构

(1)螺纹的端部

为了防止螺纹的起始圈损坏和便于装配,通常在螺纹的起始处加工倒角、倒圆等,如图 7-6 所示。

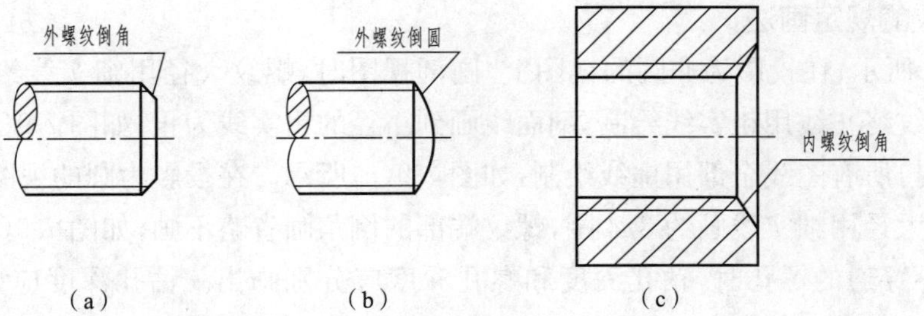

图 7-6 螺纹上的倒角和倒圆

(2)螺纹的收尾和退刀槽

车削螺纹时,刀具接近螺纹末尾处要逐渐离开工件。因此,螺纹收尾部分的牙型是不完整的,这一段不完整的收尾部分称为螺尾,如图 7-7(a)、(b)所示。为了避免产生螺尾,可以预先在螺纹末尾处加工退刀槽,然后再车削螺纹,如图 7-7(c)、(d)所示。

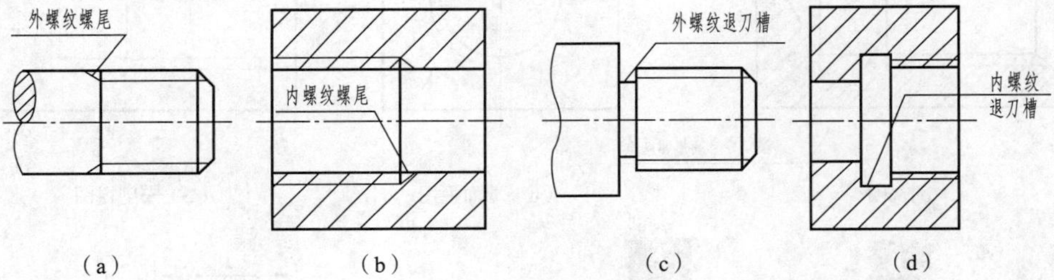

图 7-7 螺尾及螺纹上的退刀槽

二、螺纹的规定画法

由于螺纹的结构和尺寸已经标准化,为了提高绘图效率,对螺纹的结构和形状可不必按真实投影画出,只需根据国家标准规定绘制。

1. 外螺纹的规定画法

如图 7-8 所示,在投影为非圆的视图上,螺纹的大径用粗实线表示;螺纹的小径用细实线表示,小径约是大径的 0.85 倍,螺纹小径画到倒角或倒圆内;螺纹的终止线用粗实线表示,如图 7-8(a)所示。当外螺纹终止线处被剖开时,螺纹终止线画到小径处,如图 7-8(b)所示。在投影为圆的视图中,大径用粗实线画整圆,小径用细实线画约 3/4 圈,螺纹端部的倒角圆省略不画。

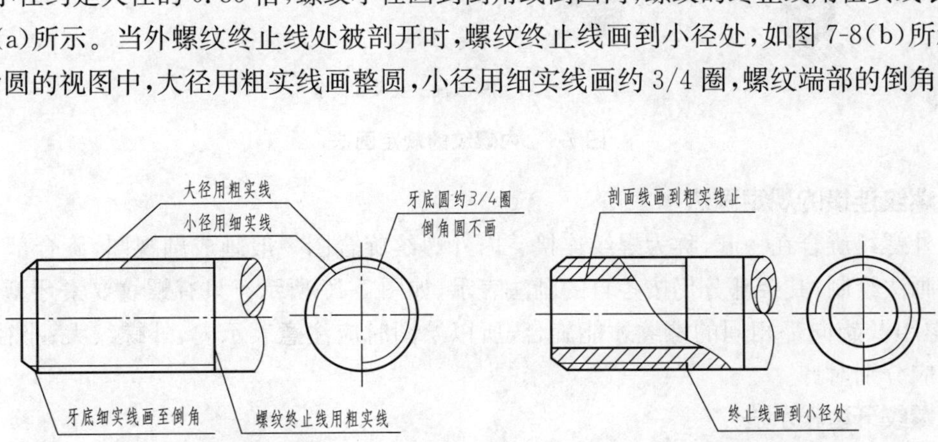

(a) 圆柱外螺纹　(b) 圆筒外螺纹

图 7-8 外螺纹的规定画法

2. 内螺纹的规定画法

如图 7-9 所示，在投影为非圆的视图上，画剖视图时，螺纹大径用细实线绘制，小径用粗实线绘制，螺纹终止线用粗实线绘制，剖面线画到小径的粗实线为止，如图 7-9(a)所示。当内螺纹不可见时，所有图线全部用虚线绘制，如图 7-9(c)所示。在投影为圆的视图上，小径用粗实线画整圆，大径用细实线画约 3/4 圈，螺纹端部的倒角圆省略不画，如图 7-9(b)所示。

在绘制不穿通的螺孔时，钻孔深度和螺孔深度应分别画出。钻孔深度应大于螺孔深度 0.5D，钻孔底部顶角画成 120°，如图 7-9(d)所示。

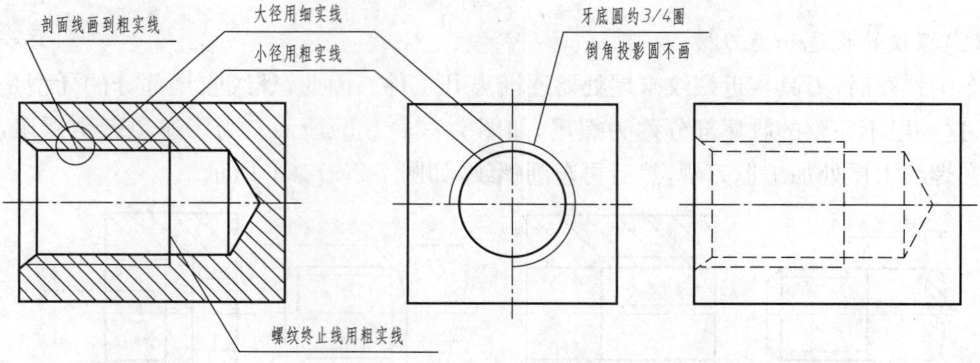

（a）剖视图　　（b）端面视图　　（c）未剖视图

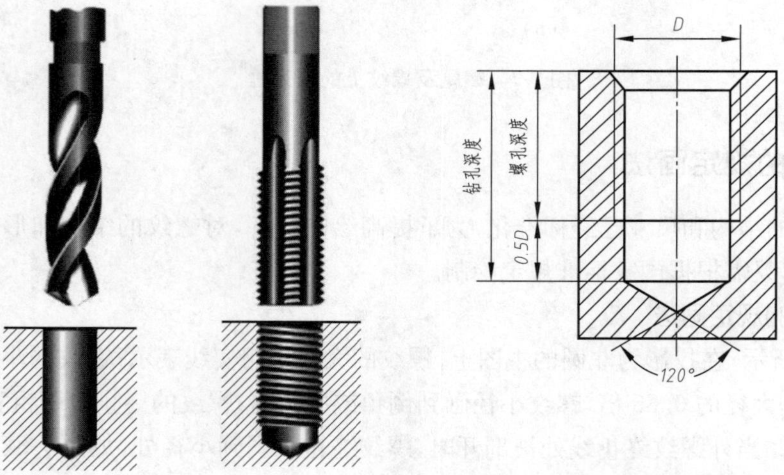

（d）内螺纹加工及尺寸关系

图 7-9　内螺纹的规定画法

3. 螺纹连接的规定画法

内外螺纹旋合在一起，称为螺纹连接。内外螺纹旋合图一般画成剖视图，旋合部分按外螺纹的画法绘制，其余部分仍按各自的画法表示，如图 7-10 所示。只有螺纹要素牙型、大径、小径、螺距及旋向都相同的螺纹才能旋合，所以绘图时应注意表示内、外螺纹大、小径的粗、细实线应分别对齐。

4. 螺纹牙型表示法

当需要表示螺纹牙型时，可采用局部剖视图[见图 7-11(a)]、局部放大图表示[见图 7-11(b)]，或者直接在剖视图中表示[见图 7-11(c)]。

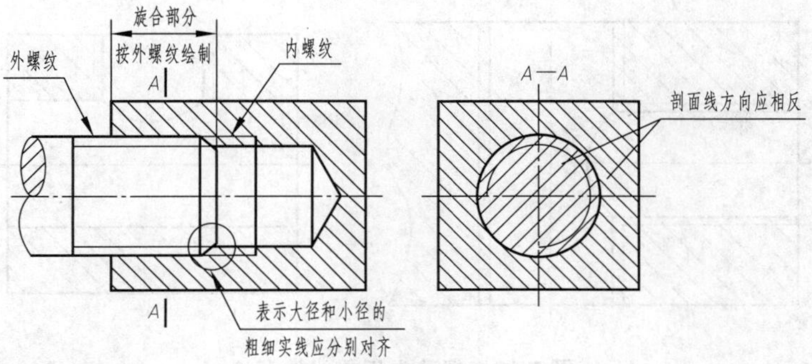

图 7-10　螺纹连接的画法

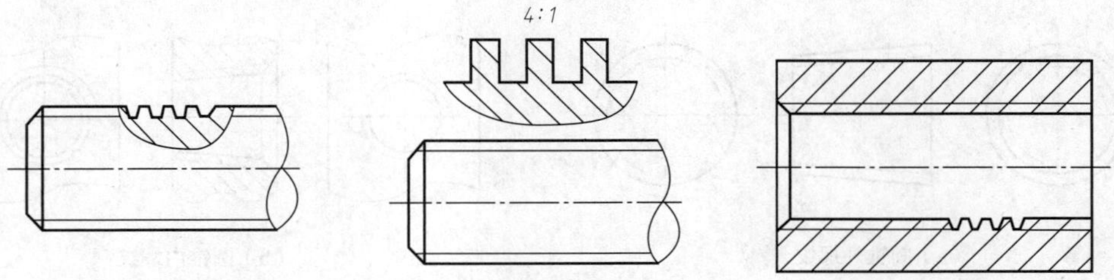

（a）局部剖视图表示　（b）局部放大图表示　（c）剖视图表示

图 7-11　螺纹牙型的画法

5. 螺尾的画法

螺尾部分一般不必画出，当需要表示螺尾时，该部分用与轴线成 30°角的细实线画出，如图 7-7(a)、(b)所示。

6. 其他规定画法

①部分螺孔的画法是，在垂直于螺纹轴线的投影面视图中，需要表示部分螺纹时，表示牙底圆的细实线也应适当地空出一段，如图 7-12 所示。

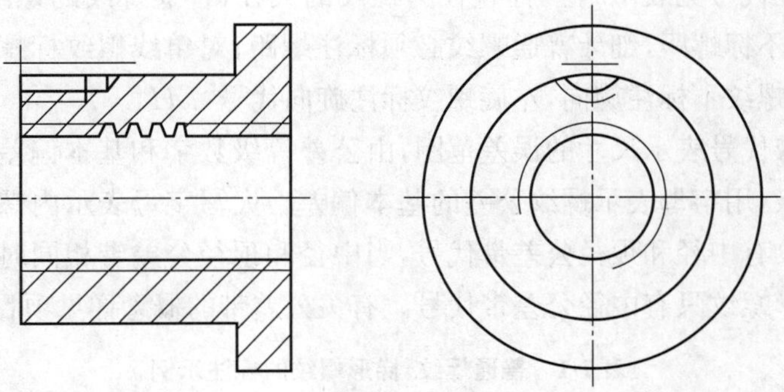

图 7-12　部分螺孔的画法

②无论是外螺纹或内螺纹，在剖视图或断面图中的剖面线都应画到粗实线，如图 7-8～图 7-10 所示。

③螺孔中相贯线的画法是，螺孔与螺孔或光孔相交时，只画一条相贯线，如图 7-13 所示。

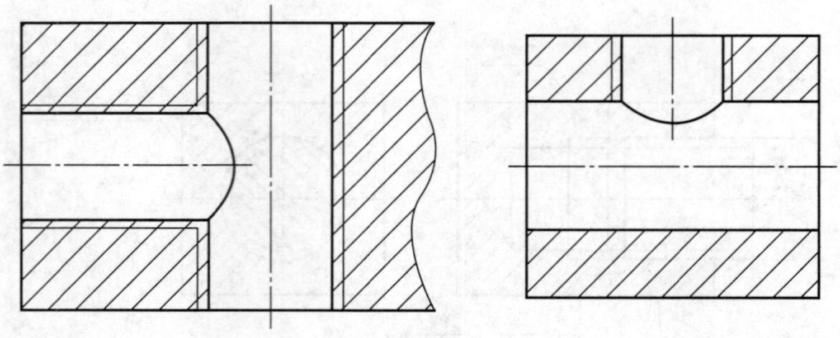

图 7-13 螺孔中相贯线的画法

④圆锥外螺纹和圆锥内螺纹的表示法如图 7-14 所示。

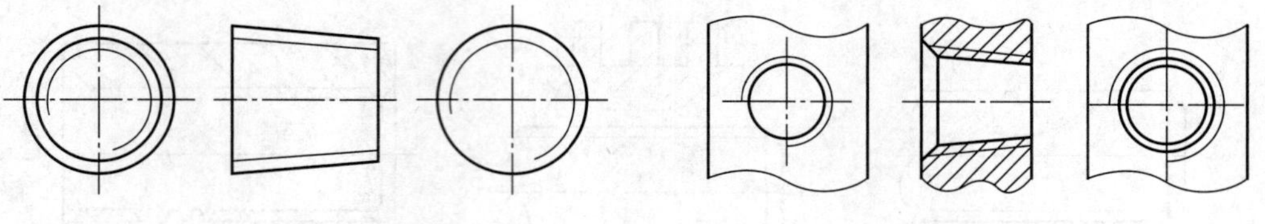

（a）圆锥外螺纹　　（b）圆锥内螺纹

图 7-14 锥形螺纹的画法

三、螺纹的规定标注

图样中螺纹采用了规定画法，无法表示其种类和要素，国家标准规定应在图上注出标准螺纹的相应代号以区别不同类型和规格的螺纹。

1. 普通螺纹、梯形螺纹、锯齿形螺纹的标注

国家标准规定普通螺纹、梯形螺纹、锯齿形螺纹代号标注的顺序和格式为：

特征代号公称直径（大径）×螺距或导程（螺距）旋向-公差带代号-旋合长度各项说明如下：

①螺纹的特征代号见表 7-1；公称直径为螺纹的大径；普通螺纹的螺距有粗牙和细牙之分，粗牙普通螺纹不标螺距，细牙普通螺纹必须标注螺距；对单线螺纹标螺距，对多线螺纹标导程（螺距）；右旋螺纹不标注旋向，左旋螺纹标注旋向代号“*LH*”。

②螺纹公差带代号表示尺寸的误差范围，由公差等级数字和基本偏差代号组成，用数字表示螺纹公差等级，用字母表示螺纹公差的基本偏差。大写字母表示内螺纹，小写字母表示外螺纹。普通螺纹有中径和顶径公差带代号，当中径和顶径公差带相同时只标注一个代号；梯形螺纹和锯齿形螺纹只有中径公差带代号。有关公差带的概念详见项目八任务四。

表 7-1 普通螺纹、梯形螺纹的标注示例

螺纹种类	标注内容和方式	图　例	标注说明
普通螺纹 M	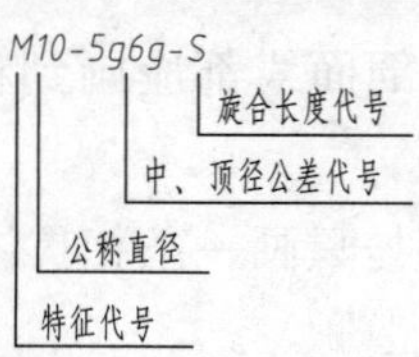	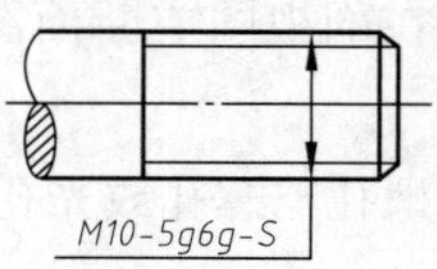	粗牙普通外螺纹 公称直径为 10 mm；中径公差带代号为 5g，顶径公关带代号为 6g；旋向为右旋；旋合长度为短旋合长度

续上表

<table>
<tr><th>螺纹种类</th><th>标注内容和方式</th><th>图　例</th><th>标注说明</th></tr>
<tr><td rowspan="2">普通螺纹 M</td><td>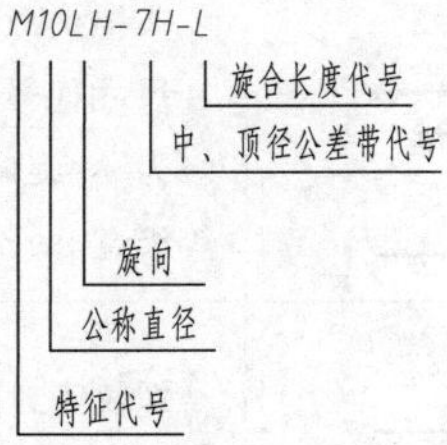</td><td>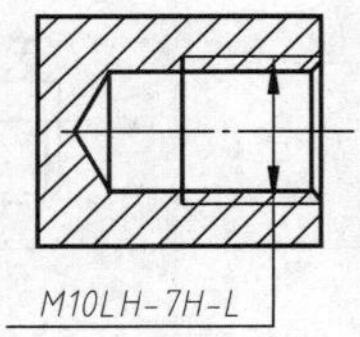</td><td>粗牙普通内螺纹
公称直径为 10 mm;中、顶径公差带代号无为 7H,旋向为左旋;旋合长度为长旋合长度</td></tr>
<tr><td>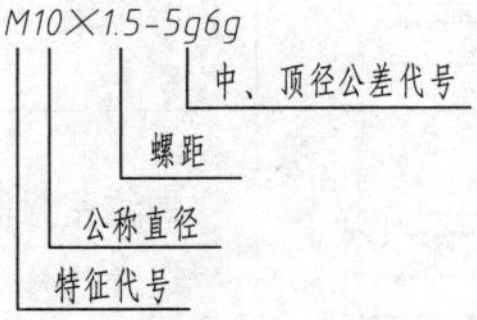</td><td>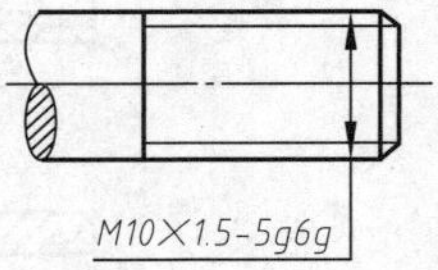</td><td>细牙变通外螺纹
公称直径为 10 mm;螺矩为 1.5 mm;中径公差带代号为 5g,顶径公差带代号为 6g;旋向为右旋;旋合长度为中旋合长度</td></tr>
<tr><td rowspan="2">梯形螺纹 Tr</td><td>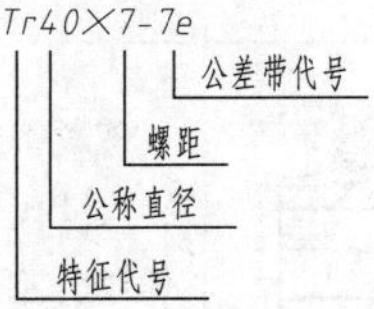</td><td>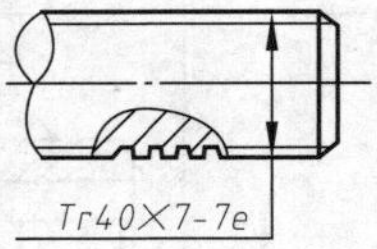</td><td>单细梯形螺纹
公称直径为 40 mm;螺距为 7 mm;中径公差带代号为 7e;旋向为右旋;旋合长度为中旋合长度</td></tr>
<tr><td>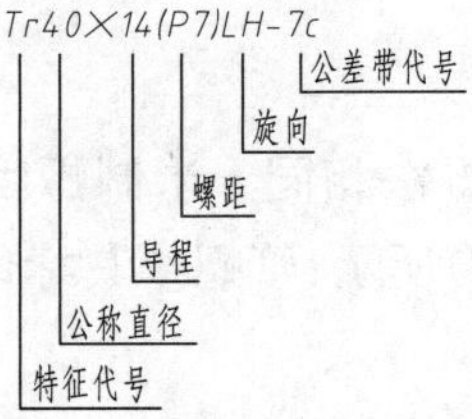</td><td>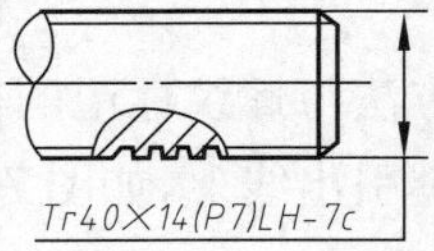</td><td>多线梯形螺纹
公称直径为 40 mm;导程为 14 mm,螺距为 7 mm;中径公差带代号为 7c;旋向为左旋;旋合长度为中旋合长度</td></tr>
</table>

③旋合长度有短(用 *S* 表示)、中(用 *N* 表示)、长(用 *L* 表示)之分,中等旋合长度可省略"*N*"。

2. 管螺纹的标注

国家标准规定管螺纹代号标注的顺序和格式为:

特征代号+公称直径+中径+公差带等级+旋向

各项说明如下:

①各种管螺纹的特征代号见表 7-2,公称直径不是管螺纹的大径,而是近似等于管子的孔径,并且以英寸为单位。

②管螺纹的标记一律注在引出线上,引出线应由大径处引出或对称中心处引出。

表 7-2　管螺纹的标注示例

<table>
<tr><th>螺纹种类</th><th>标注内容和方式</th><th>图　例</th><th>标注说明</th></tr>
<tr><td>非螺纹
密封的管螺纹 G</td><td>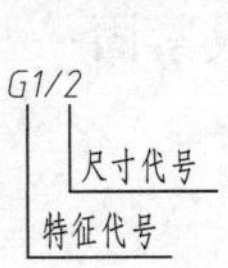</td><td>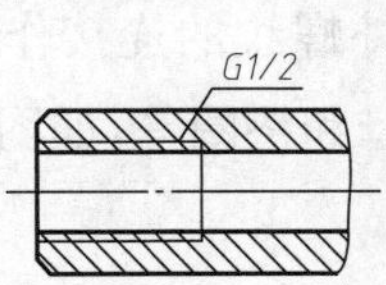</td><td>非螺纹密封圆柱内螺纹
尺寸代号为 1/2;旋向为右旋;内螺纹公差等级只有一种,不需标注</td></tr>
</table>

续上表

螺纹种类	标注内容和方式	图　　例	标注说明
非螺纹 密封的管螺纹G	G1/2 A 外螺纹公差带等级代号 尺寸代号 特征代号	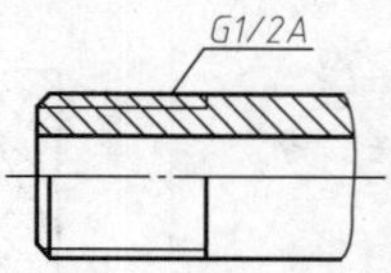	非螺纹密封圆柱外螺纹 尺寸代号为1/2；螺纹公差带等级为A；旋向为右旋；外螺纹公差等级有A、B两种
螺纹 密封的管螺纹 Rc Rp R	Rc1/2 尺寸代号 特征代号	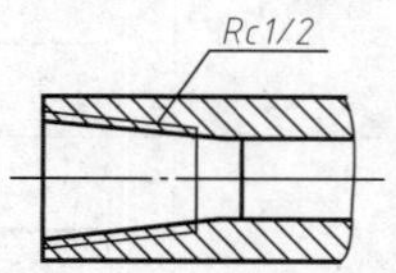	螺纹密封圆锥内螺纹 尺寸代号为1/2；旋向为右旋；无公差等级，不需标注
	Rp1/2 尺寸代号 特征代号	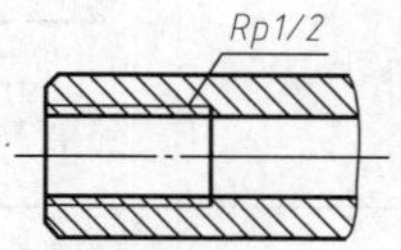	螺纹密封圆柱内螺纹 尺寸代号为1/2；旋向为右旋；无公差等级，不需标注
	R1/2 尺寸代号 特征代号	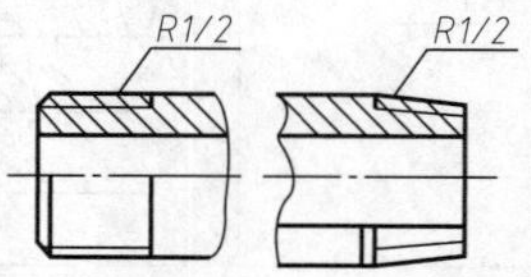	螺纹密封外螺纹 尺寸代号为1/2；旋向为右旋；外螺纹公差等级只有一种，不需标注

3. 螺纹副的标注

内、外螺纹旋合时，其标注方法与螺纹标记的标注方法相同。米制螺纹其标记应直接标注在配合部分大径的尺寸线或其引出线上，如图7-15(a)所示；管螺纹其标记应采用引出线由配合部分的大径处引出标注，如图7-15(b)所示。

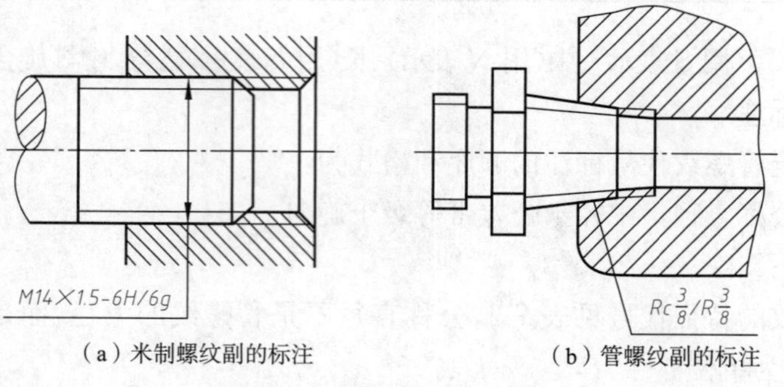

(a) 米制螺纹副的标注　　(b) 管螺纹副的标注

图7-15　螺纹副的标注

四、螺纹紧固件的规定画法和标注

螺纹紧固就是利用一对内、外螺纹的连接作用来连接或紧固一些零件。常用的螺纹紧固件有螺栓、双头螺柱、螺钉、螺母和垫圈等，如图7-16所示。

1. 螺纹紧固件的标记

螺纹紧固件的结构、尺寸已标准化，对符合标准的螺纹紧固件，不需画零件图，根据规定标记可在相应的国家标准中查出有关尺寸。常用螺纹紧固件的规定标记见表 7-3。

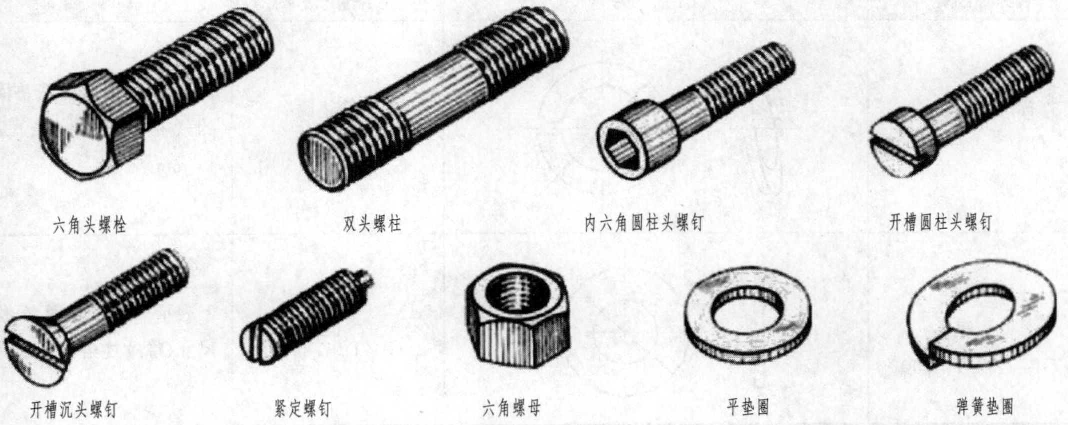

图 7-16　常用螺纹紧固件

表 7-3　常用螺纹紧固件的规定标记

名称及国标号	图　　例	规定标记示例	说　　明
六角头螺栓 A 级或 B 级 GB/T 5782—2000	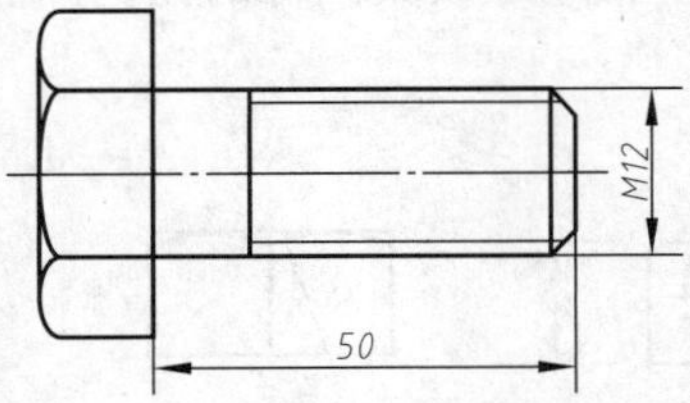	螺栓 GB/T 5782 M12×50	表示 A 级六角头螺栓，螺纹规格 M12，公称长度 l=50 mm
双头螺栓 ($b_m=d$) GB/T 897—1988	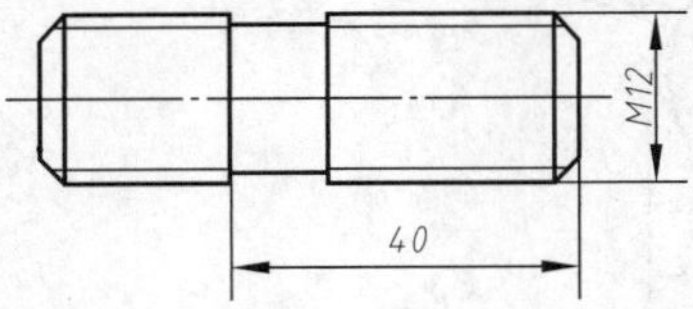	螺栓 GB/T 897 M12×40	表示 B 型双头螺柱，两端均为粗牙普通螺纹，规格是 M12，公称长度 l=40 mm
开槽沉头螺钉 GB/T 68—2000	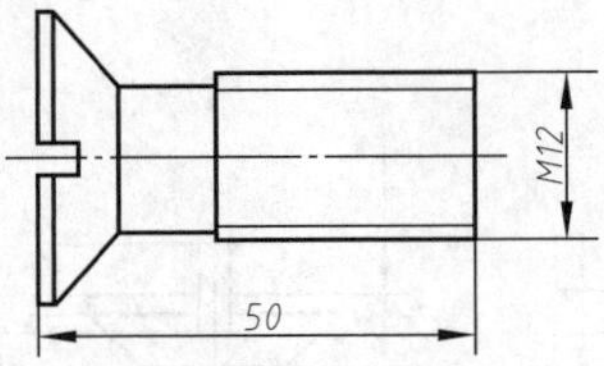	螺栓 GB/T 68 M12×50	表示开槽沉头螺钉，螺纹规格是 M12，公称长度 l=50 mm
开槽平端紧定螺钉 GB/T 73—1985	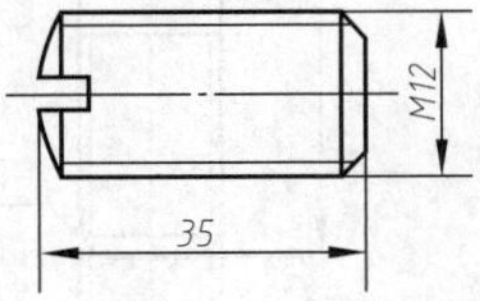	螺栓 GB/T 73 M12×35	表示开槽平端紧定螺钉，螺纹规格是 M12，公称长度 l=35 mm
1 型六角螺母 A 级和 B 级 GB/T 6170—2000	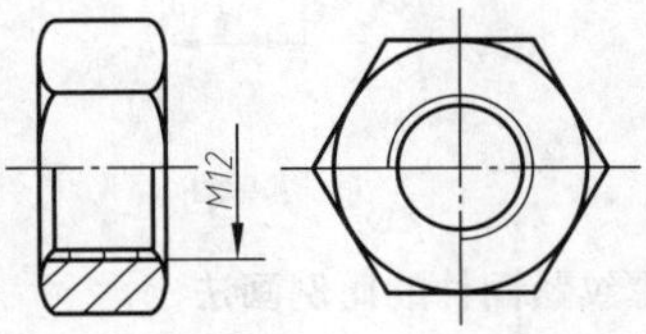	螺栓 GB/T 6170 M12	表示 A 级 1 型六角螺母，螺纹规格是 M12

续上表

名称及国标号	图　　例	规定标记示例	说　　明
标准弹簧垫圈 GB/T 93—1987	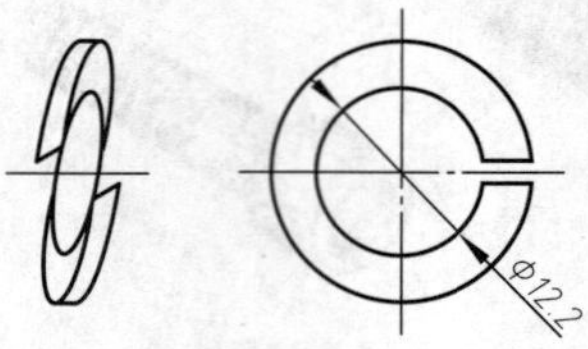	弹簧垫圈 GB/T 93 12	12 表示标准弹簧垫圈的规格（螺纹大径）是 12 mm
平势圈 A 级 GB/T 97.1—2002	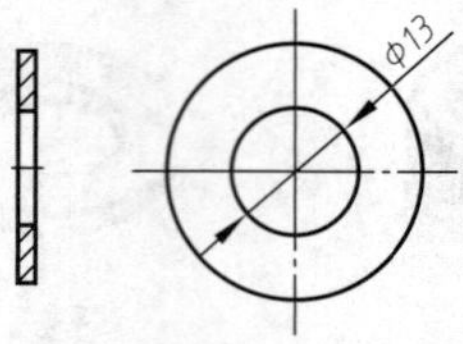	垫圈 GB/T 97.1 12	表示 A 级平垫圈，公称尺寸（螺纹规格）12 mm

2. 螺纹紧固件的画法

①按标准数据画图。根据紧固件标记，在国家标准中查出有关尺寸后作图。

②按比例画图。为了作图方便，常将螺纹紧固件各部分尺寸，按其与螺纹大径所成的比例关系画出，称为比例画法。图 7-17 列出了常用螺纹紧固件的比例画法。

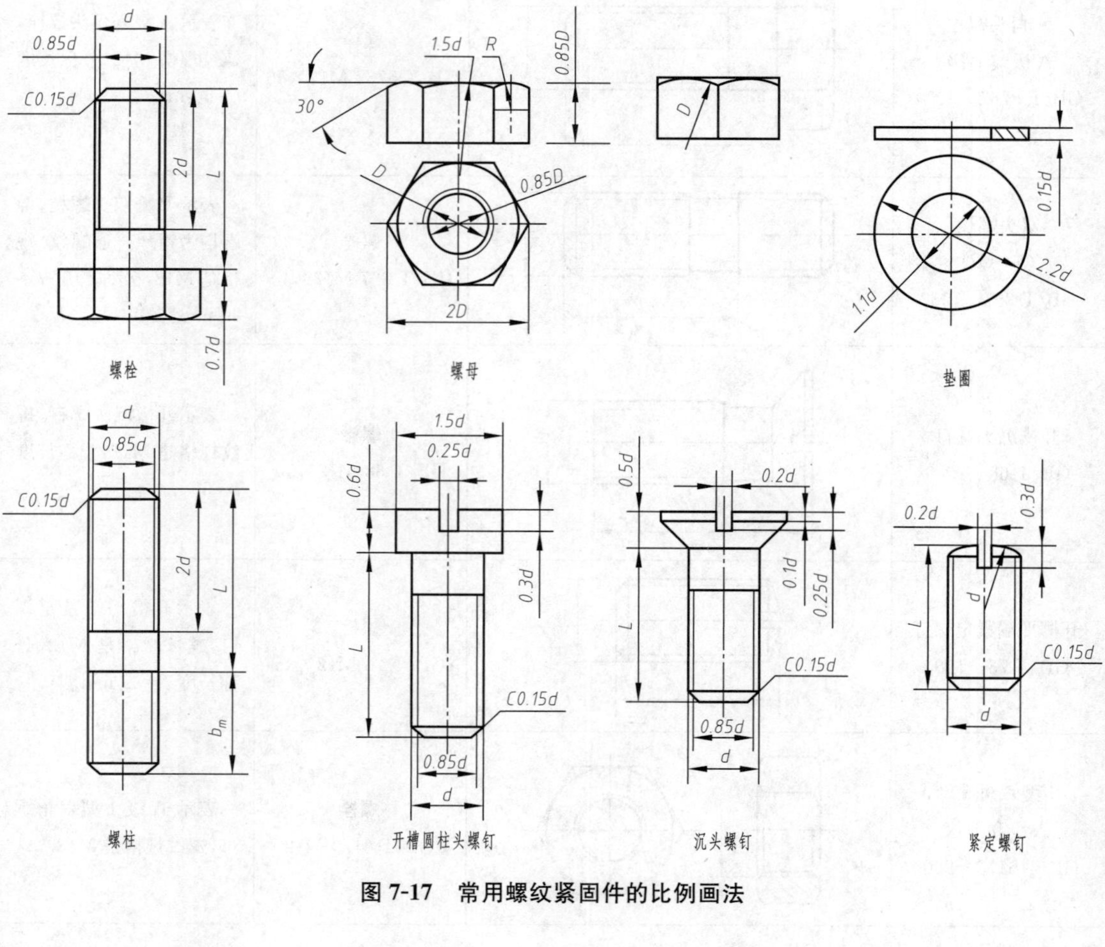

图 7-17　常用螺纹紧固件的比例画法

3. 螺纹紧固件的连接画法

在螺纹紧固件的连接画法中，必须遵守如下基本规定：两零件的接触表面画一条线，不接触表面画两条线；在剖视图中，两零件相邻时，不同零件的剖面线方向应相反或方向相同而间隔不等，而同一零件在各剖视图上的剖面线方向和间隔必须一致；对于紧固件和实心零件，若剖切面通过它们的轴线时，则这些零件按不剖绘制，仍画其外形，需要时，可采用局部剖视。在装配图中，不穿通的螺孔可不画出钻孔深度，仅按有效螺纹部分的深度画出。

螺纹紧固件的连接通常有螺栓连接、螺柱连接和螺钉连接三种。

(1)螺栓连接

螺栓连接由螺栓、垫圈、螺母组成，常用于连接两个不太厚并允许钻成通孔的零件，螺栓连接中各零件的画法及螺栓、螺母、垫圈的比例画法如图 7-18(a)所示。螺栓连接的画法如图 7-18(b)所示。

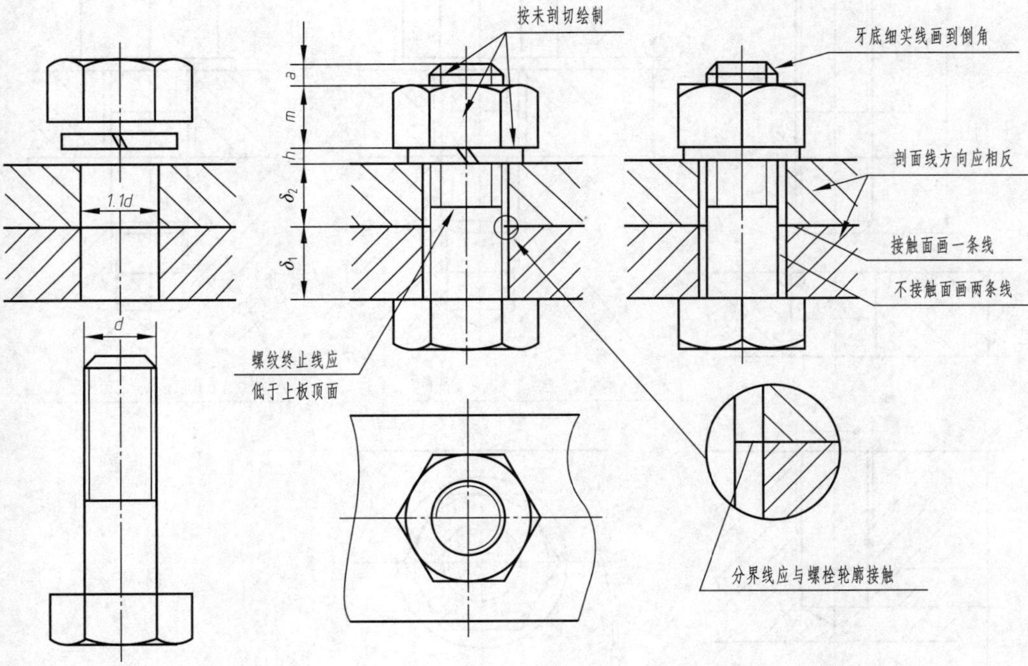

(a) 螺栓连接中各零件的画法　　　　(b) 螺栓连接的画法

图 7-18　螺栓连接画法

螺栓的公称长度 L 可根据所选零件厚度、螺母厚度、垫圈厚度计算得出，即

$$L=\delta_1+\delta_2+h+m+a$$

式中　δ_1,δ_2——两连接零件的厚度；

h——垫圈厚度，$h=0.15d$；

m——螺母厚度，$m=0.8d$；

a——螺栓伸出螺母的长度，一般可取 $a=(0.3\sim0.4)d$。

按上式计算后，根据该数值查询国标，选取相近的标准数值。

画螺栓连接图时应注意以下几点：

①为了保证总装配工艺合理，被连接件上钻有略大于螺杆直径的通孔（画图时取孔径1.1d），如图7-18(a)所示。

②螺栓螺纹长度应画到上面通孔接口之下，以便于螺母调整、拧紧，如图7-18(b)所示。

③被连接零件的分界线应与螺栓轮廓接触，如图7-18(b)中局部放大图所示。

(2)双头螺柱连接

当被连接的两个零件中有一个较厚，不允许钻成通孔或因拆卸频繁不宜用螺钉时可用螺柱连接。螺柱的两端均制有螺纹，一端为旋入端，全部旋入螺孔内；另一端为紧固端。被连接的较厚零件加工螺孔，另一零件加工通孔。双头螺柱连接中各零件的画法及螺柱、螺母、垫圈的比例画法如图7-19(a)所示。双头螺柱连接的画法如图7-19(b)所示。

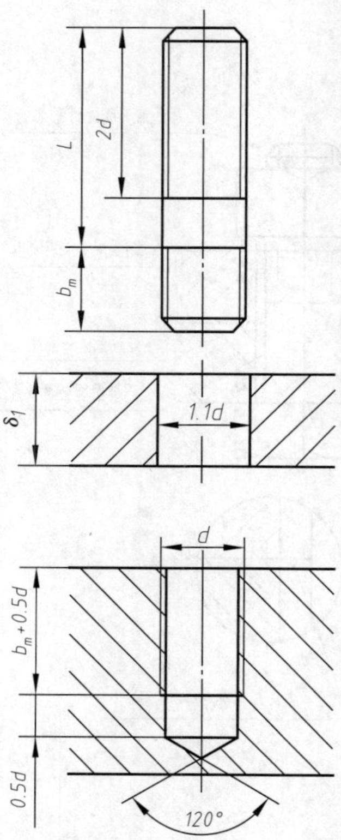

(a) 螺柱连接各零件的画法

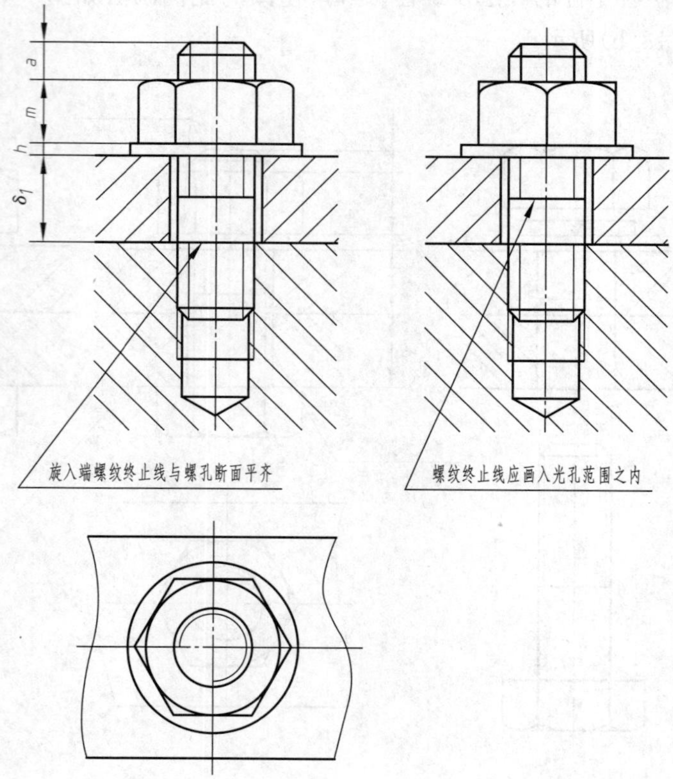

(b) 螺柱连接的画法

图7-19　螺柱连接画法

螺柱的公称长度L通过下式计算确定：

$$L=\delta_1+h+m+a$$

式中　δ_1——较薄零件的厚度；

h——垫圈厚度，$h=0.15d$；

m——螺母厚度，$m=0.8d$；

a——螺柱伸出螺母的长度，$a=(0.3\sim0.4)d$。

画螺柱连接图时应注意以下几点：

①螺柱旋入端 b_m 与连接件的材料有关：用青铜、钢制造的零件取 $b_m=1d$；用铸铁制造的零件取 $b_m=1.25d$；材料强度在铸铁和铝之间的零件取 $b_m=1.5d$；铝或其他软材料取 $b_m=2d$。

②螺柱旋入端全部旋入螺孔内，所以螺柱旋入端螺纹终止线应与螺孔件的孔口平齐，如图 7-19(b)所示。

③螺柱紧固端的螺纹终止线应画入通孔接口之下，如图 7-19(b)所示。

(3)螺钉连接

螺钉连接常用在受力不太大且不经常拆卸的地方，它不需用螺母，而是将螺钉直接拧入螺孔。图 7-20 所示为沉头螺钉和紧定螺钉的比例画法。

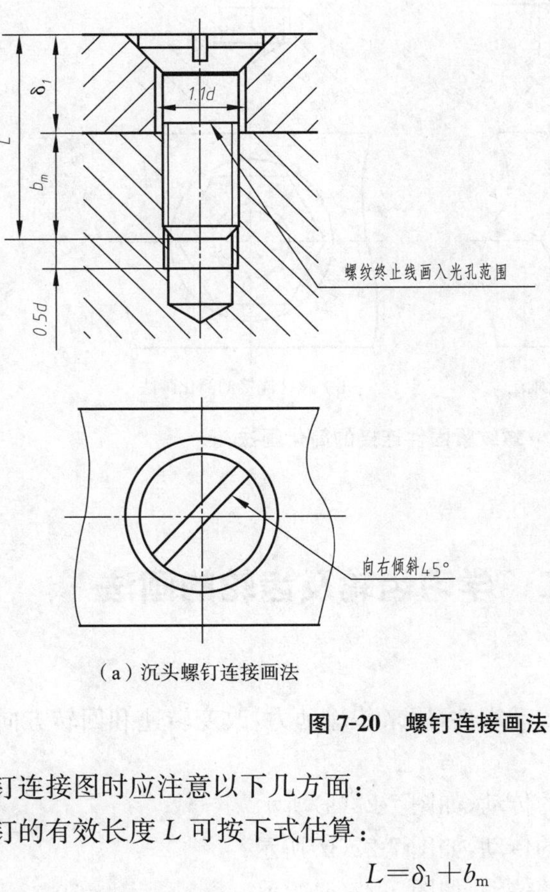

(a) 沉头螺钉连接画法

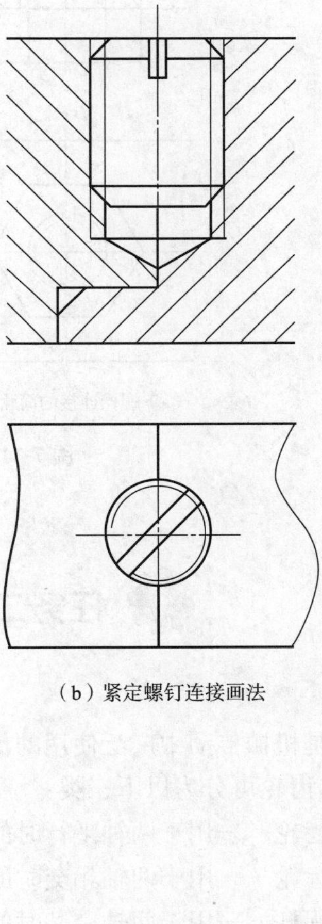

(b) 紧定螺钉连接画法

图 7-20　螺钉连接画法

画螺钉连接图时应注意以下几方面：

①螺钉的有效长度 L 可按下式估算：

$$L=\delta_1+b_m$$

式中　δ_1——被连接零件的厚度；

b_m——根据被连接零件的材料而定，参见螺柱连接。

②螺钉的螺纹终止线不能与结合面平齐，而应画入光孔范围，如图 7-20(a)所示。

③螺孔深度应大于旋入螺纹的长度。

④钻孔锥角为 120°，被连接件的孔径为 1.1d。

⑤螺钉头部的一字槽在通过螺钉轴线剖切图上应按垂直于投影面的位置画出，而在垂直于投影面的投影应按 45°画出，且向右倾斜。

(4)螺纹紧固件的简化画法

工程实践中螺纹紧固件连接图一般采用简化画法。此时,螺纹紧固件的工艺结构如倒角、退刀槽等均可省略不画,如图 7-21 所示。

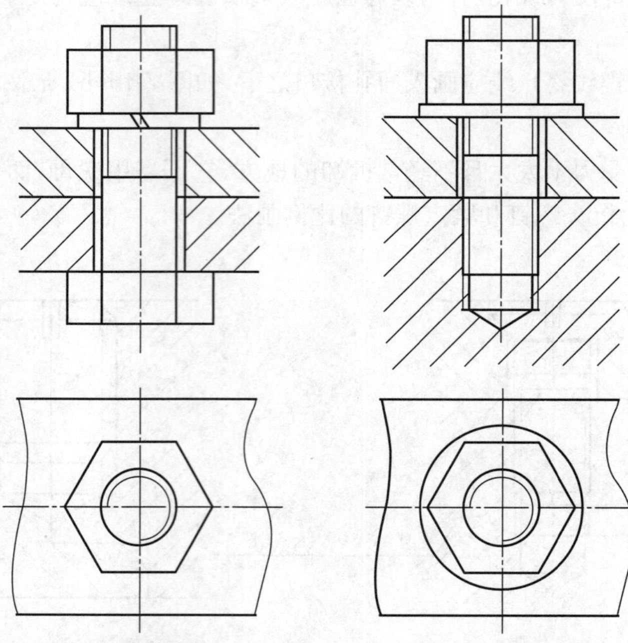

(a)螺栓连接的简化画法　　(b)螺柱连接的简化画法

图 7-21　螺纹紧固件连接的简化画法

任务二　学习齿轮及齿轮的画法

齿轮是机械传动中广泛使用的传动零件,用来传递动力,改变转速和回转方向。根据传动的情况,齿轮可分为以下三类:

圆柱齿轮——用于两轴平行时的传动,如图 7-22(a)所示;

圆锥齿轮——用于两轴相交时的传动,如图 7-22(b)所示;

蜗轮蜗杆——用于两轴交叉时的传动,如图 7-22(c)所示。

本书主要介绍圆柱齿轮的基本知识和规定画法。

一、圆柱齿轮各部分的名称及尺寸关系

标准直齿圆柱齿轮各部分的名称和代号如图 7-23 所示。

1. 齿顶圆

通过齿轮轮齿顶部的圆称为齿顶圆,其直径以 d_a 表示。

2. 齿根圆

通过轮齿根部的圆称为齿根圆,其直径以 d_f 表示。

3. 分度圆

设计和加工计算时的基准圆，对标准齿轮来说，是齿厚（某圆上齿部的弧长）与齿间（某圆上空槽的弧长）相等时所在位置的圆，称为分度圆，其直径以 d 表示。

（a）圆柱齿轮　　（b）圆锥齿轮　　（c）蜗轮蜗杆

图 7-22　常见的齿轮传动

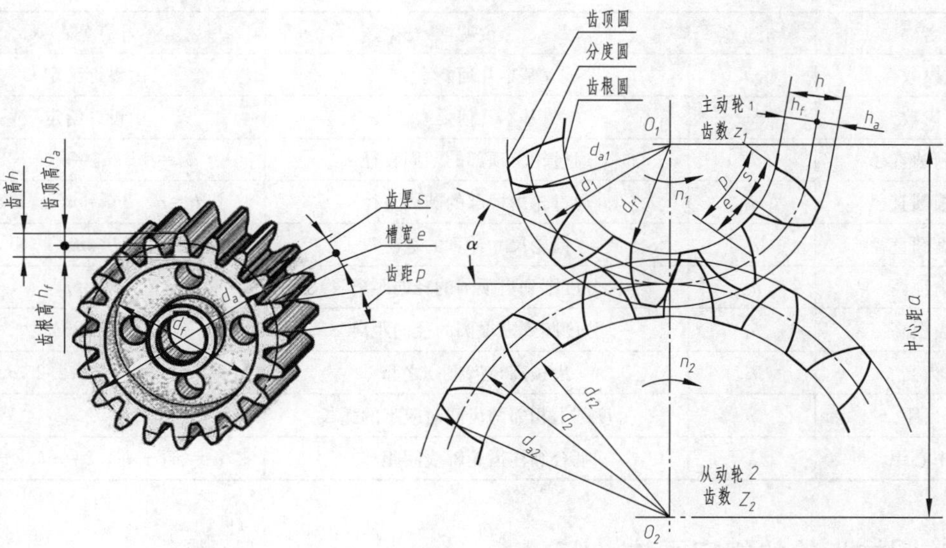

图 7-23　圆柱齿轮各部分名称和代号

4. 齿高

齿顶圆与齿根圆之间的径向距离称为齿高，以 h 表示。齿顶圆与分度圆之间的径向距离称为齿顶高，以 h_a 表示。分度圆与齿根圆之间的径向距离称为齿根高，以 h_f 表示。齿高是齿顶高与齿根高之和，即 $h=h_a+h_f$。

5. 齿距

分度圆上相邻两齿对应点之间的弧长称为齿距，以 p 表示。

6. 模数

模数是设计、制造齿轮的一个重要参数。如齿轮的齿数 z 已知，则分度圆的周长等于 z_p，而分度圆周长等于 πd，所以

$\pi d=zp, d=\frac{p}{\pi}z$，令$\frac{p}{\pi}=m$，则 $d=mz$。

m 称为齿轮的模数，它是齿距和 π 的比值，在齿数一定情况下，m 越大，其分度圆直径就越大，轮齿也越大，齿轮的承载能力也越大。为了便于设计和制造，国家标准对齿轮模数做了统一的规定，其值见表 7-4。

表 7-4　齿轮模数系列(GB/T 1357—2008)

第一系列	1,1.25,1.5,2,2.5,3,4,5,6,8,10,12,16,20,25,32,40,50
第二系列	1.75,2.25,2.75,(3.25),3.5,(3.75),4.5,5.5,(6.5),7,9,(11),14,18,22,28,(30),36,45

注：选用模数时应优先选用第一系列，其次选用第二系列，括号内的模数尽可能不用。

7. 压力角

两相啮合的轮齿齿廓在接触点 p 处的公法线与分度圆公切线的夹角，称为压力角，用 α 表示。我国标准齿轮的压力角为 20°，只有模数和压力角相等的齿轮，才能正确啮合。标准直齿圆柱齿轮各部分的尺寸代号及计算公式见表 7-5。

表 7-5　标准直齿圆柱齿轮各部分的尺寸代号及计算公式

名称	代号	说明	计算公式
模数	m	基本几何要素	由设计给定
齿数	z	基本几何要素	由设计给定
齿顶圆直径	d_a	通过轮齿顶部的圆周直径	$d_a=d+2h_a=m(z+2)$
齿根圆直径	d_f	通过轮齿根部的圆周直径	$d_f=d-2h_f=m(z-2.5)$
分度圆直径	d	齿轮尺寸计算的基准	$d=mz$
齿顶高	h_a	分度圆到齿顶圆的径向距离	$h_a=m$
齿根高	h_f	分度圆到齿根圆的径向距离	$h_f=1.25m$
齿高	h	齿顶高与齿根高之和	$h=h_a+h_f=2.25m$
齿距	p	分度圆上相邻两齿间对应点的弧长	$p=\pi m$
中心距	a	啮合圆柱齿轮轴线间距离	$a=(d_1+d_2)/2=m(z_1+z_2)$

二、圆柱齿轮的规定画法

齿轮的轮齿是在专用机床上加工出来的，一般不必画出齿形真实投影。国家标准《机械制图　齿轮表示法》(GB/T 4459.2—2003)规定了齿轮的画法。

1. 单个齿轮的规定画法

单个圆柱齿轮的画法如图 7-24 所示。

①在视图中，齿顶圆和齿顶线用粗实线绘制；齿根圆和齿根线用细实线绘制，也可省略不画；分度圆和分度线用点画线绘制，如图 7-24(a)、(c)所示。

②在剖视图中，当剖切平面通过齿轮的轴线时，轮齿部分按不剖绘制，齿根线用粗实线绘制，如图 7-24(b)所示。

③对于斜齿和人字齿的圆柱齿轮，当需要表示齿线的特征时，可用三条与齿线方向一致的细实线表示轮齿的方向，如图 7-24(d)所示。直齿则不需要表示。

2. 啮合齿轮的规定画法

两标准齿轮相互啮合时，分度圆处于相切的位置，此时分度圆又称为节圆。画齿轮啮合图时，必须注意啮合区的画法，如图 7-25 所示。

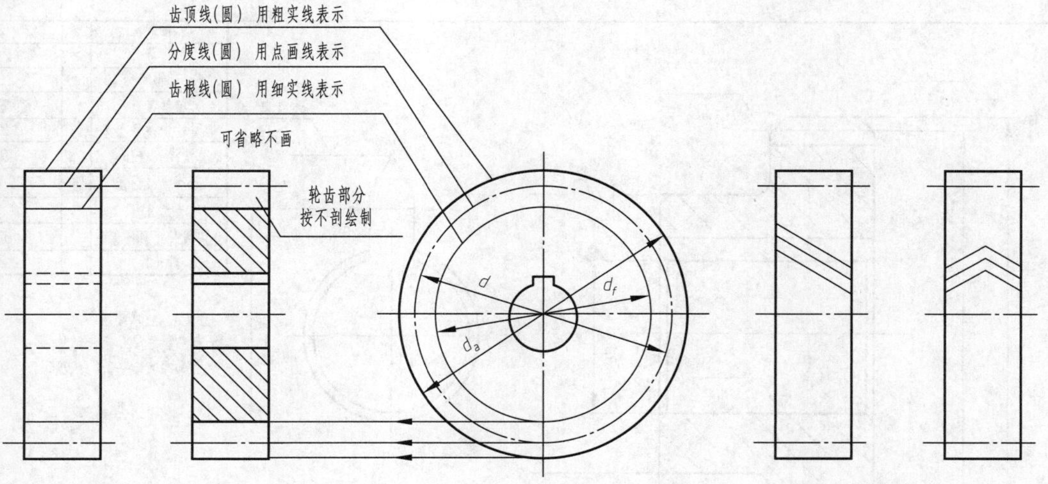

（a）视图画法　（b）剖视画法　（c）端面画法　（d）斜齿与人字齿齿线表示法

图 7-24　单个圆柱齿轮的画法

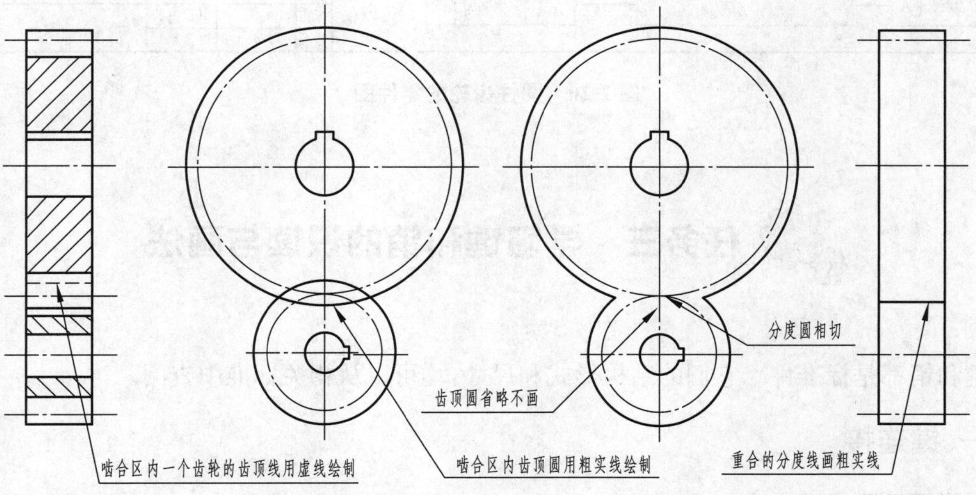

（a）剖视画法　（b）端面画法（一）　（c）端面画法（二）　（d）视图画法

图 7-25　圆柱齿轮啮合画法

国家标准中对齿轮啮合画法规定如下：

①在垂直于轴线的投影面视图上分度圆相切，齿顶圆在啮合区内均用粗实线画出或省略不画，齿根圆用细实线画出或省略不画，如图 7-25(b)、(c)所示。

②在平行于轴线投影面的视图中，啮合区内的齿顶线不需画出，而分度线用粗实线表示，如图 7-25(d)所示。

在平行于轴线的投影剖视图中，当剖切平面通过两啮合齿轮的轴线进行剖切时，啮合区内两分度线重合，用点画线画出，一个齿轮的轮齿用粗实线绘制，另一个齿轮的轮齿被遮住的部分用虚线绘制，也可省略不画，如图 7-25(a)所示。

图 7-26 是齿轮的零件图。画齿轮零件图时，不仅要表示出齿轮的形状、尺寸和技术要求，而且要表示出制造齿轮所需要的基本参数。

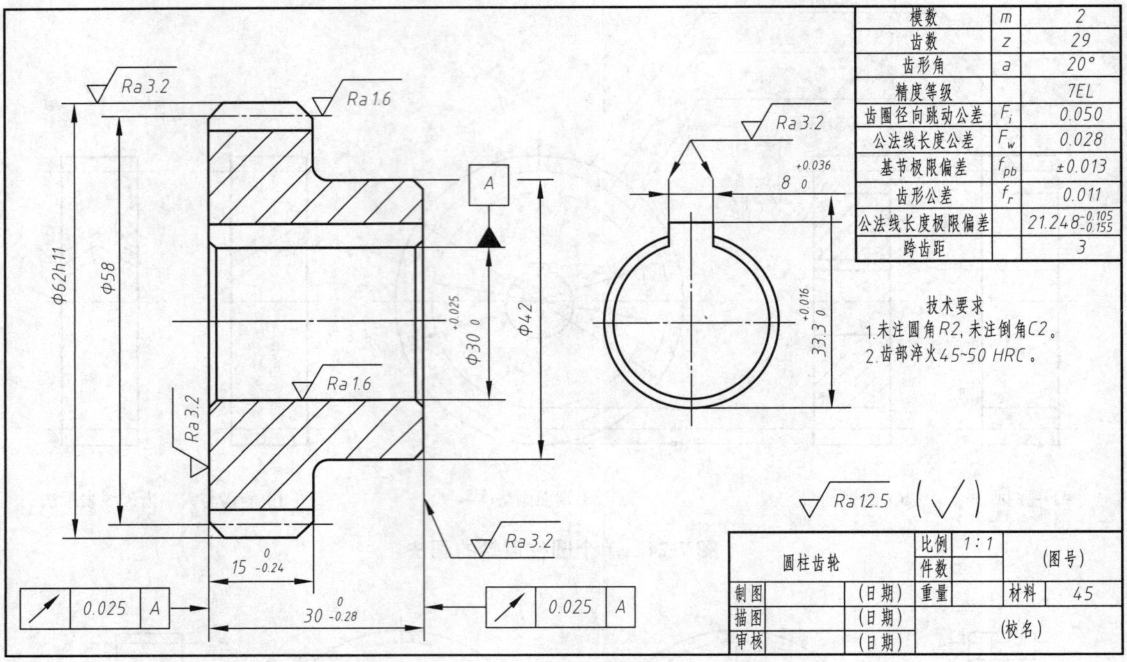

图 7-26　圆柱齿轮的零件图

任务三　学习键和销的识读与画法

键和销都是标准件。它们的结构形式和尺寸，均可以从相关标准中查阅。

一、键连接

1. 常用键及标记

键是用来连接轴与轴上的传动件（如齿轮、皮带轮等），并通过它来传递扭矩的一种零件，如图 7-27(a)所示。轮毂上的键槽常用插刀加工，如图 7-27(b)所示；轴上的键槽常用铣刀铣削而成，如图 7-27(c)所示。

常用的键有普通平键、半圆键和钩头楔键。每一种形式的键，都有一个标准号和规定的标记，见表 7-6。选用时，根据传动情况确定键的形式，根据轴径查标准手册，选定键宽 b 和键高 h，再根据轮毂长度选定长度 L 的标准值。

2. 普通平键连接

键连接时，应在轴和轮毂上加工键槽，轴和轮毂上的键槽是标准结构，如图 7-28(a)、(b)所示，它的尺寸根据轴径查阅《平键　键槽的剖面尺寸》(GB/T 1095—2003)。

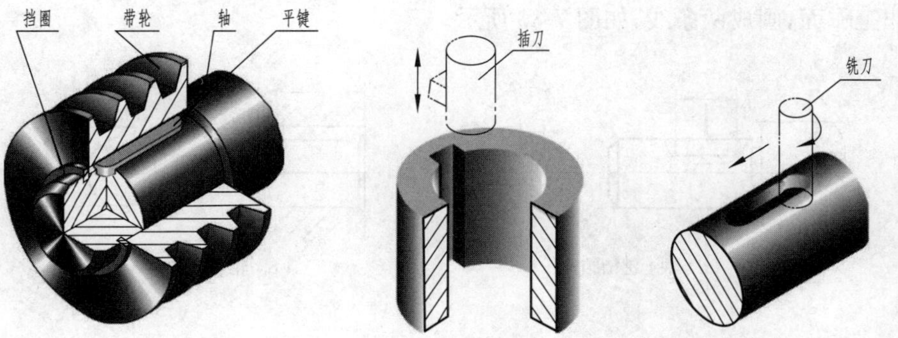

（a）平键连接　　（b）轮毂上键槽的加工　　（c）轴上键槽的加工

图 7-27　键连接

表 7-6　常用键的标记

名称及标准	图例	标记示例	说明
普通平键 GB/T 1096—2003 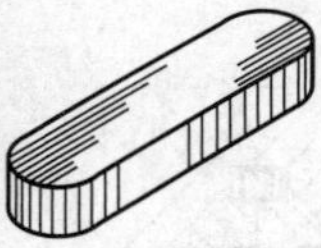	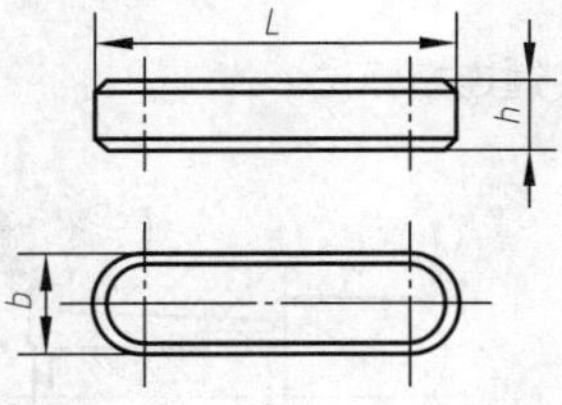	GB/T 1096 键 10×8×36	普通平键，键宽 b=10 mm，键高 h = 8 mm，长度 L = 36 mm
半圆键 GB/T 1099.1—2003 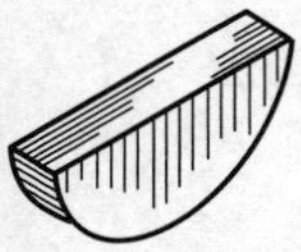	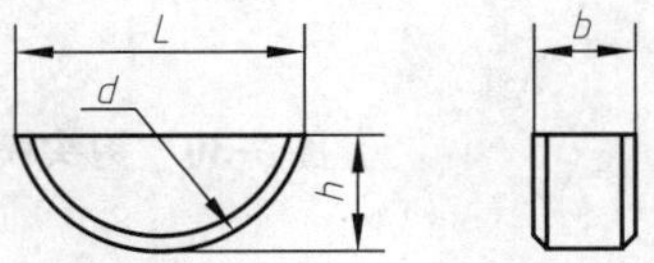	GB/T 1099.1 键 6×10×22	半圆键，键宽 b=6 mm，键高 h=10 mm，直径 d=22 mm
钩头楔键 GB/T 1565—2003 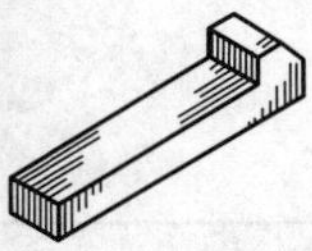	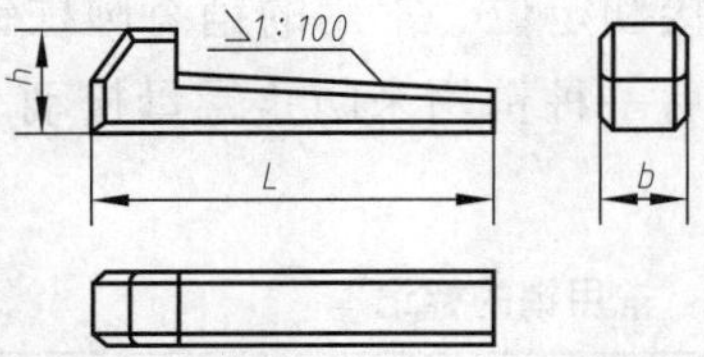	GB/T 1565 键 18×11×100	钩头楔键，键宽 b=18 mm，键高 h = 11 mm，长度 L = 100 mm

普通平键的两侧面为工作面，连接时与轴和轮毂的键槽侧面接触，键的底面也与轴上键槽底面接触，绘制连接图时，这些接触的表面均应画成一条线。键的顶面与轮毂顶面之间不接触，应画两条线表示其间隙，如图 7-28(c)所示。

3. 半圆键连接

半圆键的两侧面为工作面，画法与普通平键联结基本相同，如图 7-29 所示。

4. 钩头楔键连接

钩头楔键的顶面是工作面，有 1∶100 的斜度，装配时打入轴和轮毂的键槽内，靠楔面作用传动扭矩，能轴向固定零件和传递单向的轴向力。画图时轮毂、键槽底面都画一条线，两侧面为非工作面，画成两条线，如图 7-30 所示。

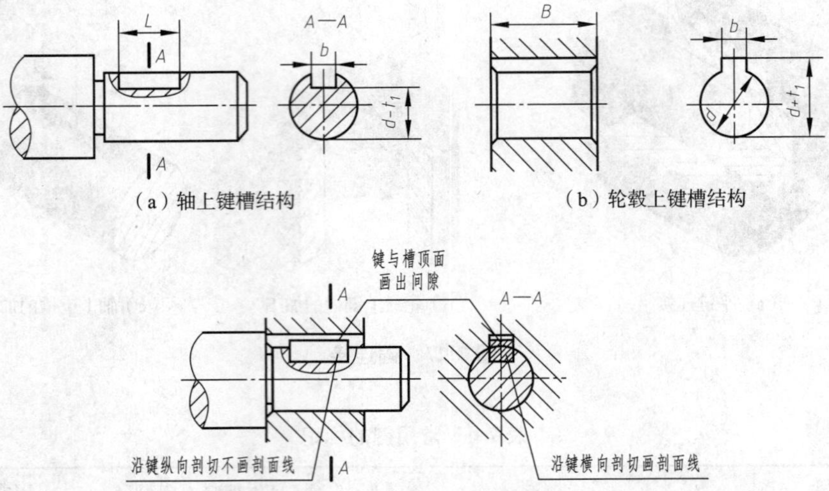

（a）轴上键槽结构　（b）轮毂上键槽结构

（c）平键联结轴和轮毂

图 7-28　普通平键连接画法

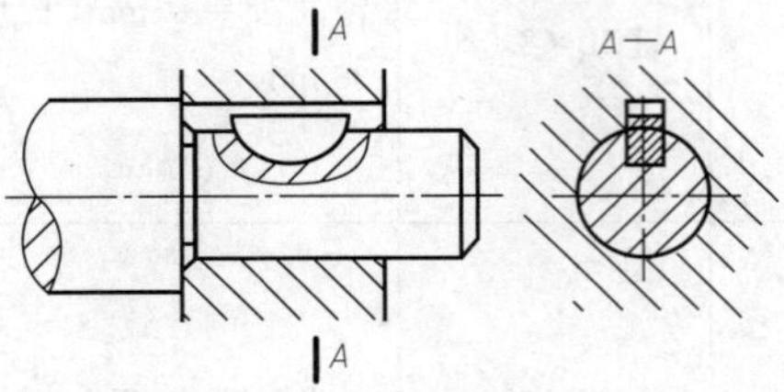

图 7-29　半圆键连接画法

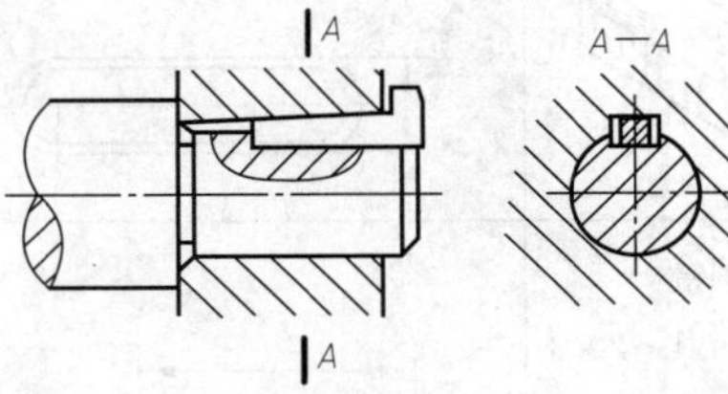

图 7-30　钩头楔键连接画法

二、销连接

销是标准件，通常用于零件之间的连接和定位。常用的销有圆柱销、圆锥销和开口销，前两种销主要用于零件间的连接和定位，后一种销用来防止螺母松动。它们的规定标记见表 7-7。

表 7-7　常用销的标记

名称及标准	图例	标记示例	说明
圆柱销 销 GB/T 119.1—2000 	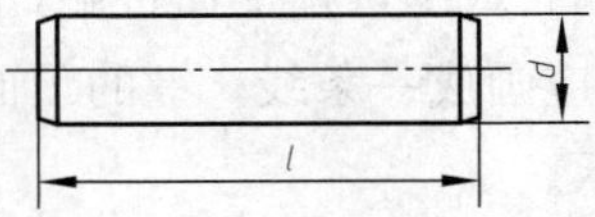	销 GB/T 119.1 B6×32	圆柱销，B 型，公称直径 $d=6$ mm，公称长度 $L=32$ mm
圆锥销 销 GB/T 117—2000 	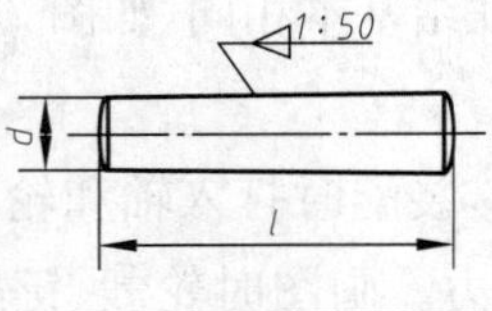	销 GB/T 117 A6×30	圆锥销，A 型，公称直径 $d=6$ mm，公称长度 $l=30$ mm

续上表

名称及标准	图例	标记示例	说明
开口销 销 GB/T 91—2000 		销 GB/T 91 5×32	开口销，公称规格（开口销孔直径）d=5 mm，公称长度 l=32 mm

圆柱销与圆锥销的连接画法如图 7-31(a)、(b)所示。

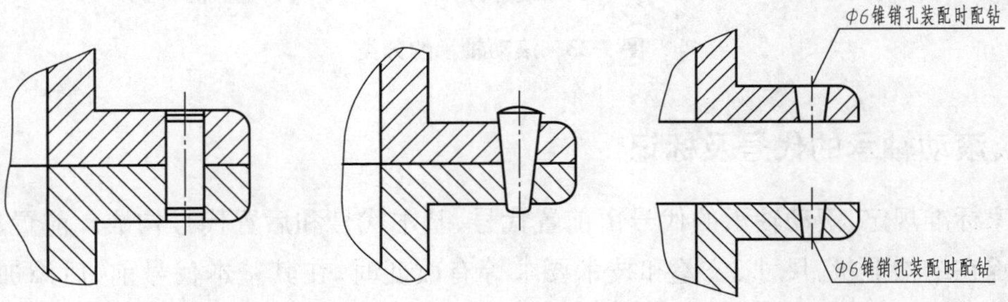

（a）圆柱销　　（b）圆锥销　　（c）销孔加工

图 7-31　销连接的画法

任务四　学习滚动轴承

滚动轴承是支承旋转轴的组件，运转时摩擦阻力小、机械效率高、结构紧凑、旋转精度高，在机械设备中被广泛应用。

一、滚动轴承的结构及分类

1. 滚动轴承的结构

滚动轴承一般由外圈、内圈、滚动体及保持架组成，如图 7-32 所示。外圈的外表面与机座的孔相配合，而内圈的内孔与轴径相配合，滚动体排列在内、外圈之间，保持架用来把滚动体均匀隔离开。

2. 滚动轴承的分类

轴承按其所能承受的负荷方向不同，分为：

①深沟球轴承。主要用于承受径向负荷的滚动轴承，如图 7-33(a)所示。

②推力球轴承。主要用于承受轴向负荷的滚动轴承，如图 7-33(b)所示。

③圆锥滚子轴承。既承受径向又承受轴向负荷的滚动轴承，如

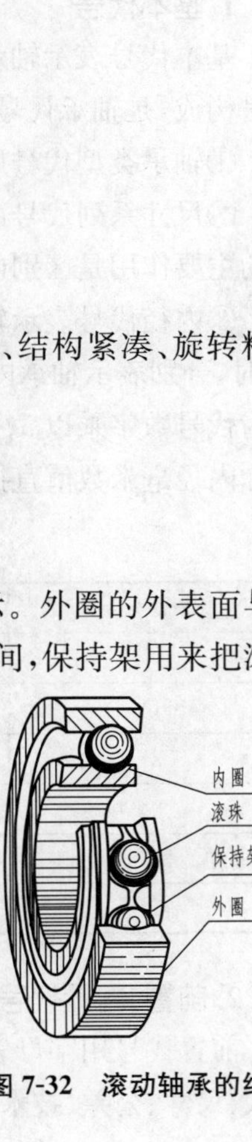

图 7-32　滚动轴承的结构

图 7-33(c)所示。

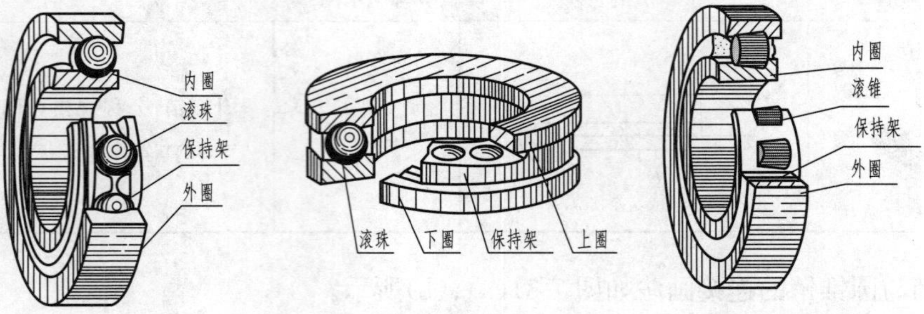

(a)深沟球轴承　　(b)推力球轴承　　(c)圆锥滚子轴承

图 7-33　滚动轴承的分类

二、滚动轴承的代号及标记

国家标准规定，滚动轴承的代号由前置代号、基本代号和后置代号构成。前置、后置代号是轴承在结构形状、尺寸、公差和技术要求等有改变时，在其基本代号前、后添加的补充代号。

1. 基本代号

基本代号表示轴承的基本类型、结构和尺寸，它由轴承类型代号、尺寸系列代号和内径代号构成，是轴承代号的基础，排列方式如下：轴承类型代号、尺寸系列代号、内径代号。

①轴承类型代号用数字和字母表示，见表 7-8。

②尺寸系列代号由轴承的宽(高)度系列代号和直径系列代号组成，用两位数字来表示。它的主要作用是区别内径相同而宽度和外径不同的轴承。

③内径代号表示轴承的公称直径，一般用两位阿拉伯数字表示。代号数字为 00、01、02、03 时，分别表示轴承内径 d 为 10 mm、12 mm、15 mm、17 mm；代号数字为 04～96 时，轴承内径为代号数字乘以 5；公称内径为 22 mm、28 mm、32 mm 以及 500 mm 或大于 500 mm 时，用公称内径毫米数值直接表示，但与尺寸系列之间用“/”分开。

表 7-8　轴承类型代号

代号	轴承类型	代号	轴承类型
0	双列角接触球轴承	6	深沟球轴承
1	调心球轴承	7	角接触球轴承
2	调心滚子轴承	8	推力圆柱滚子轴承
3	圆锥滚子轴承	N	圆柱滚子轴承
4	双列深沟球轴承	U	外球面球轴承
5	推力球轴承	QJ	四点接触球轴承

2. 前置、后置代号

前置代号用字母表示，后置代号用字母(或加数字)表示。前置、后置代号是轴承在结构形状、尺寸、公差、技术要求等有改变时，在其基本代号左右加的代号。

3. 标记

滚动轴承的标记由名称、代号和标准编号三部分组成。其标记示例如下：滚动轴承 6306 GB/T 276—2013，该标记表示轴承内径 $d=6\times5=30$ mm，3 表示中窄系列，6 表示深沟球轴承。

三、滚动轴承的画法

滚动轴承是标准件，因此一般不需画零件图。在装配图中画滚动轴承时，先根据国家标准查出其外径 D、内径 d 和宽度 B 或 T 等主要尺寸，画出外形轮廓，轮廓内用规定画法或特征画法绘制。

几种常用滚动轴承的画法见表 7-9。

表 7-9 常用滚动轴承的画法

轴承名称和代号	主体图	主要数据	规定画法	特征画法
深沟球轴承 GB/T 276—2013 6000 型	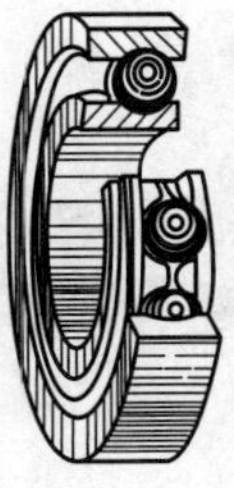	D d B	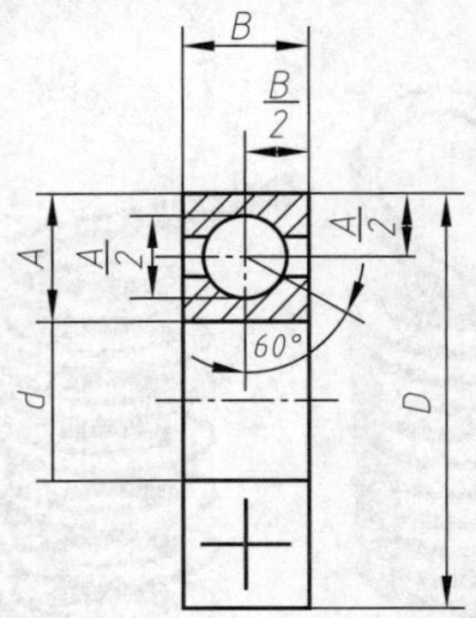	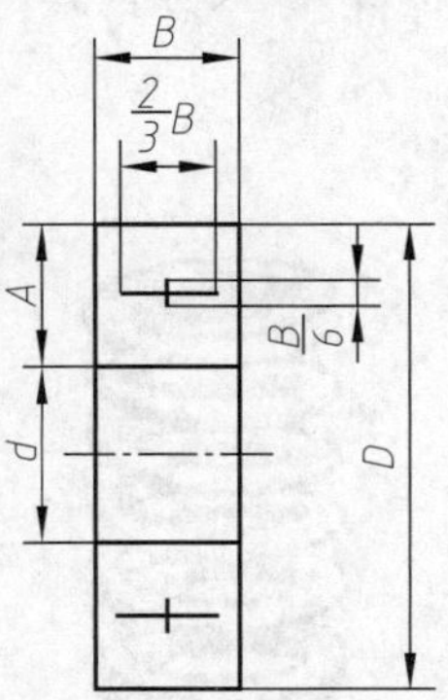
推力球轴承 GB/T 301—2015 51000 型	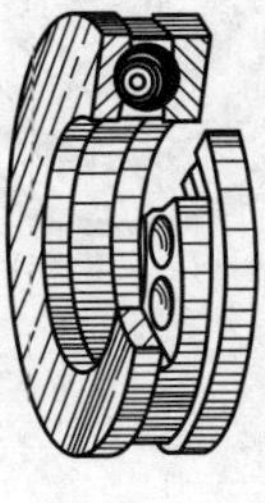	D d T	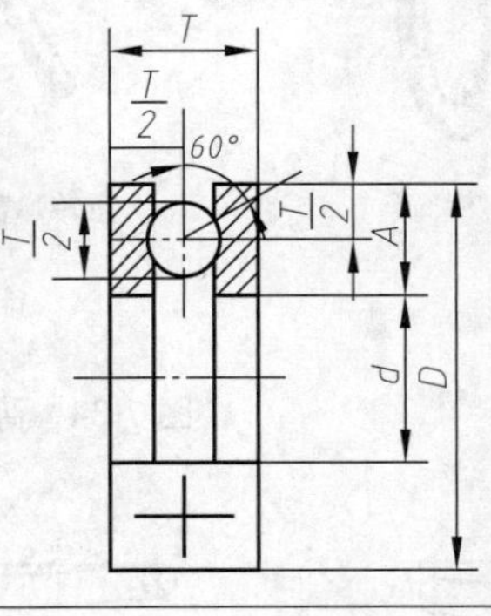	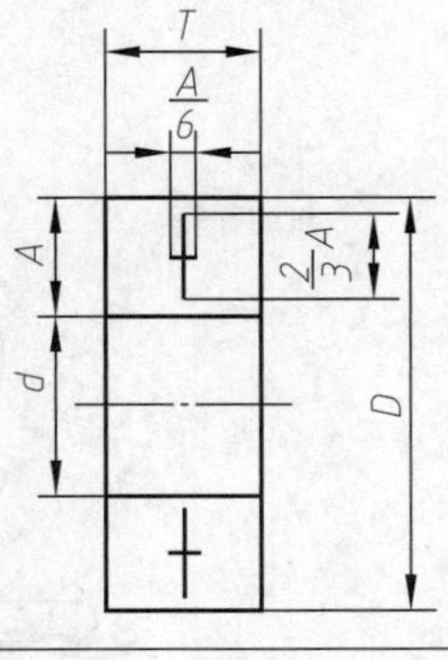
圆锥滚子轴承 GB/T 297—2015 30000 型	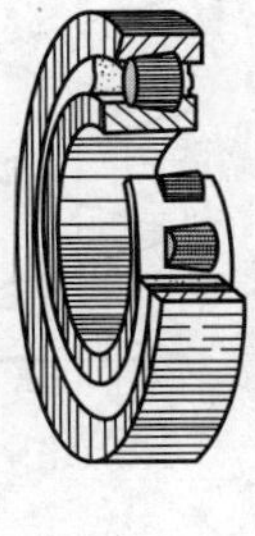	D d B T C	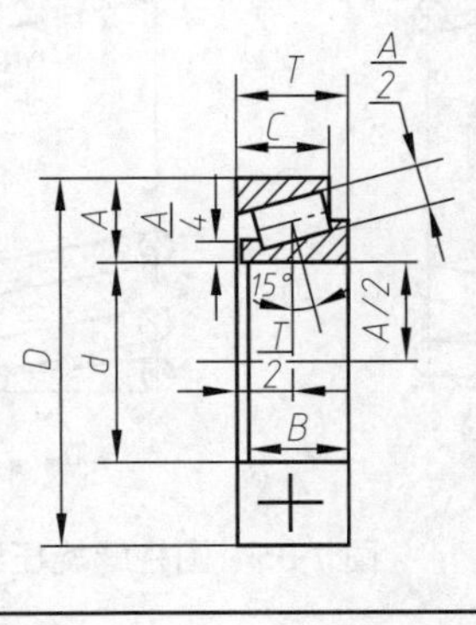	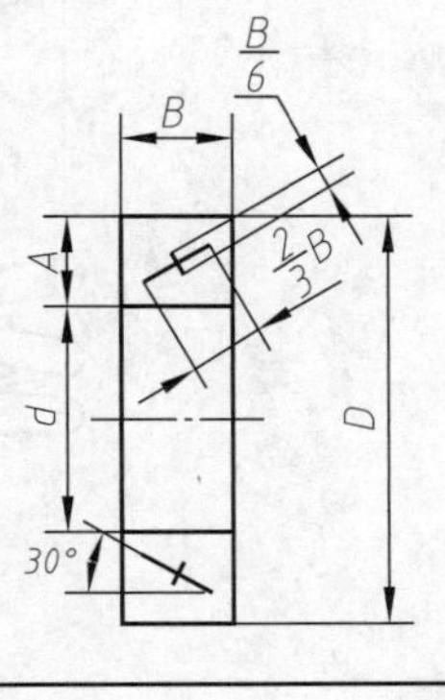

任务五　学习弹簧

一、弹簧的应用及分类

弹簧是应用广泛的储能零件，可用来减震、复位、夹紧、测力等。其主要特点是当外力去除后，能立即恢复原状。

弹簧的种类很多，如图 7-34 所示，包括螺旋弹簧、板弹簧、涡卷弹簧等。螺旋弹簧由于制造简单，且可根据受载情况制成各种形式，故应用广泛。根据受力情况，螺旋弹簧又可分为压缩弹簧、拉伸弹簧和扭转弹簧三种。本节主要介绍普通圆柱螺旋压缩弹簧的画法（见图 7-35）及尺寸计算。

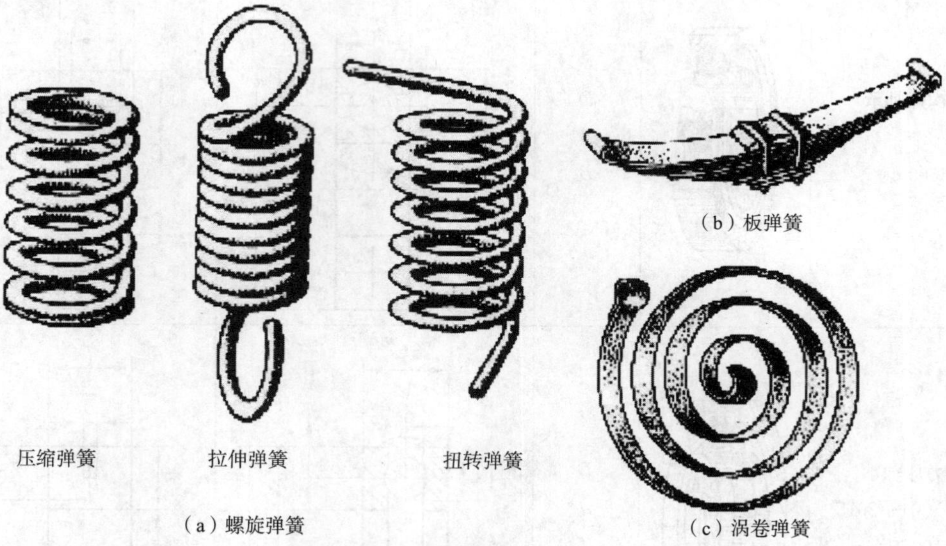

图 7-34　弹簧

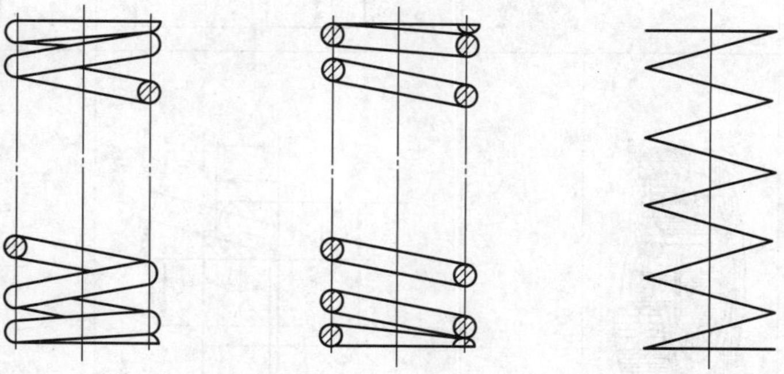

图 7-35　圆柱螺旋压缩弹簧的画法

二、圆柱螺旋压缩弹簧各部分的名称和尺寸关系

弹簧的画图步骤如图 7-36 所示。

①簧丝直径 d。制造弹簧的钢丝直径。

②弹簧外径 D。弹簧的最大直径。

③弹簧内径 D_1。弹簧的最小直径，$D_1=D-2d$。

④弹簧中径 D_2。弹簧的平均直径，$D_2=(D_1+D)/2=D-d=D_1+d$。

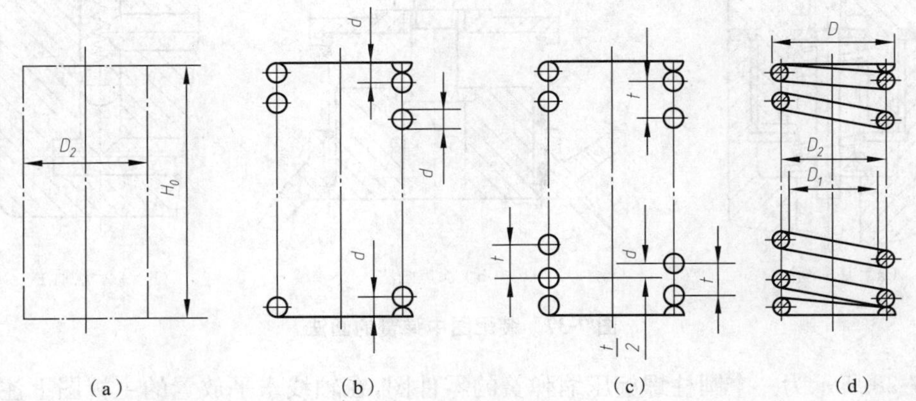

图 7-36　弹簧的画图步骤

⑤弹簧节距 t。除支承圈外，相邻两圈对应点间的轴向距离。

⑥有效圈数 n。除支承圈以外，保持弹簧等节距的圈数。

⑦支承圈数 n_z。为使压缩弹簧支承平稳，制造时需将弹簧两端并紧磨平，这部分圈数仅起支承作用，故称支承圈，一般支承圈有 1.5 圈、2 圈、2.5 圈三种，其中较常见的是 2.5 圈。

⑧总圈数 n_1。有效圈数和支承圈数的总和。

⑨自由高度 H_0。弹簧在无外力作用下的高度，$H_0=nt+(n_z-0.5)d$。

⑩弹簧的展开长度 L。制造弹簧时坯料的长度，由螺旋线的展开可知 $L=n_1\sqrt{(\pi D_2)^2+t^2}$。

三、圆柱螺旋压缩弹簧的规定画法

根据《机械制图　弹簧表示法》(GB/T 4459.4—2003)规定，圆柱螺旋弹簧可按图 7-36 绘制，并注意以下几点：

①在平行于圆柱螺旋弹簧轴线投影面上的投影，弹簧各圈的轮廓线(即螺旋线)应画成直线。

②螺旋弹簧均可画成右旋。若是左旋弹簧，只需在图中标注旋向"左"字。

③螺旋压缩弹簧，如果要求两端并紧且磨平时，不论支承圈多少，均可按图 7-36 所示支承圈为 2.5 圈的形式绘制。

④有效圈数在 4 圈以上的弹簧，允许两端只画 1～2 圈(不包括支承圈)，中间各圈可省略不画，只画通过弹簧钢丝剖面中心的两条点画线，当中间各圈省略后，图形长度可适当缩短。

⑤在装配图中，被弹簧挡住的结构一般不画出，可见部分应从弹簧的外轮廓线或从弹簧

钢丝剖面的中心线画起，如图 7-37(a)所示。当弹簧被剖切时，弹簧钢丝直径在图形上等于或小于 2 mm 时，其剖面可涂黑表示，如图 7-37(b)所示。弹簧钢丝直径或型材厚度在图形上等于或小于 2 mm 的弹簧，允许采用示意画法，如图 7-37(c)所示。

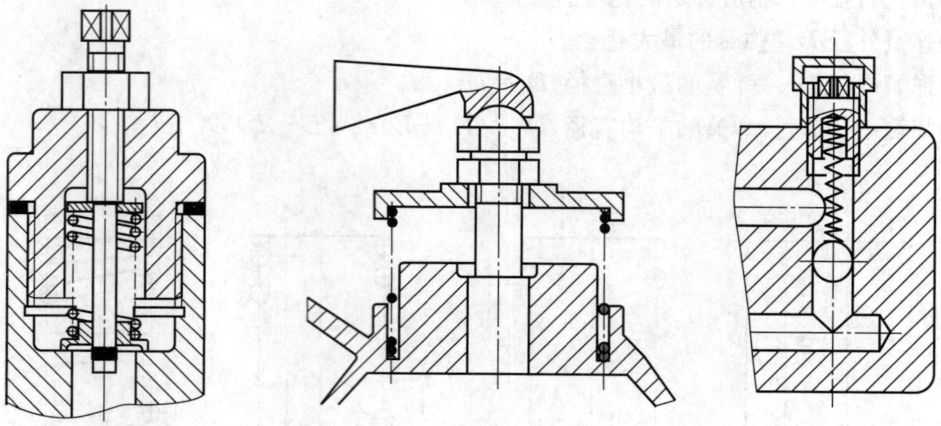

（a）基本画法　　（b）涂黑画法　　（c）示意画法

图 7-37　装配图中弹簧的画法

图 7-38 所示为一个圆柱螺旋压缩弹簧的零件图，在轴线水平放置的主视图上注出完整的尺寸；同时，在右下角用文字注写技术要求，在零件图上方用图解表示弹簧受力时的压缩长度，并注明了弹簧的主要参数。

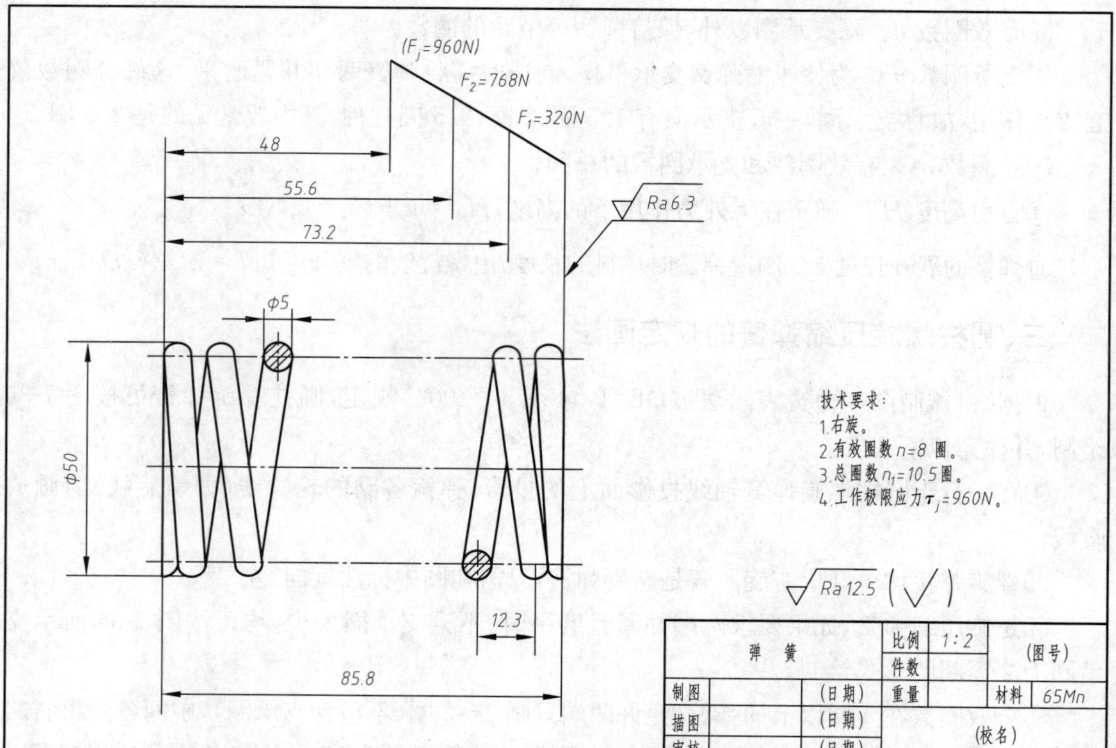

图 7-38　圆柱螺旋压缩弹簧零件图

小　结

本项目介绍了标准件及常用件的结构、标记和规定画法。

1. 螺纹紧固件

常用的螺纹紧固件有螺栓、双头螺柱、螺钉、螺母、垫圈等，国家标准对其结构、尺寸和画法等都做了统一规定。螺纹紧固件的连接有螺栓连接、双头螺柱连接、螺钉连接。

2. 齿轮

齿轮是广泛应用的传动零件，用于传递动力，改变转速和回转方向。常见的齿轮传动有圆柱齿轮传动、圆锥齿轮传动、蜗轮蜗杆传动。齿轮是常用件。

3. 键和销

键主要用于联结轴和轴上零件，常用的键有普通平键、半圆键、钩头楔键。键是标准件，键和键槽的尺寸由轴径确定。

销主要用于连接和定位，常用的销有圆柱销、圆锥销和开口销。销是标准件。

4. 滚动轴承

滚动轴承是支承旋转轴的组件，一般都由外圈、内圈、滚动体和保持架组成。滚动轴承是标准件，国家标准有统一的规定画法。

5. 弹簧

弹簧是标准件，主要起减震、复位、测力、储能等作用。

通过本项目的学习，会查阅国家标准手册、选用标准件。掌握标准件与常用件（螺纹紧固件、键、销、滚动轴承、圆柱螺旋弹簧、齿轮）的规定画法及标注方法。

项目八

零件图

学习目标

1. 掌握螺纹的规定画法和标注方法。
2. 掌握常用螺纹紧固件及其连接的装配画法。
3. 掌握螺纹紧固件的规定标记和查表方法。
4. 掌握圆柱齿轮及其啮合的规定画法。
5. 掌握键、销、滚动轴承的规定画法。

任务一　零件图的概述

任何机器或部件都是由若干个零件装配而成的，表示零件结构、大小及技术要求的图样称为零件图。

一、零件图的作用

零件图是制造和检验零件的主要依据，是指导生产零件的重要技术文件之一。机械或部件中，除标准件外，其余零件一般均应绘制零件图。

二、零件图的内容

一张完整的零件图应包括图 8-1 所示内容。

1. 一组图形

综合运用基本视图、剖视图、断面图及其他表达方法，将零件的内、外形状和结构完整、正确、清晰地表达出来。

2. 完整的尺寸

正确、完整、清晰、合理地标注出制造和检验零件时所必需的全部尺寸。

3. 技术要求

用规定的符号、代号、文字说明零件在制造、检验过程中应达到的技术指标，如表面粗糙度、极限与配合、几何公差、材料热处理等要求。

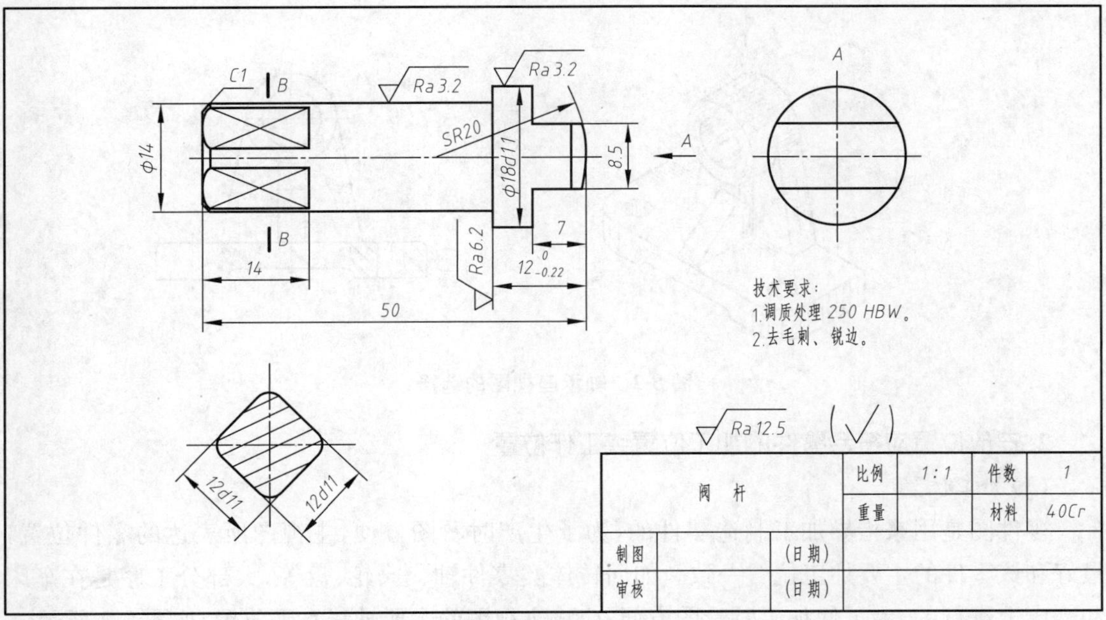

图 8-1 阀杆零件图

4. 标题栏

标题栏中填写零件的名称、材料、数量、图样比例、图号、设计单位等内容。一般要按国家标准画好并填写，教学过程中，可采用简化标题栏。

任务二 零件图视图的选择

零件图视图的选择应比组合体视图选择考虑更多的实际因素，除考虑形状特征外，还必须综合考虑零件的加工方法、工作位置等。

零件图视图选择的总的原则是：恰当、灵活地运用各种表达方法，结合考虑零件的功用和工艺过程，用最少数目的图形将零件的结构形状正确、清晰、完整地表达出来，并使看图方便、绘图简便。

一、主视图的选择

主视图是一组视图的核心，主视图的选择是否合理，直接影响着其他视图的数量和配置关系，选择时，通常应先确定零件的安放位置，再确定主视图的投射方向。

1. 主视图应清楚地显示出零件的形状特征

主视图选择的投射方向应使所得到的主视图最能反映零件各组成部分的形状特征和相对位置关系。图 8-2 所示轴承座的轴测图，选择主视图时有 A、B、C 三种投射方向，但 A 向最能反映零件的主要形状特征。

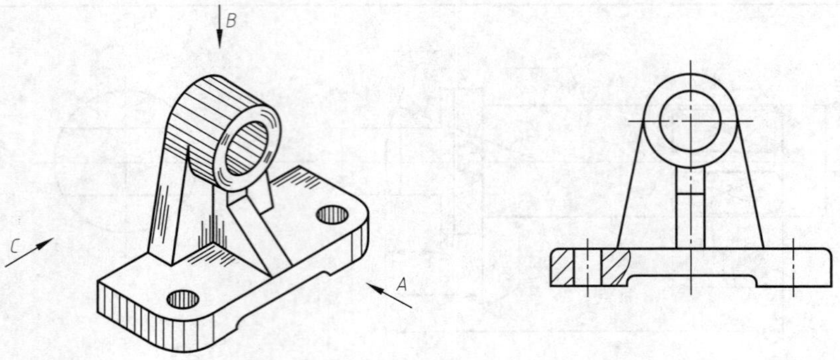

图 8-2　轴承座视图的选择

2. 安放位置应符合零件的加工位置或工作位置

(1)加工位置

零件图是用来指导加工制造零件的，为了生产时看图方便，主视图所表达的零件位置，最好和该零件的主要加工位置一致。如回转体类零件轴、套、轮、盘等，大部分工序是在车床和磨床上进行的，为了使加工时看图方便，应将主视图的主要轴线水平放置，如图 8-3 所示。

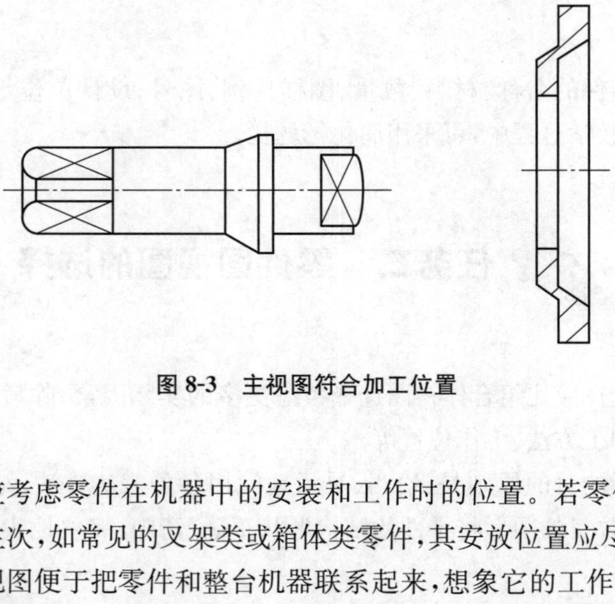

图 8-3　主视图符合加工位置

(2)工作位置

选择主视图时应考虑零件在机器中的安装和工作时的位置。若零件是多工序加工，不便分出加工位置的主次，如常见的叉架类或箱体类零件，其安放位置应尽量与零件的工作位置一致。这样选主视图便于把零件和整台机器联系起来，想象它的工作情况，也便于根据装配关系来考虑零件的形状与加工位置。当零件的工作位置和加工位置发生矛盾时，优先考虑加工位置，如图 8-4 所示。

二、其他视图的选择

主视图确定以后，应仔细分析零件在主视图中尚未表达清楚的部分，根据零件的结构特点及内、外形状的复杂程度来考虑增加其他视图、剖视图、断面图和局部放大图等。具体选用时，应注意以下几点：

①根据零件的复杂程度及内、外结构形状，全面地考虑还应补充的其他视图，使每个所选视图应具有独立存在的意义及明确的表达重点，注意避免不必要的细节重复，在明确表达

零件的前提下，使视图数量为最少。

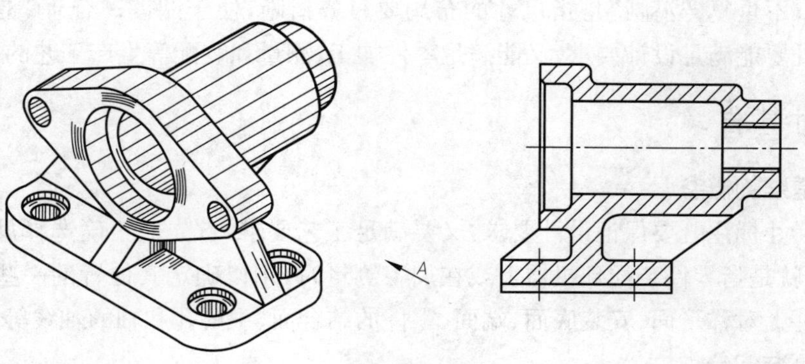

图 8-4　选择零件的安放位置作为主视图的投射方向

②优先考虑采用基本视图，当有内部结构时应尽量在基本视图上作剖视；对尚未表达清楚的局部结构和倾斜部分结构，可增加必要的局部视图或局部剖视图及斜视图、斜剖视图；有关的视图应尽量保持投影关系，配置在相关视图附近。

③按照视图表达零件形状要正确、完整、清晰、简便的要求，进一步综合、比较、调整、完善，选出最佳的表达方案。

图 8-5 所示轴承座，主视图确定后，俯视图主要反映底板的形状特征和支承部分的结构形式，左视图主要反映圆筒内腔的结构形状，并反映轴承座各组成部分的连接关系。

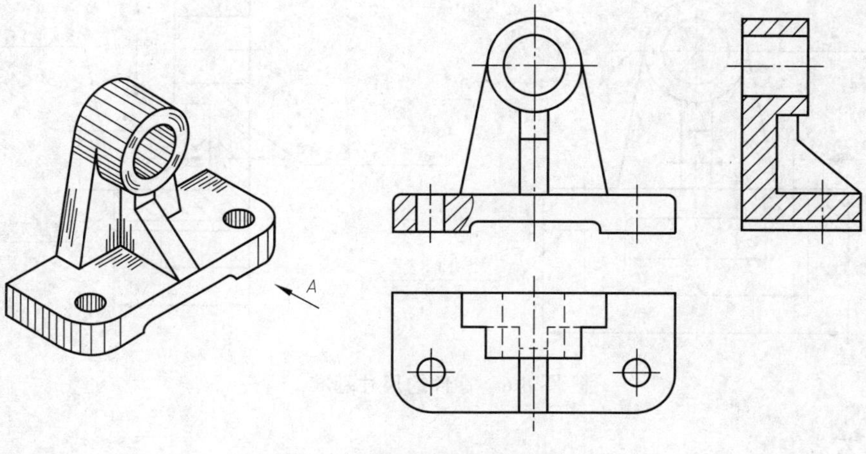

图 8-5　轴承座的表达方法

任务三　零件图的尺寸标注

一、零件图上尺寸标注的要求

零件图上标注的尺寸是加工和检验的重要依据。零件图尺寸标注的基本要求是：正确、完整、清晰、合理。“正确”是指尺寸注法要符合国家标准的规定;“完整”是指尺寸必须注写齐全,不遗漏,不重复;“清晰”是指尺寸的布局要整齐清晰,便于阅读;“合理”是指零件图上标注的尺寸既要能满足设计要求,又能满足零件加工、测量和装配等生产工艺的要求。

二、尺寸基准

1. 尺寸基准的概念

零件图尺寸标注既要保证设计要求,又要满足工艺要求,首先应正确选择尺寸基准。所谓尺寸基准,就是指零件装配到机器上或在加工测量时,用以确定其位置的一些面、线或点。它可以是零件上对称平面、安装底面、端面、零件的结合面、主要孔和轴的轴线等。

2. 尺寸基准的分类

在零件的设计和生产中,根据基准的不同作用,可以把尺寸基准分为设计基准和工艺基准两类。

(1)设计基准

根据零件的结构和设计要求而选定的尺寸基准称为设计基准。图 8-6 所示轴承座,因为一根轴要由两个轴承支承,所以两者的轴孔应在同一轴线上,标注高度尺寸应以底面为基准,才能确保轴孔到底面的距离。长度方向以左右对称面为基准,以保证底板上两孔之间的距离以及与轴孔的对称关系,宽度方向以后端面为基准。

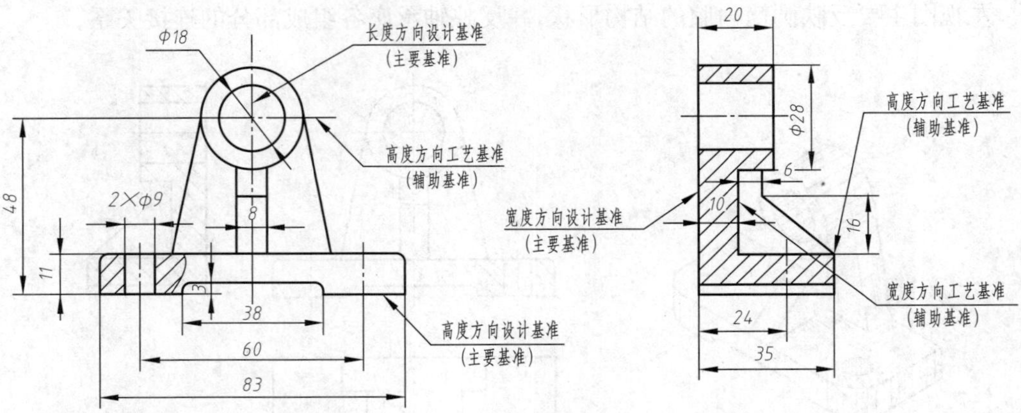

图 8-6　零件的尺寸基准

(2)工艺基准

为方便零件的加工、测量和安装而确定的基准称为工艺基准。工艺基准有时可能与设计基准重合,该基准不与设计基准重合时又称为辅助基准。零件同一方向有多个尺寸基准时,主要基准只有一个,其余均为辅助基准,辅助基准必有一个尺寸与主要基准相联系,该尺寸称为联系尺寸。如图 8-6 中的 48、11、10 所示。

选择基准的原则是:尽可能使设计基准与工艺基准一致,以减少两个基准不重合而引起的尺寸误差。当设计基准与工艺基准不一致时,应以保证设计要求为主,将重要尺寸从设计基准注出,次要基准从工艺基准注出,以便加工和测量。

3. 尺寸的合理标注原则

①重要尺寸应直接注出,避免换算,以保证加工时直接达到尺寸要求。图 8-7(a)所示尺

寸 A 必须从基准(底面)直接注出,而不能用标注 B 和 C 来代替。同理,安装时为保证轴承上两个 $\phi6$ 孔与机座上的孔准确装配,两个 $\phi6$ 孔的定位尺寸应按图 8-7(a)所示直接注出中心距 D,而不用图 8-7(b)所示注出两个 E。

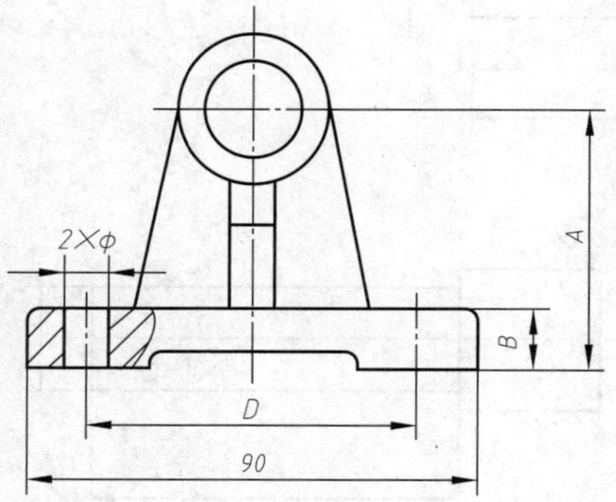

(a) 正确

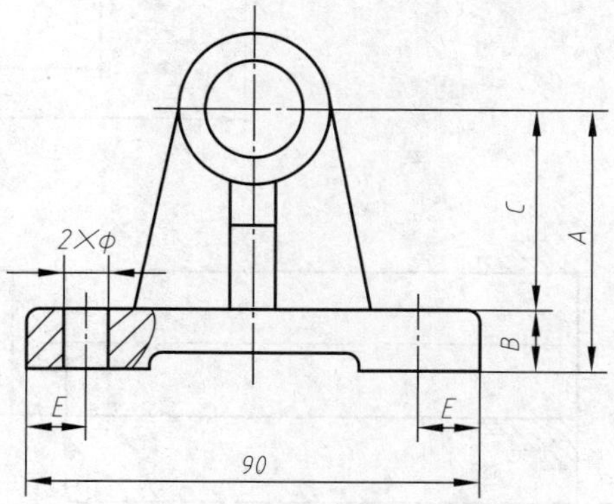

(b) 错误

图 8-7　重要尺寸应直接标注

②避免出现封闭的尺寸链。零件在同一方向的尺寸首尾相接,称为尺寸链,如图 8-8 所示。当尺寸注成如图 8-8(b)所示的封闭形式时,会给加工带来困难。尺寸链中任一环尺寸的误差都是其他各环尺寸误差之和,这种封闭尺寸链标注方法往往不能保证设计要求。例如尺寸 A 为尺寸 B、C、D 之和,在加工时,尺寸 B、C、D 产生的误差,便会积累到尺寸 A 上,不能保证尺寸 A 的精度要求。因此,正确的标注是:选择不太重要的一段不注尺寸,使所有的尺寸误差都积累在此处,以保证重要尺寸的精度,如图 8-8(a)所示。

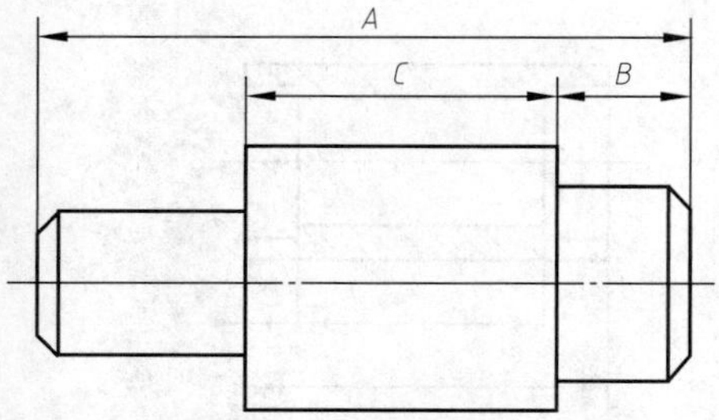

(a) 正确

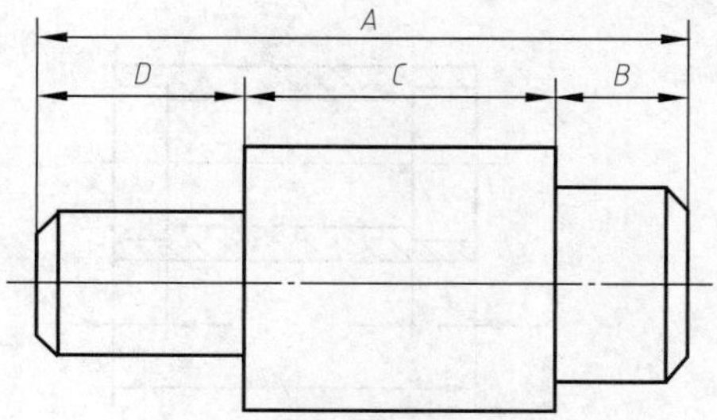

(b) 错误

图 8-8　避免注成封闭的尺寸链

③应尽量符合加工顺序。图 8-9 中的阶梯轴,尺寸按加工顺序标注,这对于加工过程中的看图和测量都很方便。

④尺寸标注要便于测量。图 8-10 所示套筒中,应按图 8-10(a)所示标注尺寸。图 8-10(b)所示尺寸 A 不便于测量。

⑤零件上常见孔的尺寸标注。零件上常有光孔、锥销孔、螺纹孔、沉孔等结构,国家标准《技术制图　简化表示法》中,规定了其符号和缩写词,标注方法见表 8-1。

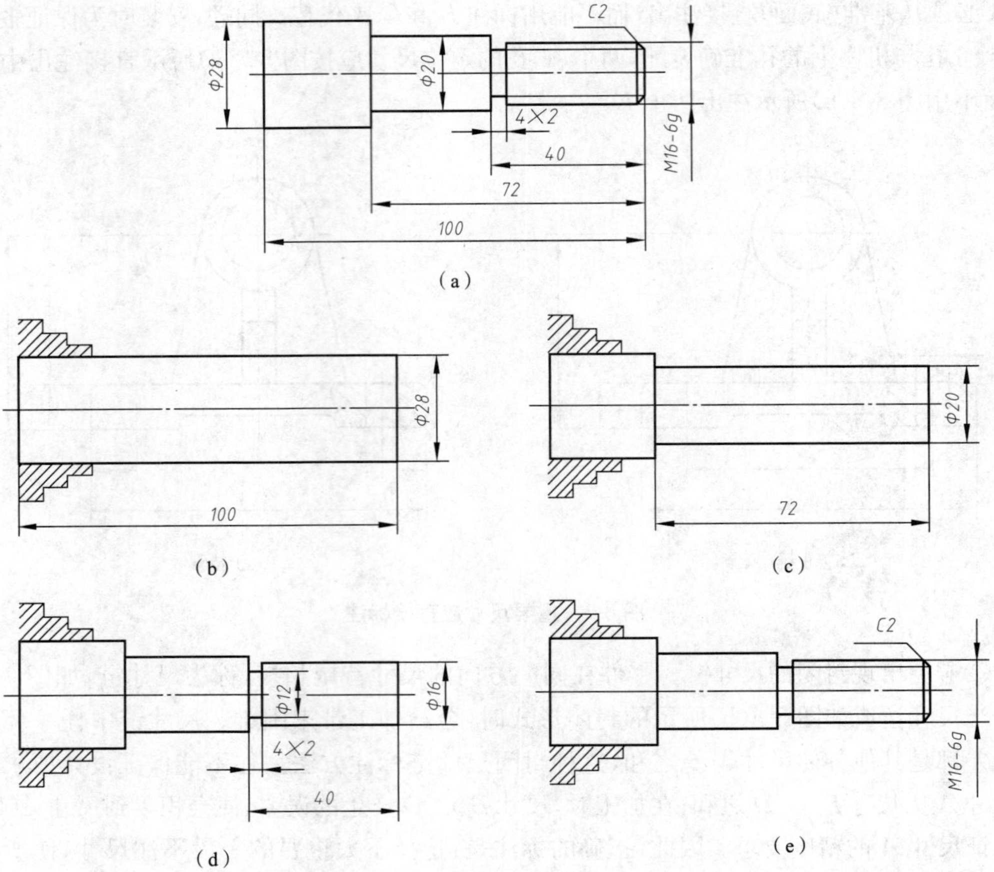

图 8-9　按加工顺序标注阶梯轴的标注

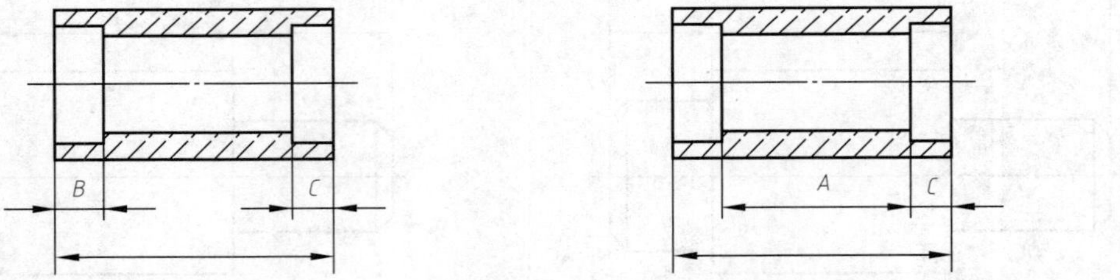

（a）合理　　　　（b）不合理

图 8-10　尺寸标注要便于测量

表 8-1　零件上常见孔的尺寸标注方法

类型		旁注法	普通注法	说明
光孔	一般孔	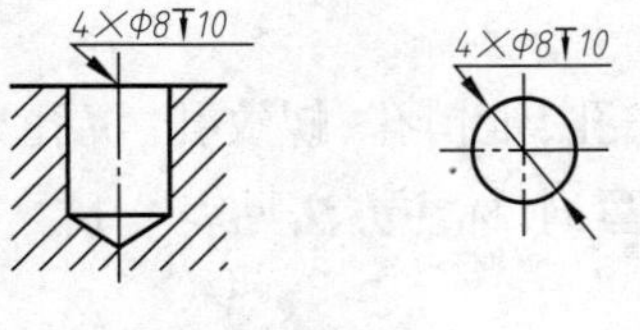	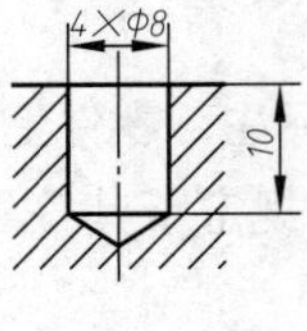	“↧”为深度符号，4 个均匀分布的 $\phi 8$ 光孔，深度为 10 mm

续上表

类型		旁注法		普通注法	说明
光孔	精加工孔	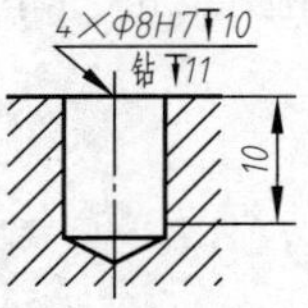	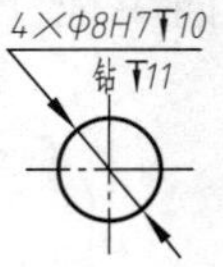	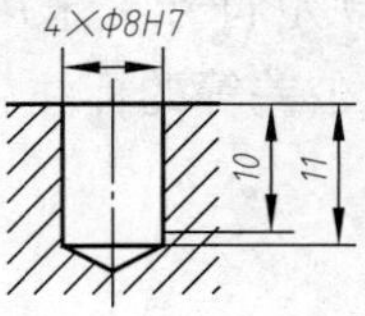	“↧”为深度符号，4 个均匀分布的 $\phi8$ 光孔，深度为 11 mm，需加工 $\phi8H7$ 深 10 mm
	锥销孔	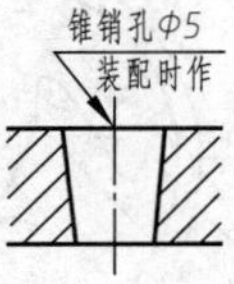		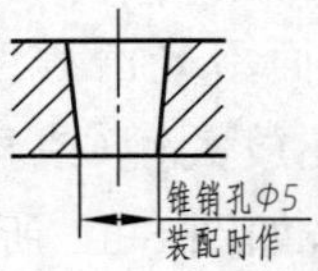	$\phi5$ 为锥销孔相配合的圆锥销小头直径，锥销孔通常是将连接的两零件装在一起时加工
螺孔	通孔	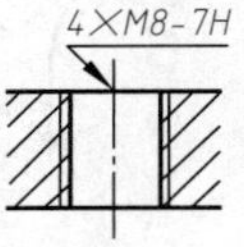	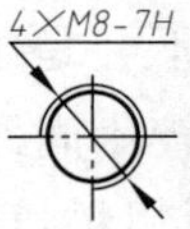	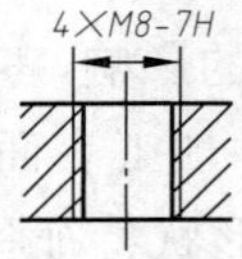	4 个均匀分布的 M8-7H 的螺纹孔
	不通孔	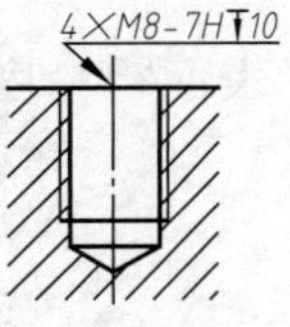	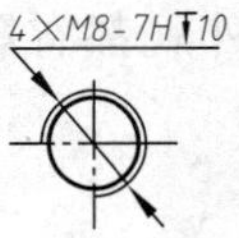	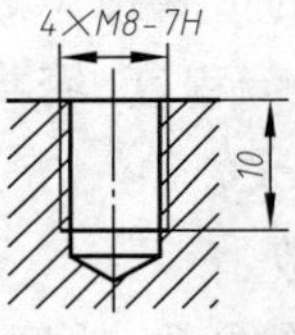	4 个均匀分布的 M8-7H 的螺纹孔，螺纹孔深为 10 mm
		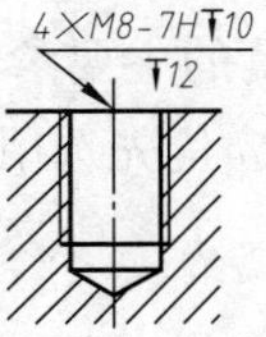	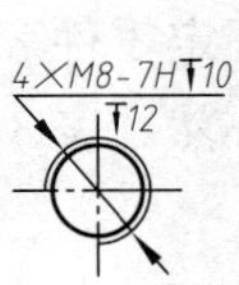	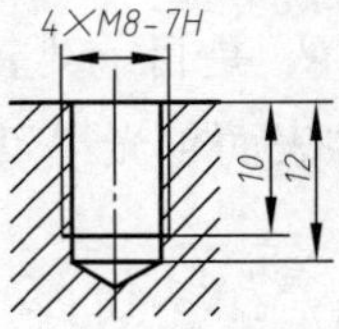	4 个均匀分布的 M8-7H 的螺纹孔，钻光孔深度为 12 mm，螺纹深度为 10 mm
沉孔	锥形沉孔	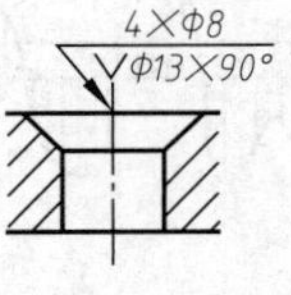	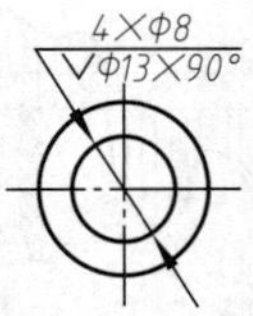	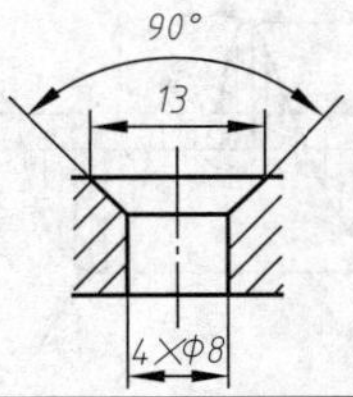	“⌵”为埋头孔符号，4 个均匀分布的 $\phi8$ 孔，沉孔直径为 $\phi13$，锥角 90°
	柱形沉孔	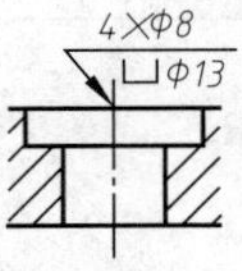	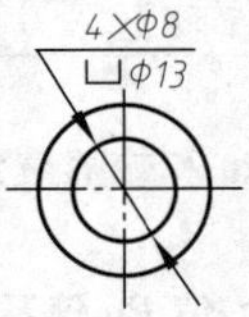	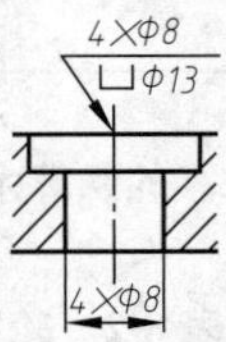	“⌴”为锪平孔符号，4 个均匀分布的 $\phi8$ 孔，锪平孔 $\phi13$

任务四　零件图上技术要求的注写

零件图上除了表达形状结构的图形和表达大小的尺寸外，还必须标注和说明制造零件时应达到的一些技术要求。技术要求主要有表面粗糙度、极限与配合、几何公差、材料的热处理及表面处理、特殊加工要求及检验和实验的说明等。在这些内容中，一般采用规定的代号或符号标注在图样上，无规定符号可采用文字简单地注写在图纸的右下角。下面介绍表面粗糙度、极限与配合、几何公差等的标注。

一、表面粗糙度

1. 表面粗糙度概述

表面粗糙度是指零件表面不光滑程度。经过加工的零件表面看起来很光滑，但在放大镜（或显微镜）下观察，可以看到高、低不平的峰、谷，如图 8-11 所示。这是因为，在加工零件表面时，由于受刀具和工件之间的运动、摩擦、机床的振动、工件变形等因素的影响，零件表面不会是绝对光滑和平整的。将这种零件加工表面上具有较小间距的峰和谷所组成的微观几何形状特征称为表面粗糙度。表面粗糙度是衡量零件质量的重要标志之一，它对零件的配合、耐磨性、抗腐蚀性、抗疲劳程度、密封性和外观都有影响。表面粗糙度等级越高，表面越平坦。

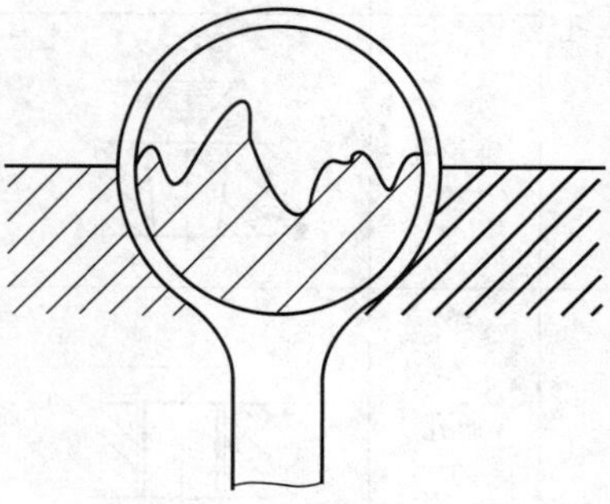

图 8-11　零件表面微观不平情况

2. 表面粗糙度的评定参数

评定表面粗糙度常用两个参数：轮廓算数平均值（*Ra*）和轮廓最大高度（*Rz*），如图 8-12 所示。其中轮廓算数平均值 *Ra* 是目前生产中评定零件表面质量的主要参数。*Ra* 值越小，表面结构质量要求越高，零件表面越光滑，反之亦然。表 8-2 为 *Ra* 优先选用系列值。

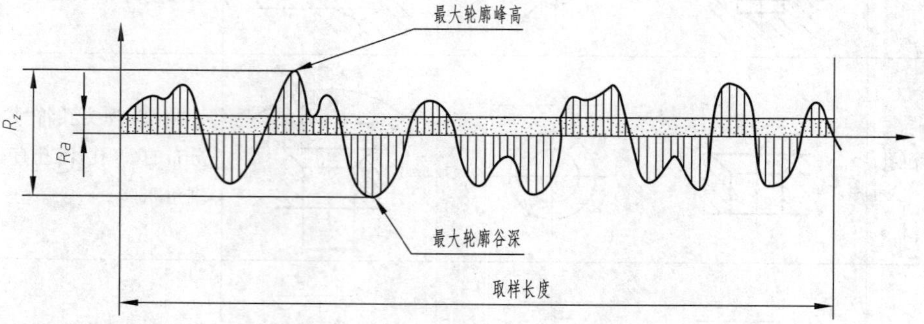

图 8-12　轮廓算术平均值 *Ra* 和轮廓最大高度 *Rz*

表 8-2　轮廓算数平均值 *Ra* 值系列　　单位：μm

第一系列	0.012,0.025,0.050,0.10,0.20,0.40,0.80,1.60,3.2,6.3,12.5,25,50,100
第二系列	0.008,0.016,0.032,0.063,0.125,0.25,0.50,1.00,2.00,4.0,8.0,16.0,32,63
	0.010,0.020,0.040,0.080,0.160,0.32,0.63,1.25,2.5,5.0,10.0,20,40,80

3. 表面粗糙度符号及其标注

①表面粗糙度的图形符号及意义见表 8-3。

表 8-3　表面粗糙度图形符号及意义

代号	意　　义
	基本符号，表示指定表面可用任何方法获得，当不加注粗糙度参数值或有关说明时，仅适用于简化代号标注
	表示指定表面是用去除材料的方法获得，如通过机械加工获得的表面
	表示指定表面是用不去除材料的方法获得，如铸造、锻造等
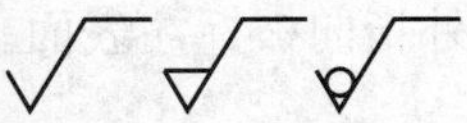	在上述三个符号的长边上均可加一横线，用于标注有关参数和说明
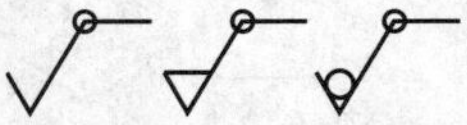	在上述三个符号上均可加一小圆，表示所有表面具有相同的表面粗糙度要求

②表面粗糙度图形符号的画法如图 8-13 所示，符号尺寸见表 8-4。

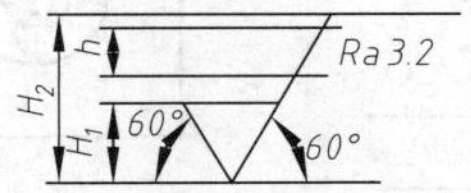

图 8-13　表面粗糙度图形符号的画法

表 8-4　表面粗糙度图形符号的尺寸　　　　单位：mm

数字与字母高度 h	2.5	3.5	5	7	10	14	20
符号的线条宽度	0.25	0.35	0.5	0.7	1	1.4	2
高度 H_1	3.5	5	7	10	14	20	28
高度 H_2（最小值）	7.5	10.5	15	21	30	42	60

表面粗糙度代号由表面粗糙度符号与参数 *Ra* 值相组成，其意义见表 8-5。

表 8-5　参数 *Ra* 值的标注及意义

代号	意义	代号	意义
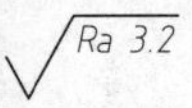	用任何方法获得的表面粗糙度，*Ra* 的上限值为 3.2 μm	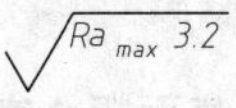	用任何方法获得的表面粗糙度，*Ra* 的最大值为 3.2 μm
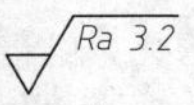	用去除材料方法获得的表面粗糙度，*Ra* 的上限值为 3.2 μm	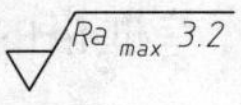	用去除材料方法获得的表面粗糙度，*Ra* 的最大值为 3.2 μm
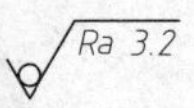	用不去除材料方法获得的表面粗糙度，*Ra* 的上限值为 3.2 μm	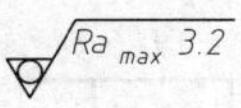	用去除材料方法获得的表面粗糙度，*Ra* 的最大值为 3.2 μm
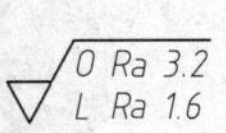	用去除材料方法获得的表面粗糙度，*Ra* 的上限值为 3.2 μm，*Ra* 的下限值为 1.6 μm	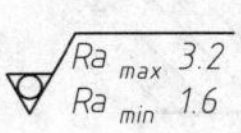	用去除材料方法获得的表面粗糙度，*Ra* 的最大值为 3.2 μm，*Ra* 的最小值为 1.6 μm

③表面粗糙度符号在图样上的标注方法。在图样上标注表面粗糙度的基本原则如下：

(a)表面粗糙度要求对每一表面一般只标注一次，并应尽可能标注在相应尺寸及其公差的同一视图上，除非另有说明，所标注的表面粗糙度要求是对加工后表面的要求。

(b)根据《机械制图　尺寸注法》(GB/T 4458.4—2003)的规定，表面粗糙度的注写和读取方向应与尺寸的注写和读取方向一致，如图 8-14 所示。

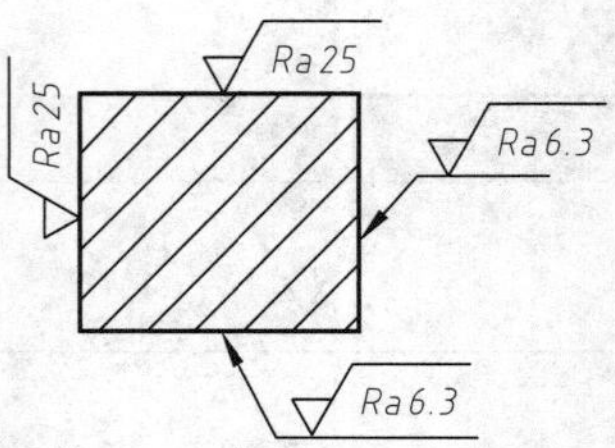

图 8-14　表面粗糙度符号的标注方向

(c)表面粗糙度可注写在可见轮廓线或延长线上。符号应从材料外指向被标注表面。必要时，符号可用带箭头或黑点的指引线引出标注，如图 8-15 所示。

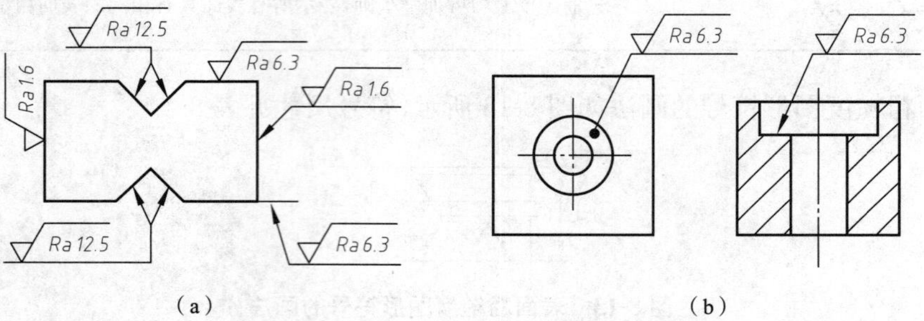

图 8-15　表面粗糙度标注在轮廓线、延长线、指引线上

(d)在不致引起误解时，表面粗糙度可标注在给定的尺寸线上，如图 8-16 所示。

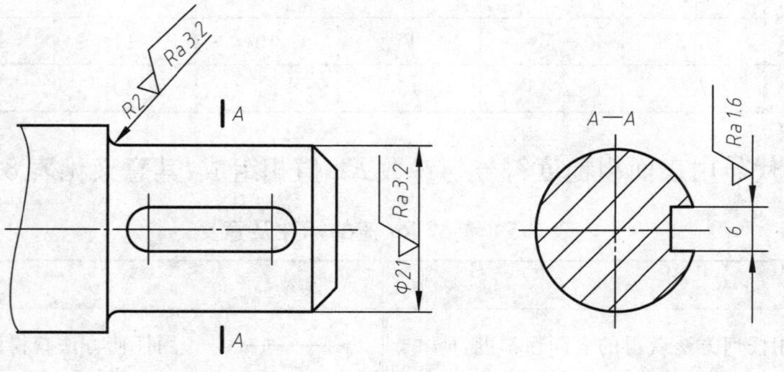

图 8-16　表面粗糙度标注在给定的尺寸线上

(e)表面粗糙度可标注在几何公差框格的上方，如图 8-17 所示。

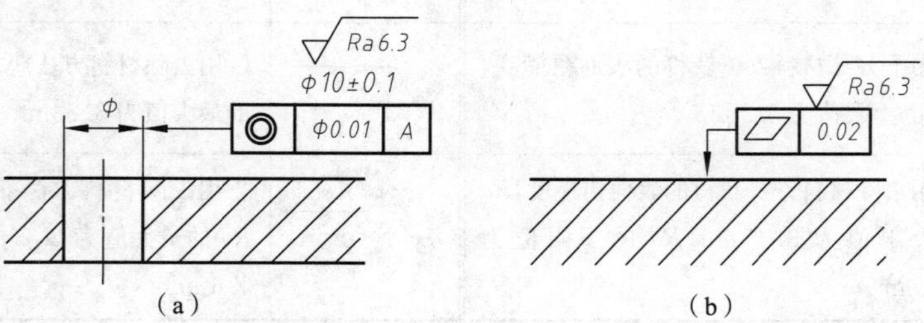

图 8-17　表面粗糙度标注在几何公差上方

(f)表面粗糙度的简化标注。

当零件所有表面具有相同的表面粗糙度要求时，可统一标注在标题栏附近，如图 8-18 所示。

当零件大部分结构具有相同的表面粗糙度要求时，则其表面粗糙度要求可统一标注在标题栏附近，且在表面粗糙度符号后面括号内给出无任何其他标注的基本符号，或给出已标注的不同的表面结构要求，如图 8-19 所示。

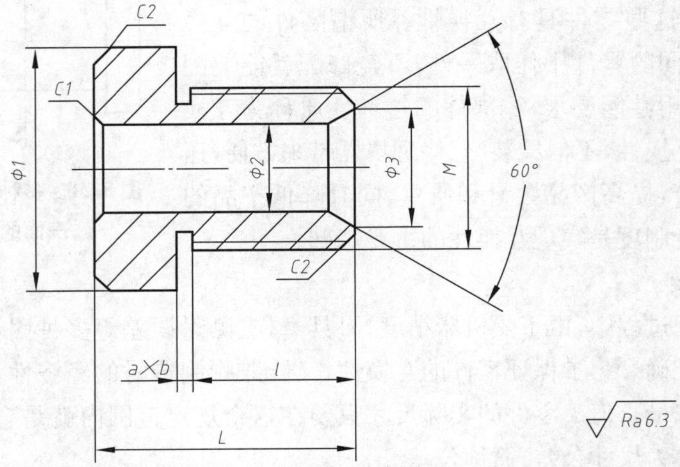

图 8-18　所有表面具有相同的表面粗糙度要求的简化标注

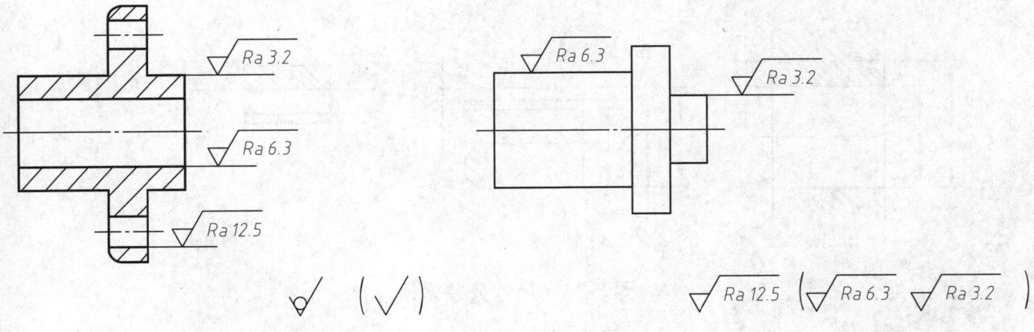

（a）　　　　（b）

图 8-19　多数表面具有相同的表面粗糙度要求的简化标注

若多个表面具有相同的表面粗糙度要求或标注空间有限时，可用带字母的完整符号简化标注，但必须在标题栏附近用等式的形式给出这些简化标注表示的表面粗糙度要求，如图 8-20所示。

零件上用细实线连接的不连续的同一表面，其表面结构只标注一次，如图 8-20 所示。

由几种不同的工艺方法获得的同一表面，当需要明确每种工艺方法的表面粗糙度要求时，可按图 8-21 进行标注。

图 8-20　标注位置受限制时表面粗糙度要求的简化标注

二、极限与配合

(一)极限与配合的概念

1. 互换性

在日常生活中,如果汽车的零件坏了,买个新的换上即可使用,这是因为这些零件具有互换性。所谓零件的互换性,就是从一批相同的零件中任取一件,不经修配就能装配使用,并能保证使用性能要求,零部件的这种性质称为互换性。零部件具有互换性,不但给装配、修理机器带来方便,还可用专用设备生产,提高产品数量和质量,同时降低产品的成本。极限与配合制度是实现互换性的重要基础。

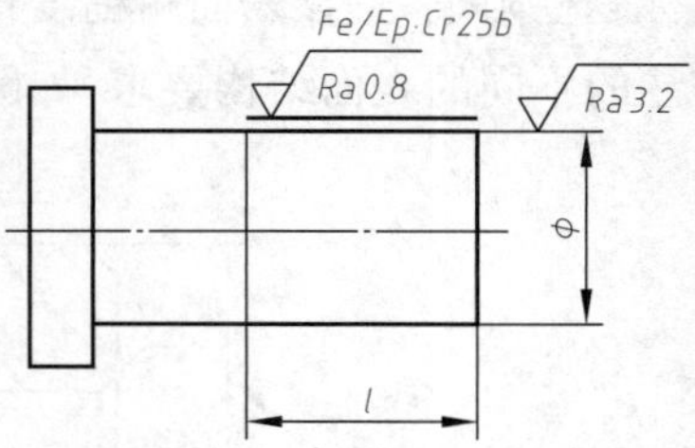

图 8-21　多种工艺获得的同一表面的标注方法

2. 术语及定义

在零件的加工过程中,由于受机床精度、刀具磨损、测量误差等多种因素的影响,零件不可能制造得绝对准确。为了保证零件的互换性,又能兼顾制造时的经济性,设计者给定的尺寸往往有最大值和最小值。零件的实际尺寸只要在这个规定范围内就是合格产品。这个允许的尺寸变动量称为尺寸公差,简称公差。

下面以图 8-22 为例说明尺寸公差的有关术语。

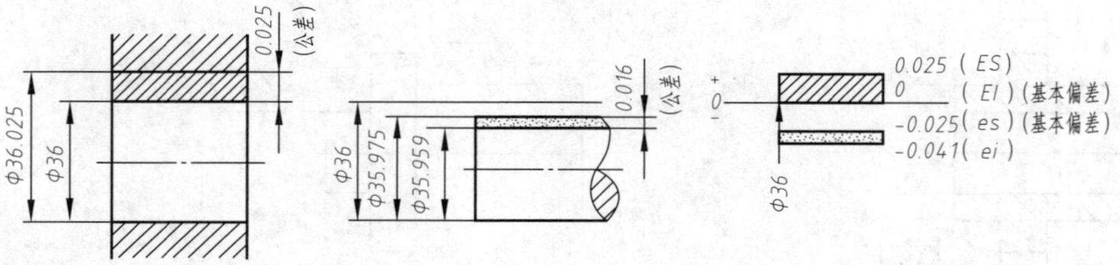

(a) 孔的公差　(b) 轴的公差　(c) 公差带图

图 8-22　尺寸公差术语

①公称尺寸。根据零件的强度、结构及工艺要求确定的设计尺寸,如图 8-22 中尺寸 φ36。

②极限尺寸。以公称尺寸为基准,允许零件尺寸变动的两个界限值。两个界限值中较大的一个为最大极限尺寸,如图 8-22(a)中 φ36.025;较小的一个为最小极限尺寸,如图 8-22(c)中 φ36。

③实际尺寸。通过测量所获得的尺寸。由于存在测量误差,实际尺寸并不是零件的真实尺寸。

④尺寸偏差(简称偏差)。某一尺寸减其公称尺寸所得的代数差。最大极限尺寸减其公称尺寸所得的代数差称为上偏差。孔的上偏差代号 ES,轴的上偏差代号 es。最小极限尺寸减其公称尺寸所得的代数差称为下偏差。孔的下偏差代号 EI,轴的下偏差代号 ei。国家标准中规定偏差可以同时为正,同时为负,或一正一负,或其中一个为零,但不能同时为零。图 8-22 中,孔的上偏差 ES＝36.025－36＝＋0.025,孔的下偏差为 0。轴的上偏差 es＝35.975－36＝－0.025,轴的下偏差 ei＝35.959－36＝－0.041。

⑤尺寸公差(简称公差)。允许尺寸的变动量。尺寸公差＝最大极限尺寸－最小极限尺

寸＝上偏差－下偏差。因为尺寸公差表示尺寸的变动范围，所以它是一个没有符号的绝对值。如图 8-22 中，通过上式可分别计算出孔、轴的公差值，即

孔的公差为：公差＝|36.025－36|＝|0.025－0|＝0.025

轴的公差为：公差＝|35.975－35.959|＝|－0.026－(－0.041)|＝0.015

⑥零线、公差带、公差带图。在公差与配合图解(公差带图)中，确定偏差的一条基准直线，即表示公称尺寸或零偏差的线称为零线。表示公差大小的由上、下偏差的两条直线所限定的区域称为公差带，如图 8-22(c)所示。为了便于分析，一般将公称尺寸、偏差、公差之间的关系按放大的比例画成简图称为公差带图，如图 8-22(c)所示。

⑦标准公差及等级。由国家标准所列的，用以确定公差带大小的公差称为标准公差。公差等级是用于确定尺寸精度高低的等级。常用标准公差分为 20 个等级，即 IT01、IT0、IT1……IT18，IT 表示标准公差，数字表示精度等级。对于一定的公称尺寸，公差等级越高，标准公差越小，尺寸精度越高，其中 IT01 最高，依次递降，IT18 最低。标准公差数值由公称尺寸和公差等级确定，实际应用时，可查阅相关标准。

⑧基本偏差。用以确定公差带的相对零线位置的偏差为基本偏差。它可以是上偏差或下偏差，一般为靠近零线的那个偏差。图 8-22 所示孔的下偏差是基本偏差，轴的上偏差是基本偏差。国家标准根据不同的使用要求，对轴和孔分别规定了不同的基本偏差。基本偏差代号用拉丁字母表示，大写表示孔，小写代表轴。国家标准分别对孔和轴各规定了 28 个不同的基本偏差，如图 8-23 所示。

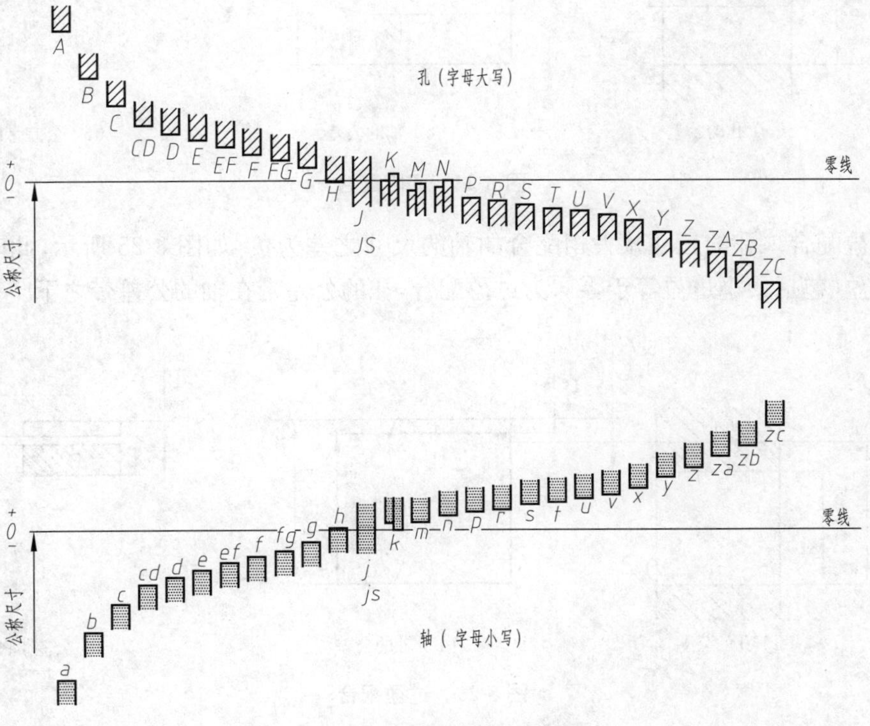

图 8-23　基本偏差系列

3. 公差带代号

孔、轴的公差带代号由基本偏差代号和公差等级组成。例如：ϕ36H7，因 H 为大写，则

H7 为孔的公差带代号；φ36h7，因 h 为小写，h7 为轴的公差带代号。公差带代号的含义如下：

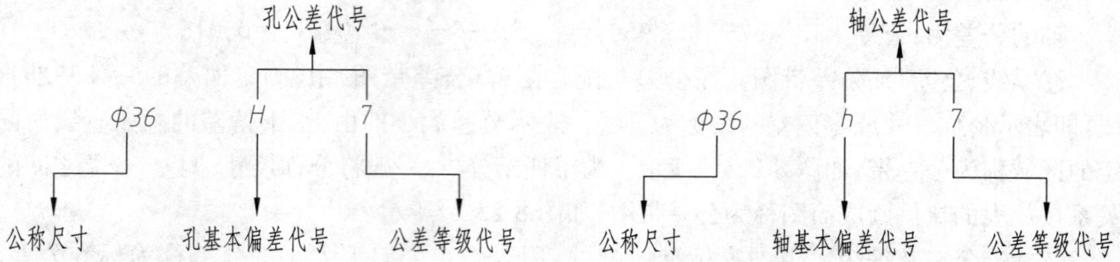

4. 配合的基本概念

公称尺寸相同的相互结合的孔和轴公差带之间的关系称为配合。根据孔、轴配合松紧程度的不同，可将配合分为间隙配合、过盈配合和过渡配合三类。

①间隙配合。孔的尺寸减去相配合的轴的尺寸之差为正，如图 8-24 所示，此时，配合始终具有间隙（包括最小间隙等于零），为间隙配合，孔的公差带在轴的公差带之上。

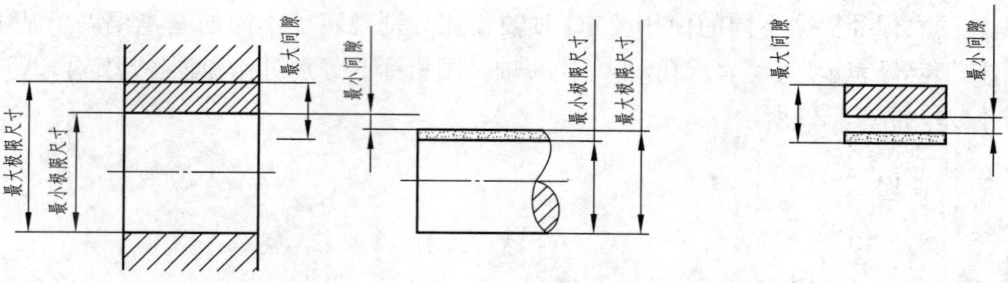

（a）孔的公差　（b）轴的公差　（c）公差带图

图 8-24　间隙配合

②过盈配合。孔的尺寸减去相配合的轴的尺寸之差为负，如图 8-25 所示，此时，配合始终具有过盈（包括最小过盈等于零），为过盈配合，孔的公差带在轴的公差带之下。

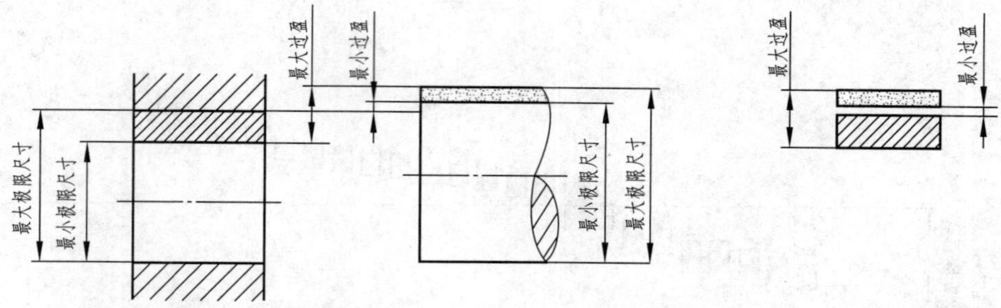

（a）孔的公差　（b）轴的公差　（c）公差带图

图 8-25　过盈配合

③过渡配合。孔的尺寸减去相配合的轴的尺寸之差可能为正，也可能为负，轴和孔之间可能具有间隙或具有过盈的配合，此时，孔的公差带与轴的公差带相互交叠，如图 8-26 所示。

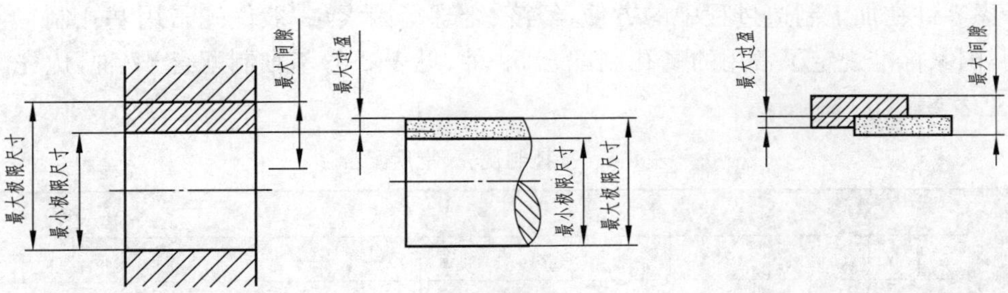

（a）孔的公差　　（b）轴的公差　　（c）公差带图

图 8-26　过渡配合

5. 配合基准制

由标准公差和基本偏差可以组成大量的孔、轴公差带，并形成各种配合。为设计和制造方便以及减少选择配合的盲目性，国家标准中规定了两种配合制，即基孔制配合与基轴制配合。

①基孔制配合。基本偏差为一定的孔的公差带与不同基本偏差的轴的公差带形成各种配合的一种制度。也就是固定孔的公差带位置不变，改变轴的公差带位置而得到不同松紧程度的配合。基孔制的孔称为基准孔。国家标准规定基准孔的基本偏差代号是“H”，其下偏差为零，如图 8-27(a)所示。

②基轴制配合。基本偏差为一定的轴的公差带与不同基本偏差的孔的公差带形成各种配合的一种制度。也就是固定轴的公差带位置不变，改变孔的公差带位置而得到不同松紧程度的配合。基轴制的轴称为基准轴。国家标准规定基准轴的基本偏差代号是“h”，其上偏差为零，如图 8-27(b)所示。

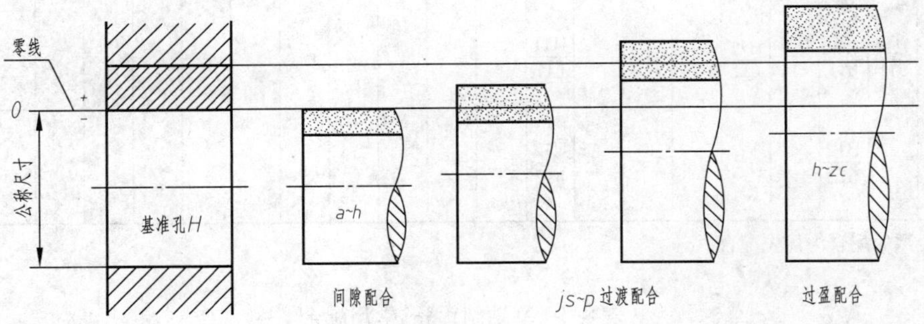

（a）基孔制

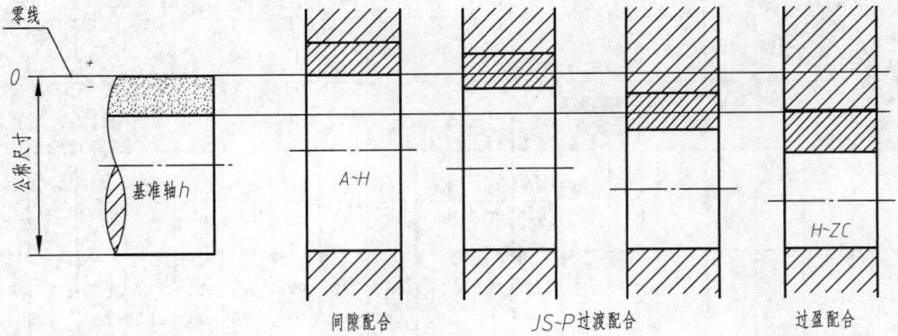

（b）基轴制

图 8-27　基准制

考虑零件在加工制造过程中的方便、经济、合理等因素，一般优先采用基孔制。为了便于使用，国家标准规定了常用的基孔制配合 59 种，见表 8-6；基轴制配合 47 种，优先配合各 13 种，见表 8-7。

表 8-6 基孔制优先、常用配合

基孔制	轴																				
	a	b	c	d	e	f	g	h	js	k	m	n	p	r	s	t	u	v	x	y	z
	间隙配合								过渡配合			过盈配合									
H6						H6/f5	H6/g5	H6/h5	H6/js5	H6/k5	H6/m5	H6/n5	H6/p5	H6/r5	H6/s5	H6/t5					
H7						H7/f6	H7/g6◥	H7/h6◥	H7/js6	H7/k6◥	H7/m6	H7/n6◥	H7/p6◥	H7/r6	H7/s6◥	H7/t6	H7/u6◥	H7/v6	H7/x6	H7/y6	H7/z6
H8					H8/e7	H8/f7◥	H8/g7	H8/h7◥	H8/js7	H8/k7	H8/m7	H8/n7	H8/p7	H8/r7	H8/s7	H8/t7	H8/u7				
				H8/d8	H8/e8	H8/f8		H8/h8													
H9			H9/c9	H9/d9◥	H9/e9	H9/f9		H9/h9◥													
H10			H10/c10	H10/d10				H10/h10													
H11	H11/a11	H11/b11	H11/c11◥	H11/d11				H11/h11◥													
H12		H12/b12						H12/h12													

注：标注◥的配合为优先配合。

表 8-7 基轴制优先、常用配合

基轴制	孔																				
	A	B	C	D	E	F	G	H	Js	K	M	N	P	R	S	T	U	V	X	Y	Z
	间隙配合								过渡配合			过盈配合									
h5						F6/h5	G6/h5	H6/h5	Js6/h5	K6/h5	M6/h5	N6/h5	P6/h5	R6/h5	S6/h5	T6/h5					
h6						F7/h6	G7/h6◥	H7/h6◥	Js7/h6	K7/h6◥	M7/h6	N7/h6◥	P7/h6◥	R7/h6	S7/h6◥	T7/h6	U7/h6◥				
h7					E8/h7	F8/h7◥		H8/h7◥	Js8/h7	K8/h7	M8/h7	N8/h7									

续上表

基轴制	孔																				
	A	B	C	D	E	F	G	H	Js	K	M	N	P	R	S	T	U	V	X	Y	Z
	间隙配合								过渡配合			过盈配合									
h8				$\frac{D8}{h8}$	$\frac{E8}{h8}$	$\frac{F8}{h8}$		$\frac{H8}{h8}$													
h9				◥ $\frac{D9}{h9}$	$\frac{E9}{h9}$	$\frac{F9}{h9}$		◥ $\frac{H9}{h9}$													
h10				$\frac{D10}{h10}$				$\frac{H10}{h10}$													
h11	$\frac{A11}{h11}$	$\frac{B11}{h11}$	◥ $\frac{C11}{h11}$	$\frac{D11}{h11}$				◥ $\frac{H11}{h11}$													
h12		$\frac{B12}{h12}$						$\frac{H12}{h12}$													

注：标注◥的配合为优先配合。

（二）极限与配合在图样上的标注

1. 在零件图上的标注

国家标准规定，极限与配合尺寸，在图样上采用公称尺寸后面加公差带代号或对应的偏差数值表示，如图 8-28 所示。用于大批量生产的零件图，只标注公差带代号，如图 8-28(a)所示；用于中、小批量生产的零件图，一般只标注极限偏差，如图 8-28(b)所示；当要求同时标注公差带代号和相应的极限偏差时，则应按图 8-28(c)所示标注。

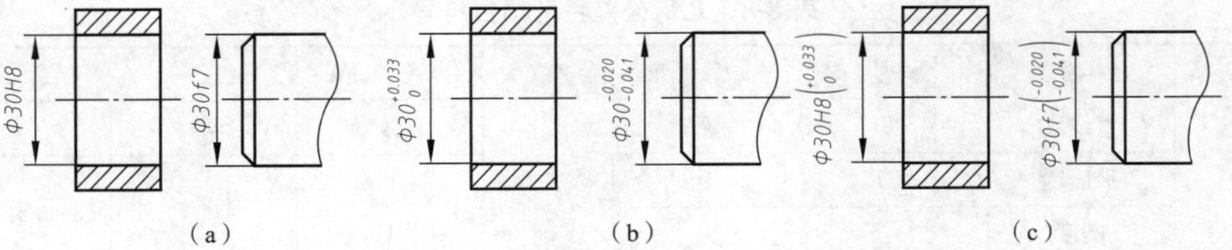

(a)　　　(b)　　　(c)

图 8-28　极限与配合在零件图上的标注

2. 在装配图上的标注

国家标准规定，在装配图上采用分数形式标注配合代号，如图 8-29(a)、(b)所示。分子为孔的公差带代号，分母为轴的公差带代号，其孔、轴公差的标注均可采用零件图上标注的三种形式。标注标准件、外购件与零件(轴或孔)的配合代号时，可以仅标注相配合零件的公差带代号，如图 8-29(c)所示。

三、几何公差

几何公差是指零件表面的实际要素(点、线、面)形状、位置、方向等对于理想形状、位置、方向的允许偏差。经过加工的零件，除会产生尺寸误差外，也会产生形状和位置误差。如图 8-30(a)所示圆柱体，在零件加工时，即使在尺寸合格时，也有可能出现一端粗一端细或中间粗两端细等情况，其截面也有可能不圆，这种现象属于形状误差。再如图 8-30(b)所示阶梯轴，加工后可能出现各轴段不同轴线的情况，这种现象属于位置误差。由于形状和位置误差过大，会影响机器的工作性能。因此，对精度要求高的零件，除了应保证尺寸公差外，还应控制其几何公差。几何公差的代号及其标注如下。

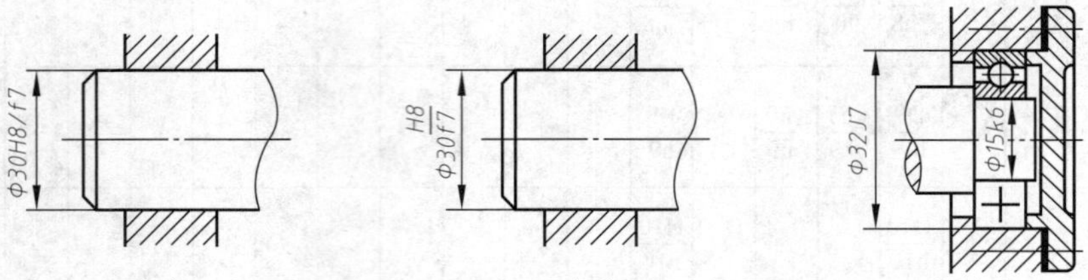

(a)　　(b)　　(c)

图 8-29　装配图中配合代号的注法

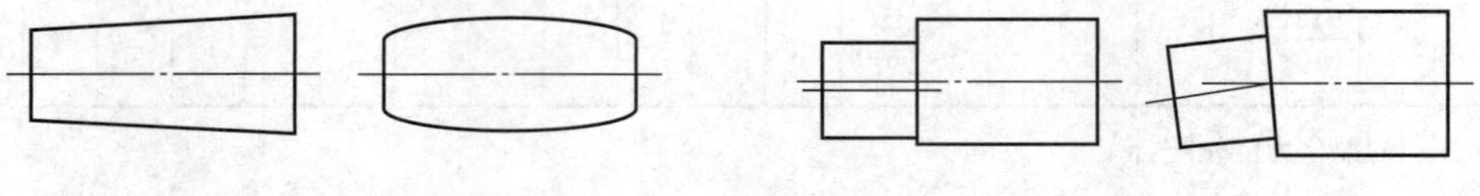

(a) 形状误差　　(b) 位置误差

图 8-30　几何公差

1. 几何公差特征项目符号

国家标准 GB/T 1182—2008 规定用代号来标注几何公差。在实际生产中，当无法用代号标注几何公差时，允许在技术要求中用文字说明。几何公差代号包括形位公差各项目的符号(见表 8-8)。

表 8-8　几何公差特征项目符号

公差类型	特征项目	符号	有或无基准	公差类型	特征项目	符号	有或无基准
形状公差	直线度	—	无	位置公差	直线度	⊕	有或无
	平面度	▱	无		同心度(用于中心点)	◎	有
	圆度	○	无				
	圆柱度	⌭	无		同轴度(用于轴线)	◎	有
	线轮廓度	⌒	无				
	面轮廓度	⌓	无				
方向公差	平行度	//	有		对称度	⌯	有
	垂直度	⊥	有		线轮廓度	⌒	有
	倾斜度	∠	有		面轮廓度	⌓	有
	线轮廓度	⌒	有	跳动公差	圆跳动	↗	有
	面轮廓度	⌓	有		全跳动	⌰	有

2. 几何公差代号

几何公差代号由公差框格和带箭头的指引线组成。公差框格由两格或多格组成，用细实线绘制，可水平或垂直放置。框格中的内容从左到右填写几何公差符号、公差数值、基准要素的代号及有关符号，如图 8-31 所示。框格的高为图纸数字高的二倍(2h)。框格中字母和数字高为 h。若公差带为圆或圆柱形，则在公差值前面加注 ϕ。若公差带为圆球，则在公差值前面加注 $S\phi$。指引线用细实线绘制，一端与公差框格相连，另一端用箭头指向被测要素。

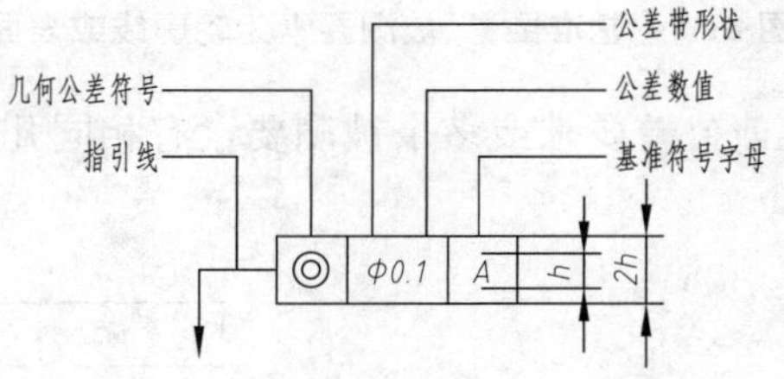

图 8-31　几何公差代号

3. 基准代号

基准代号由基准符号(等腰三角形)、正方形框格、连线和字母组成。基准符号用细实线与正方形框格连接，连接线一端垂直于基准符号底边，另一端应垂直框格一边且过其中点，如图 8-32(a)所示。基准符号在图例上应靠近基准要素。无论基准要素的方向如何，正方形框格内的字母都应水平书写，如图 8-32(b)所示。

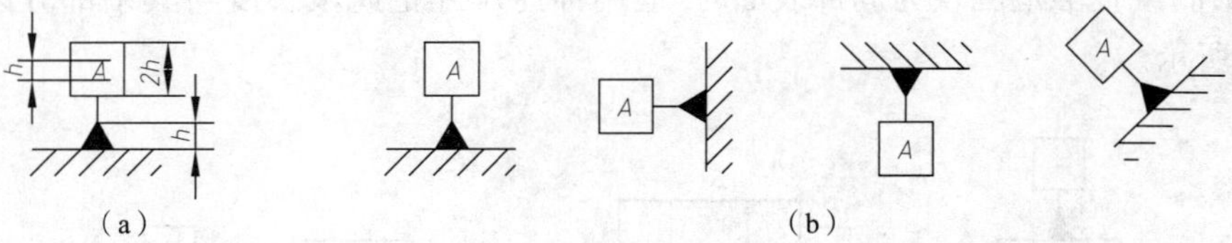

图 8-32　基准代号

4. 几何公差的标注方法

①当基准要素或被测要素为轴线、球心或中心平面时，基准符号连线及框格指引线箭头应与相应要素的尺寸线对齐，如图 8-33 所示。

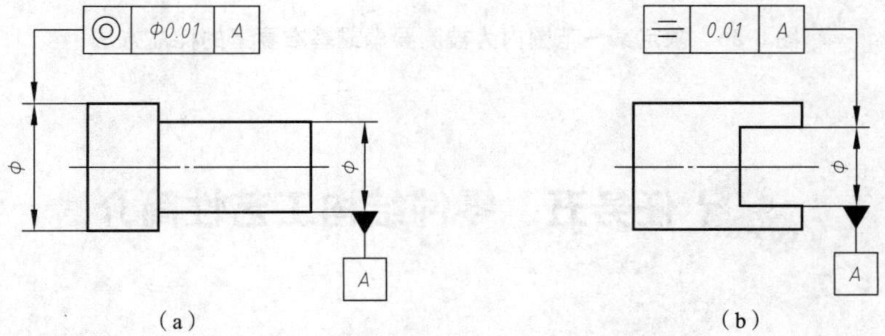

图 8-33　基准要素、被测要素为轴线或中心平面

②当基准要素或被测要素为轮廓线或表面时，基准符号应靠近基准要素，指引线箭头应指向相应被测要素的轮廓线或其引出线上，并应明显地与尺寸线错开，如图 8-34 所示。

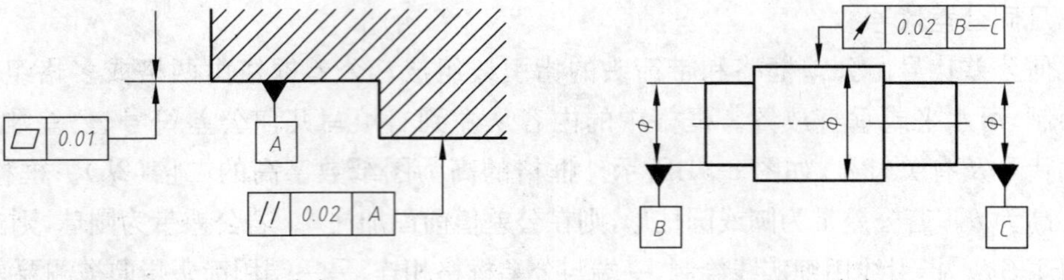

（a）　　（b）

图 8-34　基准要素、被测要素为轮廓线或表面

③当同一要素有多项几何公差要求或多个被测要素有相同几何公差要求时，可按图 8-35 所示标注。

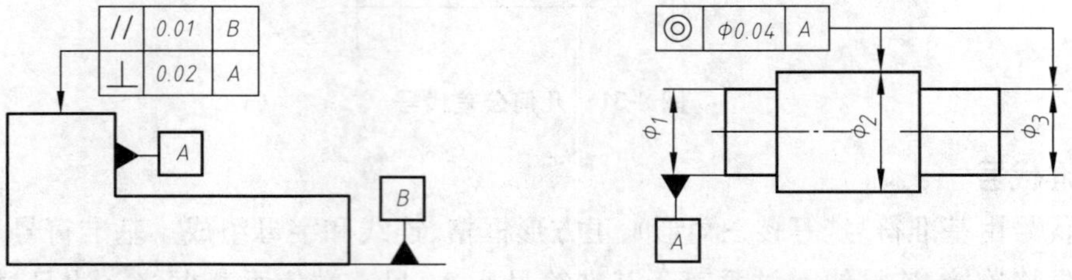

（a）同一要素有多项几何公差要求　　（b）多个被测要素有相同的几何公差要求

图 8-35　多项要求标注方法

④当被测或基准范围仅为局部表面时，应用标注尺寸把此段长度与其余部分区分开来，如图 8-36 所示。

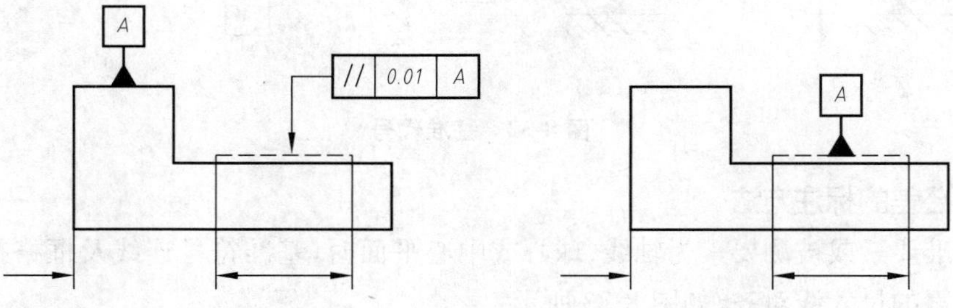

（a）　　（b）

图 8-36　限定某一范围内为被测要素或基准要素的标注方法

任务五　零件结构工艺性简介

零件的结构形状主要是根据它在机器中的作用设计的，同时制造工艺对零件的结构也提出了相应的要求。因此，在设计零件时，应使零件的结构既要满足使用上的要求，同时还要便于制造和装配，适应加工工艺的要求，以提高产品质量，降低成本。

一、铸造零件的工艺结构

把熔化的金属液体浇注到与零件毛坯形状相同的型腔内，经冷却凝固后，获得零件毛坯的方法称为铸造，由此获得的零件毛坯称为铸件。结构形状较复杂的零件毛坯多为铸件。

1. 铸造圆角

铸件表面转折处的圆角过渡称为铸造圆角。铸造圆角可防止铸件浇注时转角处出现落砂现象，避免金属冷却时产生缩孔和裂纹，如图 8-37 所示。圆角大小视零件壁厚而定，一般取壁厚 0.2～0.4 倍。视图中一般不标注铸造圆角半径，而注写在技术要求中，如“未注明铸造圆角 *R*2”。

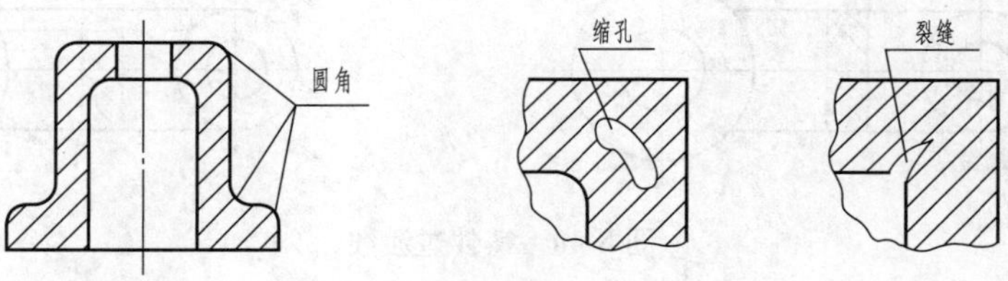

图 8-37 铸造圆角

2. 拔模斜度

铸造零件毛坯时，为了便于取模，一般沿模型拔模方向做成约 1∶20 的斜度，称为拔模斜度，因此在铸件上也有相应的拔模斜度。一般这种斜度在图上不画，也不标出，如图 8-38 所示。

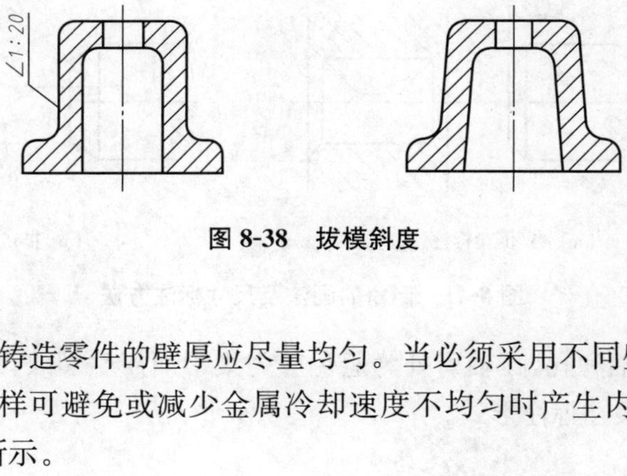

图 8-38 拔模斜度

3. 铸件壁厚

为保证铸件质量，铸造零件的壁厚应尽量均匀。当必须采用不同壁厚连接时，应采用逐渐过渡的方式，因为这样可避免或减少金属冷却速度不均匀时产生内应力而形成缩孔或裂纹的现象，如图 8-39 所示。

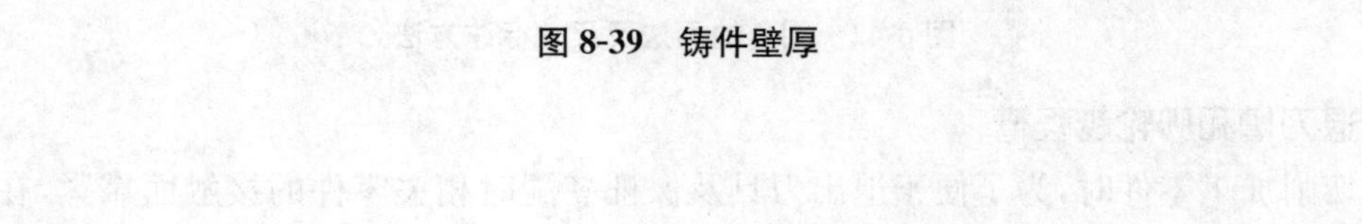

图 8-39 铸件壁厚

4. 铸件过渡线

铸件表面由于圆角的存在，使铸件表面的交线变得不明显，这种不明显的交线称为过渡线。为了使看图时易于分清形体，国家标准规定在分界处仍按没有圆角的情况画出交线，但两端至理论交点处止而不与圆角接触，如图 8-40 所示。

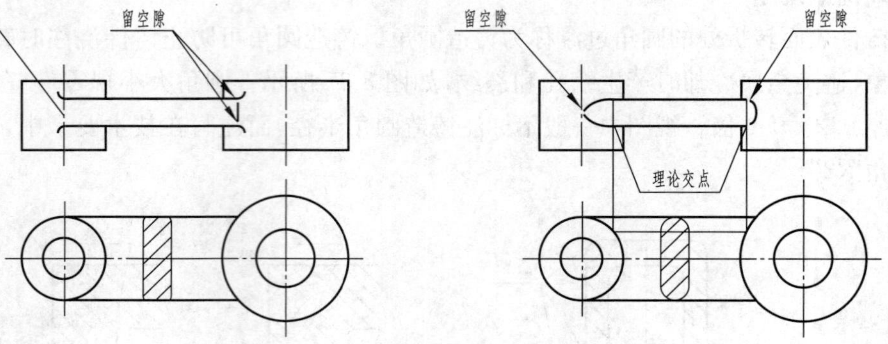

图 8-40　铸件过渡线

二、机械加工工艺结构

1. 倒角和圆角

①倒角。为了去除毛刺、锐边和便于装配，在孔和轴的端部，一般都应加工成倒角。45°倒角可按图 8-41(a)所示标注。非 45°倒角可按图 8-41(b)所示标注。

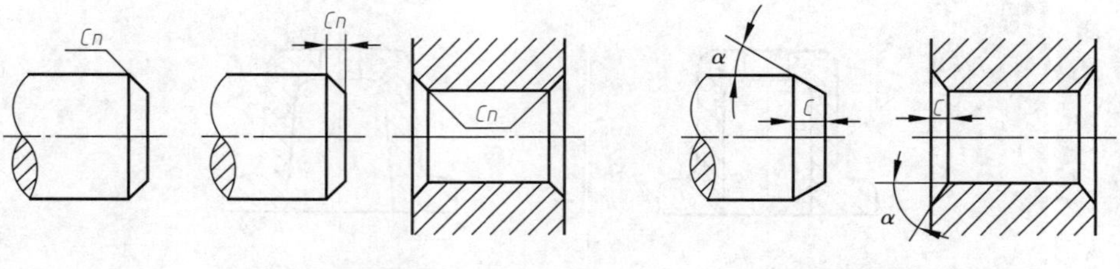

(a) 45°倒角标注　　(b)非45°倒角标注

图 8-41　倒角的画法及尺寸标注方法

②圆角。阶梯的轴和孔，在轴肩处为避免应力集中而产生裂纹，应加工成圆角，图 8-42 所示为圆角的画法及尺寸标注形式。

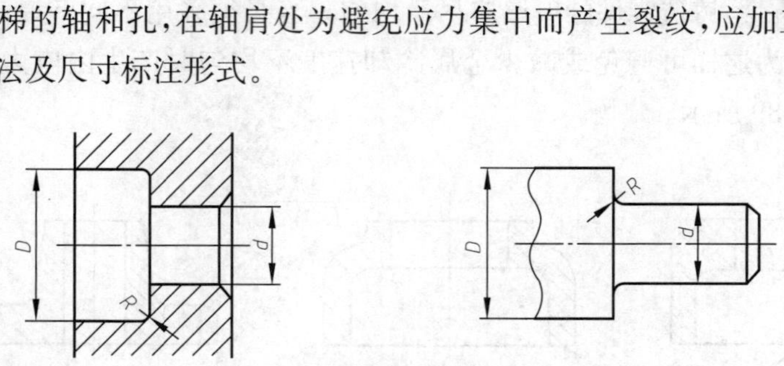

图 8-42　圆角的画法及尺寸标注方法

2. 退刀槽和砂轮越程槽

在切削加工零件时，为了便于退出刀具及保证装配时相关零件的接触面靠紧，在被加工表面台阶处应预先加工出退刀槽或砂轮越程槽，如图 8-43(a)、(b)所示。退刀槽和砂轮越程槽的画法和尺寸标注如图 8-43(c)～(f)所示。

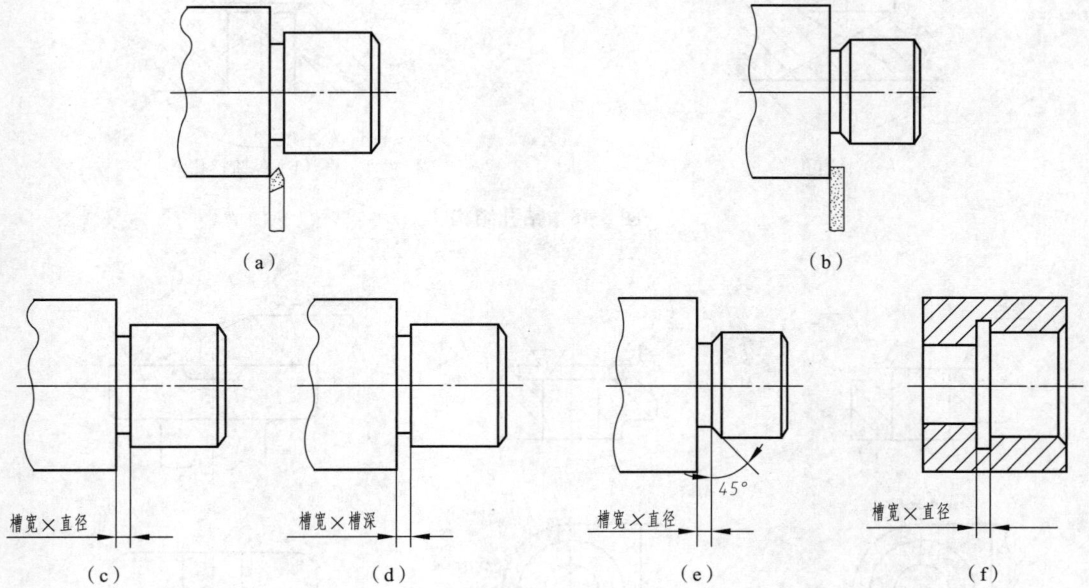

图 8-43　退刀槽和砂轮越程槽

3. 钻孔结构

零件上各种形式的孔，多数是用钻头加工而成。用钻头钻孔时，要求钻头尽量垂直于被加工的表面，否则钻头受力不均匀，会影响孔的加工精度；同时又有可能使钻头歪斜或折断，图 8-44 所示为三种钻孔端面的正确结构。

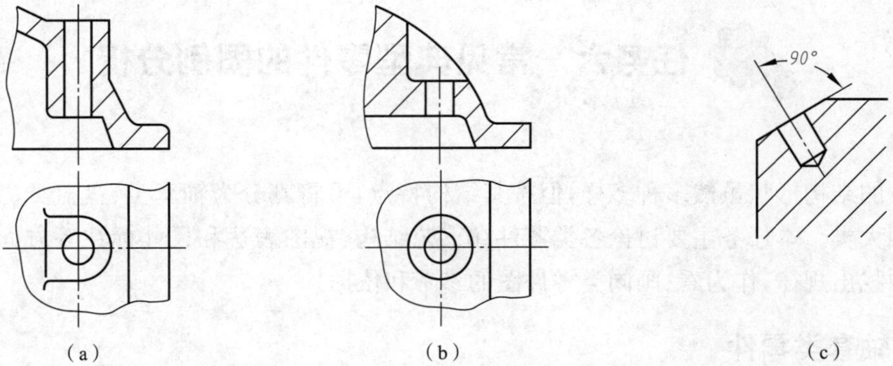

图 8-44　钻孔端面的正确结构

因钻头的顶角约为 120°，所以用钻头钻出的盲孔，在底部相应有一个 120°的锥角。在阶梯形钻孔的过渡处，也存在锥角 120°的圆台，其画法及尺寸标注如图 8-45 所示。

4. 凸台、凹坑、凹槽

零件之间相互接触的表面一般都要进行切削加工，为保证接触良好，减少切削加工面积，降低加工费用，零件上应设计出凸台、凹坑和凹槽结构。图 8-46(a)、(b)是螺栓连接的支承面，为接触良好，做成凸台或凹坑的形式，图 8-46(c)是为了减少加工面积，而做成凹槽结构。

（a）钻盲孔　　（b）钻阶梯孔

图 8-45　钻孔结构

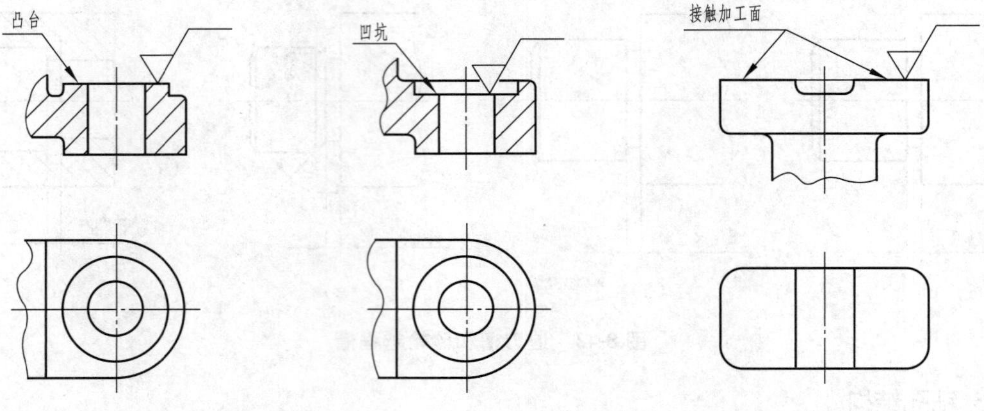

（a）　（b）　（c）

图 8-46　凸台、凹坑和凹槽

任务六　常见典型零件的图例分析

零件的结构形状虽然多种多样，但按其结构特点，可将其分为轴套类、盘盖类、叉架类和箱体类四大类。本任务主要讨论各类零件在工艺结构、视图表达和尺寸标注等方面的特点，以便从中找出规律，作为看、画同类零件图的参考和依据。

一、轴套类零件

轴套类零件主要包括各种轴、套筒和轴衬。轴套类零件的主要结构是同轴回转体（圆柱体或圆锥体），轴向尺寸长，径向尺寸短。根据设计及工艺上的要求，这类零件通常带有键槽、轴肩、螺纹、挡圈槽、退刀槽及中心孔等结构。

1. 表达方法

①轴套类零件一般仅用一个基本视图作为主视图，来表示轴上各段长度及各轴段间的轴向位置。因轴套类零件主要在车床或磨床上进行加工，所以主视图的安放位置是将轴线水平放置，便于工人加工零件时看图，如图 8-47 所示。

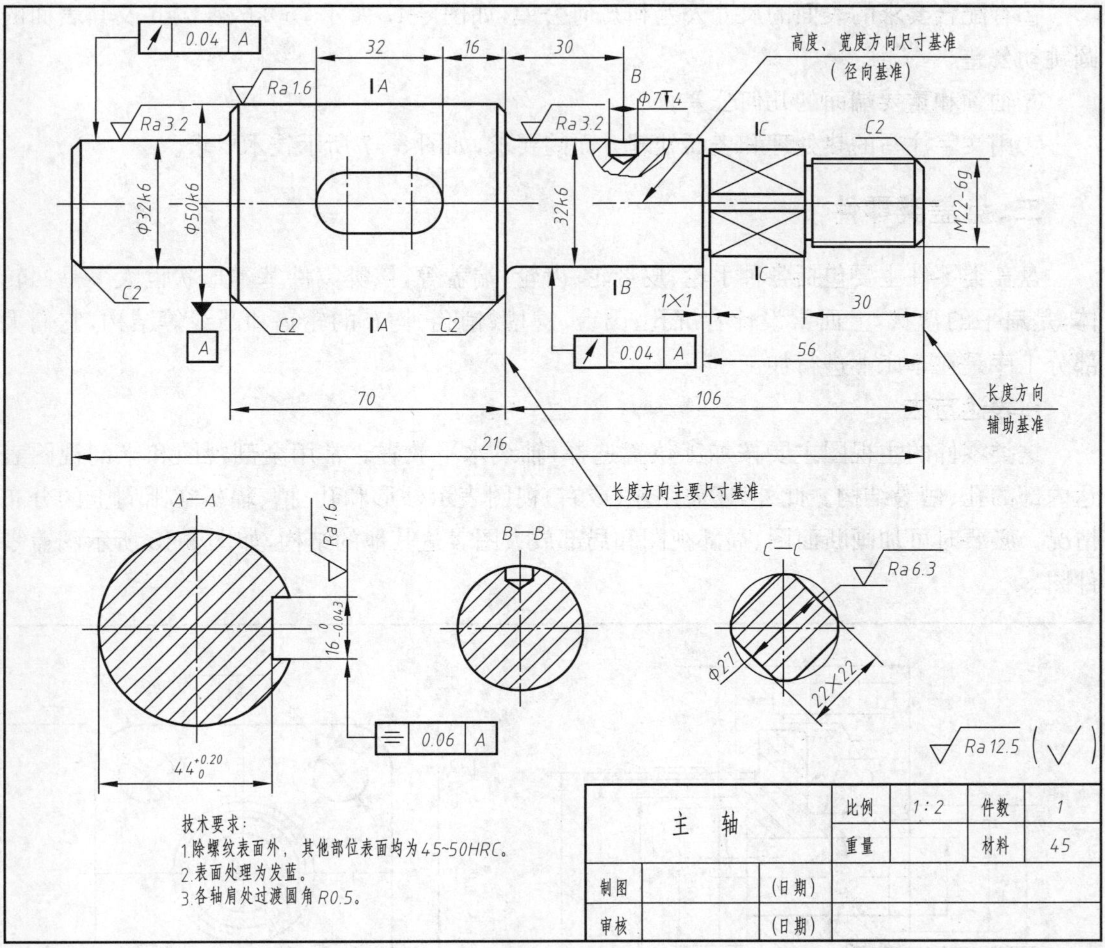

图 8-47　轴套的零件图

②用移出断面图、局部剖视图和局部视图等来表达轴上孔、槽和中心孔等结构；用局部放大图来表示退刀槽等细小结构，以利于标注尺寸。

③空心的轴套、轴衬等，需要剖开表达它的内部结构。根据其内外结构的复杂程度，可以采用全剖视、半剖视和局部剖视等。

2. 尺寸标注

轴套类零件一般选取零件轴线为径向尺寸基准，即高度和宽度方向的尺寸基准。长度方向的尺寸基准，常选用重要端面、接触面（轴肩）或加工面，如图 8-47 中的 ϕ50k6 圆柱体的右轴肩是长度方向的主要基准，由此注出轴向 16、30、70 和 106 等尺寸；轴的右端面为轴向辅助基准，由此注出 30、56、216 等尺寸。轴类零件的尺寸标注包括各段的定位尺寸和定形尺寸以及局部结构的定位尺寸和定形尺寸，还应注意倒角、退刀槽、键槽等结构要素的尺寸标注。

3. 技术要求

轴套类零件一般有以下技术要求：

①各表面的表面粗糙度要求。凡有配合要求的表面，其表面结构要求较高。如图 8-47 所示 ϕ50k6，因与其他零件配合，所以表面粗糙度为 Ra1.6。

②有配合要求的表面的尺寸公差和几何公差，如图 8-47 所示$\phi 50k6$、$\phi 32k6$ 及其表面的圆跳动公差。

③轴颈和重要端面的几何公差。

④用文字注写的热处理和表面处理方面的要求，如图 8-47 所示技术要求。

二、盘盖类零件

盘盖类零件主要包括各种手轮、皮带轮、齿轮、端盖等，该类零件基本形状也大多是回转体，是扁平的盘状，上面常设计有沉孔、凸台、键槽、销孔、均布的轮辐和凸缘等结构，它们大部分工序是在车床上进行加工。

1. 表达方法

这类零件的主视图主要按加工位置选择，轴线水平放置。常用全剖视图和半剖视图表达内部的孔、槽等结构。此外，还需用左（或右）视图表示外形和孔、槽、辐板在圆周上的分布情况。必要时可加画断面图、局部视图和局部放大图表达其他的结构，如图 8-48 所示阀盖零件图。

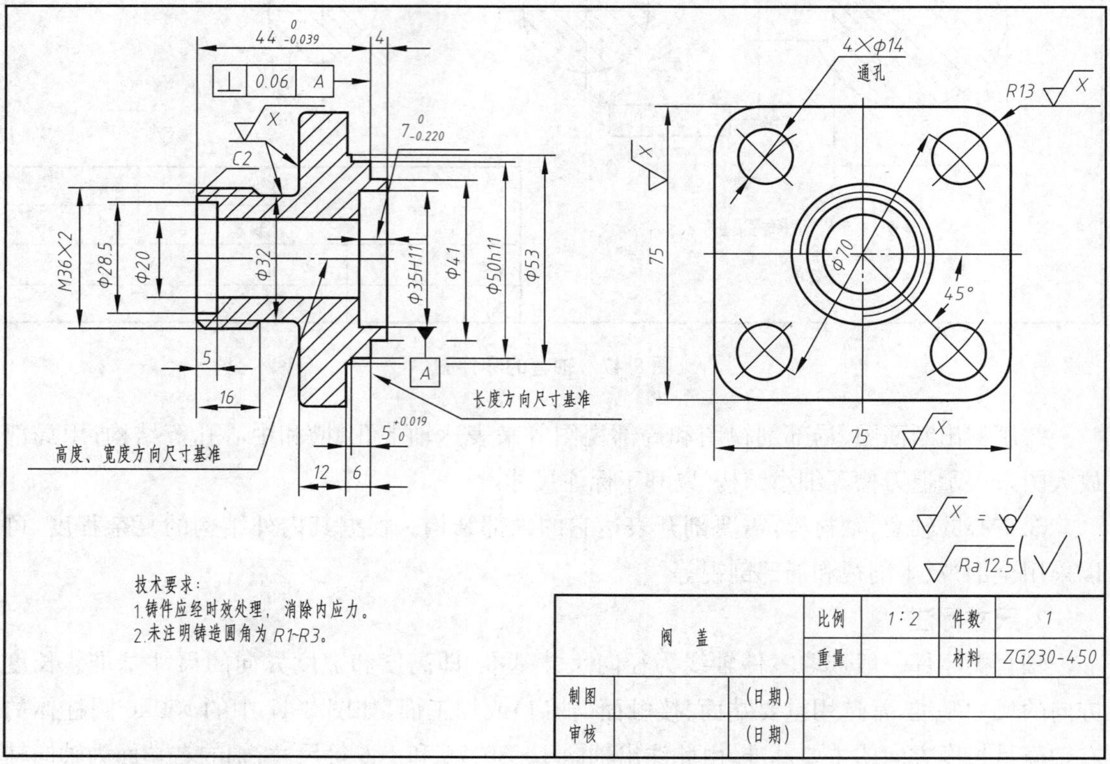

图 8-48 阀盖零件图

2. 尺寸标注

盘盖类零件一般选取零件轴线为径向尺寸基准，即高度和宽度方向的尺寸基准。长度方向的尺寸基准，常选用重要端面、接触面或加工面，如图 8-48 中阀盖的$\phi 50h11$ 圆柱的右端面为轴向主要基准，由此标注尺寸 $5^{+0.019}_{0}$、4 和 $44^{0}_{-0.039}$。盘盖类零件的尺寸标注包括内外结构的径向和轴向定位、定形尺寸，以及局部结构的尺寸。

3. 技术要求

①各表面的表面粗糙度要求。

②有配合要求的表面的尺寸公差和端面、轴线及端面与轴线或轴线与轴线之间的几何公差。

③盘盖类零件多为铸件，常有铸造圆角等工艺结构和热处理及表面处理方面的要求，一般在技术要求中统一标注。

三、叉架类零件

叉架类零件主要包括各种用途的拨叉、连杆、杠杆和支架等，这类零件形状比较复杂，大多由圆筒、底板、支承板、肋板、叉口等部分组成。

1. 表达方法

叉架类零件一般是先铸造或锻造，然后进行各种机械加工，加工位置常有多个，所以选择主视图时主要考虑工作位置和零件的形状结构特征，图 8-49 所示是将踏脚座竖立放置时的主视图。

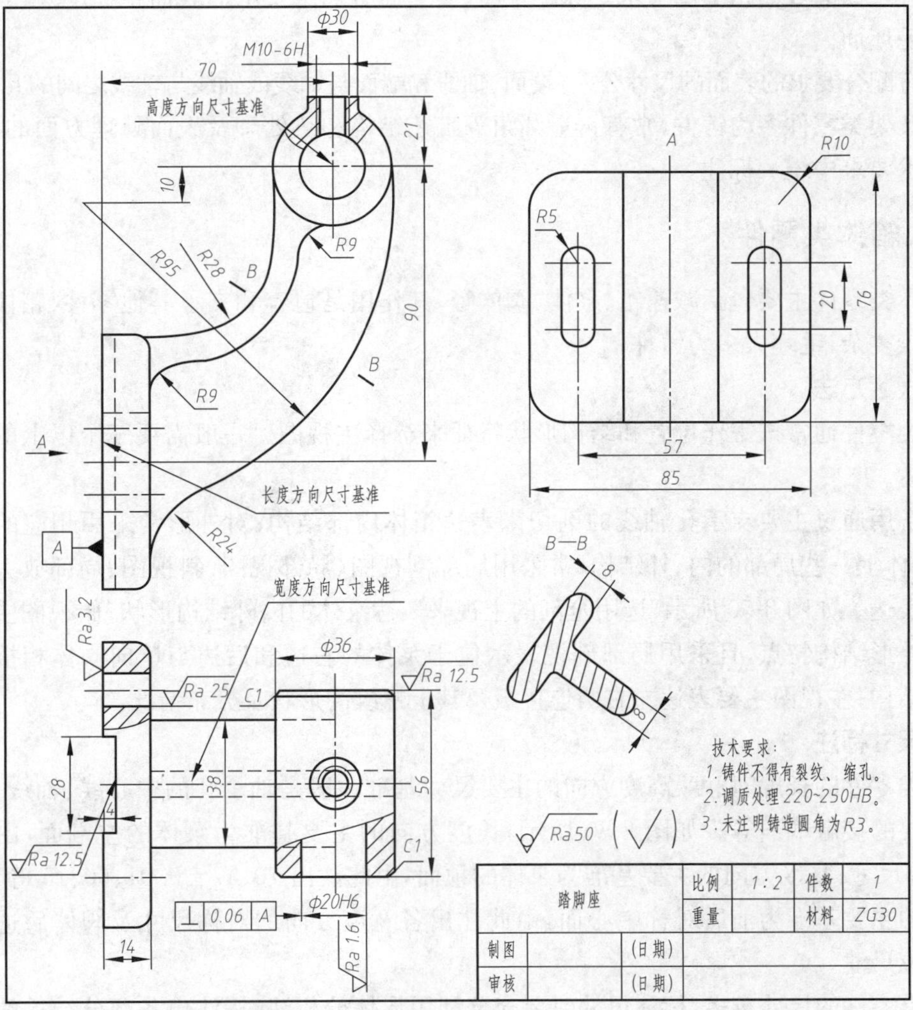

图 8-49 踏脚座零件图

叉架类零件一般需要两个或两个以上的基本视图,另外根据零件结构特征可能需要采用局部视图、斜视图和局部剖视图来表达一些局部结构的内外形状,用断面图来表示肋、板、杆等的断面形状。图 8-49 所示踏脚座零件图,主视图确定以后,用俯视图主要表达轴承座的宽度尺寸及轴承座、连接板、肋板之间宽度方向的位置关系,采用移出断面图表示 T 字形肋的形状特征,A 向视图则用来表达连接板的形状特征。

2. 尺寸注法

叉架类零件的长度、宽度和高度方向的主要基准一般为主要孔的中心线、对称轴线和安装基面等。如图 8-49 所示,长度方向的主要基准为踏脚座的左端面,从这一基准注出了 14、70 等尺寸;高度方向的主要基准为轴承的轴线,从这一基准注出了 90、10、21 等尺寸;宽度方向的主要基准为前后对称平面,注出各宽度方向对称尺寸。

这类零件的尺寸标注也较复杂,标注时要充分利用形体分析法,标注出各部分结构的定形和定位尺寸。

3. 技术要求

①各表面的表面粗糙度要求。除配合面、支承面有加工要求的表面粗糙度外,其余表面大多为毛坯面。

②有配合要求的表面的尺寸公差;端面、轴线和端面与轴线或轴线与轴线之间的几何公差。

③叉架类零件多为铸件,常有铸造圆角等工艺结构和热处理及表面处理方面的要求,一般在技术要求中统一标注。

四、箱体类零件

箱体类零件主要包括减速箱、泵体、阀体等,其作用是包容和支承其他零件,箱体类零件结构比较复杂,毛坯大多为铸件。

1. 表达方法

这类零件通常按工作位置和结构形状特征来选择主视图。一般需要三个以上的基本视图来表达。

通常用通过主要支承孔轴线的剖切来表达箱体内部结构;对外形常采用相应的视图表达,对箱体上一些局部的内、外结构,常采用局部剖视图、局部视图、斜视图、局部放大图和断面图等表达。如图 8-50 所示,选用全剖的主视来表达泵体的内外结构形状;俯视图主要反映泵体的外形结构特点,且采用局部剖视表示位于泵体的右边和后边与单向阀体相接的两个螺孔的结构;左视图主要表达左右两连接板及其上螺纹的形状及分布情况。

2. 尺寸标注

这类零件的长度、宽度、高度方向的主要尺寸基准一般是轴承孔的中心线、轴线、对称平面和主要的接触端面等。如图 8-50 所示,长度方向的主要基准为泵体的左端面,由此注出 30、63 等尺寸;高度方向的主要基准为泵体的顶面,由此注出 70、47±0.01、60、15 等尺寸;宽度方向的主要基准为前后对称中心面,由此注出各宽度方向的对称尺寸及阀体后边螺孔端面的定位尺寸。

这类零件的尺寸较多,标注尺寸时要充分利用形体分析法,标注出各部分结构的定形和定位尺寸。

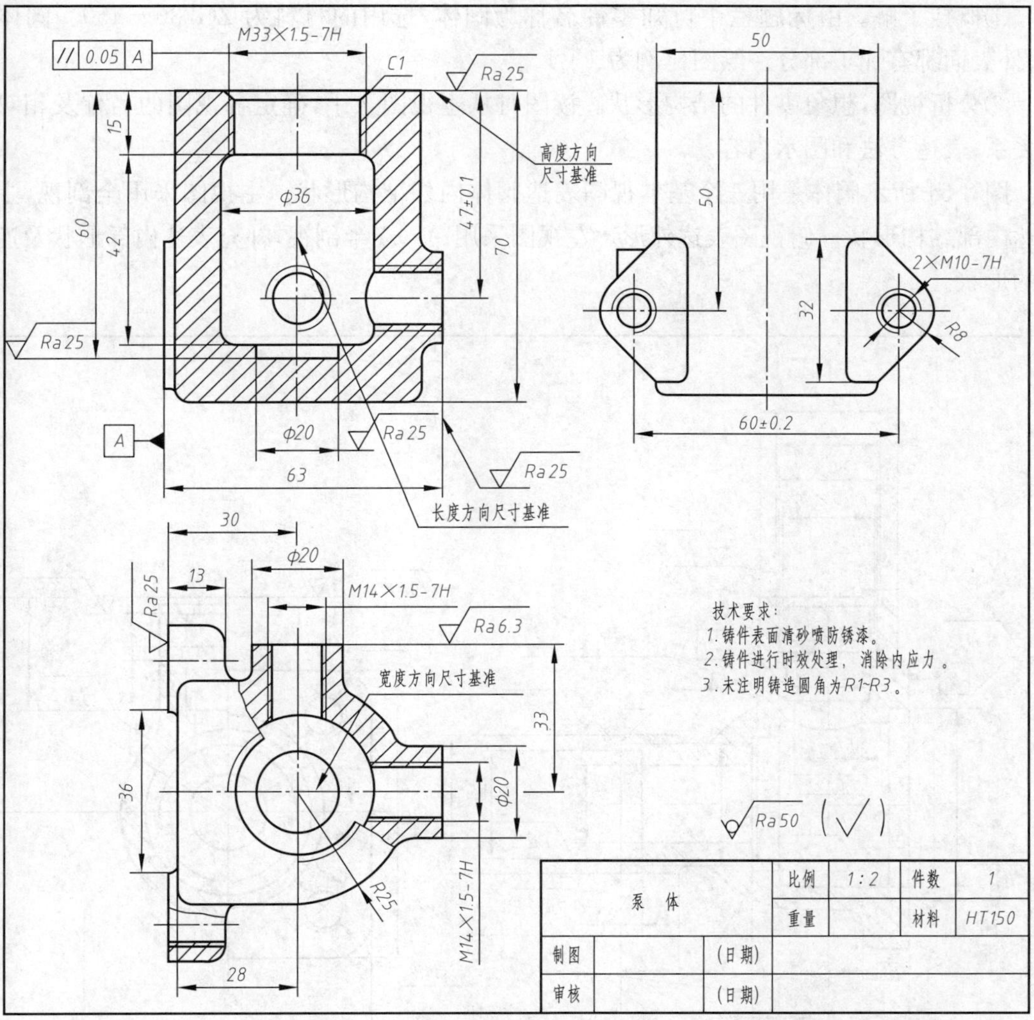

图 8-50　泵体的零件图

3. 技术要求

①各表面的表面粗糙度要求。除配合面、支承面有加工要求的表面粗糙度外，其余表面大多为毛坯面。

②有配合要求的表面的尺寸公差；端面、轴线和端面与轴线或轴线与轴线之间的几何公差。

③箱体类零件多为铸件，常有铸造圆角等工艺结构和热处理和表面处理方面的要求，一般在技术要求中统一标注。

任务七　学习识读零件图

本任务结合零件的结构分析、视图选择、尺寸标注和技术要求，以图 8-51 所示阀体零件图为例说明阅读零件图的方法和步骤。

①概括了解。由标题栏中可知零件名称为阀体，选用的材料为 ZG230－450。阀体的内、外表面都有加工部分。绘图比例为 1∶1。

②分析视图，想象零件的结构形状。读图时从主视图入手，确定各视图的名称及相对位置关系、表达方法和图示内容。

图 8-51 所示阀体采用三个基本视图表达阀体内外结构形状。主视图采用全剖视，主要表达内部结构形状。俯视图表达外形。左视图采用 *A*—*A* 半剖视，补充表达内部形状及连接板的形状。

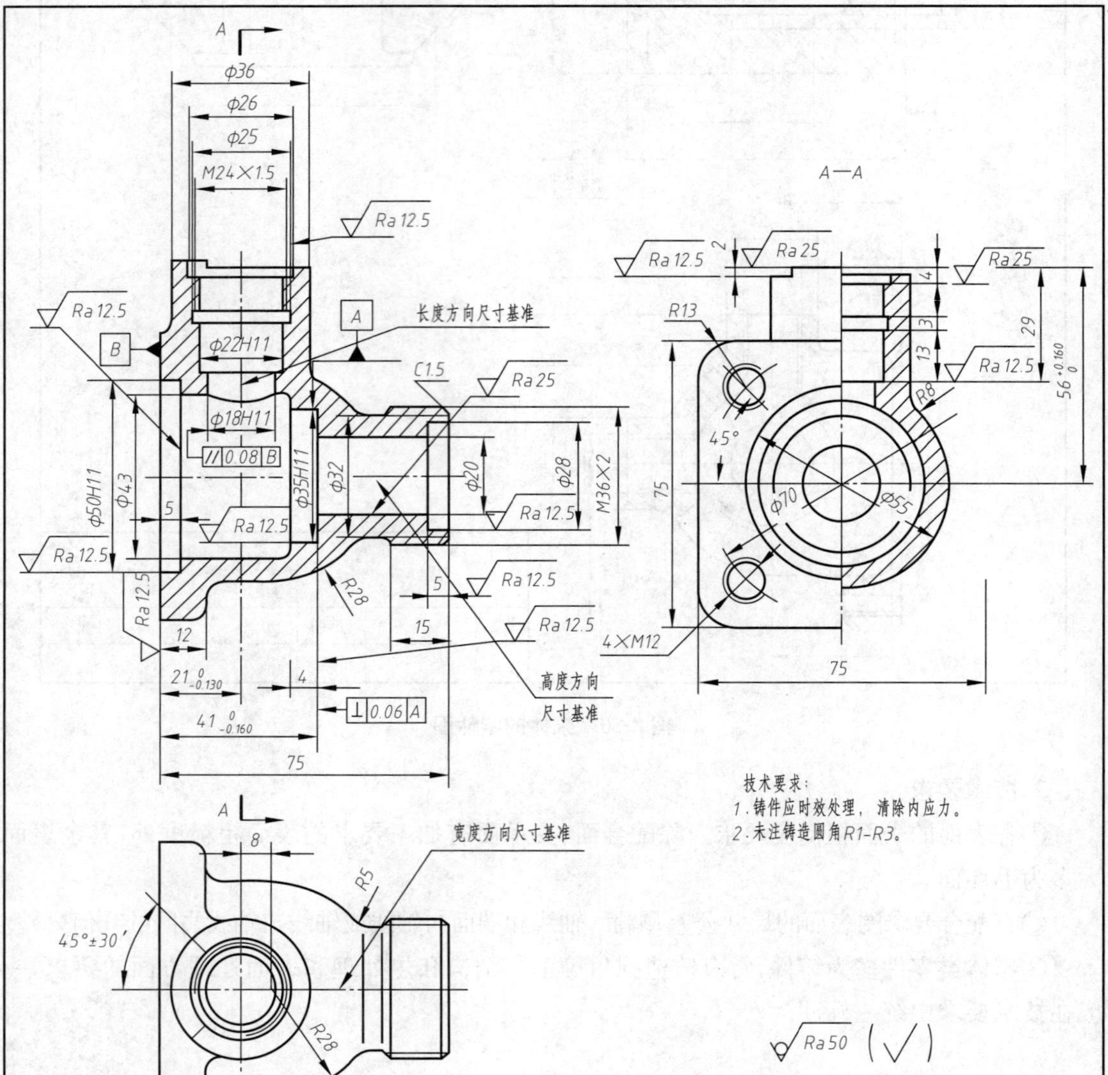

图 8-51　阀体零件图

对照阀体的主、俯、左视图分析可知，阀体的主体结构为球形，在其左端是方形法兰盘，法兰盘上有 4 个 M12 的螺纹孔，中间有一ϕ50H11 圆柱形凹孔；阀体的右端是一圆柱形凸缘，用于连接的外螺纹 M36×2，内部阶梯孔ϕ28、ϕ20 与空腔相通；在阀体上部的ϕ36 圆柱体中，有ϕ26、ϕ22H11、ϕ18H11 的阶梯孔与空腔相通，阶梯孔顶端 90°扇形限位凸台，对照俯视图可知其位置相对阀体前后对称。

③分析尺寸和技术要求。阀体的结构形状比较复杂，标注尺寸很多，这里仅分析其主要尺寸。以阀体水平轴线为高度方向尺寸基准，标注ϕ50H11、ϕ35H11、ϕ20 和 M36，轴线定位尺寸 56 等尺寸；以阀体竖直孔的轴线为长度方向尺寸基准，标注ϕ26、M24×1.5、ϕ20H11、ϕ18H11，轴线定位尺寸 21 等尺寸；以阀体前后对称面为宽度方向尺寸基准，标注阀体的外形尺寸ϕ55、左侧法兰盘外形尺寸 75×75，4 个螺孔的定位尺寸ϕ70，以及扇形凸台的定位尺寸 45°等尺寸。

从上述尺寸分析可以看出，阀体中的一些主要尺寸都标注了公差带代号，相应的表面粗糙度要求都较高，阀体空腔ϕ35H11 圆柱孔的右端面与其轴线的垂直度公差为 0.06，ϕ18H11 圆柱孔轴线与阀体左端面平行度公差为 0.08。

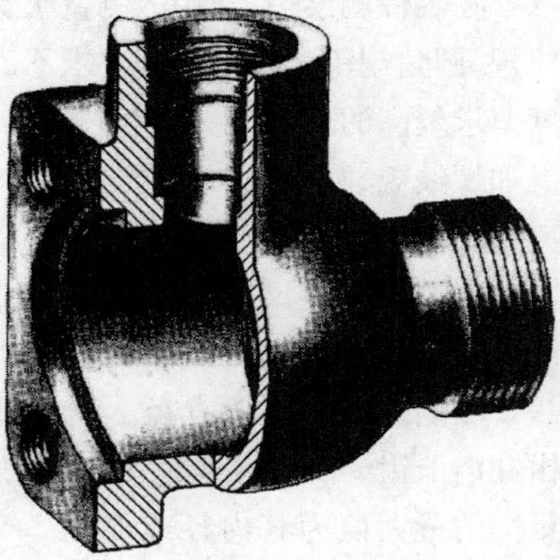

图 8-52 阀体轴测图

④综合上述分析，想象零件形状，轴测图如图 8-52 所示。

任务八 学习零件的测绘

一、概述

零件测绘是根据已有零件画出零件图的过程，这一过程包括绘制零件草图、测量出零件的尺寸和确定技术要求，然后根据草图整理和绘制成零件图。零件测绘工作常常在现场进行，如测绘机器、讨论设计方案、技术交流、现场参观时，由于受条件或时间限制，以草图来绘制，就会方便、快捷得多。

二、零件测绘的种类

①设计测绘——测绘为了设计。根据需要对原有设备的零件进行更新改造，这些测绘多是从设计新产品或更新原有产品的角度进行的。

②机修测绘——测绘为了修配。零件损坏，又无图样和资料可查，需要对损坏零件进行测绘。

③仿制测绘——测绘为了仿制。为了学习先进技术，取长补短，常需要对先进的产品进

行测绘，以制造出更好的产品。

三、常用的测量工具及测量方法

测量尺寸是零件测绘过程中的一个必要步骤。零件上全部尺寸的测量应集中进行，这样，不但可以提高工作效率，还可以避免错误和遗漏。测量零件尺寸时，应根据零件尺寸的精确程度选用相应的量具。

1. 常用的测量工具

在零件测绘中，常用的测量工具有直尺、内卡钳、外卡钳、游标卡尺、千分尺、角度规、螺纹规、圆角规等。对于精度要求不高的尺寸，一般用直尺、内卡钳、外卡钳等即可。对于精确度要求较高的尺寸，一般用游标卡尺、千分尺等测量工具。对于特殊结构，一般要用特殊工具如螺纹规、圆角规来测量。

2. 常用的测量方法

①测量线性尺寸。一般可用直尺或游标卡尺直接测量，有时也可用三角板与直尺配合进行，如图 8-53 所示。

②测量回转体的直径。测量外径和内径分别用外卡钳和内卡钳。测量时要把内卡钳、外卡钳上下、前后移动，量得的最大值为其内径或外径。一般也可用游标卡尺和千分尺直接测量，如图 8-54 所示。

③测量壁厚。可用外卡钳与直尺配合测量，如图 8-55 所示。

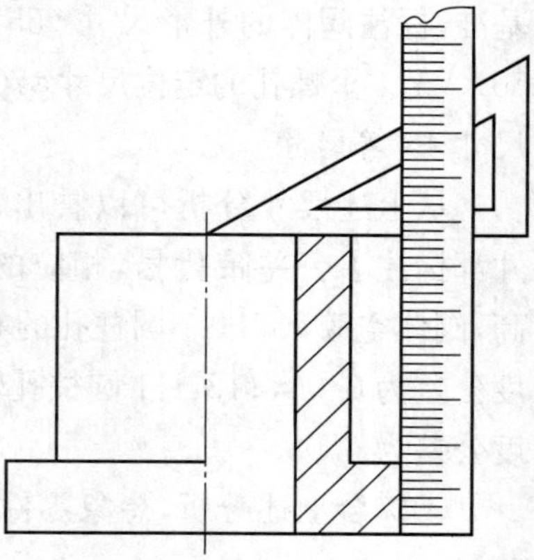

图 8-53　测量线性尺寸

④测量孔间距。可用外卡钳、游标卡尺或直尺测量相关尺寸，再进行计算，如图 8-56 所示。

⑤测量轴孔中心高。一般可用外卡钳配合直尺或游标卡尺测量，如图 8-57 所示。

⑥测量圆角。可直接用半径规测量。一套半径规有两组，一组测量外圆，一组测量内圆。测量圆角时，只要在圆角规中找出与被测量部分完全吻合的一片，则片上的读数即为圆角半径的大小，如图 8-58 所示。铸造圆角一般目测估计其大小即可，若手头有工艺资料则应选取相应的数值而不必测量。

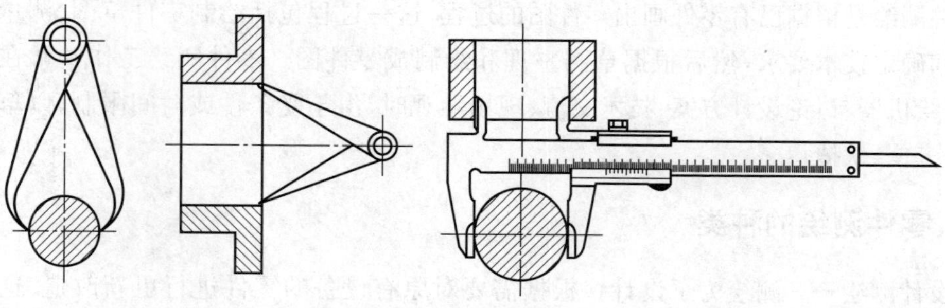

图 8-54　测量内外径

⑦测量螺纹。测量螺纹要测出直径和螺距，对于外螺纹测大径和螺距，对于内螺纹测小径和螺距，然后查手册取标准值。螺距 t 的测量，可用螺纹规或直尺。螺纹规由一组钢片组成，每一钢片的螺距大小均不相同，测量时只要某一钢片上的牙型与被测量的螺纹牙型完全

吻合，则钢片上的读数即为其螺距大小，如图 8-59 所示。

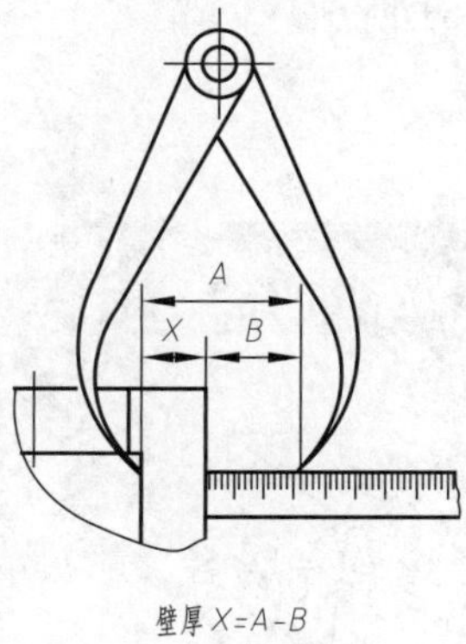

图 8-55　测量壁厚

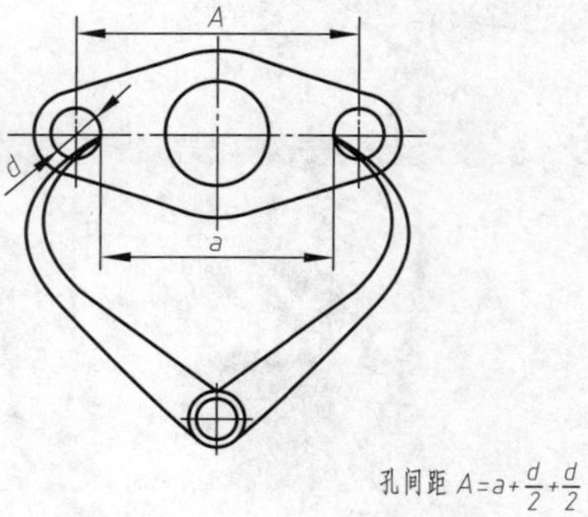

图 8-56　测量孔间距

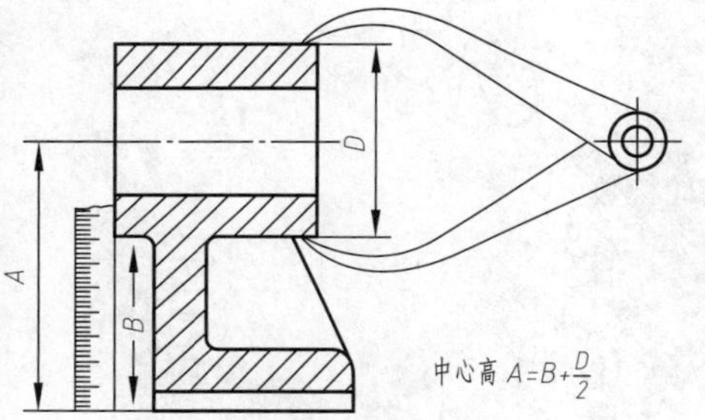

图 8-57　测量轴孔中心高

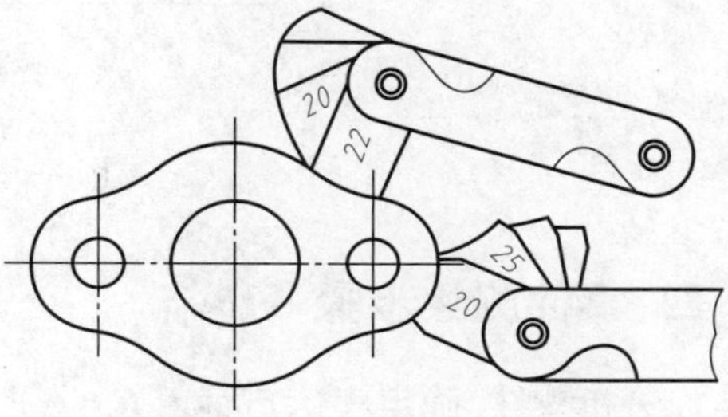

图 8-58　测量圆角

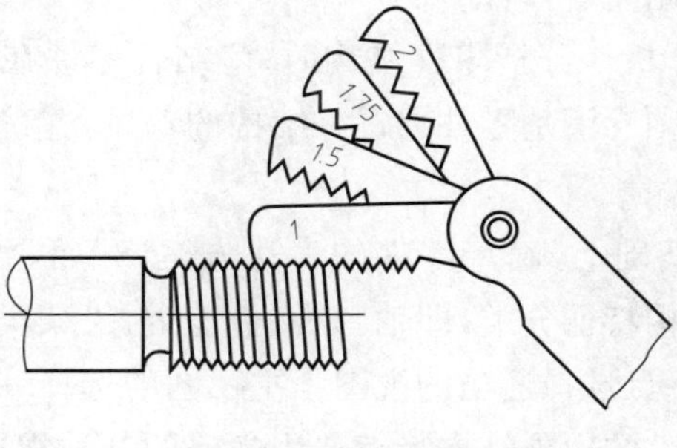

图 8-59　螺纹规测螺距

⑧曲面轮廓。对精确度要求不高的曲面轮廓，可以用拓印法在纸上拓出它的轮廓形状，然后用几何作图的方法求出各连接圆弧的尺寸和中心位置，如图 8-60 所示。

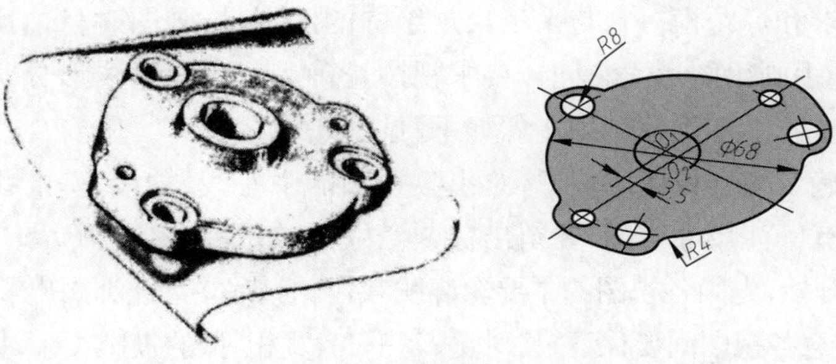

图 8-60　拓印法测曲面轮廓

⑨齿轮的模数。对于标准齿轮，其轮齿的模数可以先用游标卡尺测得 d_a，再计算得到模数初始值，$m=d_a/(z+2)$，然后查表取标准模数，如图 8-61 所示。

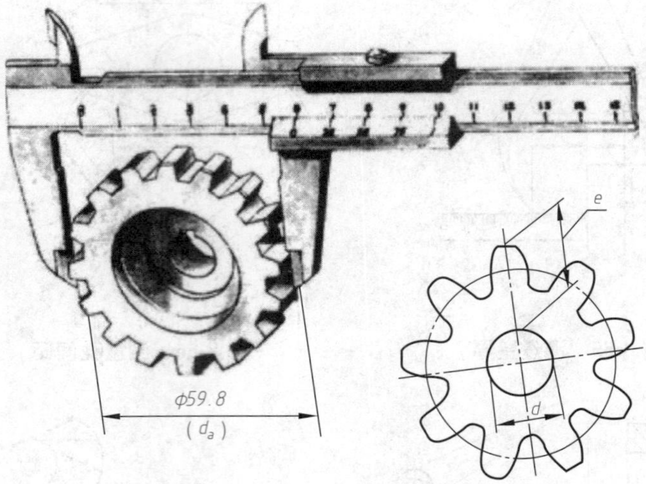

图 8-61　测量齿轮模数

四、零件测绘步骤

1. 分析零件、确定表达方案

在零件测绘以前，必须对零件进行详细分析，分析的步骤及内容如下：

①了解该零件的名称、用途、材料。

②对该零件进行结构分析。分析零件结构时，应结合零件在机器上的安装、定位、运动方式进行。通过分析，还必须弄清楚零件上每一结构的功用，并确定为实现这一功能所采用的技术保证。

③在通过上述分析的基础上，确定零件的表达方案，开始画零件草图。确定表达方案前，应根据零件的形状和结构特征分类，即轴套类、盘盖类、叉架类和箱体类四类型之一。然后根据每一类零件的结构特点选择适当的视图。主视图的选择一定要从投影方向和零件安放位置两方面考虑，再按零件的内外结构特点选用必要的其他视图，各视图的表达方法都应有一定的目的。视图表达方案要求正确、完整、清晰和简便。

2. 画零件草图

零件草图并不是“潦草的图”，它具有与零件工作图一样的全部内容，包括一组视图、完整的尺寸、技术要求和标题栏。它与手工尺规绘图的区别是：画图时目估比例，只用铅笔、橡皮，不使用尺规，徒手画出图形。它同样要求视图正确、表达清楚、线形分明、尺寸齐全、图面整齐、技术要求完全。画零件草图的步骤如下（见图 8-62）：

(1)在图纸上确定各个视图的位置，画出各视图的中心线、轴线、基准线。注意合理安排图幅，视图之间留有标注尺寸空间，并留出标题栏位置，如图 8-62(a)所示。

(2)从主视图开始，先画各视图的主要轮廓线，后画细节，并且详细画出零件的内、外部结构形状。画图时要注意各视图间要保证“长对正、高平齐、宽相等”的投影关系，如图 8-62(b)所示。

(3)选择基准，画出全部尺寸界线、尺寸线和箭头。此时注意，全部尺寸是指能确定该零件形状、结构的所有定形尺寸、定位尺寸及总体尺寸，如图 8-62(c)所示。

(4)逐个量注尺寸，结合国家相关标准，确定数据。尺寸的标注与以下测量的结构有关：

①对于一般结构，即没有配合关系的结构，测量后采用“四舍五入”圆整的原则，圆整后的公称尺寸要符合国家标准规定。

②对于标准结构，如螺纹、倒角、倒圆、退刀槽、中心孔、键槽等，测量后应查表取标准值。

③对于配合结构，首先确定轴孔公称尺寸(公称尺寸相同)，其次确定配合性质(根据拆卸时零件之间松紧程度，可初步判断出是有间隙的配合还是有过盈的配合)，最后确定基准制(一般取基孔制，但也要看零件的作用来决定)及公差等级(在满足使用要求的前提下，尽量选择较低等级)。

此外，对于齿轮，应按齿轮的测量方法先确定其模数(模数查表取标准模数)，然后按齿轮各部分计算公式计算各部分尺寸。

(5)确定技术要求。技术要求包括表面粗糙度、尺寸公差、几何公差及文字说明。零件各表面的粗糙度数值和其他技术要求，应根据零件的作用和装配要求来确定。通常可查阅有关手册或参考同类产品的图纸确定，如图 8-62(c)所示。

(6)仔细检查草图后，描深并画剖面线，填写标题栏，如图 8-62(d)所示。

(a)

图 8-62 画零件草图的步骤

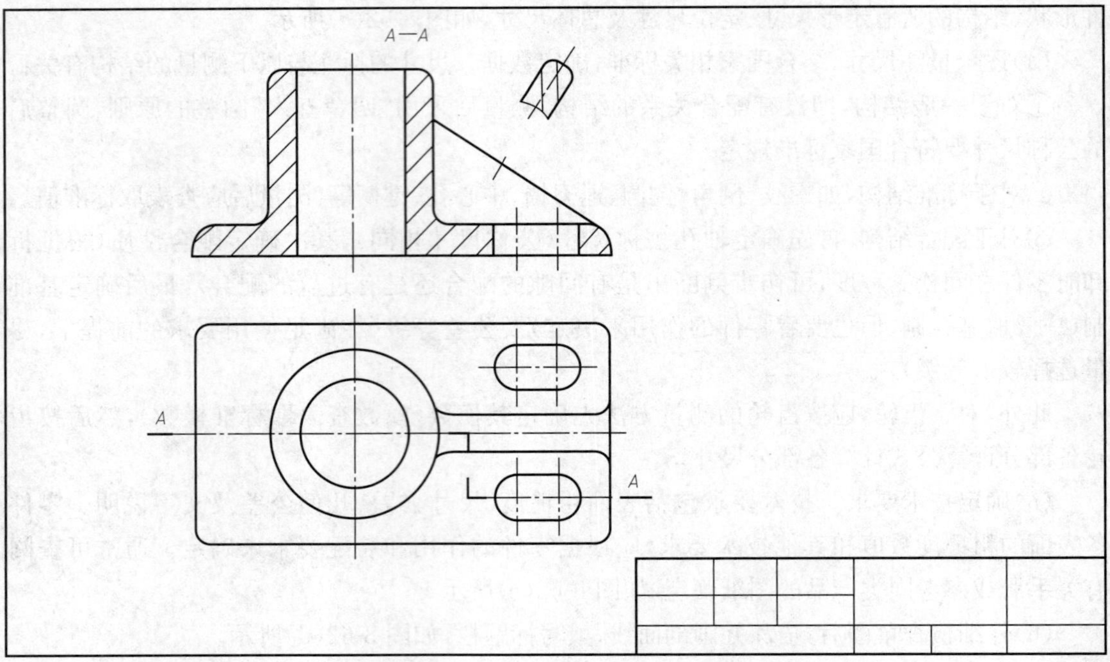

（b）

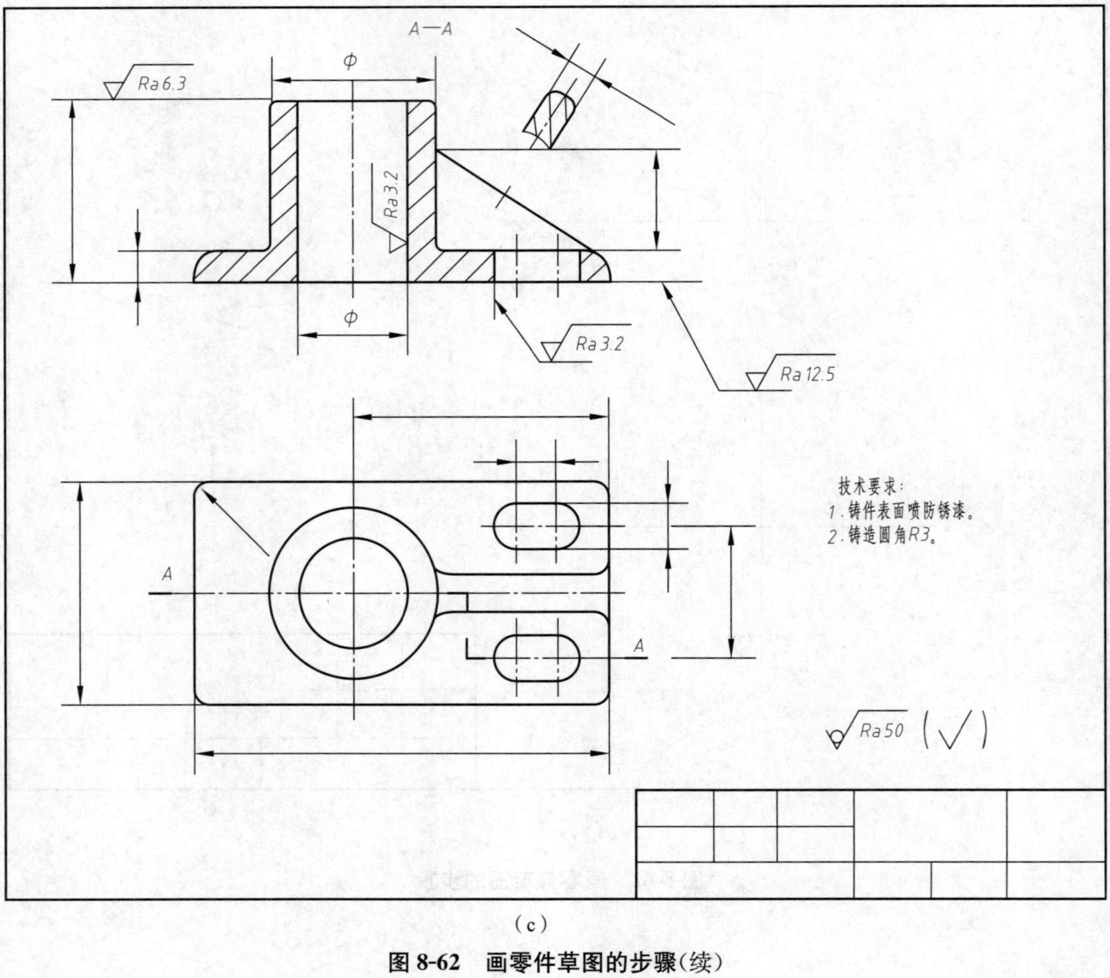

（c）

图 8-62 画零件草图的步骤(续)

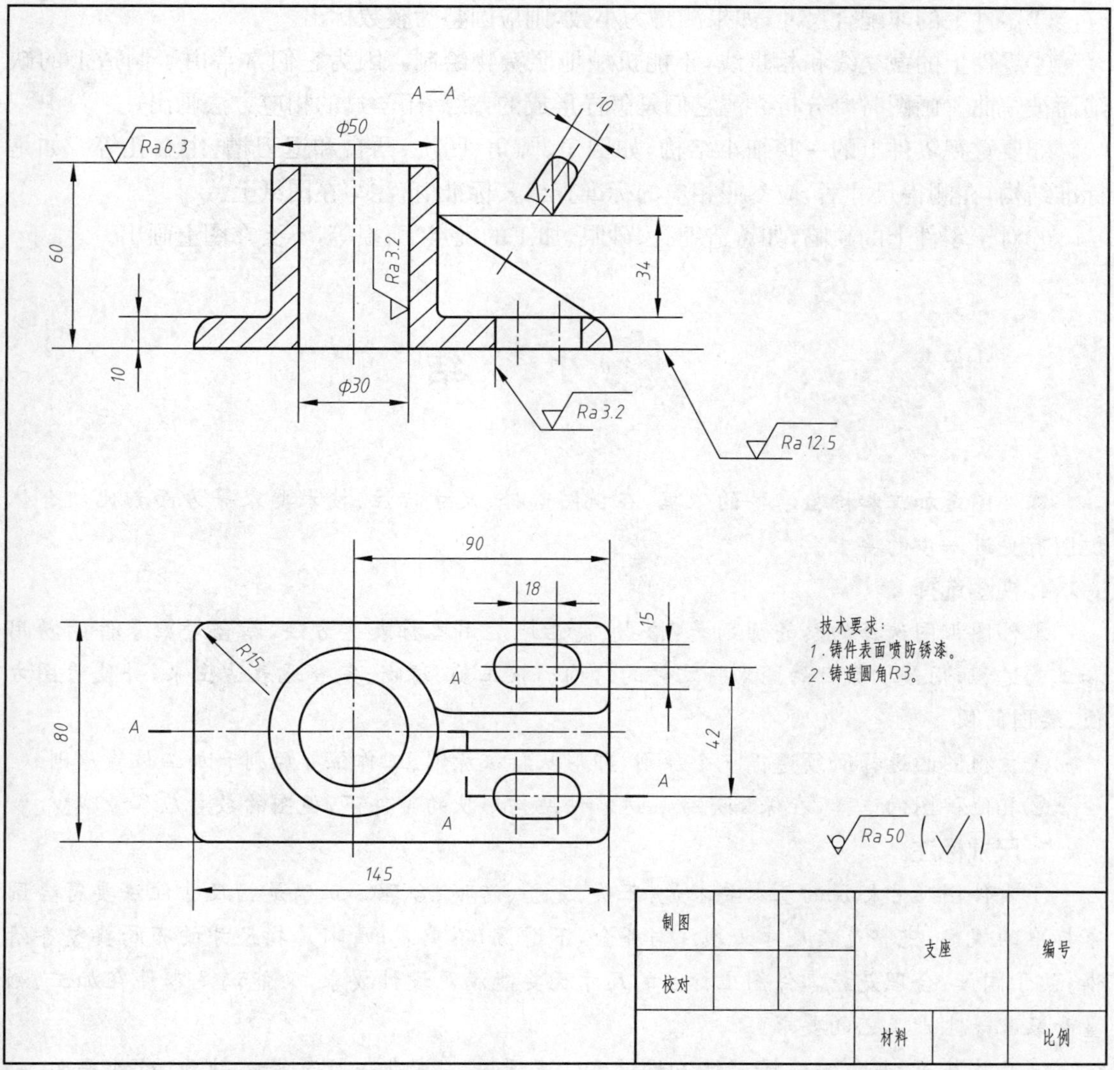

（d）

图 8-62　画零件草图的步骤(续)

3. 画零件工作图

由于零件测绘往往在现场，时间不长，有些问题虽已表达清楚，尚不一定最完善，同时，零件草图一般不直接用于指导生产，因此，需要根据草图做进一步完善，画出零件工作图。画零件图之前应对零件草图进行复检，检查草图表达是否完整、清晰、简便，尺寸标注是否正确、合理、完整，技术要求是否完整、合理等，从而对草图进行修改、调整和补充，然后选择适当的比例和图幅，按草图画零件图。

4. 测绘注意事项

①测量尺寸时，应正确选择测量基准，以减少测量误差。零件上磨损部位的尺寸，应参考其配合零件的相关尺寸或参考有关的技术资料予以确定。

②零件间相配合结构的公称尺寸必须一致，并应精确测量，查阅有关手册，给出恰当的尺寸偏差。

③零件上的非配合尺寸，如果测得为小数，则应圆整为整数标出。

④零件上的截交线和相贯线，不能机械地照实物绘制。因为它们常常由于制造上的缺陷而被歪曲。画图时要分析弄清它们是怎样形成的，然后用学过的相应方法画出。

⑤要重视零件上的一些细小结构，如倒角、圆角、凹坑、凸台和退刀槽、中心孔等。如是标准结构，在测得尺寸后，应参照相应的标准查出其标准值，注写在图纸上。

⑥对于零件上的缺陷，如铸造缩孔、砂眼、加工的疵点、磨损等，不要在图上画出。

小　结

零件图是加工和检验零件的依据，在视图选择、尺寸标注、技术要求等方面都比组合体视图有更进一步的要求。

1. 视图选择

零件图视图选择的总的原则是：恰当、灵活地运用各种表达方法，结合考虑零件的功用和工艺过程，用最少数目的图形将零件的结构形状正确、清晰、完整地表达出来，并使看图方便、绘图简便。

①主视图的选择必须遵循三个原则，即形状特征原则、工作位置原则和加工位置原则。

②其他视图的选择，在保证充分表达零件结构形状的条件下，视图的数量应尽量减少。

2. 尺寸标注

①零件图尺寸标注的基本要求是：正确、完整、清晰、合理。正确是指尺寸注法要符合国家标准的规定；完整是指尺寸必须注写齐全，不遗漏，不重复；清晰是指尺寸的布局要整齐清晰，便于阅读；合理是指零件图上标注的尺寸既要能满足设计要求，又能满足零件在加工、测量和装配等生产工艺的要求。

②尺寸基准，基准的选择要满足设计和工艺要求。基准一般选择接触面、对称平面、轴线、中心线等。

3. 技术要求

图样上的图形和尺寸尚不能完全反映对零件各方面的要求，因此还需有技术要求。技术要求主要包括表面粗糙度、极限与配合、几何公差、零件热处理和表面修饰的说明，以及零件加工、检验、试验、材料等各项要求。

4. 零件上常见的工艺结构

①铸造零件的工艺结构有铸造圆角、拔模斜度和过渡线。

②机械加工的工艺结构有倒角、倒圆、退刀槽、砂轮越程槽、钻孔结构、凸台和凹坑等。

5. 零件测绘

零件测绘是根据已有零件画出零件图的过程，这一过程包括绘制零件草图、测量出零件的尺寸和确定技术要求，然后根据草图整理并绘制成零件图。

项目九

装配图

学习目标

1. 了解装配图的作用和内容，掌握装配图的常用表达方法及视图选择。

2. 能正确阅读和绘制中等复杂程度的装配图。

3. 能掌握识读装配图的方法和步骤，能正确分离零件，能拆画零件图。

4. 熟悉零部件的测绘方法和步骤。

任何一台机器或部件都是由若干个零件按照一定的装配关系和技术要求组装起来的。表达机器或部件的工作原理、性能要求及各组成部分的相对位置、连接装配关系等内容的图样称为装配图。一般把表达整台机器的图样称为总装配图，表达部件的图样称为部件装配图。

本项目主要介绍画装配图、看装配图以及由装配图拆画零件图的方法和步骤等内容。

任务一　装配图的作用和内容

一、装配图的作用

①在新产品设计中，一般先根据产品的工作原理画出装配图，然后再根据装配图进行零件设计并画出零件图。

②在机器制造过程中，装配图是制定装配工艺流程、进行装配和检验的技术依据。

③在安装调试、使用和维修机器时，装配图是了解机器的工作原理及结构的重要技术文件。

二、装配图的内容

图 9-1 所示是滑动轴承的装配图。从图中可以看出，一张完整的装配图应该包括下列四项内容。

1. 一组图形

利用机件表达方法（视图、剖视图、断面图等），正确、完整、清晰地表达出机器或部件的工作原理、零件间的装配关系、连接方式及主要的结构形状等。

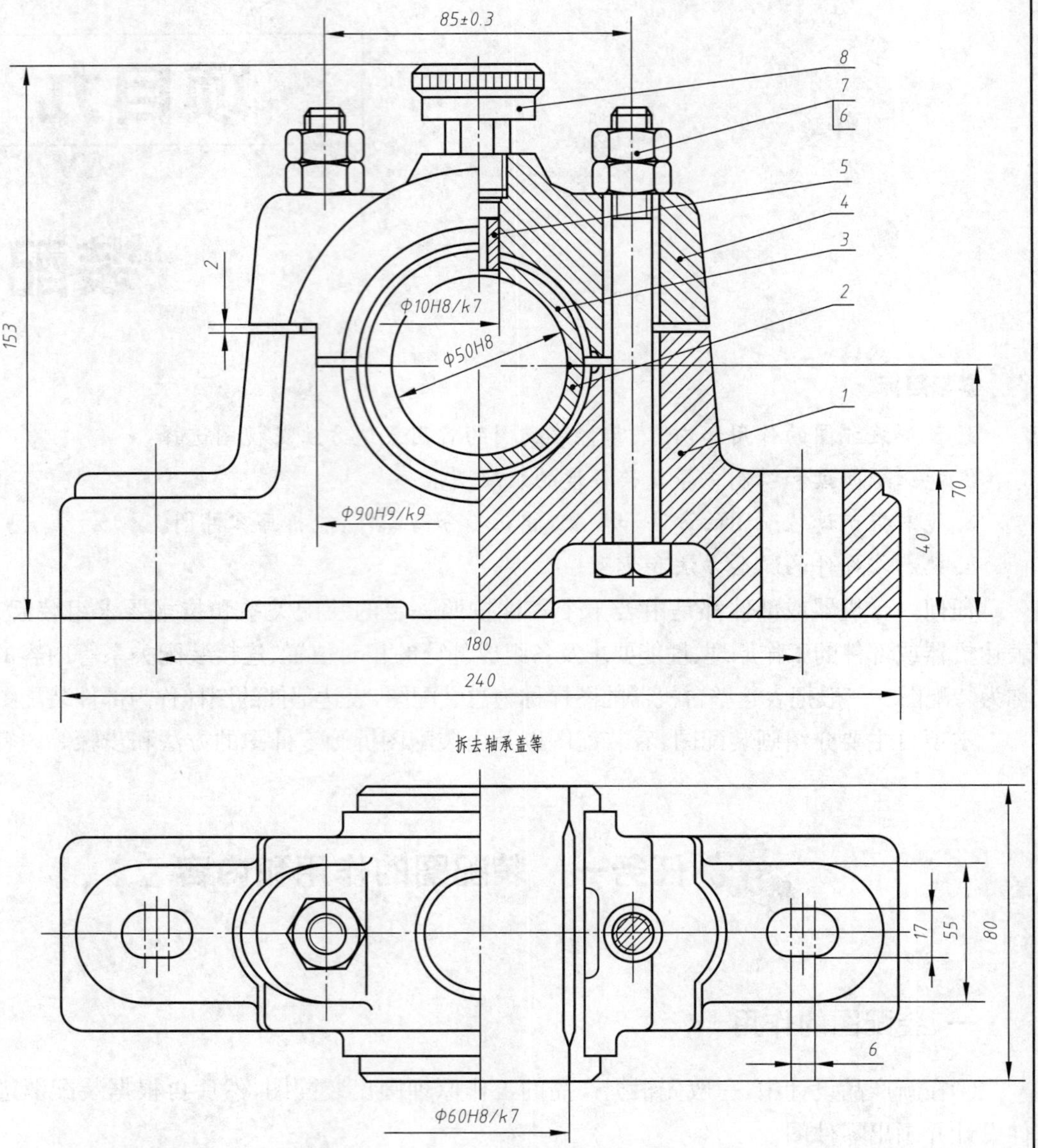

技术要求:

1.下轴瓦与轴承用着色法检查接触情况，接触面积不少于整个面积的50%。

2.下轴瓦与轴承盖接触面积不少于40%。

序号	名称	数量	材料	备注
2	下轴衬	1	40Cr	
1	轴承座	1	HT150	
8	油杯 12	1	Q235	
7	螺母 M12	4	Q235	GB/T 897—19888
6	螺栓 M12×110	2	Q235	GB/T 6170—2000
5	轴衬固定套	1	ZCuAl 10Fe3	
4	轴承盖	1	HT150	
3	上轴衬	1	40Cr	

滑动轴承	比例	1:1	第 张	图号
	重量		共 张	
制图				
审核				

图 9-1　滑动轴承的装配图

2. 必要的尺寸

装配图只需要标注机器或部件的性能（规格）尺寸、配合尺寸、安装尺寸、外形尺寸、其他重要尺寸等。

3. 技术要求

用规定的文字或符号说明机器或部件的规格性能、装配、检验、安装、调试等方面的要求；以及在包装运输、使用管理中所要注意的事项等。

4. 标题栏、零件序号和明细栏

为了方便生产管理，在装配图中必须对所有零件按种类编写序号并填写明细栏和标题栏。

任务二 装配图的表达方法

一、装配图的一般表达方法

装配图和零件图一样，也是按正投影的原理和国家标准《机械制图》的有关规定绘制的。零件图的表达方法（视图、剖视图、断面图等），一般都适用于装配图。

二、装配图的规定画法

装配图表达的重点在于反映机器或部件的工作原理、装配连接关系和主要零件结构特征，因此，国家标准《机械制图》对绘制装配图又制定了一些规定画法和特殊表达方法。

①两相邻零件的接触表面和配合表面只画一条线，非接触表面即使间隙很小，也应画两条线，如图 9-2 所示。

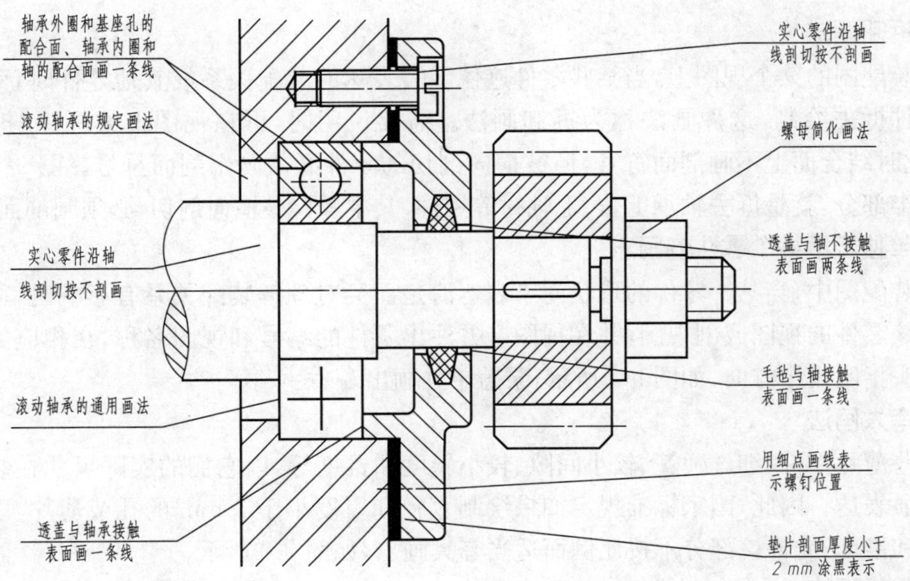

图 9-2 装配图的规定画法

②在剖视图中，两个(或两个以上)相邻金属零件的剖面线的倾斜方向应相反，或者方向一致但间隔不等。同一零件的剖面线无论在哪个图形中表达，其方向、间隔必须相同。厚度在 2 mm 以内的狭小面积的剖面，可用涂黑代替剖面符号，如图 9-2 所示。

③当剖切平面通过标准件和实心零件的轴线纵向剖切时，这些零件均按不剖绘制。若需要表达这些零件上的某些结构，如键槽、销孔等，可用局部剖视表示，如图 9-2 所示。当剖切平面垂直这些零件的轴线作横向剖切时，仍需画出剖面线。

三、装配图的特殊表达方法

1. 沿零件的结合面剖切画法

绘制装配图时，有时为了表达部件的内部结构，可假想沿着两个零件的结合面进行剖切，此时结合面上不画剖面线，但被剖切到的其他零件如传动轴、螺栓、销等则应画出剖面线。图 9-3 中转子油泵 $A—A$ 视图就是沿泵体和垫片之间的结合面剖切后获得的视图。

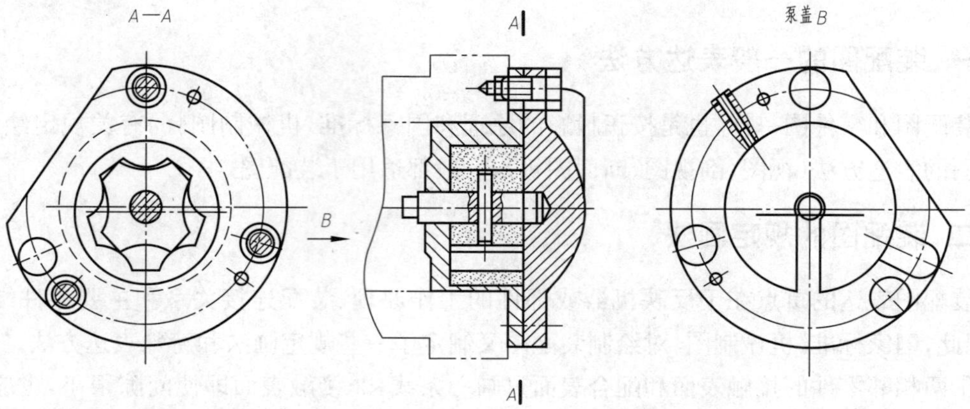

图 9-3　转子油泵

2. 拆卸画法

在装配图的某个视图上，当某些零件遮住了需表达的装配关系或其他零件时，可假想将某些零件拆去绘制，这种画法称为拆卸画法。需要说明时，可在视图上方标注“拆去××等”。此时结合面上不画剖面符号，但被横向剖切的零件必须画出剖面符号。图 9-1 中俯视图的右半部分，就是拆去轴承上盖、上轴衬等零件，其中螺栓被横向剖切，必须画剖面线。

3. 单独表示某个零件的画法

在装配图中，当某个零件的形状尚未表达清楚而又对理解装配关系有影响时，可另外单独画出该零件的视图或剖视图，并在视图上方注出零件的编号和视图名称，在相应的视图附近用箭头指明投影方向，如图 9-3 所示，泵盖单独画出。

4. 夸大画法

某些薄片零件、细丝弹簧、较小间隙、较小斜度和锥度等，以它们的实际尺寸在装配图中难以明显表达。因此，国家标准规定如果绘制直径和厚度小于 2 mm 的孔或薄片，以及较小的斜度和锥度，允许该部分不按比例而适当夸大画出，如图 9-2 所示。

5. 假想画法

①在装配图中当需要表示某些零件的运动范围或极限位置时，可用双点画线画出该运

动零件在极限位置的外形图。如图 9-4 所示,用细双点画线表示手柄的另一极限位置。

②在装配图中当需要表达本部件与相邻零部件的装配关系时,可用双点画线画出相邻零部件的轮廓线,如图 9-4 所示。

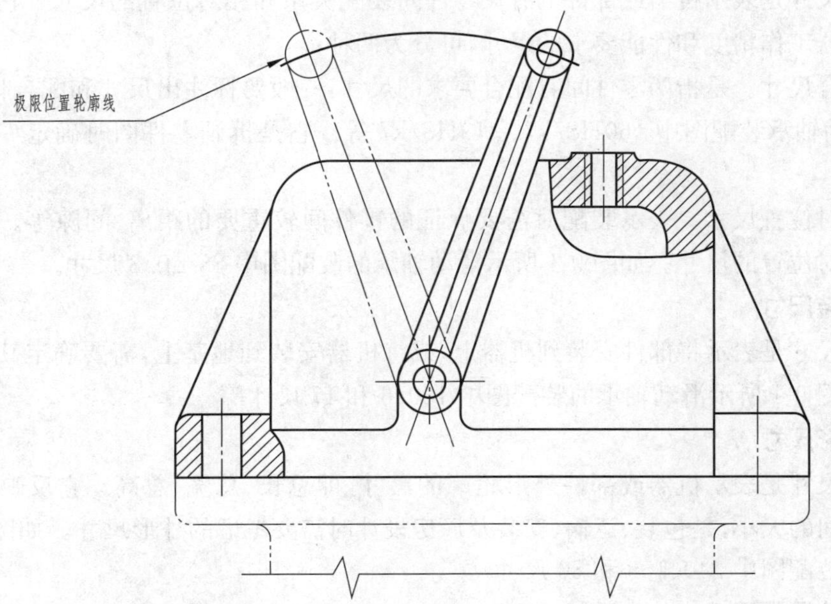

图 9-4 手柄的运动极限假想画法

6. 简化画法

①对于装配图中若干相同的零件组,如螺栓、螺母、垫圈等,可只详细地画出一组或几组,其余只用点画线表示出装配位置即可。如图 9-2 和图 9-3 所示,用点画线表示螺钉的位置。

②在装配图中,螺栓、螺母等可按简化画法画出,如图 9-3 所示螺钉的简化画法。

③在装配图中,零件的工艺结构,如小圆角、倒角、退刀槽等可不画出,螺栓头部、螺母倒角和因倒角产生的曲线允许不画。如图 9-2 所示,螺母倒角和轴颈倒角均省略不画。

④装配图中的滚动轴承,可只画出一半,另一半按规定示意画法画出,如图 9-2 中所示。

任务三 装配图的尺寸标注和技术要求

一、装配图的尺寸标注

装配图与零件图在生产中的作用不同,对尺寸标注的要求也不同。在装配图中不必注出零件的全部尺寸,只需标注下列几种必要的尺寸。

1. 性能(规格)尺寸

性能尺寸是表示机器或部件的性能和规格的尺寸。这些尺寸在设计时就已经确定,它也是设计机器、了解和选用机器的依据。图 9-1 所示滑动轴承的装配图中，孔径 $\phi50H8$ 即为规格尺寸。

2. 装配尺寸

装配尺寸是表示机器或部件上有关零件间装配关系和相对位置的尺寸。它是用来保证部件或机器工作精度和性能要求的尺寸，可分为两种：

①配合尺寸。是指两零件间有配合要求的尺寸，一般要标注出尺寸和配合代号，如图 9-1 所示滑动轴承装配图中 $\phi60H8/k7$、$\phi10H8/k7$ 等。它是拆画零件图时确定零件尺寸偏差的依据。

②相对位置尺寸。表示装配时需要保证的零件间较重要的距离、间隙等。它是表示主要零件相对位置的尺寸。如图 9-1 所示滑动轴承的装配图中 85 ± 0.3 尺寸。

3. 安装尺寸

安装尺寸是表示将部件安装到机器上，或将机器安装到地基上，需要确定其安装位置的尺寸。如图 9-1 所示滑动轴承的装配图中 180、6 和 17 尺寸等。

4. 外形尺寸

外形尺寸是表示机器或部件外形轮廓的尺寸，即总长、总宽、总高。它反映了机器或部件所占空间的大小，是包装、运输、安装及厂房设计时需要考虑的外形尺寸。如图 9-1 所示滑动轴承的装配图中 240、153 和 80 尺寸。

5. 其他重要尺寸

其他重要尺寸是表示在设计过程中，经过计算而确定或选定的，但又未包括在上述四类尺寸之中的重要尺寸。比如说运动零件的极限位置尺寸、重要零件的定位尺寸和主要零件的尺寸等。这种尺寸在拆画零件图时，不能改变。如图 9-1 所示滑动轴承的装配图中 70 尺寸。

以上五类尺寸需根据装配体结构的具体情况进行标注，并不是所有装配图都具有这五类尺寸。在标注尺寸时必须明确每个尺寸的作用，对装配图没有意义的结构尺寸无须标注。

二、装配图的技术要求

技术要求是指部件或机器在装配、安装、检验、维修和工作运转时，所必须达到的技术指标。在装配图上，只有配合尺寸要标注配合代号，其他尺寸一般不标注尺寸偏差。装配图上一般也不需要标注表面粗糙度代号和几何公差代号。在明细栏的上方或图形下方的空白处用文字形式说明技术要求的内容。一般应从以下几个方面考虑。

1. 装配要求

装配要求包括装配时必须达到的精度、装配过程中的要求、指定的装配方法等。

2. 检验要求

检验要求包括对机器或部件基本性能的检验方法和测试条件等。

3. 使用要求

使用要求包括对机器或部件的包装、运输条件和维修、保养的要求及操作注意事项等。

图上所需填写的技术要求，随机器部件的需求而定。必要时也可参照同类产品及相关规定来确定。

任务四　装配图的零、部件序号及明细栏

为了便于读图、进行图样管理和生产管理，装配图上所有的零、部件都必须编写序号，并在标题栏上方编制相应的明细栏。

一、零、部件序号

1. 一般规定

①装配图中所有零、部件都必须编写序号，且相同零件或组件只编一个序号。

②图中的序号应与明细栏中的序号一致。

③装配图中的零件序号应标注在视图的外面，按顺时针或逆时针顺序方向，顺序整齐地排列在同一水平线或铅垂线上，如图 9-1 所示。

2. 序号的编写方法

①序号的三种通用表示方法如图 9-5 所示。其中序号的标注由圆点、指引线（用细实线绘制）、水平线或圆（用细实线绘制，也可不画）和序号组成。序号字高比图中的尺寸数字高度大一或两号。不画水平线或圆时，序号字高应比图中的尺寸数字高度大两号。

②当指引线从很薄的零件或涂黑的断面引出时，可在指引线的末端画箭头并指向该零件的轮廓，如图 9-6 所示。

③指引线之间不能相交，当指引线通过剖面区域时不能与剖面线平行，如图 9-6 所示。必要时指引线允许画成折线，但只允许曲折一次，如图 9-7 所示。

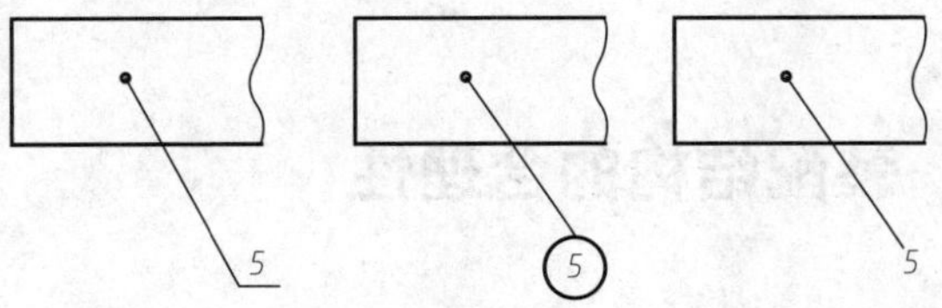

图 9-5　薄片类零件序号的注写形式

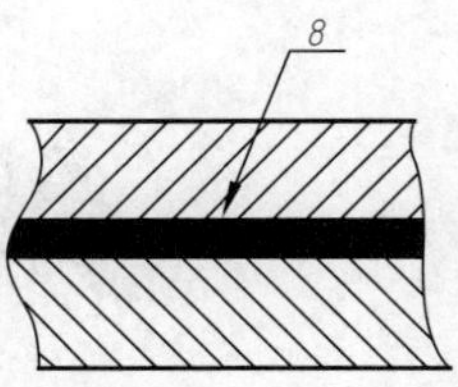

图 9-6　序号的一般注写形式

④对于一组紧固件或装配关系清楚的组件，可用公共指引线，如图 9-8 所示。

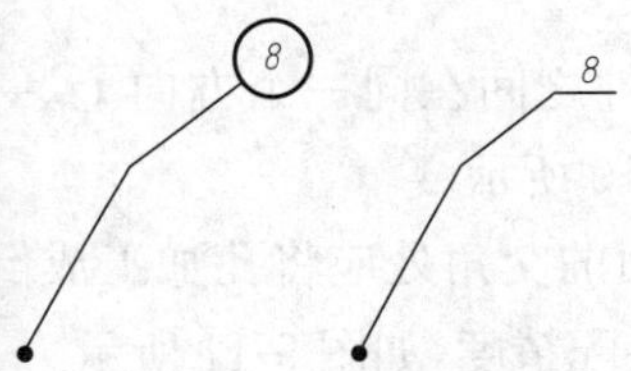

图 9-7　弯折指引线

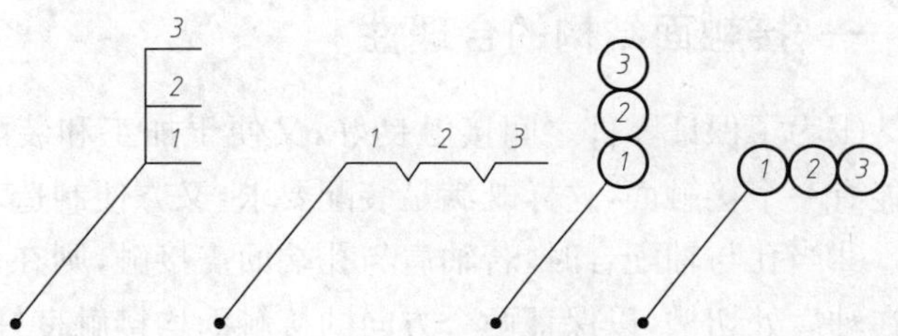

图 9-8　成组类零件的注写形式

二、明细栏

明细栏中的序号与图样上的零件序号需严格对应，用来说明零件序号、名称、数量、材料和备注，“备注”一般用以说明标准件的国家标准编号。明细栏一般直接画在装配图中标题栏的上方，按自下而上的顺序填写，这样便于填写增加的零件，如图 9-1 所示。当由下而上延伸位置不够时，可紧靠在标题栏的左方再由下向上延续。明细栏的外框为粗实线，框内的竖线为粗实线，横线为细实线。注意明细栏的顶端横线应画成细实线。学习时推荐使用的标题栏和明细栏的格式如图 9-9 所示。

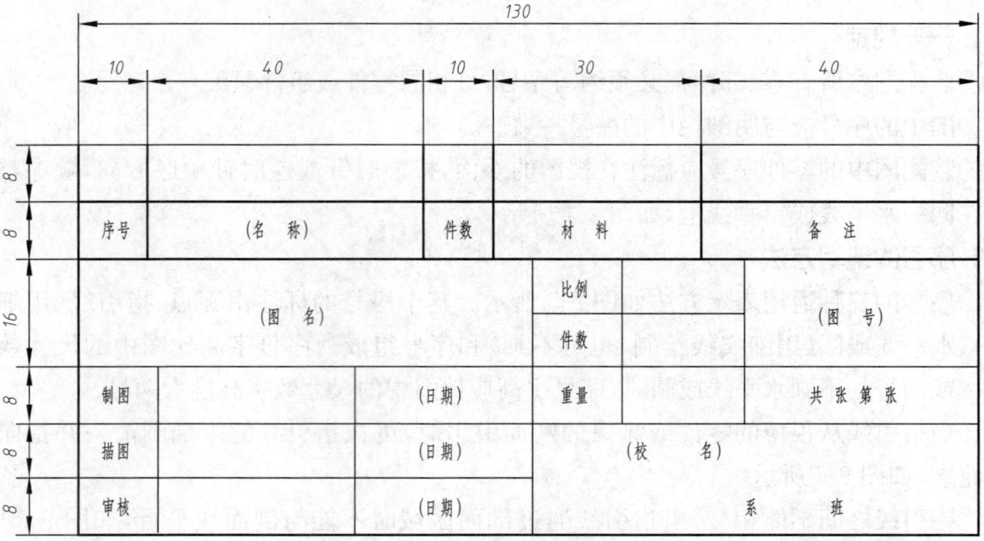

图 9-9 标题栏和明细栏的格式

任务五 装配结构的合理性

为保证机器的使用要求及便于零件装配和拆卸，应综合考虑装备结构的合理性及装配工艺的要求，并在装配图中正确表达。

一、接触面结构的合理性

①为了保证零件之间接触良好，又便于加工和装配，两零件之间在同一个方向上，一般只能有一个接触面，这样既满足装配要求，又方便制造，如图 9-10 所示。

②当孔与轴配合时，若轴肩与孔端面需接触，则在两接触面的交角处应将孔加工成倒角或在轴肩处切槽，以保证两个方向的接触面均接触良好，确保装配精度，如图 9-11 所示。

③为了保证两零件在装拆前后不致降低装配精度，通常用圆柱销或圆锥销将零件定位。为了加工和装拆的方便，在可能的条件下，最好将销孔做成通孔，如图 9-12 所示。

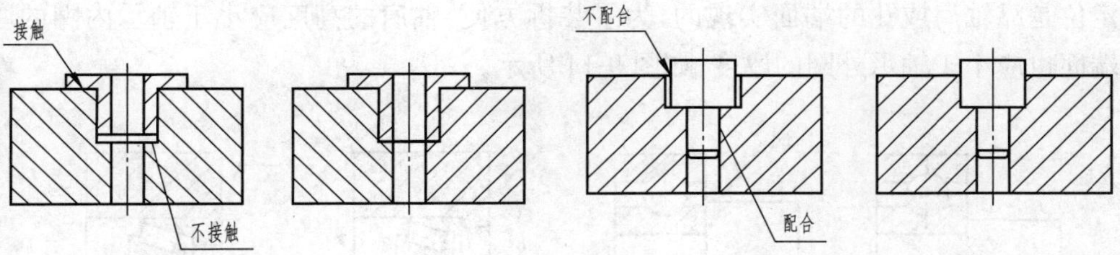

（a）正确　（b）错误　（c）正确　（d）错误

图 9-10　两零件接触表面

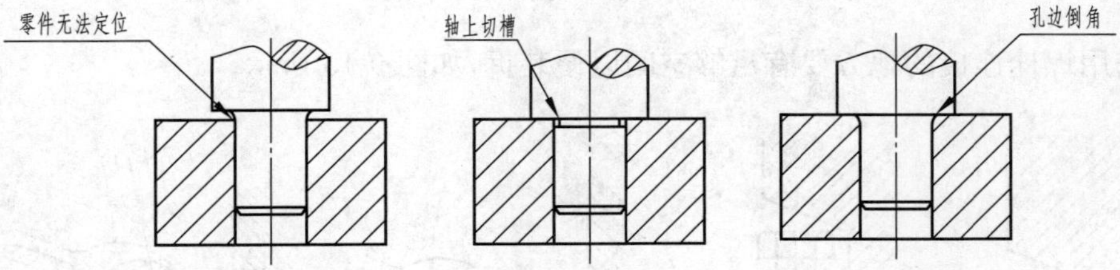

（a）错误　（b）正确　（c）正确

图 9-11　轴孔配合时的接触表面

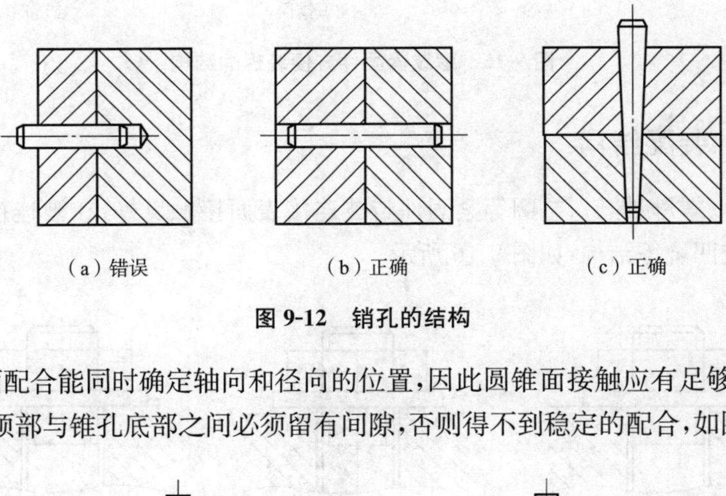

（a）错误　（b）正确　（c）正确

图 9-12　销孔的结构

由于圆锥面配合能同时确定轴向和径向的位置，因此圆锥面接触应有足够的长度，且当锥孔不通时，锥体顶部与锥孔底部之间必须留有间隙，否则得不到稳定的配合，如图 9-13 所示。

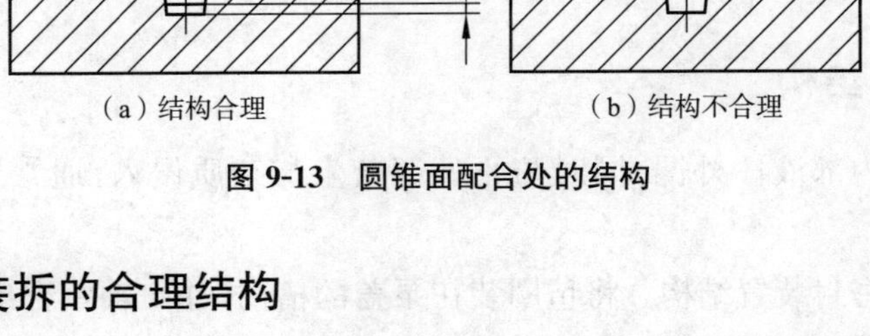

（a）结构合理　（b）结构不合理

图 9-13　圆锥面配合处的结构

二、有利于装拆的合理结构

①为了防止滚动轴承产生轴向窜动，必须采用一定的结构来固定其内圈、外圈。轴承的

轴向定位是靠轴肩或孔的端面实现的，为了装拆方便，轴肩的高度应小于轴承内圈的厚度，孔的端面也应小于轴承外圈的厚度，如图 9-14 所示。

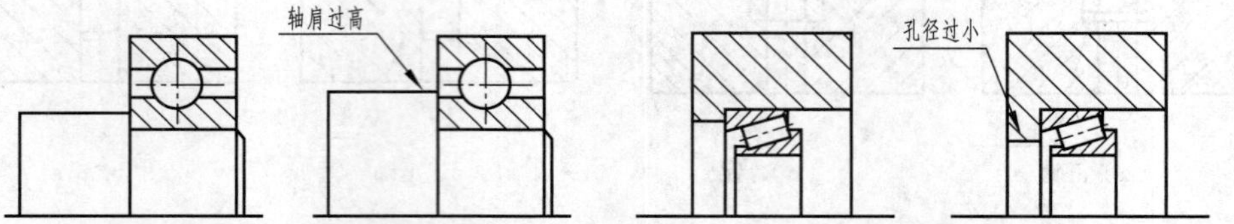

（a）轴肩结构合理　（b）轴肩结构不合理　（c）座孔结构合理　（d）座孔结构不合理

图 9-14　轴承装拆方便的结构

②采用螺栓连接的地方要有足够空间以便装拆，如图 9-15 所示。

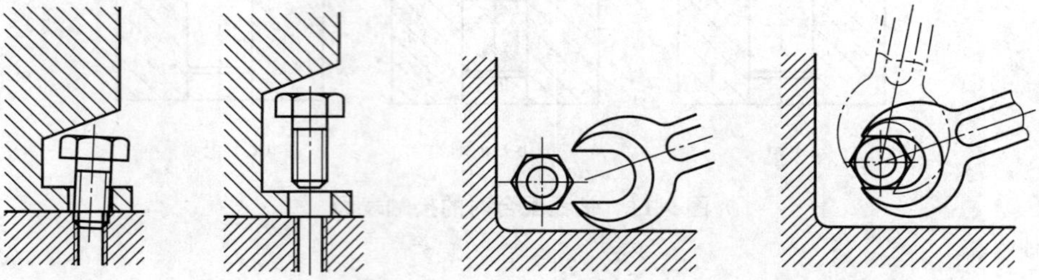

（a）错误　（b）正确　（c）错误　（d）正确

图 9-15　螺纹紧固件方便装拆的结构

三、紧固件装配结构

为了使螺栓、螺母、螺钉、垫圈等紧固件与被连接表面接触良好，在被连接件的接触表面应加工成凸台或凹坑等结构，如图 9-16 所示。

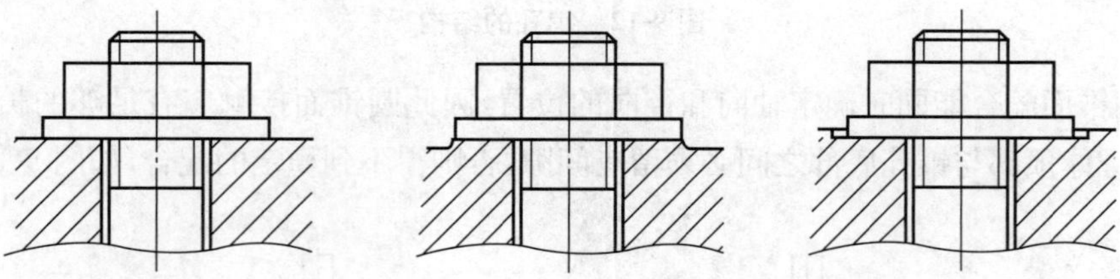

（a）错误　（b）正确　（c）正确

图 9-16　螺纹紧固件装配结构

四、密封装置结构

为了防止部件内部液体外漏，同时防止外部灰尘与杂质侵入，通常要采用防漏与密封装置。

①毡圈和垫片密封装置结构。将毡圈装在泵盖的槽内，并与轴紧密接触，可防止液体流出；在箱体和泵盖之间的垫片也可防止液体从结合面处渗漏。

②填料密封装置结构。图 9-17 所示是填料密封装置结构。装配时应使填料压盖处于可

调位置，通过拧紧螺母和填料压盖将填料压紧，从而起到防漏作用。

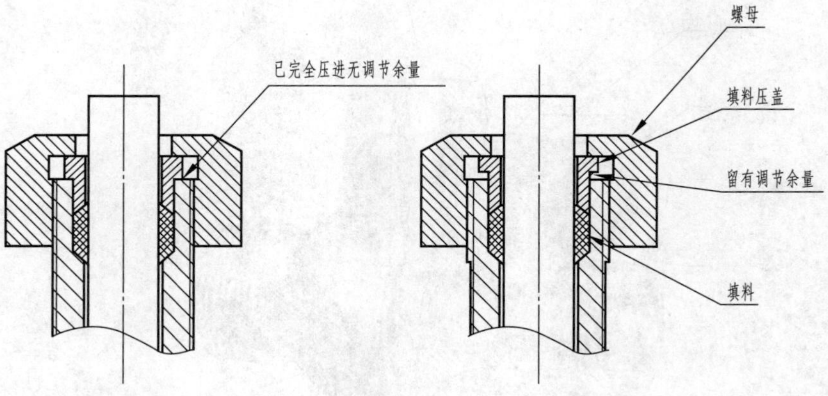

（a）结构不合理　　（b）结构合理

图 9-17　填料密封装置结构

任务六　装配图的画法

装配图的视图应清楚地表达机器或部件的工作原理、各零件之间的相对位置和装配关系，以及尽可能表达出主要零件的基本形状。

下面以球阀为例，介绍绘制装配图的方法和步骤。

一、全面分析部件的装配关系和工作原理

对部件的实物或装配示意图进行仔细的分析，从功用和工作原理出发，详细了解该机器或部件的工作情况和结构特征，查阅有关该装配体的说明及资料，在此基础之上分析掌握各零件间的位置关系、装配关系和它们相互间的作用，进而考虑选取何种表达方法。在管道系统中，球阀是用于启闭和调节流体流量的部件，如图 9-18 所示为球阀的轴测图，阀体共有 13 个零件。

球阀的工作原理是：扳手 13 的方孔套入阀杆 12 上部的四棱柱，当扳手处于如图 9-18 所示的位置时，即阀芯与阀盖内孔共轴线时，则阀门全部开启，管道畅通；反之，当扳手按顺时针方向旋转 90°时，则阀门全部关闭，管道断流。

阀体内有两条主要装配干线：一条竖直方向是扳手的动作传给阀芯的传动路线，由阀芯、阀杆和扳手等零件组成；另一条水平方向是沿阀孔水平轴线的通道干线，以阀体、阀芯和阀盖等零件组成。各个主要零件及其装配关系为：阀体 1 和阀盖 2 均带有方形的凸缘，它们用四个双头螺柱 6 和螺母 7 连接，并用调整垫 5 调节阀芯 4 与密封圈 3 之间的松紧程度。在阀体上部有阀杆 12，阀杆下部有凸块，榫接阀芯 4 上的凹槽。为了密封，在阀体与阀杆之间加进填料垫 8、中填料 9 和上填料 10，并且旋入填料压紧套 11。

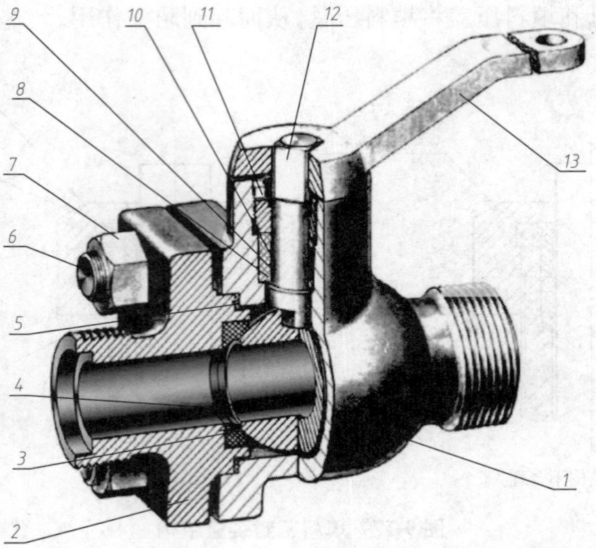

1—阀体；2—阀盖；3—密封圈；4—阀芯；5—调整垫；6—螺柱；7—螺母；
8—填料垫；9—中填料；10—上填料；11—填料压紧套；12—阀杆；13—扳手。

图 9-18　球阀的轴测图

二、确定表达方案

画装配图与画零件图一样，应先确定表达方案，也就是视图选择：首先选定部件的安放位置和主视图的投影方向；然后再根据需要选择其他视图。

1. 装配图的主视图选择

选择主视图时，应充分表达机器或部件的主要装配干线，并尽可能将机器或部件按工作位置安放。当工作位置倾斜时，可将其放正，使部件的主要轴线、主要安装面处在水平或铅垂位置。球阀安装在管道中的工作位置一般是阀孔的轴线呈水平位置，且扳手位于正上方以便于操作。将此方向作为主视图方向，并沿装配干线作全剖，既能清楚地看出主要零件的装配关系、连接方式，又能反映其工作原理。

2. 其他视图的选择

确定主视图后，根据机器或部件的结构特点，深入分析部件中还有哪些工作原理、装配关系和主要零件结构未表达清楚，根据需要选择适当的其他视图，每个视图都应有一个表达重点。

球阀沿前后对称面剖开的主视图，虽清楚地反映了各零件间的主要装配关系和球阀工作原理，但对球阀的外形结构、扳手的极限位置、阀体和阀盖两零件的连接关系以及阀杆和阀芯的位置关系还没有表达清楚。因此左视图采用拆卸画法，并画半剖视图，补充反映球阀的外形结构和阀杆、阀芯之间的关系；选取俯视图，作局部剖视，反映扳手与定位凸块的关系，同时采用假想画法表达扳手零件的极限位置。

三、画装配图的步骤

1. 确定比例及图幅

确定表达方案后，选取适当比例，确定图幅，在安排各视图的位置时，要注意留有供编写零部件序号及明细栏，以及注写尺寸和技术要求的位置。

2. 画底稿

（1）从机器或部件的核心零件开始，“由内向外”按装配关系逐层扩展画出各零件，最后画壳体、箱体等支承、包容零件。它的优点是从最内层实心零件（或主要零件）画起，按装配顺序逐步向四周扩展，层次分明，并可避免绘制外部零件被内部零件挡住的轮廓线，图形清晰。

（2）“由外向内”从机器（或部件）的机体出发，先画起支承、包容作用的体积较大、结构复杂的壳体、箱体等零件，再逐次向里画出各个零件。它的优点是便于从整体的合理布局出发，决定主要零件的结构形状和尺寸，其余部分也很容易决定下来。

从内向外画符合设计过程，而从外向内画符合装配顺序。两种方法应根据不同结构灵活选用或结合运用，不论运用哪种，在画图时都应注意以下几点：

①各视图之间要符合投影关系，各零件、各结构要素也要符合投影关系。

②先画起定位作用的基准件，再画其他零件，这样画图准确、误差小，保证各零件间的相对位置准确。基准件可根据具体机器（或部件）加以分析判断。

③先画部件的主要结构，然后再画次要结构。

④画图时，随时检查零件间的装配关系是否正确。哪些面应该接触，哪些面之间应留有间隙，哪些面为配合面等，还要检查零件间有无干扰和相互碰撞，及时纠正。

本书的球阀采用按装配关系由内向外的方法绘制底稿。具体步骤如下：

（1）布置视图位置。画图时，应先画出各视图的主要装配干线、对称中心线和主体零件的安装基准面。由主视图开始，几个视图配合进行，以装配顺序为准，逐次画出各个零件。如图 9-19 所示，选择球阀阀杆的轴线为长度方向的基准线，球阀前后对称面为宽度方向的基准面，阀体的径向轴线为高度方向的基准线。

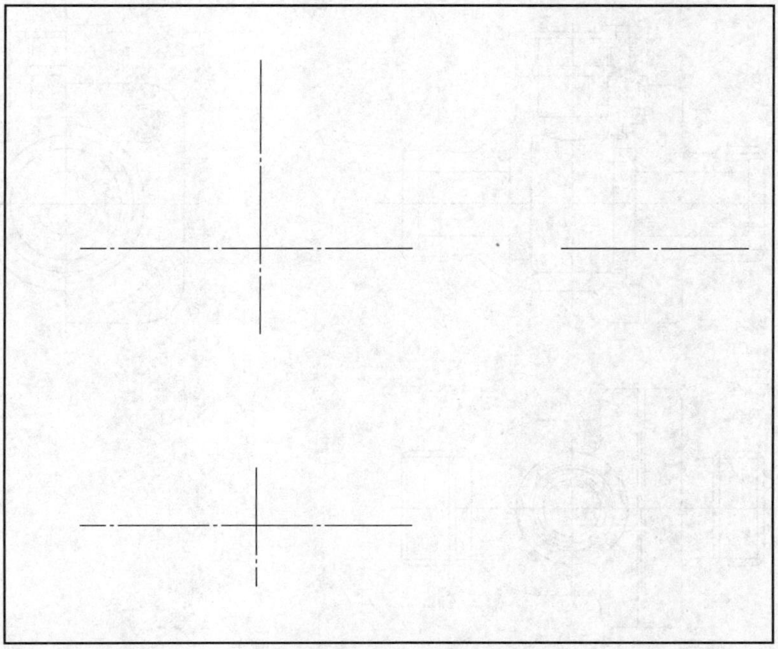

图 9-19 绘制各视图的基准线

(2)按装配关系画主要零件阀体的轮廓线,三个视图要联系起来画,如图 9-20 所示。

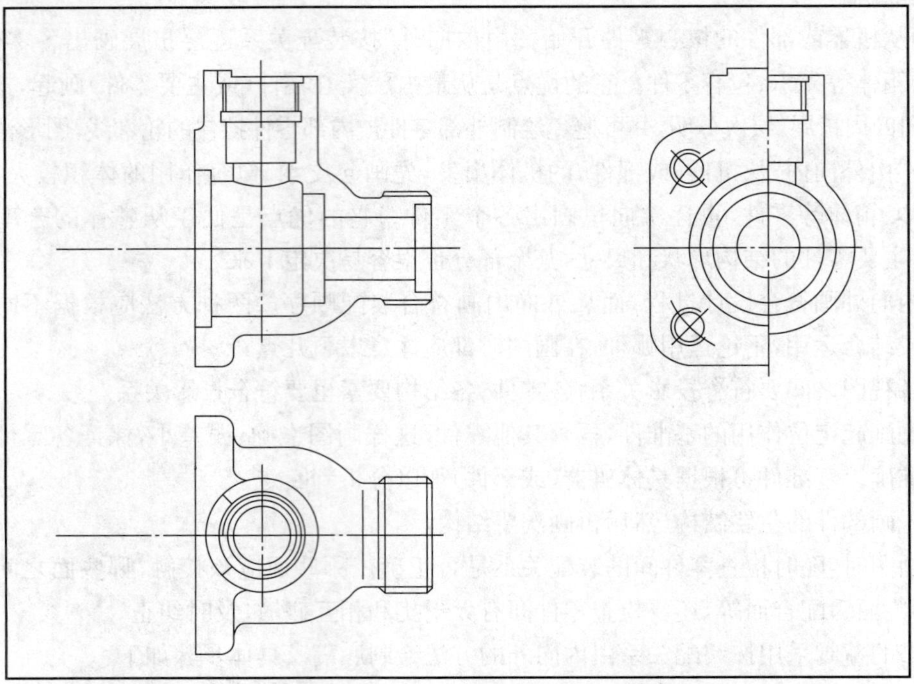

图 9-20　绘制阀体

(3)根据阀盖和阀体的相对位置画出阀盖三视图,如图 9-21 所示。

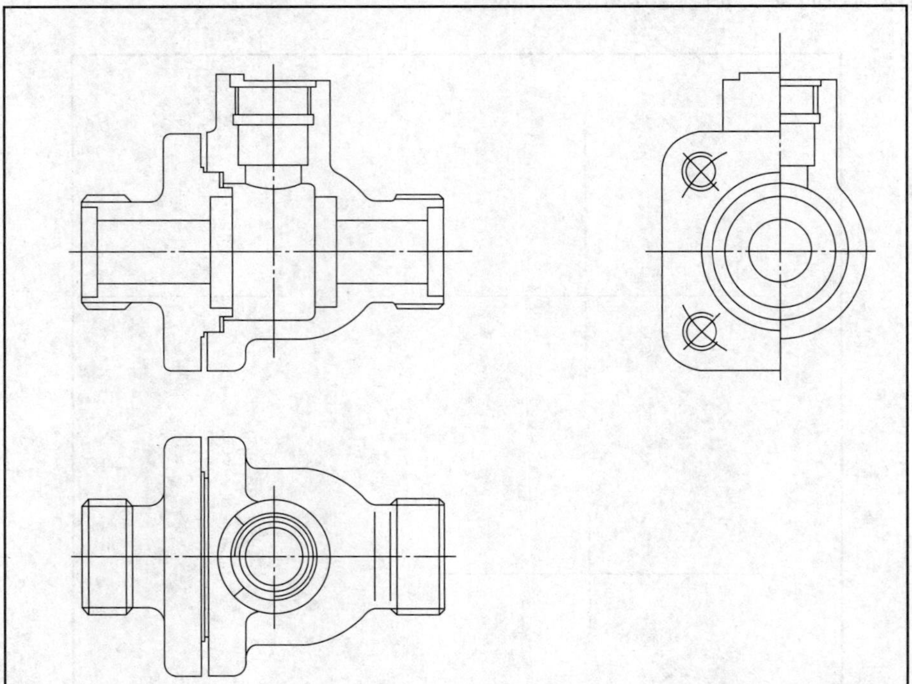

图 9-21　绘制阀盖

(4)按装配关系依次画出其他零件,如图 9-22 所示。

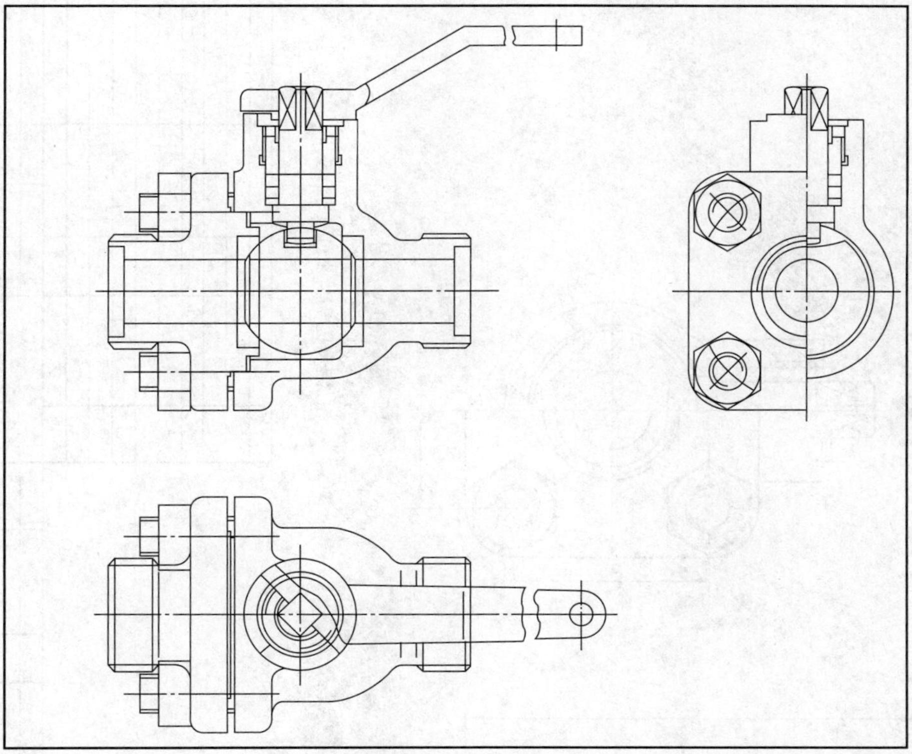

图 9-22 绘制其余部分

(5)检查,加深图线,标注尺寸。完成底稿后,仔细检查有无遗漏,擦除多余线;画剖面线、标注尺寸和编绘零件序号,清洁图面后再加深图线,编写技术要求和填写明细栏、标题栏,完成装配图的全部内容,如图 9-23 所示。

任务七 读装配图和由装配图拆画零件图

读装配图就是通过对装配图的视图、尺寸和文字符号的分析与识读,了解机器或部件的名称、用途、工作原理、装配关系等的过程。在机械设备的设计、制造、使用及技术交流中,经常要遇到读装配图的问题,所以工程技术人员必须具备读装配图和由装配图拆画零件图的能力。

一、读装配图的方法和步骤

下面以齿轮油泵装配图为例说明读装配图的方法和步骤。

1. 概括了解

①首先通过阅读标题栏、明细栏和零件序号,了解部件的名称,所包含的标准零件、非标准零件和组件的名称和数量,并在装配图中找到相应的位置,初步了解各零件的作用。

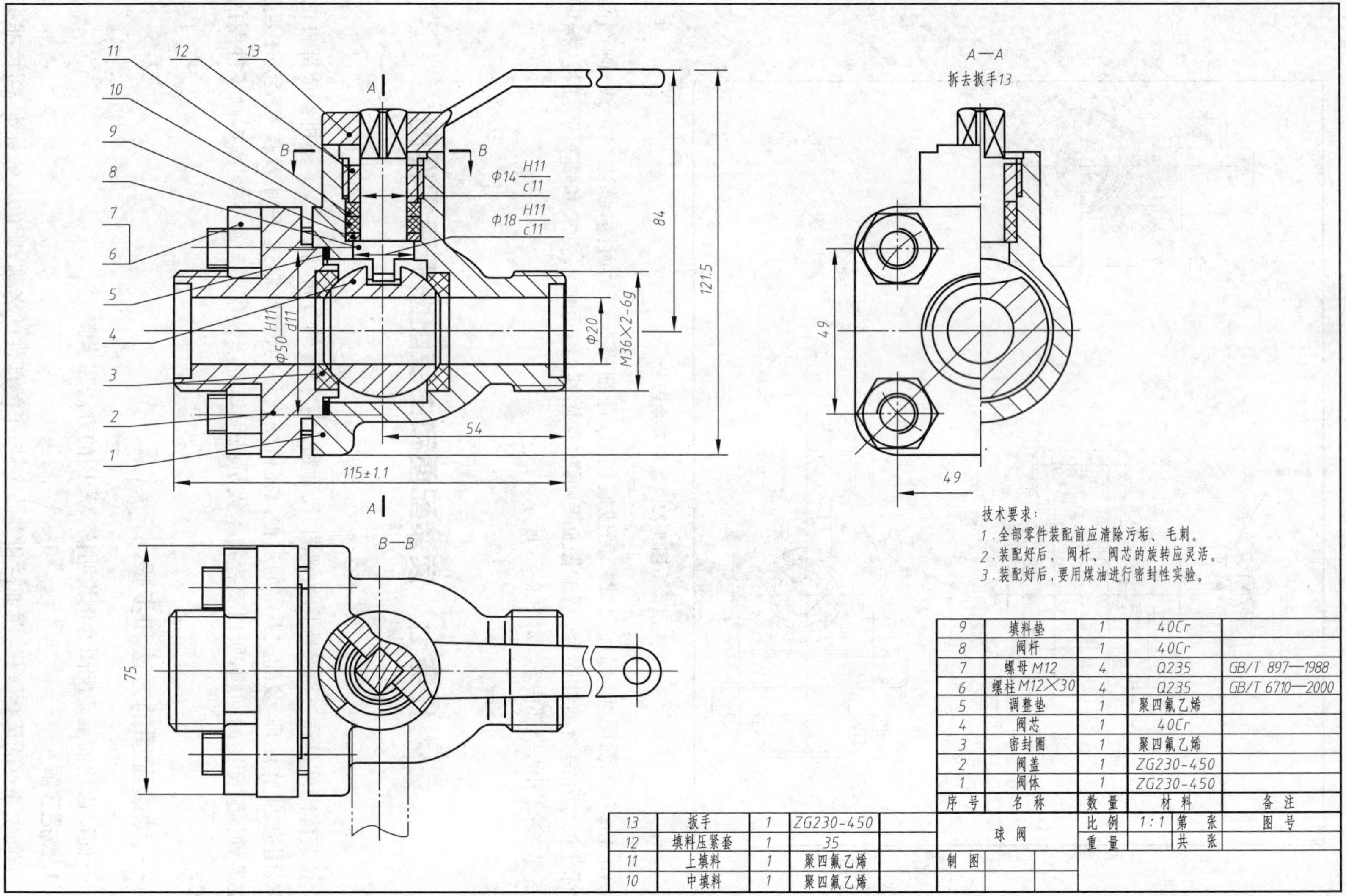
A—A
拆去扳手13
B—B
技术要求:
1.全部零件装配前应清除污垢、毛刺。
2.装配好后，阀杆、阀芯的旋转应灵活。
3.装配好后，要用煤油进行密封性实验。
Φ14 H11/c11
Φ18 H11/c11
Φ50 H11/d11
Φ20
M36×2-6g
84
121.5
54
115±1.1
49
75
9 填料垫 1 40Cr
8 阀杆 1 40Cr
7 螺母M12 4 Q235 GB/T 897—1988
6 螺柱M12×30 4 Q235 GB/T 6710—2000
5 调整垫 1 聚四氟乙烯
4 阀芯 1 40Cr
3 密封圈 1 聚四氟乙烯
2 阀盖 1 ZG230-450
1 阀体 1 ZG230-450
序号 名称 数量 材料 备注
13 扳手 1 ZG230-450
12 填料压紧套 1 35
11 上填料 1 聚四氟乙烯
10 中填料 1 聚四氟乙烯
球阀
比例 1:1 第 张 图号
重量 共 张
制图

图 9-23　球阀装配图

②一般从主视图入手，对全部视图进行分析，弄清部件采用了哪些视图和表达方法，明确视图间的投影关系，剖视图、断面图的剖切位置及投射方向，正确理解各视图的表达内容。

图 9-24 的标题栏说明该部件是齿轮油泵，它是机器供油系统中的一个部件，所采用的绘图比例是 1∶1。由明细栏可知，该油泵共有 16 种零件，其中标准件 3 种，非标准件 13 种，对照零件序号和明细栏可以找到各种零件在装配图中的位置。

齿轮油泵装配图采用两个基本视图和一个局部视图进行表达。主视图采用 *A—A* 相交平面剖切，表达齿轮油泵的主要装配干线和各零件的连接关系；左视图采用沿垫片和泵体结合面剖切的半剖视图 *C—C*，未剖部分表达油泵外形，被剖开部分表达了一对齿轮啮合传动以及进行吸、压油的工作原理。*B—B* 局部剖视图表达了齿轮油泵的稳压装置的结构。

2. 深入分析零件的装配关系和工作原理

分析零件的装配关系，一般从反映装配干线最清楚的主视图入手，沿着装配路线弄清相关零件的装配关系。

从图 9-24 所示的主视图可见，齿轮油泵有两条主要装配线：一条是画在图中上方的主动齿轮轴装配线，主动齿轮轴 4 装在泵体 8 和泵盖 3 的轴孔内，右边伸出端安装有密封圈、轴套、压紧螺母、传动齿轮、键、垫圈和螺母；另一条是从动齿轮轴装配线，从动齿轮轴 9 也装在泵体 8 和泵盖 3 的轴孔内，与主动齿轮相啮合。

分析机器部件的工作原理，一般从表达运动关系的视图入手。从图 9-24 所示的主视图可以看出，外部动力传递给传动齿轮，通过键传递给主动齿轮轴，带动从动齿轮轴产生啮合运动。将左视图简化为图 9-25 所示的工作原理示意图，泵体是齿轮油泵的主要零件之一，泵体两侧各有一个管螺纹的螺纹孔，一个吸油，一个压油。当主动齿轮按图中所示方向旋转时，在吸油口处两啮合齿轮逐渐脱开，齿间空腔体积增大，压力减小。于是，油被吸入齿间，随着齿轮的旋转，油被带入压油处，该处两齿轮的轮齿逐渐啮合，齿腔空间体积减小，油压增大，从而将油压入输出口送往各润滑管路中。另外，从俯视图的 *B—B* 剖视图部分可以看出，为了保证油泵正常工作，使油的压力保持在规定范围之内，泵盖在靠近出油口的高压区一侧有一个由钢珠、钢珠定位器、调节弹簧和柱塞构成的稳压装置，与泵体相通，调节油的压力。

3. 从装配图中分离零件，想象各零件的结构形状

在看懂装配图的前提下，从零件的序号和明细栏中找到要分离零件的序号和名称，根据该序号的指引线找到该零件在装配图中的位置，然后再根据零件上的剖面线，利用同一零件在不同视图中的剖面线方向与间隔一致的规定，将该零件从装配图中顺利地分离出来。最后对照投影关系及与相邻零件的装配情况，增补装配图简化或省略的结构，逐步想象出各零件的主要结构形状。

4. 分析尺寸，了解技术要求

按装配图中标注尺寸的作用进行分类，分析了解各类尺寸。如泵体的进出油孔的管螺纹尺寸 G3/8 是规格尺寸。ϕ18H7/f6 是配合尺寸，反映了齿轮轴与泵体和泵盖轴之间的配合关系，它们是保证齿轮油泵工作性能的重要条件。

技术要求规定了两齿轮的装配要求以及齿轮油泵的密封要求。

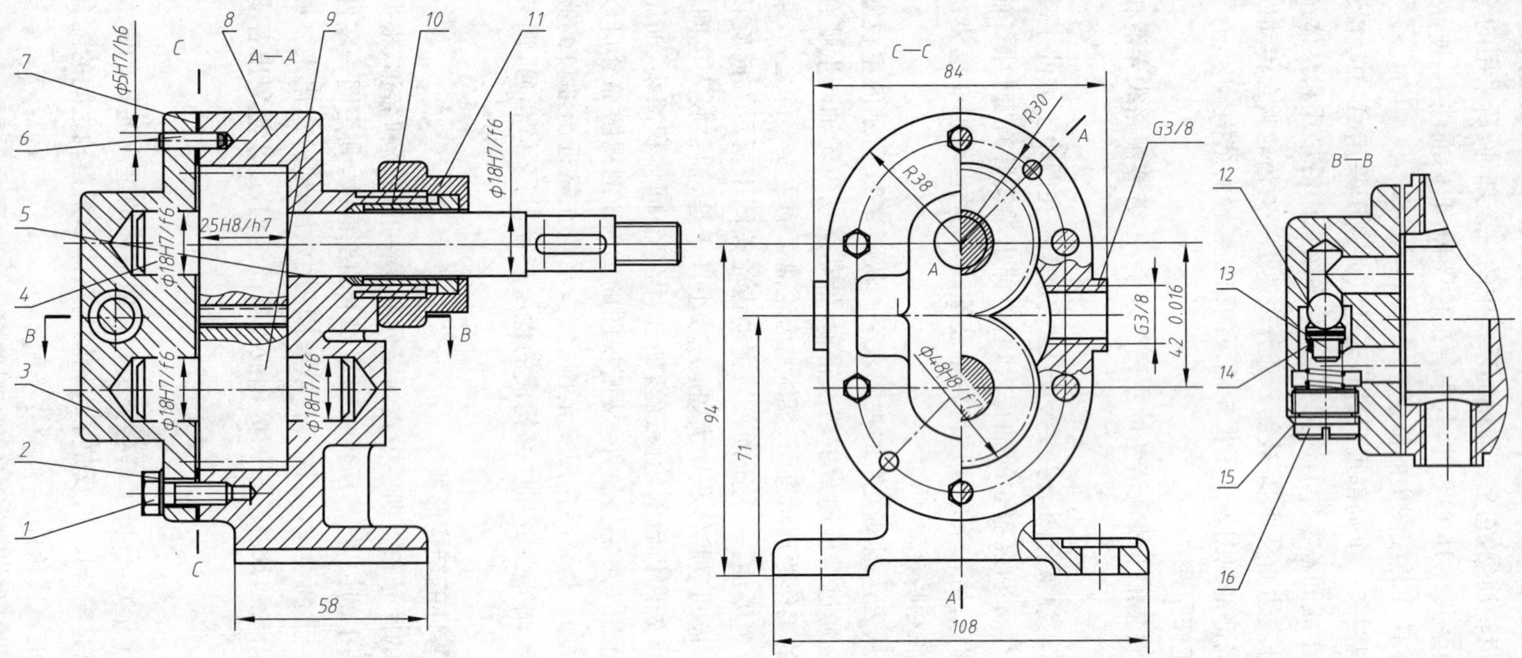

技术要求：

1.油泵装配好后，用手转动齿轮轴，不得有卡阻现象。

2.油泵装配好后，齿轮啮合面应占全齿长的2/3以上，可根据印痕检查。

3.油泵试验时，当转速为750 r/min 时，输出油压应为0.4~0.6 MPa。

4.检查油泵压力时，各密封处应无渗漏现象。

16	柱塞	1	Q235		6	销	2	35	
15	小垫片	1	工业用纸		5	填料	1	石棉	
14	调节弹簧	1	65Mn		4	主动齿轮轴	1	45	m=3 z=4
13	钢珠定位器	1	10		3	泵盖	1	HT200	
12	钢珠	1	40Cr		2	垫圈	1	Q235	GB/T 5782-2016
11	压紧螺母	1	Q235		1	螺栓	6	Q235	GB/T 897-1988
10	填料压盖	1	Q235		序号	名称	数量	材料	备注
9	从动齿轮轴	1	45	m=3 z=4	齿轮油泵		比例	1:1 第 张	图号
8	泵体	1	HT200				重量	共 张	
7	垫片	1	工业用纸		制图				

图 9-24 齿轮油泵装配图

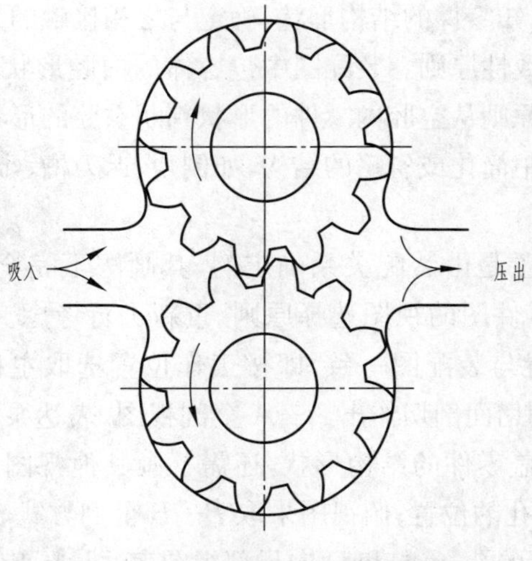

图 9-25 齿轮油泵工作原理示意图

二、由装配图拆画零件图

根据已设计出的装配图绘制零件图是设计过程中的一个重要环节。拆图是在看懂装配图的基础上进行，并按零件图的内容和要求画出零件工作图。现在就以拆画齿轮油泵的泵盖为例说明拆画过程。

1. 分离零件

如前所述，在读装配图时，泵盖是其主要零件之一。如图 9-24 所示，泵盖的序号是 3，根据序号的指引线找到它在装配图中的位置，对照投影关系并根据同一零件的剖面线在各视图中一致的规定，找到泵盖在装配图中的全部投影。由主视图可见，泵盖上、下分别有主动齿轮轴和从动齿轮轴的两个轴颈支承孔。由左视图可见，泵体的外形为长椭圆形，沿周围分布 6 个沉孔和 2 个圆柱销孔。另外，由俯视图的剖视图可见，泵盖中间还有一个由弹簧、钢珠等组成的稳压装置所形成的空腔结构。

分析了泵盖的主要结构形状后，即可在装配图的主视图、左视图和俯视图中分出泵盖的视图轮廓。它是一幅不完整的图形，如图 9-26 所示。

2. 补全零件的结构

由于从装配图中分离出的零件图是不完整的，所以应根据该零件的作用及装配关系，想出完整结构，补出所拆零件的轮廓线。

补全不完整视图应注意以下几方面：

①被其他零件遮住的结构形状。根据结构的完整性、合理性及分析其他视图对不全处的投影，想象出完整结构后补画出其他零件遮住的部分线条，如图 9-26 所示，泵盖中孔的轮廓被轴、螺栓和销遮挡。

②按规定画法表达标准件。熟悉螺纹结构、螺纹连接件、键、销等零件的规定表达方法。查阅相关国家标准，在零件图上正确画出螺纹、键槽、销孔等工艺结构。

③结合面形状的一致性原则。装配图中相接触的端面形状应一

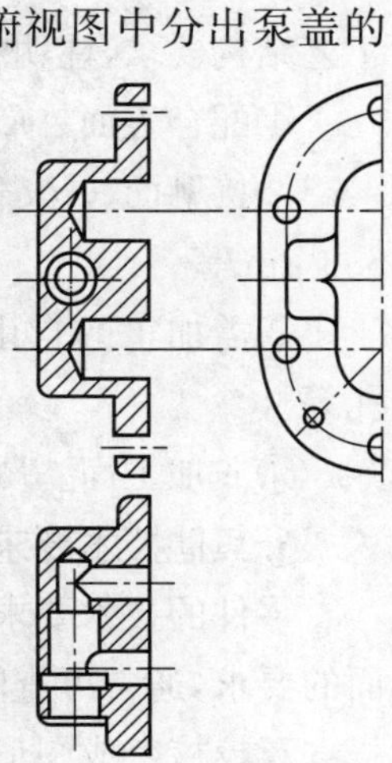

图 9-26 从装配图分离泵盖的三视图

致。依据该原则，可根据已知零件的结构形状，确定与之相接触的另一零件的结构形状。

④包容体形状内外一致性原则。装配图中包容体的内腔形状取决于被包容体的外部形状。在装配图中可依据该原则从空腔内零件的形状判断空腔的形状。

⑤补齐零件在装配图中简化或省略的结构，如倒角、退刀槽、小圆角等。

3. 确定表达方案

零件在装配图中的位置是由装配关系确定的，其画法不完全符合零件图的表达要求。在拆画零件图时，应根据零件图的视图选择原则，重新进行考虑。泵盖属于盘盖类零件，一般情况下，主视图所选位置与装配图一致，即按工作位置选取主视图。确定泵盖表达方案时，主视图采用两个相交剖切面剖切作出 $A—A$ 全剖视图，表达泵盖的主要形状特征及内部空腔结构。为完整表达泵盖零件的结构形状，还需补画其他视图。选择左视图表达端盖的形状、6 个沉孔及 2 个圆柱孔的位置；俯视图采取 $B—B$ 全剖方式表达稳压装置的内腔结构；另外，右视图表达端面内部的孔，C 向和 D 向局部视图表达稳压装置的外形，如图 9-27 所示。

4. 标注尺寸

零件图上需注出制造、检验所需的全部尺寸。标注方法可归纳为以下几种：

①装配图上已标注的相关尺寸，可以直接标注到零件图上，比如说泵盖上两沉孔的相对位置尺寸 42。

②对于装配图中标注的配合尺寸，可直接标注出公差带代号或查表标注出上下偏差数值，比如说泵盖与轴的配合尺寸 ϕ 18H7/f6，在泵盖零件图中可标注 ϕ18H7 或 $\phi 18^{+0.018}_{0}$。

③对于标准结构如倒角、螺纹孔等，应查阅相关手册确定，如图 9-27 所示的 G3/8 尺寸。

④有些尺寸需要根据装配图上所给的参数进行计算，比如齿轮分度圆直径，应根据模数和齿数计算而定。

⑤零件上不重要的或非配合尺寸，可从装配图上按比例量取，数值经过圆整后标注，比如说端盖的厚度尺寸 10、34 等。

5. 确定表面粗糙度

根据装配图所示该零件与其他零件的装配关系，判断出加工面和非加工面及其各表面工艺结构要求，注明相应表面粗糙度。一般来说，有以下几种：

①配合表面。Ra 值取 0.8～3.2 μm。

②接触面。Ra 值取 3.2～6.3 μm，如零件的定位底面 Ra 值可取 3.2 μm，一般端面可取 6.3 μm 等。

③需加工的自由表面(不与其他零件接触的表面)。Ra 值可取 12.5～25 μm，如螺栓孔等。

④非加工面。Ra 值有 25 μm、50 μm、100 μm 三种。

6. 其他技术要求

零件的技术要求应根据零件的作用和装配要求来确定。对于极限偏差、尺寸公差等方面的要求，通常可查阅有关手册或参考同类产品的图纸确定。

7. 校核完成图形

校核后加深图线，完成零件图，如图 9-27 所示。

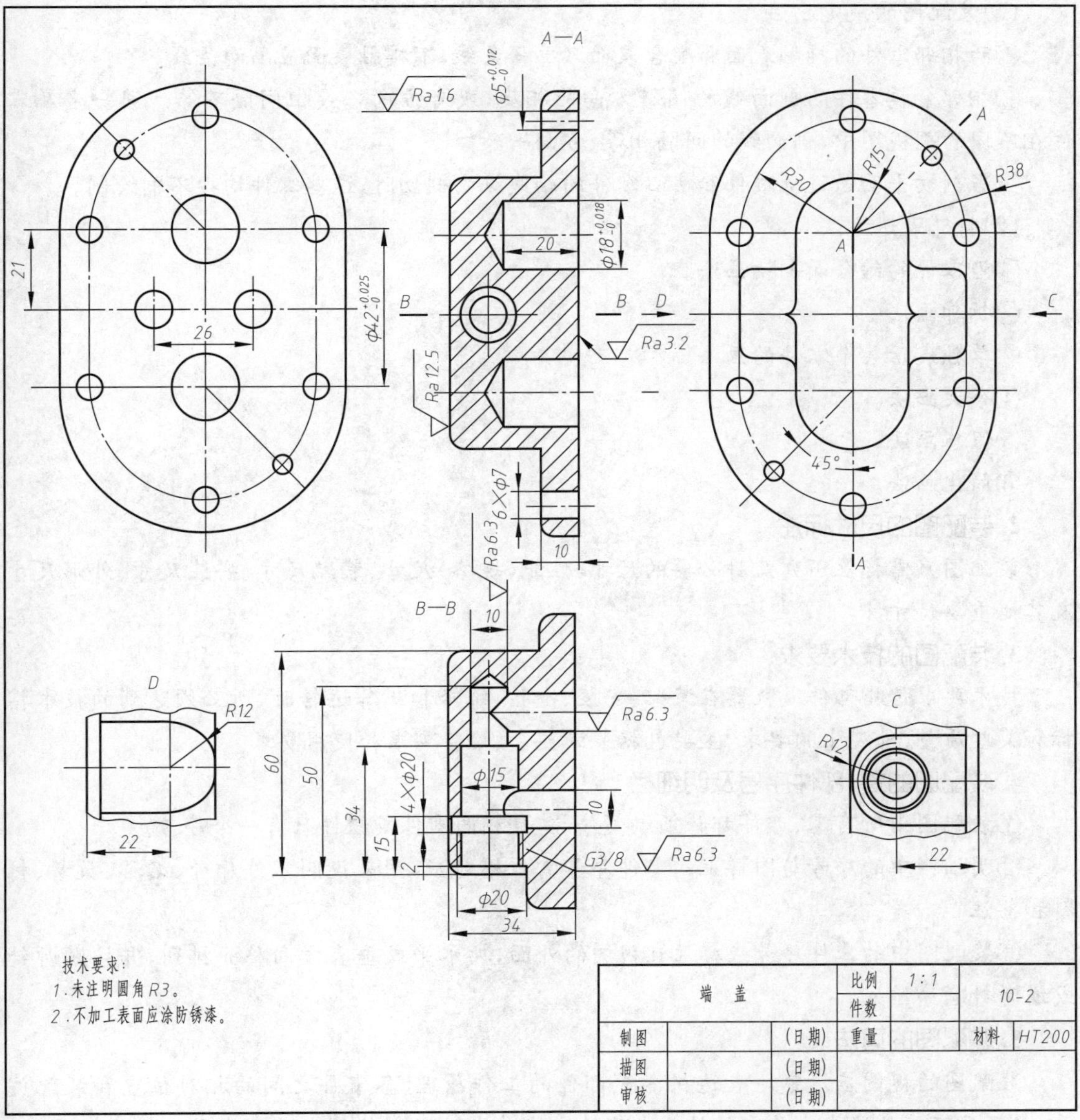

图 9-27 端盖的零件图

小 结

装配图表达的重点在于反映机器或部件的工作原理、装配连接关系和主要零件结构特征，因此装配图的表达方法、尺寸标注及技术要求跟零件图有所区别。

1. 装配图的表达方法

装配图所采用的一般表达方法——视图、剖视图、断面图等及视图选用原则，一般都适用于装配图。

(1)装配图的规定画法

①两相邻零件的接触表面和配合表面只画一条线,不接触表面应画两条线。

②相邻金属零件的剖面线的倾斜方向应相反,或者方向一致但间隔不等。同一金属零件在不同的剖视图中,剖面线的间隔相等、方向一致。

③当剖切平面通过标准件和实心零件的轴线纵向剖切时,这些零件均按不剖绘制。

(2)特殊表达方法

①沿零件的结合面剖切画法。

②拆卸画法。

③单独表示某个零件的画法。

④夸大画法。

⑤假想画法。

⑥简化画法。

2. 装配图的尺寸标注

装配图只需标注下列几种必要的尺寸:性能(规格)尺寸、装配尺寸、安装尺寸、外形尺寸及其他重要尺寸。

3. 装配图的技术要求

技术要求是指部件或机器在装配、安装、检验、维修和工作运转时,所必须达到的技术指标和某些质量、外观上的要求,主要包括装配要求、检验要求和使用要求。

4. 装配图的零、部件序号及明细栏

①装配图中所有零、部件都必须编写序号,且相同零件或组件只有一个序号。

②明细栏中的序号与图样上的零件序号需严格对应,用来说明零件序号、名称、数量、材料和备注。

③装配图中的零件序号应标注在视图的外面,按水平或垂直方向整齐排列,并按顺时针或逆时针顺序排列。

5. 装配图的画法

装配图的视图应清楚地表达机器或部件的工作原理、各零件之间的相对位置和装配关系,以及尽可能表达出主要零件的基本形状。应首先选定部件的安放位置和选择主视图,然后再选择其他视图。

(1)装配图的主视图选择

选择主视图时,应充分表达机器或部件的主要装配干线,并尽可能将机器或部件按工作位置安放。最后选用能清楚地反映主要装配关系和工作原理的那个视图作为主视图,并沿主要装配干线采取适当的剖视,清晰地表达各个主要零件以及零件间的相互关系。

(2)其他视图的选择

确定主视图后,根据需要选择适当的其他视图,每个视图都应有一个表达重点。

视图数目和表达方法确定后可按以下两种方法画底稿:

①从机器或部件的核心零件开始,“由内向外”按装配关系逐层扩展画出各零件。

②“由外向内”从机器(或部件)的机体出发,先画起支承、包容作用的零件,再逐次向里画出各个零件。

附　　录

一、螺纹

附表-1　普通螺纹(GB/T 193—2003、GB/T 196—2003)

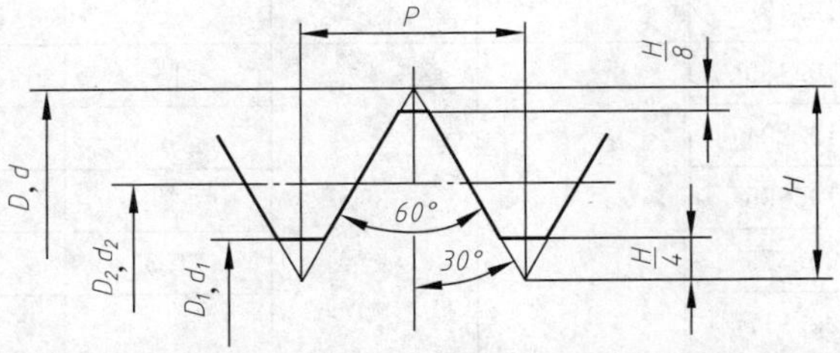

标记示例：

公称直径 20 mm,螺距 1.5 mm 的右旋细牙普通螺纹　M20×1.5

单位:mm

公称直径 D、d 第一系列	公称直径 D、d 第二系列	螺距 P	小径 D_1或d_1
3		0.5*	2.459
		0.35	2.621
	3.5	(0.6)*	2.850
		0.35	3.121
4		0.7*	3.242
		0.5	3.459
	4.5	(0.75)*	3.688
		0.5	3.959
5		0.8*	4.134
		0.5	4.459
6		1*	4.917
		0.75	5.188
		(0.5)	5.459
8		1.25*	6.647
		1	6.917
		0.75	7.188
		(0.5)	7.459
10		1.5*	8.376
		1.25	8.647
		1	8.917
		0.75	9.188
		(0.5)	9.459

公称直径 D、d 第一系列	公称直径 D、d 第二系列	螺距 P	小径 D_1或d_1
12		1.75*	10.106
		1.5	10.376
		1.25	10.647
		1	10.917
		(0.75)	11.188
		(0.5)	11.459
	14	2*	11.835
		1.5	12.376
		(1.25)	12.647
		1	12.917
		(0.75)	13.188
		(0.5)	13.459
16		2*	13.835
		1.5	14.376
		1	14.917
		(0.75)	15.188
		(0.5)	15.459
	18	2.5*	15.294
		2	15.835
		1.5	16.376
		1	16.917
		(0.75)	17.188
		(0.5)	17.459

续上表

公称直径 *D*、*d*		螺距	小径
第一系列	第二系列	*P*	D_1或d_1
20		2.5*	17.294
		2	17.835
		1.5	18.376
		1	18.917
		(0.75)	19.188
		(0.5)	19.459
	22	2.5*	19.294
		2	19.835
		1.5	20.376
		1	20.917
		(0.75)	21.188
		(0.5)	21.459
24		3*	20.752
		2	21.835
		1.5	22.376
		1	22.917
		(0.75)	23.188
	27	3*	23.752
		2	24.835
		1.5	25.376
		1	25.917
		(0.75)	26.188
30		3.5*	26.211
		(3)	26.752
		2	27.835
		1.5	28.376
		1	28.917
		(0.75)	29.188
	33	3.5*	29.211
		(3)	29.752
		2	30.835
		1.5	31.376
		(1)	31.917
		(0.75)	32.188
36		4*	31.670
		3	32.752
		2	33.835
		1.5	34.376
		(1)	34.917
	39	4*	34.670
		3	35.752
		2	36.835
		1.5	37.376
		(1)	37.917
42		4.5*	37.129
		(4)	37.670
		3	38.752
		2	39.835
		1.5	40.376
		(1)	40.917
	45	4.5*	40.129
		(4)	40.670
		3	41.752
		2	42.835
		1.5	43.376
		(1)	43.917
48		5*	42.587
		(4)	43.670
		3	44.752
		2	45.835
		1.5	46.376
		(1)	46.917
	52	5*	46.587
		(4)	47.670
		3	48.752
		2	49.835
		1.5	50.376
		(1)	50.917

注：1. 公称直径优先选用第一系列，其次第二系列，第三系列未列入本表中。

2. 螺距后加“*”的为粗牙螺距，其余为细牙螺距。括号内的螺距尽可能不用。

3. 中径 D_2、d_2未列入本表中。

附表-2　普通螺纹的收尾、肩距、退刀槽、倒角(GB/T 3—1997)

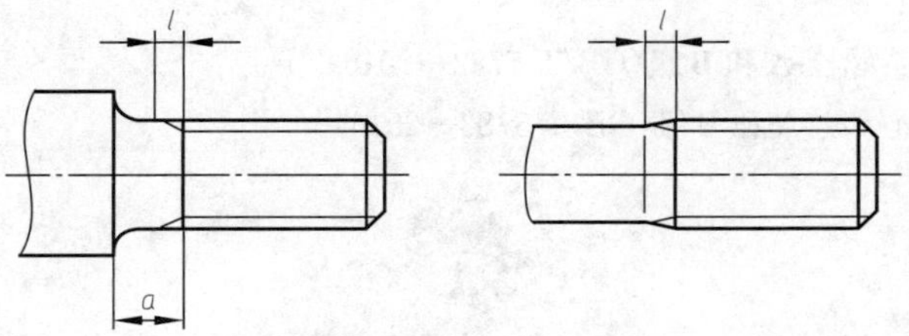

外螺纹的收尾和肩距

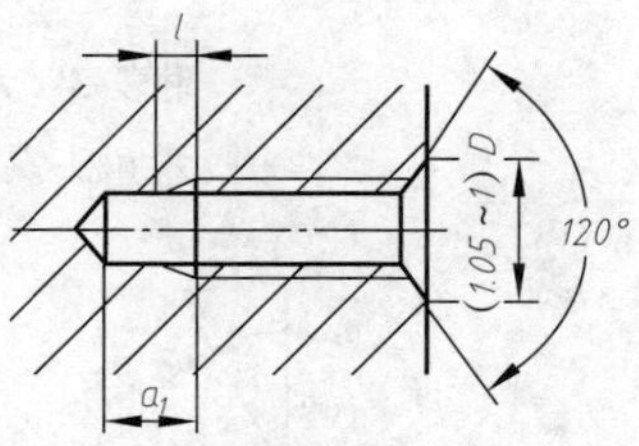

内螺纹的收尾和肩距

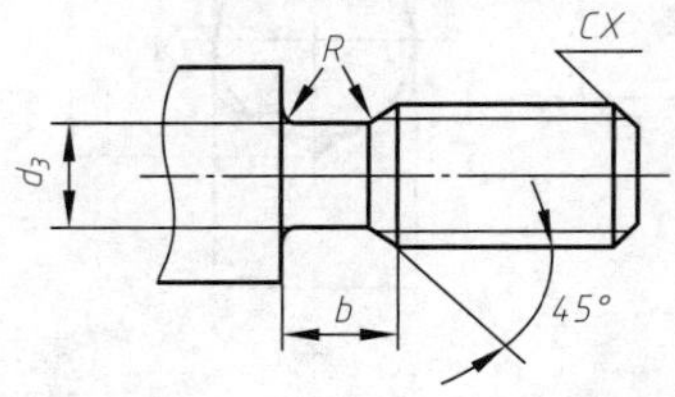

外螺纹的退刀槽和倒角

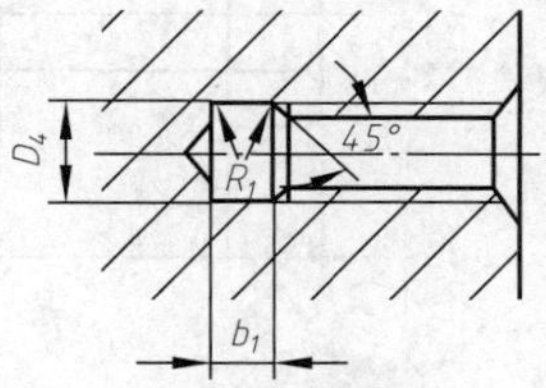

内螺纹的退刀槽

单位:mm

螺距 P	粗牙螺纹大径 D、d	外螺纹								倒角 C	内螺纹						
		螺纹收尾 $l\leqslant$		肩距 $a\leqslant$			退刀槽				螺纹收尾 $l\leqslant$		肩距 a_1		退刀槽		
		一般	短的	一般	长的	短的	$b\leqslant$	d_3	$R\approx$		一般	短的	一般	长的	b_1 一般	D_4	$R_1\approx$
0.5	3	1.25	0.7	1.5	2	1	1.5	$d-0.8$	0.2	0.5	2	1	3	4	2	$D+0.3$	0.2
0.8	5	2	1	2.4	3.2	1.6	2.4	$d-1.3$	0.4	0.8	3.2	1.6	4	6.4	3.2		0.4
1	6	2.5	1.25	3	4	2	3	$d-1.6$	0.6	1	4	2	5	8	4	$D+0.5$	0.5
1.25	8	3.2	1.6	4	5	2.5	3.75	$d-2$	0.6	1.2	5	2.5	6	10	5		0.6
2.5	18,20,22	6.3	3.2	7.5	10	5	7.5	$d-3.6$	1.2	2.5	10	5	12	18	10		1.2
3	24,27	7.5	3.8	9	12	6	9	$d-4.4$	1.6	2.5	12	6	14	22	12		1.5
3.5	30,33	9	4.5	10.5	14	7	10.5	$d-5$	1.6	3	14	7	16	24	14		1.8
4.5	42,45	11	5.5	13.5	18	9	13.5	$d-6.4$	2.5	4	18	9	21	29	18		2.2
5	48,52	12.5	6.3	15	20	10	15	$d-7$	2.5	4	20	10	23	32	20		2.5

注:1. 细牙普通螺纹根据螺距查表,粗牙普通螺纹根据大径查表。

2. 应优先选用“一般”长度的收尾和肩距;外螺纹“短”收尾和“短”肩距仅用于结构受限制的螺纹件上,产品等级为B或C的螺纹紧固件可采用“长”肩距;内螺纹当容屑需要较大空间时可选用“长”肩距,结构受限制时可选用“短”收尾。

二、常用标准件

附表-3　六角头螺栓-A 和 B 级(GB/T 5782—2016)

六角头螺栓-全螺纹-A 和 B 级(GB/T 5783—2016)

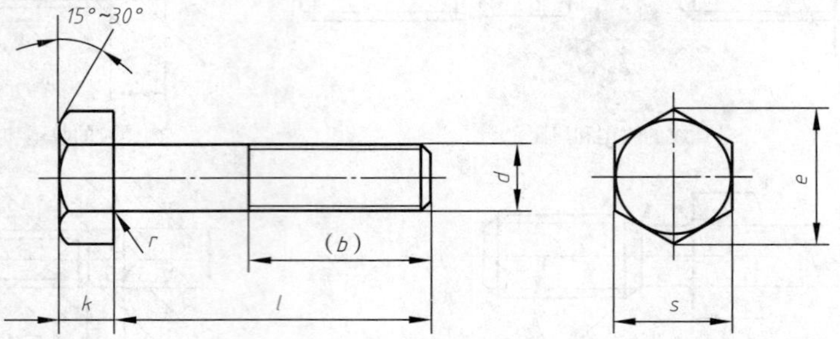

标记示例:

螺纹规格 d=M16、公称长度 l=80 mm、性能等级为 10.9 级、表面氧化、产品等级为 A 级的六角头螺栓

完整标记　GB/T 5782—2016—M16×80－10.9－A－O　　　简化标记　GB/T 5782　M16×80

单位:mm

螺纹规格 *d*		M4	M5	M6	M8	M10	M12	M16	(M18)	M20	(M22)	M24	(M27)	M30	M36
s		7	8	10	13	16	18	24	27	30	34	36	41	46	55
k		2.8	3.5	4	5.3	6.4	7.5	10	11.5	12.5	14	15	17	18.7	22.5
***r*≥**		0.2	0.2	0.25	0.4	0.4	0.6	0.6	0.6	0.8	0.8	0.8	1	1	1
***e*≥**	**A**	7.66	8.79	11.05	14.38	17.77	20.03	26.75	30.14	33.53	37.72	39.98			
	B	7.50	8.63	10.89	14.20	17.59	19.85	26.17	29.56	32.95	37.29	39.55	45.2	50.85	60.79
***b*(参考) GB/T 5782**	***l*≤125**	14	16	18	22	26	30	38	42	46	50	54	60	66	
	125<*l*≤200	20	22	24	28	32	36	44	48	52	56	60	66	72	84
	***l*>200**	33	35	37	41	45	49	57	61	65	69	73	79	85	97
***l*(公称) GB/T 5782**		25~40	25~50	30~60	40~80	45~100	50~120	65~160	70~180	80~200	90~220	80~240	100~260	110~300	140~360
***l*≤表中数值时制出全螺纹 GB/T 5783**		8~40	10~50	12~60	16~80	20~100	25~120	30~150	35~180	40~150	45~200	50~150	55~200	60~200	70~200

注:1. 产品等级 A 级用于 d≤24 mm 和 l≤10 d 或 l≤150 mm 的螺栓,B 级用于 d>24 mm 和 l>10 d 或 l>150 mm 的螺栓。

2. 带括号的 d 为非优选的螺纹规格。

附表-4 双头螺柱

GB/T 897—1988(b_m=1d)、GB/T 898—1988(b_m=1.25d)

GB/T 899—1988(b_m=1.5d)、GB/T 900—1988(b_m=2d)

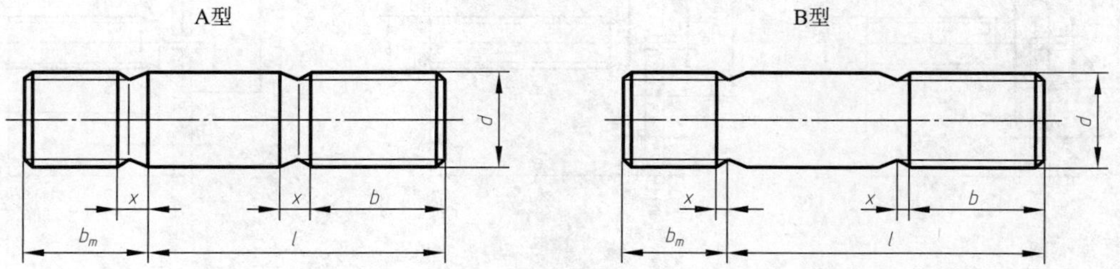

标记示例：

旋入机体一端为粗牙普通螺纹，旋入螺母一端为螺距 P=1 的细牙普通螺纹，b_m=1d，螺纹规格 d=M10，公称长度 l=50 mm，性能等级 8.8，不经表面处理、A 型双头螺柱的简化标记 螺柱 GB/T 897 AM10－M10×1×50

单位：mm

螺纹规格 d	b_m				l/b
	GB/T 897	GB/T 898	GB/T 899	GB/T 900	
M5	5	6	8	10	$\frac{16 \sim 22}{10}$、$\frac{25 \sim 50}{16}$
M6	6	8	10	12	$\frac{20 \sim 22}{10}$、$\frac{25 \sim 30}{14}$、$\frac{32 \sim 75}{18}$
M8	8	10	12	16	$\frac{20 \sim 22}{12}$、$\frac{25 \sim 30}{16}$、$\frac{32 \sim 90}{22}$
M16	16	20	24	32	$\frac{30 \sim 38}{20}$、$\frac{40 \sim 55}{30}$、$\frac{60 \sim 120}{38}$、$\frac{130 \sim 200}{44}$
M20	20	25	30	40	$\frac{35 \sim 40}{25}$、$\frac{45 \sim 65}{35}$、$\frac{70 \sim 120}{46}$、$\frac{130 \sim 200}{52}$
M24	24	30	36	48	$\frac{45 \sim 50}{30}$、$\frac{55 \sim 75}{45}$、$\frac{80 \sim 120}{54}$、$\frac{130 \sim 200}{60}$
l 系列	16,(18),20,(22),25,(28),30,(32),35,(38),40,45,50,(55),60,(65),70,(75),80,(85)90,(95)100,110,120,130,140,150,160,170,180,190,200,210,220,230,240,250,260,270,280,290,300				

注：1. 表中螺纹规格为优选规格。l 系列中尽量不选用带括号的数值。

2. 取 $x \approx 1.5P$(P 为粗牙螺距)

附表-5　开槽螺钉

开槽圆柱头螺钉(GB/T 65—2016)、开槽盘头螺钉(GB/T 67—2016)、开槽沉头螺钉(GB/T 68—2016)

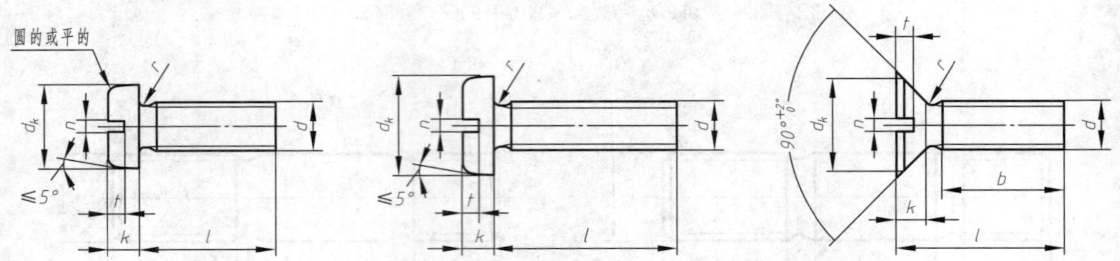

标记示例：

螺纹规格 d=M5、公称长度 l=20 mm、性能等级为 4.8 级、不经表面处理的开槽盘头螺钉的简化标记

螺钉　GB/T67　M5×20

单位：mm

螺纹规格 d		M1.6	M2	M2.5	M3	M4	M5	M6	M8	M10
GB/T 65	d_{kmax}	3	3.8	4.5	5.5	7	8.5	10	13	16
	k_{max}	1.1	1.4	1.8	2	2.6	3.3	3.9	5	6
	t_{min}	0.45	0.6	0.7	0.85	1.1	1.3	1.6	2	2.4
	r_{min}	0.1				0.2		0.25	0.4	
	公称长度 l	2～16	3～20	3～25	4～30	5～40	6～50	8～60	10～80	12～80
	l≤表中数值时制出全螺纹	2～30	3～30	3～30	4～30	5～40	6～40	8～40	10～40	12～40
GB/T 67	d_{kmax}	3.2	4	5	5.6	8	9.5	12	16	20
	k_{max}	1	1.3	1.5	1.8	2.4	3	3.6	4.8	6
	t_{min}	0.35	0.5	0.6	0.7	1	1.2	1.4	1.9	2.4
	r_{min}	0.1				0.2		0.25	0.4	
	公称长度 l	2～16	2.5～20	3～25	4～30	5～40	6～50	8～60	10～80	12～80
	l≤表中数值时制出全螺纹	2～30	2.5～30	3～30	4～30	5～40	6～40	8～40	10～40	12～40
GB/T 68	d_{kmax}	3	3.8	4.7	5.5	8.4	9.3	11.3	15.8	18.3
	k_{max}	1	1.2	1.5	1.65	2.7	2.7	3.3	4.65	5
	t_{min}	0.32	0.4	0.5	0.6	1	1.1	1.2	1.8	2
	r_{max}	0.4	0.5	0.6	0.8	1	1.3	1.5	2	2.5
	公称长度 l	2.5～16	3～20	4～25	5～30	6～40	8～50	8～60	10～80	12～80
	l≤表中数值时制出全螺纹	2.5～30	3～30	4～30	5～30	6～45	8～45	8～45	10～45	12～45
n		0.4	0.5	0.6	0.8	1.2	1.2	1.6	2	2.5
b		25				38				
l 系列		2.5,3,4,5,6,8,10,12,16,20,25,30,35,40,45,50,55,60,65,70,80,90,100,110,120,130,140,150,160,180,200,220,240								

附表-6　内六角圆柱头螺钉(GB/T 70.1—2008)

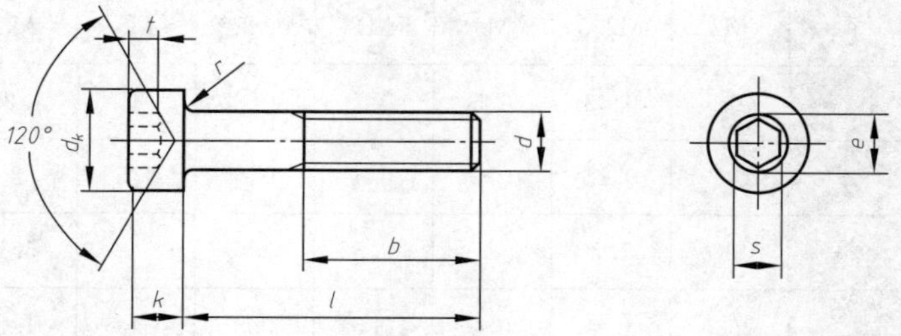

标记示例：

螺纹规格 d=M5、公称长度 l=20 mm、性能等级为 4.8 级、表面氧化的内六角圆柱头螺钉的简化标记

螺钉　GB/T 70.1　M5×20

单位:mm

螺纹规格 d	M2.5	M3	M4	M5	M6	M8	M10	M12	M16
螺距 P	0.45	0.5	0.7	0.8	1	1.25	1.5	1.75	2
b(参考)	17	18	20	22	24	28	32	36	44
d_{kmax}	4.5	5.5	7	8.5	10	13	16	18	24
k_{max}	2.5	3	4	5	6	8	10	12	16
t_{min}	1.1	1.3	2	2.5	3	4	5	6	8
$s_{公称}$	2	2.5	3	4	5	6	8	10	14
e_{min}	2.3	2.87	3.44	4.58	5.72	6.86	9.15	11.43	16
r_{min}	0.1	0.1	0.2	0.2	0.25	0.4	0.4	0.6	0.6
公称长度 l	4～25	5～30	6～40	8～50	10～60	12～80	16～100	20～120	25～160
l≤表中数值时制出全螺纹	4～20	5～20	6～20	8～20	10～30	12～35	16～40	20～50	25～60
l 系列	2.5,3,4,5,6,8,10,12,16,20,25,30,35,40,45,50,55,60,65,70,80,90,100,110,120,130,140,150,160,180,200,220,240								

注:表中螺纹规格为优选规格。

附表-7　开槽紧定螺钉

开槽锥端紧定螺钉(GB/T 71—2018)　开槽平端紧定螺钉(GB/T 73—2017)　开槽长圆柱端紧定螺钉(GB/T 75—2018)

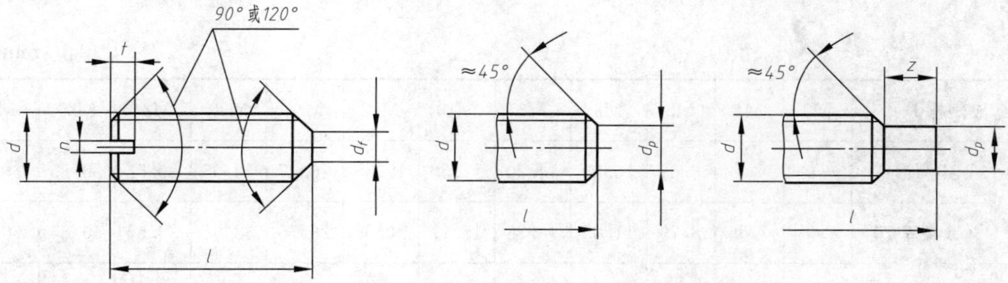

标记示例：

螺纹规格 d=M5、公称长度 l=16 mm、性能等级为 14 级、表面氧化的开槽锥端紧定螺钉的简化标记为：螺钉　GB/T71　M5×16

单位：mm

螺纹规格 d		M2	M2.5	M3	M4	M5	M6	M8	M10	M12
螺距 P		0.	0.45	0.5	0.7	0.8	1	1.25	1.5	1.75
d_{tmax}		0.2	0.25	0.3	0.4	0.5	1.5	2	2.5	3
d_{pmax}		1	1.5	2	2.5	3.5	4	5.5	7	8.5
n		0.25	0.4	0.4	0.6	0.8	1	1.2	1.6	2
t_{max}		0.84	0.95	1.05	1.42	1.63	2	2.5	3	3.6
z		1.25	1.5	1.75	2.25	2.75	3.25	4.3	5.3	6.3
公称长度 l	GB/T 71	3～10	3～12	4～16	6～20	8～25	8～30	10～40	12～50	14～60
	GB/T 73	2～10	2.5～12	3～16	4～20	5～25	6～30	8～40	10～50	12～60
	GB/T 75	3～10	4～12	5～16	6～20	8～25	8～30	10～40	12～50	14～60
l 系列		2,2.5,3,4,5,6,8,10,12,16,20,25,30,35,40,45,50,55,60								

附表-8　Ⅰ型六角螺母　C级(GB/T 41—2016)、Ⅰ型六角螺母(GB/T 6170—2015)

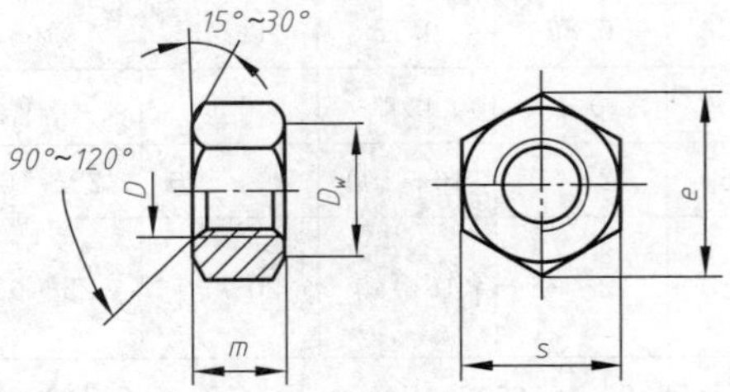

GB/T 41

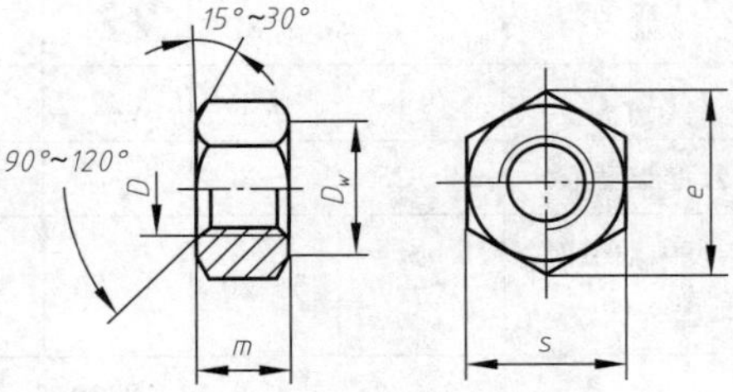

GB/T 6170

标记示例：

螺纹规格 d=M10、性能等级为5级、不经表面处理、产品等级为C级的六角螺母的简化标记为：螺母　GB/T 41　M10

单位：mm

螺纹规格 D		M3	M4	M5	M6	M8	M10	M12	M16	M20	M24	M30	M36
e_{min}	GB/T 41			8.63	10.89	14.20	17.59	19.85	26.17	32.95	39.55	50.85	60.79
	GB/T 6170	6.01	7.66	8.79	11.05	14.38	17.77	20.03	26.75	32.95	39.55	50.85	60.79
s_{max}	GB/T 41			8	10	13	16	18	24	30	36	46	55
	GB/T 6170	5.5	7	8	10	13	16	18	24	30	36	46	55

续上表

螺纹规格 D		M3	M4	M5	M6	M8	M10	M12	M16	M20	M24	M30	M36
m_{max}	GB/T41			5.6	6.4	7.94	9.54	12.17	15.9	19	22.3	26.4	31.9
	GB/T 6170	2.4	3.2	4.7	5.2	6.8	8.4	10.8	14.8	18	21.5	25.6	31
d_{wmin}	GB/T 41			6.7	8.7	11.5	14.5	16.5	22	27.7	33.3	42.8	51.1
	GB/T 6170	4.6	5.9	6.9	8.9	11.6	14.6	16.6	22.5	27.7	33.3	42.8	51.1

注:表中螺纹规格为优选规格。

附表-9 Ⅰ型六角开槽螺母 A 和 B 级(GB/T 6178—1986)

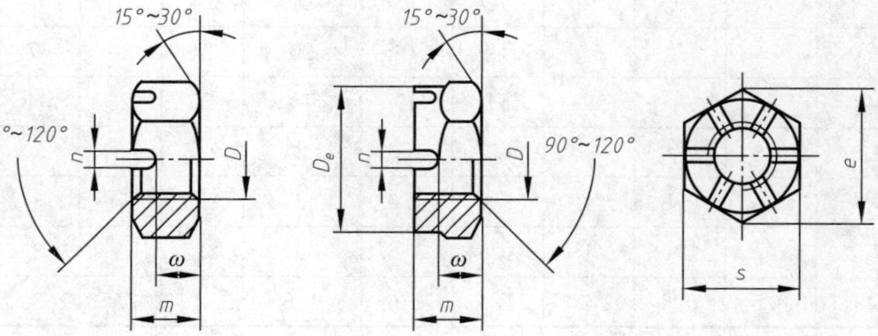

标记示例:

螺纹规格 d=M5、性能等级为 8 级、不经表面处理、A 级的Ⅰ型六角开槽螺母的简化标记为:螺母 GB/T 6178 M5

单位:mm

螺纹规格 D	M4	M5	M6	M8	M10	M12	M16	M20	M24	M30	M36
e_{min}	7.66	8.79	10.05	14.38	17.77	20.03	26.75	32.95	39.55	50.85	60.79
s_{max}	7	8	10	13	16	18	24	30	36	46	55
m_{max}	5	6.7	7.7	9.8	12.4	15.8	20.8	24	29.5	34.6	40
w_{max}	3.2	4.7	5.2	6.8	8.4	10.8	14.8	18	21.5	25.6	31
n_{min}	1.2	1.4	2	2.5	2.8	3.5	4.5	4.5	5.5	7	7
$d_{e\,max}$								28	34	42	50
开口销	1×10	1.2×12	1.6×14	2×16	2.5×20	3.2×22	4×28	4×36	5×40	6.3×50	6.3×63

注:1. A 级用于 $D \leqslant 16$ mm 的螺母,B 级用于 $D > 16$ mm 的螺母。

2. 表中螺纹规格为优选规格。

附表-10　平垫圈—A级(GB/T 97.1—2002)、平垫圈倒角型—A级(GB/T 97.2—2002)　小垫圈—A级(GB/T 848—2002)、平垫圈—C级(GB/T 95—2002)

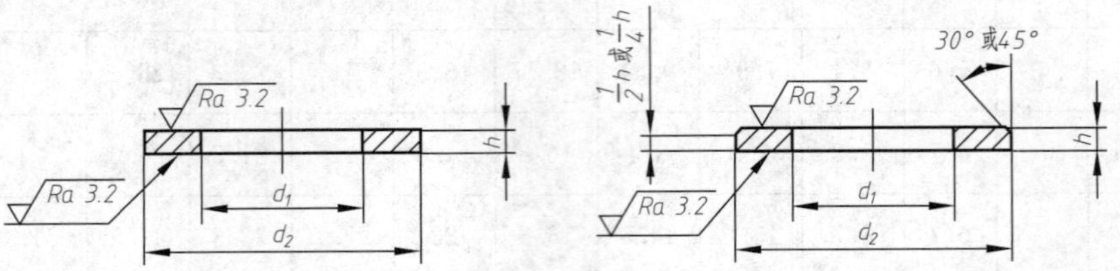

标记示例：

标准系列、规格 8 mm、性能等级为 300HV、表面氧化、产品等级为 A 级的倒角型平垫圈的简化标记为：垫圈　GB/T 97.2　8

单位：mm

公称规格（螺纹大径）		3	4	5	6	8	10	12	16	20	24	30	36
内径 d_1	**GB/T 97.1**	3.2	4.3	5.3	6.4	8.4	10.5	13	17	21	25	31	37
	GB/T 848												
	GB/T 97.2			5.3	6.4	8.4	10.5	13	17	21	25	31	37
外径 d_2	**GB/T 97.1**	7	9	10	12	16	20	24	30	37	44	56	66
	GB/T 97.2			10	12	16	20	24	30	37	44	56	66
	GB/T 848	6	8	9	11	15	18	20	28	34	39	50	60
h	**GB/T 97.1**	0.5	0.8	1	1.6	1.6	2	2.5	3	3	4	4	5
	GB/T 95	0.5	0.8	1	1.6	1.6	2	2.5	3	3	4	4	5
	GB/T 97.2			1	1.6	1.6	2	2.5	3	3	4	4	5
	GB/T 848	0.5	0.5	1	1.6	1.6	1.6	2	2.5	3	4	4	5

注：表中螺纹规格为优选规格。

附表-11　标准弹簧垫圈(GB 93—1987)、轻型弹簧垫圈(GB 859—1987)

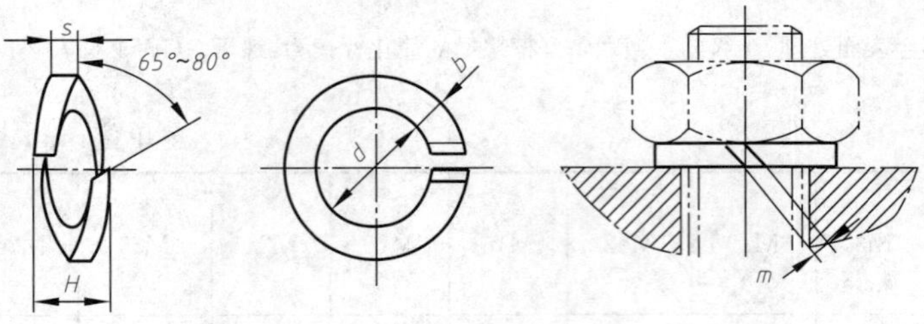

标记示例：

规格 16 mm、材料为 65Mn、表面氧化的标准型弹簧垫圈的简化标记为：

垫圈 GB/T 93　16

单位：mm

规格（螺纹大径）		3	4	5	6	8	10	12	16	20	24	30
d_{min}		3.1	4.1	5.1	6.1	8.1	10.2	12.2	16.2	20.2	24.5	30.5
H_{min}	**GB/T 93**	1.6	2.2	2.6	3.2	4.2	5.2	6.2	8.2	10	12	15
	GB/T 859	1.2	1.6	2.2	2.6	3.2	4	5	6.4	8	10	12
$s(b)$公称	**GB/T 93**	0.8	1.1	1.3	1.6	2.1	2.6	3.1	4.1	5	6	7.5
s公称	**GB/T 859**	0.6	0.8	1.1	1.3	1.6	2	2.5	3.2	4	5	6
b公称	**GB/T 859**	1	1.2	1.5	2	2.5	3	3.5	4.5	5.5	7	9
$m\leqslant$	**GB/T 93**	0.4	0.55	0.65	0.8	1.05	1.3	1.55	2.05	2.5	3	3.75
	GB/T 859	0.3	0.4	0.55	0.65	0.8	1	1.25	1.6	2	2.5	3

注：表中螺纹规格为优选规格。

附表-12 圆柱销(GB/T 119.1—2000)

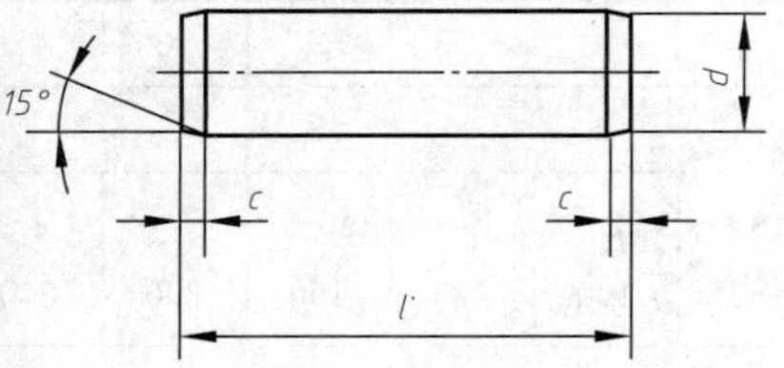

标记示例:

公称直径 d=6 mm、公差为 m6、公称长度 l=30 mm、材料为钢、不经淬火、不经表面处理的圆柱销的简化标记为:

销 GB/T 119.1 6×30

单位:mm

d	1	1.2	1.5	2	2.5	3	4	5	6	8	10	12
c≈	0.20	0.25	0.30	0.35	0.40	0.50	0.63	0.80	1.2	1.6	2.0	2.5
l(商品规格范围)	4~10	4~12	4~16	6~20	6~24	8~30	8~40	10~50	12~60	14~80	18~95	22~140
l 系列	2,3,4,5,6,8,10,12,14,16,18,20,22,24,26,28,30,32,35,40,45,50,55 60,65,70,75,80,85,90,95,100,110,120,140,160,180,200											

附表-13 圆锥销(GB/T 117—2000)

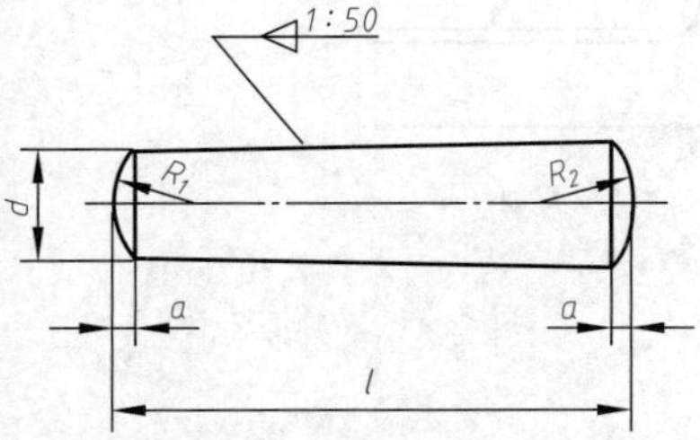

标记示例:

公称直径 d=6mm、公称长度 l=30mm、材料为 35 钢、表面氧化处理的 A 型圆锥销的简化标记为:销 GB/T 117 6×30

单位:mm

d	1	1.2	1.5	2	2.5	3	4	5	6	8	10
a≈	0.12	0.16	0.2	0.25	0.3	0.4	0.5	0.63	0.8	1	1.2
l(商品规格范围)	6~16	6~20	8~24	10~35	10~35	12~45	14~55	18~60	22~90	22~120	26~160
l 系列	2,3,4,5,6,8,10,12,14,16,18,20,22,24,26,28,30,32,35,40,45,50,55,60,65,70,75,80,85,90,95,100,110,120,140,160,180,200										

注:A 型(磨削):锥面表面粗糙度 Ra=0.8 μm。

B 型(切削或冷镦):锥面表面粗糙度 Ra=3.2 μm。

附表-14 开口销(GB/T 91—2000)

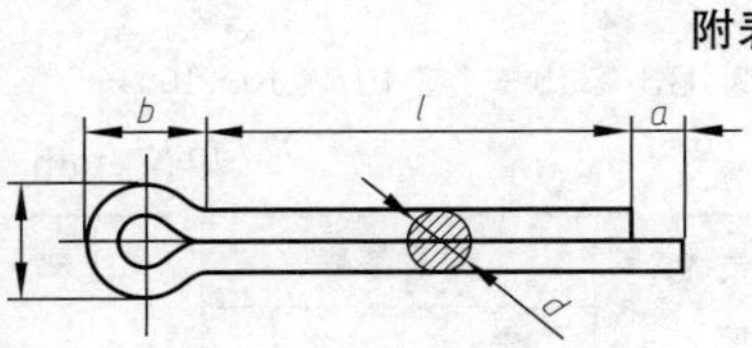

标记示例:

公称规格为 5 mm、公称长度 l=30 mm、材料为 Q215、不经表面处理的开口销的简化标记为:

销 GB/T 91 5×30

单位:mm

公称规格		1	1.2	1.6	2	2.5	3.2	4	5	6.3	8	10	13
d	**max**	0.9	1.0	1.4	1.8	2.3	2.9	3.7	4.6	5.9	7.5	9.5	12.4
	min	0.8	0.9	1.3	1.7	2.1	2.7	3.5	4.4	5.7	7.3	9.3	12.1
c	**max**	1.8	2	2.8	3.6	4.6	5.8	7.4	9.2	11.8	15	19	24.8
	min	1.6	1.7	2.4	3.2	4	5.1	6.5	8	10.3	13.1	16.6	21.7
b≈		3	3	3.2	4	5	6.4	8	10	12.6	16	20	26

续上表

公称规格	1	1.2	1.6	2	2.5	3.2	4	5	6.3	8	10	13
a max	1.6	2.5				3.2	4				6.3	
l(商品规格范围)	6～20	8～25	8～32	10～40	12～50	14～63	18～80	22～100	30～125	40～160	45～200	71～250
l 系列	4,5,6,8,10,12,14,16,18,20,22,25,28,32,36,40,45,50,56,63,71,80,90,100,112,125,140,160,180,200,224,250,280											

注:公称规格等于开口销孔的直径。

附表-15 普通型 平键(GB/T 1096—2003) 平键 键槽的剖面尺寸(GB/T 1095—2003)

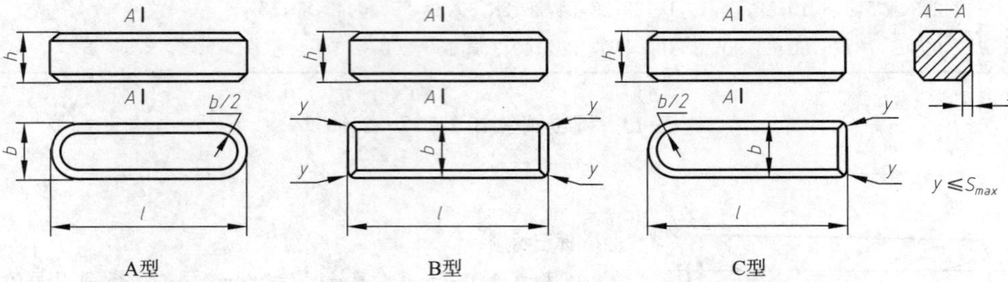

普通平键的型式尺寸

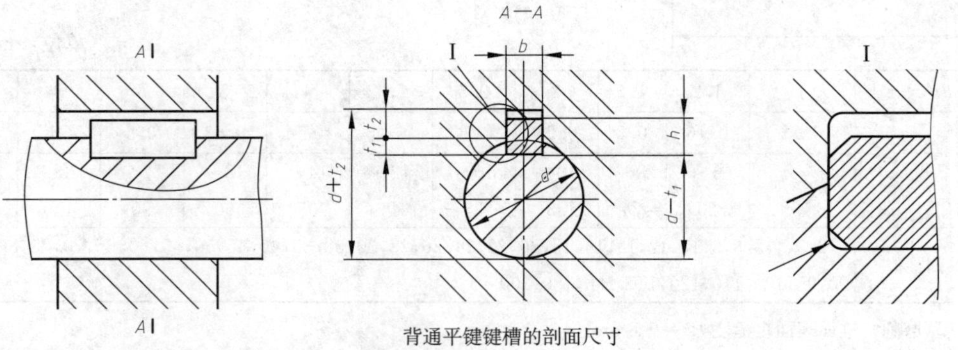

背通平键键槽的剖面尺寸

标记示例:

宽度 b=16 mm、高度 h=10 mm、长度 L=100 mm 普通 B 型平键的标记为:GB/T 1096 键 B16×10×100

单位:mm

轴径 *d*(参考)	键尺寸 $b \times h$	键的基本尺寸			倒角或倒圆 *s*	键槽深度		半径 *r*
		宽度 *b*	高度 *h*	*L*(标准长度范围)		轴 t_1	毂 t_2	
自 6～8	2×2	2	2	6～20	0.16～0.25	1.2	1.0	0.08～0.16
>8～10	3×3	3	3	6～36		1.8	1.4	
>10～12	4×4	4	4	8～45		2.5	1.8	
>12～17	5×5	5	5	10～56	0.25～0.40	3.0	2.3	0.16～0.25
>17～22	6×6	6	6	14～70		3.5	2.8	
>22～30	8×7	8	7	18～90		4.0	3.3	

续上表

轴径 *d*（参考）	键尺寸 *b*×*h*	键的基本尺寸			倒角或倒圆 *s*	键槽深度		半径 *r*
		宽度 *b*	高度 *h*	*L*（标准长度范围）		轴 t_1	毂 t_2	
＞30～38	10×8	10	8	22～110		5.0	3.3	
＞38～44	12×8	12	8	28～140		5.0	3.3	
＞44～50	14×9	14	9	36～160	0.40～0.60	5.5	3.8	0.25～0.40
＞50～58	16×10	16	10	45～180		6.0	4.3	
＞58～65	18×11	18	11	50～200		7.0	4.4	
＞65～75	20×12	20	12	56～220		7.5	4.9	
＞75～85	22×14	22	14	63～250		9.0	5.4	
＞85～95	25×14	25	14	70～280	0.60～0.80	9.0	5.4	0.4～0.60
＞95～110	28×16	28	16	80～320		10.0	6.4	
＞110～130	32×18	32	18	90～360		11.0	7.4	
＞130～150	36×20	36	20	100～400		12.0	8.4	
＞150～170	40×22	40	22	100～400	1.00～1.20	13.0	9.4	0.70～1.00
＞170～200	45×25	45	25	110～450		15.0	10.4	

注：GB/T 1095—2003 已将表中轴径 *d* 列取消，在此列出仅作为选用键尺寸的一项参考内容。

附表-16　普通型　半圆键（GB/T 1099.1—2003）**半圆键　键槽的剖面尺寸**（GB/T 1098—2003）

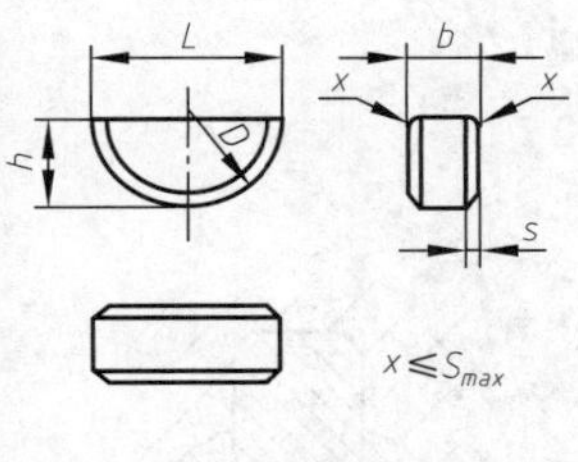

普通型半圆键的尺寸

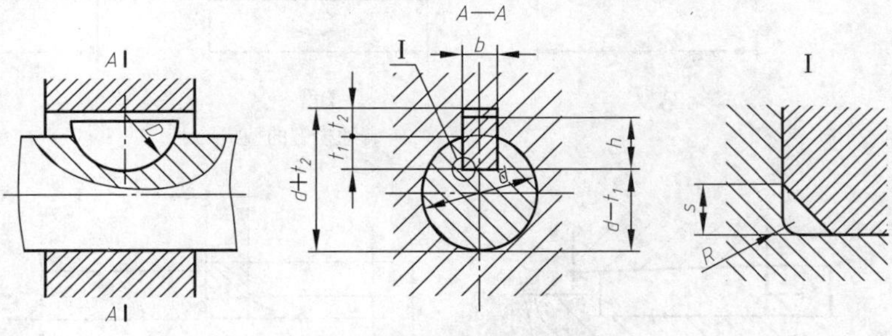

普通型半圆键键槽的剖面尺寸

标记示例：

宽度 b=6 mm、高度 h=10 mm、直径 D=25 mm 普通型半圆键的标记为：GB/T 1099.1　键 6×10×25

单位：mm

轴径 *d*		键尺寸 *b*×*h*×*D*	键的基本尺寸			倒角或倒圆 *s*	键槽深度		半径 *R*
键传递扭矩	键定位用		宽度 *b*	高度 *h*	直径 *D*		轴 t_1	毂 t_2	
自 3～4	自 3～4	1×1.4×4	1	1.4	4		1.0	0.6	
＞4～5	＞4～6	1.5×2.6×7	1.5	2.6	7		2.0	0.8	
＞5～6	＞6～8	2×2.6×7	2	2.6	7		1.8	1.0	
＞6～7	＞8～10	2×3.7×10	2	3.7	10	0.16～0.25	2.9	1.0	0.08～0.16
＞7～8	＞10～12	2.5×3.7×10	2.5	3.7	10		2.7	1.2	
＞8～10	＞12～15	3×5×13	3	5	13		3.8	1.4	
＞10～12	＞15～18	3×6.5×16	3	6.5	16		5.3	1.4	

续上表

轴径 d		键尺寸	键的基本尺寸			倒角或	键槽深度		半径
键传递扭矩	键定位用	$b \times h \times D$	宽度 b	高度 h	直径 D	倒圆 s	轴 t_1	毂 t_2	R
>12~14	>18~20	4×6.5×16	4	6.5	16	0.25~0.40	5.0	1.8	0.16~0.25
>14~16	>20~22	4×7.5×19	4	7.5	19		6.0	1.8	
>16~18	>22~25	5×6.5×16	5	6.5	16		4.5	2.3	
>18~20	>25~28	5×7.5×19	5	7.5	19		5.5	2.3	
>20~22	>28~32	5×9×22	5	9	22		7.0	2.3	
>22~25	>32~36	6×9×22	6	9	22		6.5	2.8	
>25~28	>36~40	6×10×25	6	10	25		7.5	2.8	
>28~32	40	8×11×28	8	11	28	0.40~0.60	8.0	3.3	0.25~0.40
>32~38		10×13×32	10	13	32		10	3.3	

注：GB/T 1098—2003 已将表中轴径 d 的两列取消，在此列出仅作为选用键尺寸的一项参考内容。

附表-17　普通型　楔键（GB/T 1564—2003）楔键　键槽的剖面尺寸（GB/T 1563—2003）

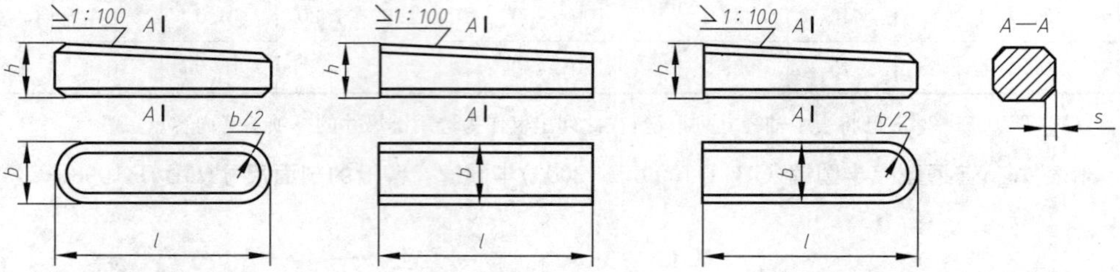

A型　　B型　　C型

普通楔键的型式尺小

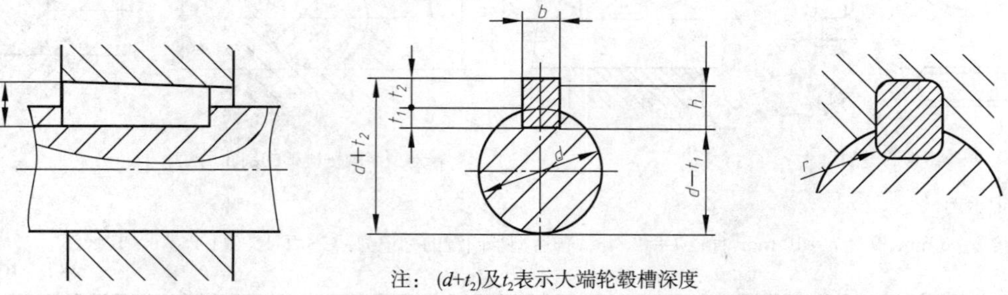

注：$(d+t_2)$及t_2表示大端轮毂槽深度

楔键键槽的剖面尺小

标记示例：

宽度 b=16 mm、高度 h=10 mm、长度 L=100 mm 普通 A 型楔键的标记为：GB/T 1564　键 16×100

单位：mm

轴径 d（参考）	键尺寸 $b \times h$	键的基本尺寸			倒角或倒圆 s	键槽深度		半径 r
		宽度 b	高度 h	L（标准长度范围）		轴 t_1	毂 t_2	
自 6~8	2×2	2	2	6~20	0.16~0.25	1.2	1.0	0.08~0.16
>8~10	3×3	3	3	6~36		1.8	1.4	
>10~12	4×4	4	4	8~45		2.5	1.8	

续上表

轴径 d（参考）	键尺寸 $b \times h$	键的基本尺寸			倒角或倒圆 s	键槽深度		半径 r
		宽度 b	高度 h	L（标准长度范围）		轴 t_1	毂 t_2	
>12～17	5×5	5	5	10～56		3.0	2.3	
>17～22	6×6	6	6	14～70	0.25～0.40	3.5	2.8	0.16～0.25
>22～30	8×7	8	7	18～90		4.0	3.3	
>30～38	10×8	10	8	22～110		5.0	3.3	
>38～44	12×8	12	8	28～140		5.0	3.3	
>44～50	14×9	14	9	36～160	0.40～0.60	5.5	3.8	0.25～0.40
>50～58	16×10	16	10	45～180		6.0	4.3	
>58～65	18×11	18	11	50～200		7.0	4.4	
>65～75	20×12	20	12	56～220		7.5	4.9	
>75～85	22×14	22	14	63～250		9.0	5.4	
>85～95	25×14	25	14	70～280	0.60～0.80	9.0	5.4	0.4～0.60
>95～110	28×16	28	16	80～320		10.0	6.4	
>110～130	32×18	32	18	90～360		11.0	7.4	
>130～150	36×20	36	20	100～400		12.0	8.4	
>150～170	40×22	40	22	100～400	1.00～1.20	13.0	9.4	0.70～1.00
>170～200	45×25	45	25	110～450		15.0	10.4	

注：GB/T 1563—2003 已将表中轴径 d 列取消，在此列出仅作为选用键尺寸的一项参考内容。

附表-18　深沟球轴承（GB/T 276—2013）

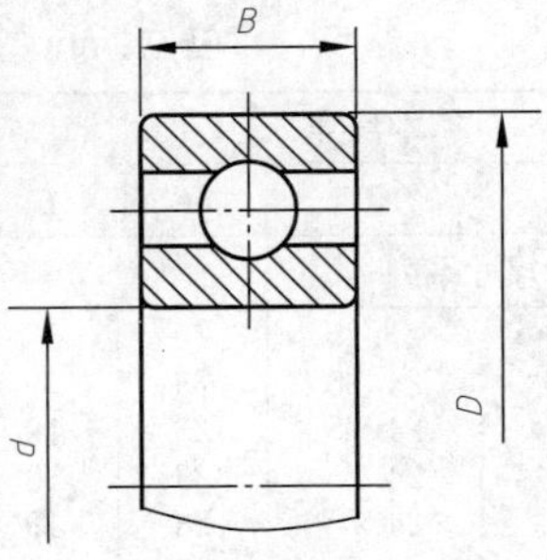

标记示例：内径 d=20mm，尺寸系列代号为 02 的深钩球轴承：

滚动轴承 6204　GB/T 276—2013

单位：mm

轴承代号	基本尺寸			轴承代号	基本尺寸		
	d	D	B		d	D	B
01 尺寸系列				02 尺寸系列			
61800	10	19	5	6200	10	30	9
61801	12	21	5	6201	12	32	10
61802	15	24	5	6202	15	35	11
61803	17	26	5	6203	17	40	12
61804	20	32	7	6204	20	47	14
61805	25	37	7	6205	25	52	15
61806	30	42	7	6206	30	62	16
61807	35	47	7	6207	35	72	17
61808	40	52	7	6208	40	80	18
61809	45	58	7	6209	45	85	19
61810	50	65	7	6210	50	90	20
61811	55	72	9	6211	55	100	21
61812	60	78	10	6212	60	110	22

续上表

轴承代号	基本尺寸			轴承代号	基本尺寸		
	d	*D*	*B*		*d*	*D*	*B*
03 尺寸系列				04 尺寸系列			
6300	10	35	11	6403	17	62	17
6301	12	37	12	6404	20	72	19
6302	15	42	13	6405	25	80	21
6303	17	47	14	6406	30	90	23
6304	20	52	15	6407	35	100	25
6305	25	62	17	6408	40	110	27
6306	30	72	19	6409	45	120	29
6307	35	80	21	6410	50	130	31
6308	40	90	23	6411	55	140	33
6309	45	100	25	6412	60	150	35
6310	50	110	27	6413	65	160	37
6311	55	120	29	6414	70	180	42
6312	60	130	31	6415	75	190	45

附表-19　圆锥滚子轴承(GB/T 297—2015)

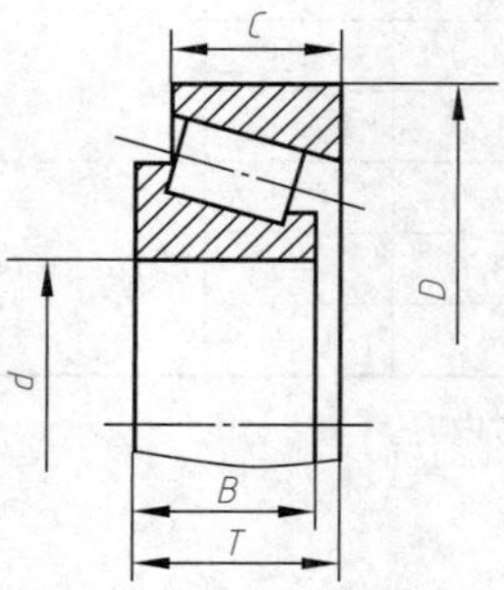

标记示例:内径 d=20 mm,尺寸系列代号为 02 的圆锥滚子轴承:

滚动轴承 30204　GB/T 297—2015

单位:mm

轴承代号	基本尺寸					轴承代号	基本尺寸				
	d	*D*	*T*	*B*	*C*		*d*	*D*	*T*	*B*	*C*
02 尺寸系列						22 尺寸系列					
30203	17	40	13.25	12	11	32206	30	62	21.25	20	17
30204	20	47	15.25	14	12	32207	35	72	24.25	23	19
30205	25	52	16.25	15	13	32208	40	80	24.75	23	19
30206	30	62	17.25	16	14	32209	45	85	24.75	23	19
30207	35	72	18.25	17	15	32210	50	90	24.75	23	19
30208	40	80	19.75	18	16	32211	55	100	26.75	25	21
30209	45	85	20.75	19	16	32212	60	110	29.75	28	24
30210	50	90	21.75	20	17	32213	65	120	32.75	31	27
30211	55	100	22.75	21	18	32214	70	125	33.25	31	27
30212	60	110	23.75	22	19	32215	75	130	33.25	31	27
30213	65	120	24.75	23	20	32216	80	140	35.25	33	28
30214	70	125	26.25	24	21	32217	85	150	38.50	36	30
30215	75	130	27.25	25	22	32218	90	160	42.50	40	34
03 尺寸系列						23 尺寸系列					
30303	17	47	15.25	14	12	32306	30	72	28.75	27	23
30304	20	52	16.25	15	13	32307	35	80	32.75	31	25
30305	25	62	18.25	17	15	32308	40	90	35.25	33	27
30306	30	72	20.75	19	16	32309	45	100	38.25	36	30
30307	35	80	22.75	21	18	32310	50	110	42.25	40	33
30308	40	90	25.25	23	20	32311	55	120	45.50	43	35
30309	45	100	27.25	25	22	32312	60	130	48.50	46	37
30310	50	110	29.25	27	23	32313	65	140	51	48	39
30311	55	120	31.50	29	25	32314	70	150	54	51	42
30312	60	130	33.50	31	26	32315	75	160	58	55	45
30313	65	140	36	33	28	32316	80	170	61.50	58	48
30314	70	150	38	35	30	32317	85	180	63.50	60	49
30315	75	160	40	37	31	32318	90	190	67.50	64	53

三、极限与配合

附表-20 标准公差等级(GB/T 1800.2—2020)

公称尺寸/mm		标准公差等级																	
		IT1	IT2	IT3	IT4	IT5	IT6	IT7	IT8	IT9	IT10	IT11	IT12	IT13	IT14	IT15	IT16	IT17	IT18
大于	至	μm											mm						
—	3	0.8	1.2	2	3	4	6	10	14	25	40	60	0.1	0.14	0.25	0.4	0.6	1	1.4
3	6	1	1.5	2.5	4	5	8	12	18	30	48	75	0.12	0.18	0.3	0.48	0.75	1.2	1.8
6	10	1	1.5	2.5	4	6	9	15	22	36	58	90	0.15	0.22	0.36	0.58	0.9	1.5	2.2
10	18	1.2	2	3	5	8	11	18	27	43	70	110	0.18	0.27	0.43	0.7	1.1	1.8	2.7
18	30	1.5	2.5	4	6	9	13	21	33	52	84	130	0.21	0.33	0.52	0.84	1.3	2.1	3.3
30	50	1.5	2.5	4	7	11	16	25	39	62	100	160	0.25	0.39	0.62	1	1.6	2.5	3.9
50	80	2	3	5	8	13	19	30	46	74	120	190	0.3	0.46	0.74	1.2	1.9	3	4.6
80	120	2.5	4	6	10	15	22	35	54	87	140	220	0.35	0.54	0.87	1.4	2.2	3.5	5.4
120	180	3.5	5	8	12	18	25	40	63	100	160	250	0.4	0.63	1	1.6	2.5	4	6.3
180	250	4.5	7	10	14	20	29	46	72	115	185	290	0.46	0.72	1.15	1.85	2.9	4.6	7.2
250	315	6	8	12	16	23	32	52	81	130	210	320	0.52	0.81	1.3	2.1	3.2	5.2	8.1
315	400	7	9	13	18	25	36	57	89	140	230	360	0.57	0.89	1.4	2.3	3.6	5.7	8.9
400	500	8	10	15	20	27	40	63	97	155	250	400	0.63	0.97	1.55	2.5	4	6.3	9.7
500	630	9	11	16	22	32	44	70	110	175	280	440	0.7	1.1	1.75	2.8	4.4	7	11
630	800	10	13	18	25	36	50	80	125	200	320	500	0.8	1.25	2	3.2	5	8	12.5
800	1 000	11	15	21	28	40	56	90	140	230	360	560	0.9	1.4	2.3	3.6	5.6	9	14
1 000	1 250	13	18	24	33	47	66	105	165	260	420	660	1.05	1.65	2.6	4.2	6.6	10.5	16.5
1 250	1 600	15	21	29	39	55	78	125	195	310	500	780	1.25	1.95	3.1	5	7.8	12.5	19.5
1 600	2 000	18	25	35	46	65	92	150	230	370	600	920	1.5	2.3	3.7	6	9.2	15	23
2 000	2 500	22	30	41	55	78	110	175	280	440	700	1 100	1.75	2.8	4.4	7	11	17.5	28
2 500	3 150	26	36	50	68	96	135	210	330	540	860	1 350	2.1	3.3	5.4	8.6	13.5	21	33

注:1. 基本尺寸大于 500 mm 的 IT1 至 IT15 的标准公差数值为试行的。

2. 基本尺寸小于或等于 1 mm 时,无 IT14 至 IT18。

附表-21 轴的基本偏差数值(GB/T 1800.1—2020)

公称尺寸/mm		上偏差 es												下偏差 ei				
		所有标准公差等级												IT5和IT6	IT7	IT8	IT4至IT7	≤IT3 >IT7
大于	至	a	b	c	cd	d	e	ef	f	fg	g	h	js	j			k	
—	3	−270	−140	−60	−34	−20	−14	−10	−6	−4	−2	0	偏差=±$\frac{ITn}{2}$，式中ITn是IT值数	−2	−4	−6	0	0
3	6	−270	−140	−70	−46	−30	−20	−14	−10	−6	−4	0		−2	−4		+1	0
6	10	−280	−150	−80	−56	−40	−25	−18	−13	−8	−5	0		−2	−5		+1	0
10	14	−290	−150	−95		−50	−32		−16		−6	0		−3	−6		+1	0
14	18																	
18	24	−300	−160	−110		−65	−40		−20		−7	0		−4	−8		+2	0
24	30																	
30	40	−310	−170	−120		−80	−50		−25		−9	0		−5	−10		+2	0
40	50	−320	−180	−130														
50	65	−340	−190	−140		−100	−60		−30		−10	0		−7	−12		+2	0
65	80	−360	−200	−150														
80	100	−380	−220	−170		−120	−72		−36		−12	0		−9	−15		+3	0
100	120	−410	−240	−180														
120	140	−460	−260	−200		−145	−85		−43		−14	0		−11	−18		+3	0
140	160	−520	−280	−210														
160	180	−580	−310	−230														
180	200	−660	−340	−240		−170	−100		−50		−15	0		−13	−21		+4	0
200	225	−740	−380	−260														
225	250	−820	−420	−280														
250	280	−920	−480	−300		−190	−110		−56		−17	0		−16	−26		+4	0
280	315	−1 050	−540	−330														
315	355	−1 200	−600	−360		−210	−125		−62		−18	0		−18	−28		+4	0
355	400	−1 350	−680	−400														
400	450	−1 500	−760	−440		−230	−135		−68		−20	0		−20	−32		+5	0
450	500	−1 650	−840	−480														

注：1. 基本尺寸小于或等于 1 mm 时，基本偏差 a 和 b 均不采用。

2. 公差带 js7 至 js11，若 ITn 值数是奇数，则取偏差$=\pm\frac{IT(n-1)}{2}$。

续上表

公称尺寸/mm		下偏差 ei													
		所有标准公差等级													
大于	至	m	n	p	r	s	t	u	v	x	y	z	za	zb	zc
—	3	+2	+4	+6	+10	+14		+18		+20		+26	+32	+40	+60
3	6	+4	+8	+12	+15	+19		+23		+28		+35	+42	+50	+80
6	10	+6	+10	+15	+19	+23		+28		+34		+42	+52	+67	+97
10	14	+7	+12	+18	+23	+28		+33		+40		+50	+64	+90	+130
14	18								+39	+45		+60	+77	+108	+150
18	24	+8	+15	+22	+28	+35		+41	+47	+54	+63	+73	+98	+136	+188
24	30						+41	+48	+55	+64	+75	+88	+118	+160	+218
30	40	+9	+17	+26	+34	+43	+48	+60	+68	+80	+94	+112	+148	+200	+274
40	50						+54	+70	+81	+97	+114	+136	+180	+242	+325
50	65	+11	+20	+32	+41	+53	+66	+87	+102	+122	+14	+172	+226	+300	+405
65	80				+43	+59	+75	+102	+120	+146	+174	+210	+274	+360	+480
80	100	+13	+23	+37	+51	+71	+91	+124	+146	+178	+214	+258	+335	+445	+585
100	120				+54	+79	+104	+144	+172	+210	+254	+310	+400	+525	+690
120	140	+15	+27	+43	+63	+92	+122	+170	+202	+248	+300	+365	+470	+620	+800
140	160				+65	+100	+134	+190	+228	+280	+340	+415	+535	+700	+900
160	180				+68	+108	+146	+210	+252	+310	+380	+465	+600	+780	+1 000
180	200	+17	+31	+50	+77	+122	+166	+236	+284	+350	+425	+520	+670	+880	+1 150
200	225				+80	+130	+180	+258	+310	+385	+470	+575	+740	+960	+1 250
225	250				+84	+140	+196	+284	+340	+425	+520	+640	+820	+1 050	+1 350
250	280	+20	+34	+56	+94	+158	+218	+315	+385	+475	+580	+710	+920	+1 200	+1 550
280	315				+98	+170	+240	+350	+425	+525	+650	+790	+1 000	+1 300	+1 700
315	355	+21	+37	+62	+108	+190	+268	+390	+475	+590	+730	+900	+1 150	+1 500	+1 900
355	400				+114	+208	+294	+435	+530	+660	+820	+1 000	+1 300	+1 650	+2 100
400	450	+23	+40	+68	+126	+232	+330	+490	+595	+740	+920	+1 100	+1 450	+1 850	+2 400
450	500				+132	+252	+360	+540	+660	+820	+1 000	+1 250	+1 600	+2 100	+2 600

附表-22　孔的基本偏差数值(GB/T 1800.1—2020)

公称尺寸/mm		下偏差 EI												上偏差 ES								
		所有标准公差等级												IT6	IT7	IT8	≤IT8	>IT8	≤IT8	>IT8	≤IT8	>IT8
大于	至	A	B	C	CD	D	E	EF	F	FG	G	H	JS	J			K		M		N	
—	3	+270	+140	+60	+34	+20	+14	+10	+6	+4	+2	0	偏差=±$\frac{ITn}{2}$，式中ITn是IT值数	+2	+4	+6	0	0	−2	−2	−4	−4
3	6	+270	+140	+70	+46	+30	+20	+14	+10	+6	+4	0		+5	+6	+10	−1+Δ		−4+Δ	−4	−8+Δ	0
6	10	+280	+150	+80	+56	+40	+25	+18	+13	+8	+5	0		+5	+8	+12	−1+Δ		−6+Δ	−6	−10+Δ	0
10	14	+290	+150	+95		+50	+32		+16		+6	0		+6	+10	+15	−1+Δ		−7+Δ	−7	−12+Δ	0
14	18																					
18	24	+300	+160	+110		+65	+40		+20		+7	0		+8	+12	+20	−2+Δ		−8+Δ	−8	−15+Δ	0
24	30																					
30	40	+310	+170	+120		+80	+50		+25		+9	0		+10	+14	+24	−2+Δ		−9+Δ	−9	−17+Δ	0
40	50	+320	+180	+130																		
50	65	+340	+190	+140		+100	+60		+30		+10	0		+13	+18	+28	−2+Δ		−11+Δ	−11	−20+Δ	0
65	80	+360	+200	+150																		
80	100	+380	+220	+170		+120	+72		+36		+12	0		+16	+22	+34	−3+Δ		−13+Δ	−13	−23+Δ	0
100	120	+410	+240	+180																		
120	140	+460	+260	+200																		
140	160	+520	+280	+210		+145	+85		+43		+14	0		+18	+26	+41	−3+Δ		−15+Δ	−15	−27+Δ	0
160	180	+580	+310	+230																		
180	200	+660	+310	+240																		
200	225	+740	+380	+260		+170	+100		+50		+15	0		+22	+30	+47	−4+Δ		−17+Δ	−17	−31+Δ	0
225	250	+820	+420	+280																		
250	280	+920	+480	+300		+190	+110		+56		+17	0		+25	+36	+55	−4+Δ		−20+Δ	−20	−34+Δ	0
280	315	+1 050	+540	+330																		
315	355	+1 200	+600	+360		+210	+125		+62		+18	0		+29	+39	+60	−4+Δ		−21+Δ	−21	−37+Δ	0
355	400	+1 350	+680	+400																		
400	450	+1 500	+760	+440		+230	+135		+68		+20	0		+33	+43	+66	−5+Δ		−23+Δ	−23	−40+Δ	0
450	500	+1 650	+840	+480																		

注：1. 基本尺寸小于或等于 1 mm 时，基本偏差 A 和 B 及大于 IT8 的 N 均不采用。
2. 公差带 JS7 至 JS11，若 ITn 值数是奇数，则取偏差=±$\frac{IT(n-1)}{2}$。
3. 对小于或等于 IT8 的 K、M、N 和小于或等于 IT7 的 P 至 ZC，所需 Δ 值从表内右侧选取，例如：18～30 mm 段的 K7，Δ=8 μm，所以 ES=−2+8=+6(μm)；18～30 mm 段的 S6，Δ=4 μm，所以 ES=−35+4=−31(μm)。
4. 特殊情况：250～315 mm 段的 M6，ES=−9 μm(代替−11 μm)。

续上表

公称尺寸/mm		上偏差 ES													Δ 值					
		≤IT7	标准公差等级大于 IT7												标准公差等级					
大于	至	P 至 ZC	P	R	S	T	U	V	X	Y	Z	ZA	AB	ZC	IT3	IT4	IT5	IT6	IT7	IT8
—	3		-6	-10	-14		-18		-20		-26	-32	-40	-40	-60	0	0	0	0	0
3	6		-12	-15	-19		-23		-28		-35	-42	-50	-80	1	1.5	1	3	4	6
6	10		-15	-19	-23		-28		-34		-42	-52	-67	-97	1	1.5	2	3	6	7
10	14		-18	-23	-28		-33		-40		-50	-64	-90	-130	1	2	3	3	7	9
14	18							-39	-45		-60	-77	-108	-150						
18	24		-22	-28	-35		-41	-47	-54	-63	-73	-98	-136	-188	1.5	2	3	4	8	12
24	30					-41	-48	-55	-64	-75	-88	-118	-160	-218						
30	40		-26	-34	-43	-48	-60	-68	-80	-94	-112	-148	-200	-274	1.5	3	4	5	9	14
40	50					-54	-70	-81	-97	-114	-136	-180	-242	-325						
50	65		-32	-41	-53	-66	-87	-102	-122	-144	-172	-226	-300	-405	2	3	5	6	11	16
65	80			-43	-59	-75	-102	-120	-146	-174	-210	-274	-360	-480						
80	100	在大于IT7的相应数值上增加一个Δ值	-37	-51	-71	-91	-124	-146	-178	-214	-258	-335	-445	-585	2	4	5	7	13	19
100	120			-54	-79	-104	-144	-172	-210	-254	-310	-400	-525	-690						
120	140			-63	-92	-122	-170	-202	-248	-300	-365	-470	-620	-800						
140	160		-43	-65	-100	-134	-190	-228	-280	-340	-415	-535	-700	-900	3	4	6	7	15	23
160	180			-68	-108	-146	-210	-252	-310	-380	-465	-600	-780	-1 000						
180	200			-77	-122	-166	-236	-284	-350	-425	-520	-670	-880	-1 150						
200	225		-50	-80	-130	-180	-258	-310	-385	-470	-575	-740	-960	-1 250	3	4	6	9	17	26
225	250			-84	-140	-196	-284	-340	-425	-520	-640	-820	-1 050	-1 350						
250	280		-56	-94	-158	-218	-315	-385	-475	-580	-710	-920	-1 200	-1 550	4	4	7	9	20	29
280	315			-98	-170	-240	-350	-425	-525	-650	-790	-1 000	-1 300	-1 700						
315	355		-62	-108	-190	-268	-390	-475	-590	-730	-900	-1 150	-1 500	-1 900	4	5	7	11	21	32
355	400			-114	-208	-294	-435	-530	-660	-820	-1 000	-1 300	-1 650	-2 100						
400	450		-68	-126	-232	-330	-490	-595	-740	-920	-1 100	-1 450	-1 850	-2 400	5	5	7	13	23	34
450	500			-132	-252	-360	-540	-660	-820	-1 000	-1 250	-1 600	-2 100	-2 600						

参考文献

[1] 于春艳. 工程制图[M]. 3 版. 北京:中国电力出版社,2015.

[2] 唐卫东. 机械制图[M]. 北京:高等教育出版社,2021.

[3] 刁修慧,钱文伟. 工程制图[M]. 3 版. 北京:高等教育出版社,2021.

[4] 于春艳,陈光. 机械制图[M]. 北京:化学工业出版社,2018.

[5] 金贵霞. 机械制图[M]. 北京:中国铁道出版社,2015.